기출문제만 **분**석하고 **파**악해도 반드시 합격한다!

기분파

화물운송종사자격시험

㈜ 에듀웨이 R&D연구소 지음

EDUWAY
에듀웨이

a qualifying examination professional publishers

(주)에듀웨이는 자격시험 전문출판사입니다.
에듀웨이는 독자 여러분의 자격시험 취득을 위한 교재 발간을 위해 노력하고 있습니다.

화물운송종사자격시험은 화물자동차 운수사업법에 의거 사업용(영업용) 화물자동차(용달 · 개별 · 일반화물) 운전자의 전문성 확보를 통해 운송서비스 개선, 안전운행 및 화물운송업의 건전한 육성을 도모하기 위해 교통안전공단에서 시행하는 자격시험입니다.

이에 화물자동차를 운전하고자 하는 자는 반드시 화물운송종사자격시험을 취득해야만 운전을 할 수 있습니다.

이 책은 화물운송자격시험에 대비하여 최근 개정법령을 반영하고 최근의 출제기준 및 기출문제를 완벽 분석하여 수험생들이 쉽게 합격할 수 있도록 집필하였습니다.

이 책의 특징

1. 최근 기출문제를 분석하여 출제예상문제에 수록하였습니다.
2. 기준이 되는 법령을 알아보기 쉽도록 재구성하였습니다.
3. 섹션 도입부에 최근 출제유형에 따른 출제 포인트를 마련하여 수험생들에게 학습 방향을 제시하여 효율적인 학습이 가능하게 하였습니다.
4. 모의고사 문제를 통해 수험생 스스로 최종 자가진단을 할 수 있게 하였습니다.
5. 최근 개정된 법령을 반영하였습니다.

이 책으로 공부하신 여러분 모두에게 합격의 영광이 있기를 기원하며 책을 출판하는 데 있어 도와주신 ㈜에듀웨이 임직원, 편집 담당자, 디자인 실장님에게 지면을 빌어 감사드립니다.

㈜에듀웨이 R&D연구소(자동차부문) 드림

이 책의 구성

출제포인트
각 섹션별로 기출문제를 분석·흐름을 파악하여 학습 방향을 제시하고, 중점적으로 학습해야 할 내용을 기술하여 수험생들이 학습의 강약을 조절할 수 있도록 하였습니다.

전문용어 해설
본 이론은 법령을 재구성한 것으로 본문 중 난해한 전문용어는 따로 박스로 표기하여 설명하였습니다.

가독성을 향상시킨 정리
다소 지루한 이론 나열은 표를 이용하여 정리하였습니다.

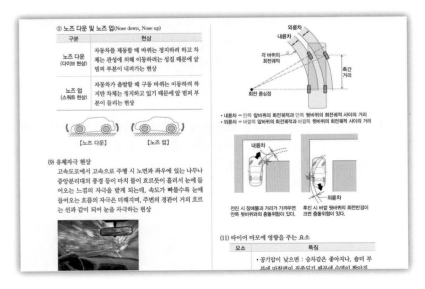

이해를 돕기 위한 삽화 및 다이어그램 수록
전문용어에 대한 삽화를 수록하여 이론 내용에 대한 이해를 향상하였으며, 다이어그램을 수록하여 한 눈에 보기 쉽도록 구성하였습니다.

예상문제 새로운 출제기준에 따른 예상유형을 요약하였다

1 화물자동차운수사업법의 목적에 해당되지 않는 것은?
① 운수사업의 효율적 관리
② 화물의 원활한 운송
③ 공공복리 증진
④ 화물차의 성능 개선

2 화물자동차의 규모별 종류 중 중형에 속하는 것은?
① 배기량이 1,000cc 미만으로서 길이 3.6m, 너비 1.6m, 높이 2.0m 이하인 것
② 최대적재량이 1톤 이하인 것으로서 총중량이 3.5톤 이하인 것
③ 최대적재량이 1톤 초과 5톤 미만이거나, 총중량이 3.5톤 초과 10톤 미만인 것
④ 최대적재량이 5톤 이상이거나, 총중량이 10톤 이상인 것

화물자동차의 규모별 종류	
종류	세부기준
소형	최대적재량이 1톤 이하인 것으로서 총중량이 3.5톤 이하인 것
중형	최대적재량이 1톤 초과 5톤 미만이거나, 총중량이 3.5톤 초과 10톤 미만인 것
대형	최대적재량이 5톤 이상이거나, 총중량이 10톤 이상인 것

3 화물자동차의 규모별 종류 중 소형에 속하는 것은?
① 배기량이 1,000cc 미만으로서 길이 3.6m, 너비 1.6m, 높이 2.0m 이하인 것
② 최대적재량이 1톤 이하인 것으로서 총중량이 3.5톤 이하인 것
③ 최대적재량이 1톤 초과 5톤 미만이거나, 총중량이 3.5톤 초과 10톤 미만인 것
④ 최대적재량이 5톤 이상이거나, 총중량이 10톤 이상인 것

5 자동차관리법령상 화물자동차의 유형별 세부기준에서 고장·사고 등으로 운행이 곤란한 자동차를 구난·견인할 수 있는 구조인 것은?
① 일반형
② 견인형
③ 구난형
④ 특수작업형

6 화물자동차운수사업법령상 화물자동차 운송사업, 화물자동차 운송주선사업 및 화물자동차 운송가맹사업을 무엇이라 하는가?
① 화물자동차 운수사업
② 화물자동차 운송사업
③ 화물자동차 운송주선사업
④ 화물자동차 운송가맹사업

7 화물자동차운수사업법령상 화물자동차 운수사업의 종류가 아닌 것은?
① 화물자동차 운송사업
② 화물자동차 운송주선사업
③ 화물자동차 운송가맹사업
④ 화물자동차 판매사업

8 다른 사람의 요구에 응하여 화물자동차를 사용하여 화물을 유상으로 운송하는 사업을 무엇이라 하는가?
① 화물자동차 운수사업
② 화물자동차 운송사업
③ 화물자동차 운송주선사업
④ 화물자동차 운송가맹사업

최근 기출문제
각 섹션별 최근 출제되었던 기출문제를 수록하고, 자세한 해설도 첨부하였습니다. 또한 문제 상단에 별표(★)의 갯수를 표시하여 해당 문제의 출제빈도 또는 중요성을 나타냈습니다.

최종점검 - 최근 복원문제 및 출제경향을 반영한 기출문제에 예상문제를 엄선하여대

CBT 복원모의고사 제5회

01 화물자동차의 규모별 종류 중 소형 특수자동차에 해당되는 것은?
① 총중량이 1.5톤 이하인 것
② 총중량이 2.5톤 이하인 것
❸③ 총중량이 3.5톤 이하인 것
④ 총중량이 4.5톤 이하인 것

소형 특수자동차는 총중량이 3.5톤 이하인 것을 말한다.

02 다음 중 한국교통안전공단에서 화물운송업과 관련하여 처리하는 업무에 해당되는 것은?
① 화물운송 종사자격의 취소 및 효력의 정지
② 화물자동차 운송사업 허가사항에 대한 경미한 사항 변경
③ 운송사업자 및 운송종사자에 대한 과태료 부과 및 징수
④ 운전적성에 대한 정밀검사 시행

05 화물자동차운수사업법에 따른 화물자동차 운수사업에 해당하는 것은?
① 화물자동차 운송대리사업
② 화물자동차 운송주선사업
③ 화물자동차 운송협력사업
④ 특수여객 운송사업

화물자동차 운수사업 : 화물자동차 운송사업, 화물자동차 운송주선사업 및 화물자동차 운송가맹사업

06 신규검사의 적합 판정을 받은 사람으로서 해당 검사를 받은 날부터 3년 이내에 취업하지 않은 사람이 받는 운전적성 정밀검사의 종류는?
① 적성검사
②❷ 유지검사
③ 정기검사
④ 특별검사

신규검사의 적합 판정을 받은 사람으로서 해당 검사를 받은 날부터 3년 이내에 취업하지 않은 사람이 받는 운전적성정밀검사는 유지검사이다.

07 차가 즉시 정지할 수 있는 느린 속도로 진행하는 것을 의미하는 것은?
②❷ 서행
③ 정차

CBT 복원모의고사
최근 시험에 자주 출제되었거나 출제될 가능성이 높은 문제를 복원하여 모의고사 형태로 수록하여 출제경향에 파악할 수 있도록 하였습니다.

최종점검 - 최근 복원문제 및 출제경향을 반영한 기출문제에 예상문제를 엄선하여대

CBT 복원모의고사 제5회

01 화물자동차의 규모별 종류 중 소형 특수자동차에 해당되는 것은?
① 총중량이 1.5톤 이하인 것
② 총중량이 2.5톤 이하인 것
❸③ 총중량이 3.5톤 이하인 것
④ 총중량이 4.5톤 이하인 것

02 다음 중 한국교통안전공단에서 화물운송업과 관련하여 처리하는 업무에 해당되는 것은?
① 화물운송 종사자격의 취소 및 효력의 정지
② 화물자동차 운송사업 허가사항에 대한 경미한 사항 변경신고
③ 운송사업자 및 운송종사자에 대한 과태료 부과 및 징수
④❹ 운전적성에 대한 정밀검사 시행

03 교통사고처리특례법상 중앙선 침범에 해당하지 않는 것은?
①❶ 사고피양 등 부득이하게 중앙선을 침범한 경우
② 고의 또는 의도적으로 중앙선을 침범한 경우
③ 중앙선을 걸친 상태로 계속 진행한 경우
④ 커브길 과속운행으로 중앙선을 침범한 경우

04 도로교통법령상 도로에서의 금지행위가 아닌 것은?
①❶ 도로를 포장하는 행위
② 도로의 교통에 지장을 꺼치는 행위
③ 도로에 장애물을 쌓아놓는 행위
④ 도로를 파손하는 행위

05 화물자동차운수사업법에 따른 화물자동차 운수사업에 해당하는 것은?
① 화물자동차 운송대리사업
②❷ 화물자동차 운송주선사업
③ 화물자동차 운송협력사업
④ 특수여객 운송사업

06 운전자가 도로의 중앙이나 좌측부분을 통행할 수 있는 경우에 해당하지 않는 것은?
① 도로가 일방통행인 경우
② 도로 우측부분의 폭이 차마의 통행에 충분하지 아니한 경우
③❸ 안전표지 등으로 앞지르기가 금지 또는 제한된 경우
④ 도로공사로 인하여 도로의 우측부분을 통행할 수 없는 경우

01 소형 특수자동차는 총중량이 3.5톤 이하인 것을 말한다.
02 ① 시도지에서 처리하는 업무 ② 경화에서 처리하는 업무 ③ 시도에서 처리하는 업무
05 화물자동차 운수사업 : 화물자동차 운송사업, 화물자동차 운송주선사업 및 화물자동차 운송가맹사업
06 안전표지 등으로 앞지르기를 금지하거나 제한하지 않는 경우에 도로의 중앙이나 좌측부분을 통행할 수 있다.

핵심이론 빈출노트
시험 직전 마지막으로 반드시 확인해야 할 부분을 엄선하여 부록으로 삽입하였습니다. 상식적인 부분은 배제하고 혼동하기 쉽거나 어렵게 느껴지는 이론만 따로 수록하여 단기간에 빠르게 정리할 수 있도록 하였습니다.

자격취득과정

01
응시조건 및 시험일정 확인

① 연령 : 만 20세 이상
② 운전면허 : 운전면허소지자 (소형운전면허는 해당 안됨)
③ 운전경력(취소정지기간 제외)
- 자가용 : 2년 이상(운전면허 취득기간부터 접수일까지)
- 사업용 : 1년 이상(버스, 택시 운전경력)
※ 자세한 응시자격조건은 12페이지 참조

자가용은 2년 이상

버스·택시 운전자는 1년 이상

02
운전적성 정밀검사

① 전국 운전정밀검사장에 완전 예약제로, 해당일에 검사장에 방문하여 검사를 받음
② 예약 방법 : 콜센터(1577-0990) 또는 인터넷 예약
③ 검사 방법 : 사전예약 → 검사장 도착 → 검사시행 → 판정표 발급(당일)
④ 검사항목 : 속도예측, 정지거리예측, 거리지각, 주의전환, 주의폭, 변화탐지, 인지능력
※ 원스탑 신청 : 운전적성정밀검사와 필기시험을 같은 날 볼 수 있는 서비스입니다.
※ 정밀검사 지정시험장 : 경기의정부, 광주, 서울 노원, 대구, 대전, 부산, 상주, 수원, 울산, 인천, 전주, 제주, 창원, 청주, 춘천
※ 운전적성 정밀검사를 받지 않은 경우
인터넷 원서접수 불가 (운전적성 정밀검사 정보가 교통안전공단 서버에 자동 등록됩니다)
※ 운전적성 정밀검사의 유효기간은 3년이며, 3년 경과 시 대상자 유형에 따라 재검사

- 운전정밀검사 : 25,000원
- 화물자격시험 : 11,500원

원서접수 전 운전적성 정밀검사는 필수!

03
시험접수 -인터넷 접수

인터넷 접수 전 반드시 회원가입을 해야 합니다.
※ 사진은 그림파일(*.jpg)로 스캔하여 등록 (별도제출 서류 없음)
※ 인터넷 접수 요령은 10페이지 참조
※ 접수인원이 선착순으로 제한되어 있으므로 원하는 시험날짜 전에 충분한 기간을 두고(약 60일 이내) 미리 접수를 해야 원하는 날짜에 응시할 수 있습니다. (만약 인원 초과로 접수 불가능할 경우 타 지역 또는 다음 차수에 접수 가능)

간편하게 인터넷으로 접수 끝! CBT 접수는 운전적성정밀검사를 받고 3년이 경과되지 않아야 가능해요!

인터넷 접수가 어렵거나 힘들다면 가까운 공단에 직접 방문해서 접수

04
필기시험 응시 – CBT 시험

1 시험 일정

입실	시험 시간	상시 CBT 필기시험일	
		서울 구로, 수원, 대전, 대구, 부산, 광주, 인천, 춘천, 청주, 전주, 창원, 울산 전용 CBT 상설 시험장	(3개 지역) 정밀검사장 활용 CBT 시험장
시작 20분 전	80분	매일 4회(오전 2회, 오후 2회)	매주 화요일, 목요일 오후 각 2회

※ CBT : "컴퓨터기반 시험"을 의미하며 모니터의 문제를 보고 마우스로 클릭하여 답을 입력합니다.
※ 시험 시간은 80분 동안 4과목 한 번에 실시합니다.
※ 지역 특성을 고려하여 상설시험장의 경우 오전에 추가시험 시행 가능합니다. (소속별로 자율 시행)

2 시험과목 및 문항 수

구분	교통 및 화물자동차 운송사업 관련 법규	화물 취급 요령	안전운행	운송서비스	계
문항수	25문항	15문항	25문항	15문항	80문항
배점	문항당 1.25점				100점

2 합격자 기준 및 발표

① 합격기준 : 100점 만점에 60점 이상
  (문항당 1.25점으로 48문제 이상 맞으면 합격)
② 합격자발표 : 시험 종료 후 시험시행장소에서 발표

마지막으로 시험응시
당일 '운전면허증'
꼭~ 잊지마세요!
깜박하시는 분들이
있습니다.

CBT 시험을 보는 방법
은 시험 전 동영상으로
자세히 알려드립니다.

05
합격자 법정교육
(8시간)

화물운송종사자격시험은 실기시험이 없는 대신 법정교육을 수료해야 합니다.

① 합격자에 한해 개별 통보 및 공단 홈페이지 공지
② 교육시간 : 8시간(09:00~18:00)
③ 합격자 교육준비물
  • 교육수수료 : 11,500원
  • 자격증 교부 수수료 : 10,000원
  • 반명함 사진 1매(사진 미제출자에 한함)
  • 신분증(운전면허증)
  • 기본증명서(주민센터 또는 인터넷 전자가족관계등록시스템에서 발급)
※ 교육일시 및 교육장소는 교통안전공단 홈페이지에서 확인

최종 합격자는 반드시
법정교육을 받아야
자격증을 교부받을 수
있습니다.

06
자격증 교부

우와! 합격이다.
참고로 화물운송자격증은
운전면허처럼 갱신할 필요가
없대요!

※ 기타 자세한 사항은 한국교통안전공단 홈페이지(lic.kotsa.or.kr)를 방문하거나 또는 전화 1577-0990(단축번호 210)에 문의하시기
  바랍니다.

아래의 **1**~**4**번 항목이 모두 충족된 경우에만 시험 응시가 가능하며, 하나라도 충족되지 않으면 시험 응시가 불가능함

1 연령 : 만 20세 이상

2 아래의 응시요건 2가지 중 하나만 해당되면 시험 응시(운전경력)

1) 운전면허 1종 또는 2종 면허(소형 제외) 이상 소지자로 운전면허 보유(소유) 기간이 만 2년
  (일자, 면허취득일 기준, 운전면허 정지 기간과 취소 기간은 제외)이 경과한 사람

  예1 : 운전면허 보유(소유) 기간이 만 2년 (일, 면허취득일 기준, 운전면허 정지 기간과 취소 기간은 제외)이 경과한 사람
  예2 : 운전면허 2종 보통 취득 기간 1년 → 운전경력 1년으로 시험 응시 불가
  예3 : 원동기 면허 1년 + 운전면허 1종 보통 1년 → 운전경력 1년으로 시험 응시 불가(원동기 면허는 제외)
  예4 : 운전면허 1종 보통 3년 취득(음주운전으로 취소) + 운전면허 1종 보통 5년 → 운전경력 8년으로 시험 응시 가능

2) 운전면허 1종 또는 2종 면허(소형 제외) 이상 소지자로 사업자(영업용 노란색 번호) 운전경력이 1년 이상인 사람
  운전면허 1종면허(소형 제외)를 소지하고 있으나 취득일이 만 2년이 안되는 경우임

  [참고사항]
  ① 운전면허 인정 기준은 운전면허 보유 기간을 말하며, 운전면허가 취소되고 다시 재취득한 경우 취소 시간을 제외하고 이전 면허의
    보유기간과 합산하여 인정
  ② 운전면허 경력 인정은 2종 보통 이상만 인정 (2종 소형, 원동기 면허 보유기간은 면허 보유기간이 아님)
  ③ 운전경력은 운전면허 취득일이 2년 이상 보유(소유) 또는 사업용운전경력이 1년이상 경우에 한함 (2가지 조건 중 하나만 해당이 되
    면 됨)
  ④ 사업용 운전경력 중 화물종사자의 경우, '05.1.21부터 자격증 없이는 운행이 불가하여 '05.1.21 이후 자격증없이 운전한 불법 사업
    용 운전경력은 경력 인정 불가

3 국토교통부령이 정하는 운전적성 정밀검사 기준에 적합한 자(시험 시행일 기준)

1. 15개 지역공단에서 시행하며, 사전예약(고객콜센터_1577-0990, 또는 인터넷 예약)하여 해당일에 지역검사장에서 오전 09:00 또는 오
  후 13:00로 구분하여 검사 실시(예약자에 한해 시행)
2. 화물운송종사 자격시험 원서접수에 앞서 운전적성 정밀검사를 받는 경우에만 원서접수 가능
3. 운전적성정밀검사의 유효기간은 3년이며, 3년이 경과 시 대상자 유형에 따라 재검사 실시

4 화물자동차운수사업법의 결격사유

1. 화물자동차운수사업법을 위반하여 징역 이상의 실형을 선고받고 그 집행이 끝나거나(집행이 끝난 것으로 보는 경우를 포함한다) 집행이
  면제된 날부터 2년이 지나지 아니한 자
2. 화물자동차운수사업법을 위반하여 징역 이상의 형의 집행유예를 선고받고 그 유예기간 중에 있는 자
3. 화물자동차운수사업법 제23조제1항제1호부터 제6호까지의 규정에 따라 화물운송종사자격이 취소된 날부터 2년이 지나지 아니한 자
4. 자격시험일 전 또는 교통안전체험교육일 전 5년간 다음의 어느 하나에 해당하는 사람 (2017.7.18 이후 발생한 건만 해당됨)
  가. 「도로교통법」 제93조제1항제1호부터 제4호까지에 해당하여 운전면허가 취소된 사람
  나. 「도로교통법」 제43조를 위반하여 운전면허를 받지 아니하거나 운전면허의 효력이 정지된 상태로 같은 법 제2조제21호에 따른 자동
    차등을 운전하여 벌금형 이상의 형을 선고받거나 같은 법 제93조제1항제19호에 따라 운전면허가 취소된 사람
  다. 운전 중 고의 또는 과실로 3명 이상이 사망(사고발생일부터 30일 이내에 사망한 경우를 포함한다)하거나 20명 이상의 사상자가 발
    생한 교통사고를 일으켜 「도로교통법」 제93조제1항제10호에 따라 운전면허가 취소된 사람
5. 자격시험일 전 또는 교통안전체험교육일 전 3년간 운전면허가 취소된 사람

  ☞ 결격사유는 신원조회 후 확인하여 결격사유에 해당될 경우 자격을 취득할 수 없고 수수료는 반환되지 않음

인터넷 원서접수 안내

- 원서접수 시간 : 선착순 예약접수(접수인원 초과시 타지역 또는 다음 차수 접수 가능)
- 응시 수수료 : 시험응시 당일 시험장에서 납부(신용카드, 체크카드, 현금 11,500원)
- 인터넷접수
  ※ 매월 시험접수는 전월 21일전부터 접수 시작 (단, 접수시작일이 공휴일 · 토요일인 경우 그 날로부터 첫 번째 평일에 접수 시작)
  ※ 컴퓨터시험(CBT), 체험교육은 중복 접수가 불가능함

구분	지역	요일
CBT 전용 상설시험장	서울 구로, 수원, 대전, 대구, 부산, 광주, 인천, 춘천, 청주, 전주, 창원, 울산, 화성 (13개 지역)	월~금 (오전 2회, 오후 2회)
정밀검사장 활용 시험장	서울 노원, 상주, 제주, 의정부, 홍성 (5개 지역)	화 · 목 오후 2시

상시 CBT 필기시험장

1 전용 상시 CBT 필기시험장 (주차시설이 없으므로 대중교통 이용 필수)

지역	주소	전화
서울 구로	서울 구로구 경인로 113(오류동 91-1) 구로검소 내 3층	02) 372-5347
수원	경기 수원시 권선구 수인로 24 (서둔동 9-19)	031) 297-6581
대전	대전 대덕구 대덕대로 1417번길 31 (문평동 83-1)	042) 933-4328
대구	대구 수성구 노변로 33 (노변동 435)	053) 794-3816
부산	부산 사상구 학장로 256 (주례3동 1287)	051) 315-1421
광주(전남)	광주 남구 송암로 96 (송하동 251-4)	062) 606-7634
인천	인천 남동구 백범로 357 (간석동 172-1)	032) 830-5930
강원	강원 춘천시 동내면 10(석사동)	033) 240-0101
청주	충북 청주시 흥덕구 사운로386번길 21 (신봉동 260-6)	043) 266-5400
전주	전북 전주시 덕진구 신행로 44 (팔복동3가 211-5)	063) 212-4743
창원	경남 창원시 의창구 차룡로48번길 44, 창원 스마트업타워 2층 (팔용동 40-5번지)	055) 270-0550
울산	울산 남구 번영로 90-1 (달동 1296-2)	052) 256-9373

2 검사장 활용 CBT 시험장

지역	주소	전화
서울 노원	서울 노원구 공릉로 62길 41 (하계동 252) 노원검사소 내 2층	02) 973-0586
제주	제주시 삼봉로 79 (도련2동568-1)	064) 723-3111
상주	경북 상주시 청리면 마공공단로 80-15호 (마공리 1238번지)	054) 530-0115
경기 의정부	경기 의정부시 평화로 285 (호원동 441-9)	031) 837-7602
홍성	충남 홍성군 충서로 1207 (남장리 217)	041) 632-4328

운전면허 정밀검사 /
화물운송종사 시험
접수요령

01

한국교통안전공단의 국가자격시험 홈페이지(lic.kotsa.or.kr)를 방문
하여 다음과 같이 신청(접수)할 수 있습니다.

· 운전적성 정밀검사만 신청할 경우
· 화물운송종사 필기시험만 접수할 경우 (불합격 후 재응시할 경우)
· 운전적성 정밀검사와 화물운송종사 필기시험을 같은 날에 접수할
  경우 (원스탑 신청)

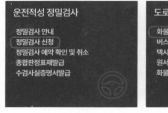
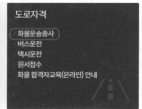

02

검사종류 여부, 원스탑 신청 여부, 자격구분, 업종을 체크하고 [다
음]을 누릅니다.

03

"개인정보수입 및 이용동의", "도로자격(화물) 응시자 확인사항"
의 각 항목에 체크하고 [다음]을 누릅니다.

04

원하는 검사장을 선택하고 [조회]를 클릭합니다.

05

원하는 날짜 및 일시를 선택하고 [다음]을 누릅니다.
※ 마감 표시가 되어있으면 해당 검시일시에는 접수가 안되니
    다른 검시일시를 선택합니다.

06

증명사진 및 전화번호, 주소, 소지운전자격증의 종류 및 운전면허증
번호를 입력합니다. 화면 하단의 결제 사항을 체크하고 결제 후 [다음]을 누릅니다.

⌾CBT 수검요령
computer-based testing

수시로 현재 [안 푼 문제 수]와 [남은 시간]을 확인하여 시간 분배합니다. 또한 답안 제출 전에 [수험번호], [수험자명], [안 푼 문제 수]를 다시 한번 더 확인합니다.

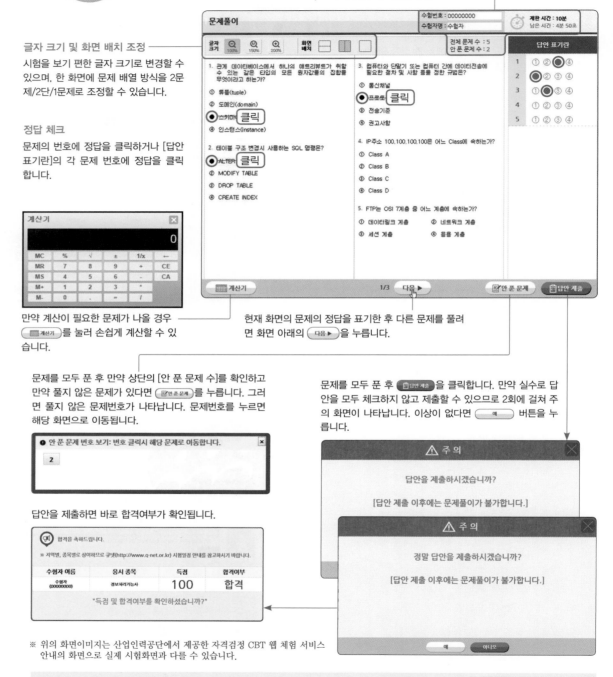

글자 크기 및 화면 배치 조정
시험을 보기 편한 글자 크기로 변경할 수 있으며, 한 화면에 문제 배열 방식을 2문제/2단/1문제로 조정할 수 있습니다.

정답 체크
문제의 번호에 정답을 클릭하거나 [답안 표기란]의 각 문제 번호에 정답을 클릭합니다.

만약 계산이 필요한 문제가 나올 경우 ⌨️계산기 를 눌러 손쉽게 계산할 수 있습니다.

현재 화면의 문제의 정답을 표기한 후 다른 문제를 풀려면 화면 아래의 다음▶ 을 누릅니다.

문제를 모두 푼 후 만약 상단의 [안 푼 문제 수]를 확인하고 만약 풀지 않은 문제가 있다면 안푼문제 를 누릅니다. 그러면 풀지 않은 문제번호가 나타납니다. 문제번호를 누르면 해당 화면으로 이동됩니다.

> ❶ 안 푼 문제 번호 보기: 번호 클릭시 해당 문제로 이동합니다.
>
> **2**

답안을 제출하면 바로 합격여부가 확인됩니다.

문제를 모두 푼 후 답안제출 을 클릭합니다. 만약 실수로 답안을 모두 체크하지 않고 제출할 수 있으므로 2회에 걸쳐 주의 화면이 나타납니다. 이상이 없다면 예 버튼을 누릅니다.

> ⚠️ **주 의**
>
> 답안을 제출하시겠습니까?
>
> [답안 제출 이후에는 문제풀이가 불가합니다.]

> ⚠️ **주 의**
>
> 정말 답안을 제출하시겠습니까?
>
> [답안 제출 이후에는 문제풀이가 불가합니다.]
>
> 예   아니오

※ 위의 화면이미지는 산업인력공단에서 제공한 자격검정 CBT 웹 체험 서비스 안내의 화면으로 실제 시험화면과 다를 수 있습니다.

자격검정 CBT 웹 체험 서비스 안내
큐넷 홈페이지 우측하단에 'CBT 체험하기'를 클릭하면 CBT 체험을 할 수 있는 동영상을 보실 수 있습니다. (스마트폰에서는 동영상을 보기 어려우므로 PC에서 확인하시기 바랍니다)
※ 필기시험 전 약 20분간 CBT 웹 체험을 할 수 있습니다.

The qualification Test of Freight Transportation

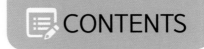
CONTENTS

▣ 머리말
▣ 한 눈에 살펴보는 자격취득과정
▣ 이 책의 구성

교통안전표지 일람표

주의표지

+자형교차로	T자형교차로	Y자형교차로	⊢자형교차로	⊣자형교차로	우선도로	우합류도로	좌합류도로	회전형교차로	철목건널목	우로굽은도로	좌로굽은도로	우좌로굽은도로

좌우로굽은도로	2방향통행	오르막경사	내리막경사	도로폭이좁아짐	우측차로없어짐	좌측차로없어짐	우측방통행	양측방통행	중앙분리대시작	중앙분리대끝남	신호기	미끄러운도로	강변도로

노면고르지못함	과속방지턱	낙석도로	횡단보도	어린이보호	자전거	도로공사중	비행기	횡풍	터널	교량	야생동물보호	위험	상습정체구간

규제표지

통행금지	자동차통행금지	화물자동차통행금지	승합자동차통행금지	이륜자동차 및 원동기장치자전거통행금지	자동차·이륜자동차 및 원동기장치자전거통행금지	경운기·트랙터 및 손수레통행금지	자전거통행금지	진입금지	직진금지	우회전금지	좌회전금지	유턴금지

앞지르기금지	주정차금지	주차금지	차중량제한	차높이제한	차폭제한	차간거리확보	최고속도제한	최저속도제한	서행	일시정지	양보	보행자보행금지	위험물적재차량통행금지
			5.5 t	3.5m	2.2 m	50m	50	30	천천히 SLOW	정지 STOP	양보 YIELD		

지시표지

자동차전용도로	자전거전용도로	자전거 및 보행자겸용도로	회전교차로	직진	우회전	좌회전	직진 및 우회전	직진 및 좌회전	좌회전 및 유턴	좌우회전	유턴	양측방통행
전용	자전거 전용											

우측면통행	좌측면통행	진행방향별통행구분	우회로	자전거 및 보행자통행구분	자전거전용차로	주차장	자전거주차장	보행자전용도로	횡단보도	노인보호	어린이보호	장애인보호	자전거횡단도
			P		자전거 전용	주차 P	P 자전거주차	보행자전용도로	횡단보도	노인보호	어린이보호	장애인보호	자전거횡단

보조표지

일방통행		비보호좌회전	버스전용차로	다인승전용차량전용도로	통행우선	자전거나란히통행허용		거리		구역	일자	시간
일방통행 →	← 일방통행	일방통행 ↑	비보호	전용	다인승 전용	↑		100m 앞 부터	여기부터 500m	시 내 전 역	일요일·공휴일제외	08:00~20:00

시간	신호등화 상태	전방우선도로	안전속도	기상상태	노면상태	교통규제	통행규제	차량한정	통행주의	충돌주의	표지설명	구간시작	구간내
1시간 이내 차들 수있음	적신호시	앞에 우선도로	안전속도 30	안개지역		차로엄수	건너가지 마시오	승용차에 한함	속도를 줄이시오	충 돌 주 의	터널길이 258m	구 간 시 작 ← 200m	구 간 내 ← 400m

구간끝	우방향	좌방향	전방	중량	노폭	거리	해제	견인지역	표지판 종류	주의	규제	지시	보조
구 간 끝 → 600m	→	←	↑ 전방 50M	3.5t	3.5 m	100m	해 제	견 인 지 역					

· 주의 표지(△) : 도로의 형상, 상태 등의 도로 환경 및 위험물, 주의사항 등 미연에 알려 안전조치 및 예비동작을 할 수 있도록 함
· 규제 표지(⊘) : 도로교통의 안전을 목적으로 위한 각종 제한, 금지, 규제사항을 알림(통행금지, 통행제한, 금지사항)
· 지시 표지(●) : 도로교통의 안전 및 원활한 흐름을 위한 도로이용자에게 지시하고 따르도록 함(통행방법, 통행구분, 기타)

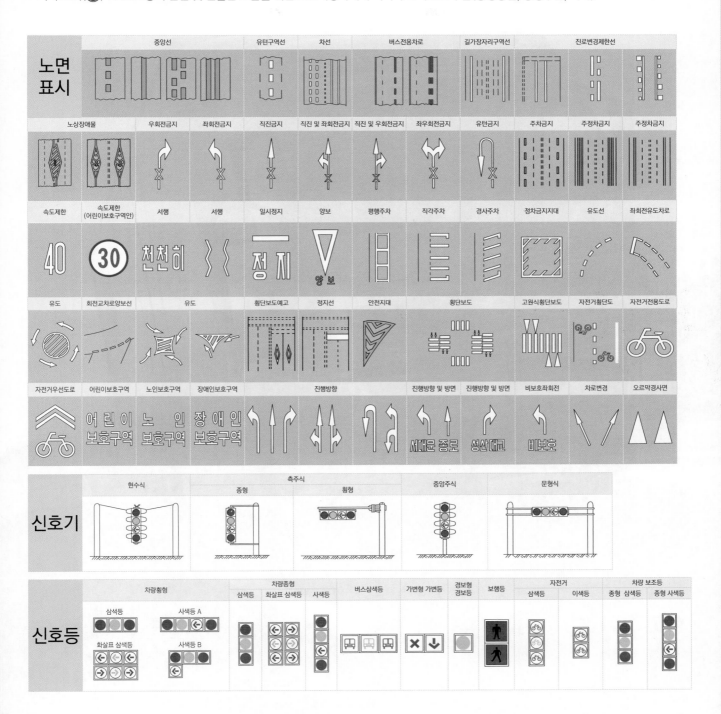

출제문항수
25

CHAPTER

01

교통 및 화물자동차 운수사업
관련 법규

Main
Key
Point

[예상문항 : 1~3문제] 이 장에서는 총 25문제가 출제되며, 그중에서도 도로교통법의 비중이 가장 높다. 주요 용어는 그 의미를 명확히 해둘 필요가 있으며, 신호기, 안전표지, 차로에 따른 통행 방법, 도로별 제한속도, 운전면허, 벌점 등에 관해 잘 정리해서 필히 암기하도록 한다.

01 용어 정의

① 도로 : 도로법에 따른 도로, 유료도로법에 따른 유료도로, 농어촌도로 정비법에 따른 농어촌도로, 그 밖에 현실적으로 불특정 다수의 사람 또는 차마가 통행할 수 있도록 공개된 장소로서 안전하고 원활한 교통을 확보할 필요가 있는 장소를 말한다.

② 자동차전용도로 : 자동차만 다닐 수 있도록 설치된 도로

③ 고속도로 : 자동차의 고속 운행에만 사용하기 위해 지정된 도로

④ 차도, 차로와 차선의 구분

차도	연석선(차도와 보도를 구분하는 돌 등으로 이어진 선), 안전표지 또는 그와 비슷한 인공구조물을 이용하여 경계를 표시하여 모든 차가 통행할 수 있도록 설치된 도로의 부분
차로	차마가 한 줄로 도로의 정하여진 부분을 통행하도록 차선(車線)으로 구분한 차도의 부분
차선	차로와 차로를 구분하기 위해 그 경계지점을 안전표지로 표시한 선

⑤ 중앙선 : 차마의 통행 방향을 명확하게 구분하기 위해 도로에 황색 실선이나 황색 점선 등의 안전표지로 표시한 선 또는 중앙분리대나 울타리 등으로 설치한 시설물(가변차로가 설치된 경우에는 신호기가 지시하는 진행방향의 가장 왼쪽에 있는 황색 점선)

⑥ 자전거도로 : 안전표지, 위험방지용 울타리나 그와 비슷한 인공구조물로 경계를 표시하여 자전거가 통행할 수 있도록 설치된 도로

⑦ 자전거횡단도 : 자전거가 일반도로를 횡단할 수 있도록 안전표지로 표시한 도로의 부분

⑧ 보도 : 연석선, 안전표지나 그와 비슷한 인공구조물로 경계를 표시하여 보행자가 통행할 수 있도록 한 도로의 부분

⑨ 길가장자리구역 : 보도와 차도가 구분되지 아니한 도로에서 보행자의 안전을 확보하기 위해 안전표지 등으로 경계를 표시한 도로의 가장자리 부분

⑩ 횡단보도 : 보행자(유모차와 안전행정부령으로 정하는 보행보조용 의자차 포함)가 도로를 횡단할 수 있도록 안전표지로 표시한 도로의 부분

⑪ 교차로 : '십'자로, 'T'자로나 그 밖에 둘 이상의 도로(보도와 차도가 구분되어 있는 도로에서는 차도)가 교차하는 부분

⑫ 안전지대 : 도로를 횡단하는 보행자나 통행하는 차마의 안전을 위해 안전표지나 이와 비슷한 인공구조물로 표시한 도로의 부분

⑬ 신호기 : 도로교통에서 문자 · 기호 또는 등화를 사용하여 진행 · 정지 · 방향전환 · 주의 등의 신호를 표시하기 위해 사람이나 전기의 힘으로 조작하는 장치

⑭ 안전표지 : 교통안전에 필요한 주의 · 규제 · 지시 등을 표시하는 표지판이나 도로의 바닥에 표시하는 기호 · 문자 또는 선 등

⑮ 운전 : 도로에서 차마를 본래의 사용방법에 따라 사용하는 것(조종 포함).

→ 단, 술에 취한 상태에서의 운전, 과로 · 질병 또는 약물의 영향과 그 밖의 사유로 인해 비정상 상태에서의 운전, 교통사고가 발생하였을 때의 조치를 하지 아니한 경우에는 도로 외의 곳을 포함한다.

⑯ 주차와 정차의 구분

주차	운전자가 승객을 기다리거나 화물을 싣거나 차가 고장 나거나 그 밖의 사유로 차를 계속 정지 상태에 두는 것 또는 운전자가 차에서 떠나서 즉시 그 차를 운전할 수 없는 상태에 두는 것
정차	운전자가 5분을 초과하지 않고 차를 정지시키는 것으로서 주차 외의 정지 상태

02 도로의 구분

필수암기 도로법에 따른 도로	• 일반 교통에 공용되는 도로 • 고속국도, 일반국도, 특별시도·광역시도, 지방도, 시도, 군도, 구도로 그 노선이 지정 또는 인정된 도로 ※ 이러한 요건을 갖추지 못한 것은 도로법상의 도로가 아니다.
유료도로	통행료 또는 사용료를 받는 도로
농어촌도로	농어촌지역 주민의 교통 편익과 생산·유통활동 등에 공용되는 공로(公路) 중 고시된 도로
기타 도로	불특정 다수의 사람 또는 차마가 통행할 수 있도록 공개된 장소로서 안전하고 원활한 교통을 확보할 필요가 있는 장소

03 차와 자동차의 구분

(차)
- **자동차** ── 승용자동차, 승합자동차, 화물자동차, 특수자동차, 이륜자동차, 견인되는 자동차
  - **필수암기** 건설기계 : 덤프트럭, 아스팔트살포기, 노상안정기, 콘크리트믹서트럭, 콘크리트펌프, 천공기(트럭적재식), 콘크리트믹서트레일러, 아스팔트콘크리트재생기, 도로보수트럭, 3톤 미만의 지게차
- **원동기장치자전거**
  - 배기량 125cc 이하의 이륜자동차, 배기량 50cc (0.59kW) 미만의 원동기를 단 차
- **자전거**
- **사람, 가축의 힘이나 기타 동력으로 도로에서 운전되는 것**
- **손수레**

▶ 사고에 따른 손수레
- 차로 간주할 경우 : 사람이 끌고 가는 손수레가 보행자를 충격하였을 때
- 보행자로 간주할 경우 : 손수레 운전자를 다른 차량이 충격하였을 때

▶ 차마
자동차, 건설기계, 원동기장치자전거, 자전거, 사람 또는 가축의 힘이나 그 밖의 동력으로 도로에서 운전되는 것
※차마에 해당되지 않는 것 : 철길이나 가설(架設)된 선을 이용하여 운전되는 것, 유모차·수동휠체어·전동휠체어 및 의료용 스쿠터 등의 보행보조용 의자차

▶ 긴급자동차
다음에 해당하는 자동차로서 그 본래의 긴급한 용도로 사용되고 있는 자동차
① 소방차
② 구급차
③ 혈액 공급차량
④ 경찰용 자동차 중 범죄수사, 교통단속, 그 밖의 긴급한 경찰업무 수행에 사용되는 자동차
⑤ 국군 및 주한 국제연합군용 자동차 중 군 내부의 질서 유지나 부대의 질서 있는 이동을 유도하는 데 사용되는 자동차
⑥ 수사기관의 자동차 중 범죄수사를 위하여 사용되는 자동차
⑦ 교도소·소년교도소 또는 구치소, 소년원 또는 소년분류심사원, 보호관찰소의 자동차 중 도주자의 체포 또는 수용자, 보호관찰 대상자의 호송·경비를 위하여 사용되는 자동차
⑧ 국내외 요인에 대한 경호업무 수행에 공무로 사용되는 자동차
⑨ 전기사업, 가스사업, 그 밖의 공익사업을 하는 기관에서 위험 방지를 위한 응급작업에 사용되는 자동차
⑩ 민방위업무를 수행하는 기관에서 긴급예방 또는 복구를 위한 출동에 사용되는 자동차
⑪ 도로관리를 위하여 사용되는 자동차 중 도로상의 위험을 방지하기 위한 응급작업에 사용되거나 운행이 제한되는 자동차를 단속하기 위하여 사용되는 자동차
⑫ 전신·전화의 수리공사 등 응급작업에 사용되는 자동차
⑬ 긴급한 우편물의 운송에 사용되는 자동차
⑭ 전파감시업무에 사용되는 자동차
⑮ ④에 따른 경찰용 긴급자동차에 의하여 유도되고 있는 자동차
⑯ ⑤에 따른 국군 및 주한 국제연합군용의 긴급자동차에 의하여 유도되고 있는 국군 및 주한 국제연합군의 자동차
⑰ 생명이 위급한 환자 또는 부상자나 수혈을 위한 혈액을 운송 중인 자동차

1 신호기가 표시하는 신호의 종류 및 의미

(1) 차량 신호등(주체 : 차마)

① 원형 등화

녹색 등화	• 직진 또는 우회전 가능 • 비보호좌회전표지 또는 비보호좌회전표시가 있는 곳에서는 좌회전 가능
황색 등화	• 정지선이 있거나 횡단보도가 있을 때에는 그 직전이나 교차로의 직전에 정지 • 이미 교차로에 차마의 일부라도 진입한 경우에는 신속히 교차로 밖으로 진행 • 우회전할 수 있고, 우회전 시 보행자의 횡단을 방해하지 못함
황색 등화 점멸	• 다른 교통 또는 안전표지 표시에 주의하면서 진행
적색 등화	• 정지선, 횡단보도 및 교차로의 직전에서 정지 • 우회전하려는 경우 정지선, 횡단보도 및 교차로의 직전에서 정지한 후 신호에 따라 진행하는 다른 차마의 교통을 방해하지 않고 우회전 가능 • 우회전 삼색등이 적색의 등화인 경우 우회전 불가
적색 등화 점멸	• 정지선이나 횡단보도가 있을 때에는 그 직전이나 교차로의 직전에 일시정지한 후 다른 교통에 주의하면서 진행

② 화살표 등화

녹색화살표 등화	• 화살표시 방향으로 진행
황색화살표 등화	• 화살표시 방향으로 진행하려는 차마는 정지선이 있거나 횡단보도가 있을 때에는 그 직전이나 교차로의 직전에 정지 • 이미 교차로에 차마의 일부라도 진입한 경우에는 신속히 교차로 밖으로 진행
적색화살표 등화	화살표시 방향으로 진행하려는 차마는 정지선, 횡단보도 및 교차로의 직전에서 정지
황색화살표 등화 점멸	다른 교통 또는 안전표지의 표시에 주의하면서 화살표시 방향으로 진행
적색화살표 등화 점멸	정지선이나 횡단보도가 있을 때에는 그 직전이나 교차로의 직전에 일시정지한 후 다른 교통에 주의하면서 화살표시 방향으로 진행

③ 사각형 등화

녹색화살표등화(하향)	화살표로 지정한 차로로 진행
적색 ✖ 표시 등화	✖ 표가 있는 차로로 진행할 수 없다.
적색 ✖ 표시 등화 점멸	✖ 표가 있는 차로로 진입할 수 없고, 이미 차마의 일부라도 진입한 경우에는 신속히 그 차로 밖으로 진로를 변경

(2) 보행 신호등(주체 : 보행자)

녹색 등화	횡단보도의 횡단 가능
녹색 등화 점멸	횡단을 시작해서는 안 되고, 횡단하고 있는 보행자는 신속하게 횡단을 완료하거나 그 횡단을 중지하고 보도로 되돌아와야 한다.
황색 등화 점멸	다른 교통 또는 안전표지 표시에 주의하면서 진행
적색 등화	횡단보도의 횡단 금지

(3) 자전거 신호등(주체 : 자전거)

① 자전거 주행 신호등

녹색 등화	• 직진 또는 우회전
황색 등화	• 정지선이 있거나 횡단보도가 있을 때에는 그 직전이나 교차로의 직전에 정지해야 하며, 이미 교차로에 차마의 일부라도 진입한 경우에는 신속히 교차로 밖으로 진행해야 한다. • 우회전할 수 있고 우회전하는 경우에는 보행자의 횡단을 방해하지 못한다.
적색 등화	• 정지선, 횡단보도 및 교차로의 직전에서 정지해야 한다. → 다만, 신호에 따라 진행하는 다른 차마의 교통을 방해하지 아니하고 우회전할 수 있다.
황색 등화 점멸	• 다른 교통 또는 안전표지의 표시에 주의하면서 진행할 수 있다.
적색 등화 점멸	• 정지선이나 횡단보도가 있는 때에는 그 직전이나 교차로의 직전에 일시정지한 후 다른 교통에 주의하면서 진행할 수 있다.

② 자전거 횡단 신호등

녹색 등화	자전거횡단도를 횡단할 수 있다.
녹색 등화 점멸	횡단을 시작하여서는 아니 되고, 횡단하고 있는 자전거는 신속하게 횡단을 종료하거나 그 횡단을 중지하고 진행하던 차도 또는 자전거도로로 되돌아와야 한다.
적색 등화	자전거 횡단도를 횡단 금지

〈비고〉
1. 자전거를 주행하는 경우 자전거주행신호등이 설치되지 않은 장소에서는 차량신호등의 지시에 따른다.
2. 자전거횡단도에 자전거횡단신호등이 미설치된 경우 자전거는 보행신호등의 지시에 따른다. 이 경우 보행신호등란의 "보행자"는 "자전거"로 본다.

(4) 버스 신호등(주체 : 버스전용도로의 차마)

녹색 등화	직진할 수 있다.
황색 등화	정지선이 있거나 횡단보도가 있을 때에는 그 직전이나 교차로의 직전에 정지해야 하며, 이미 교차로에 차마의 일부라도 진입한 경우에는 신속히 교차로 밖으로 진행해야 한다.
적색 등화	정지선, 횡단보도 및 교차로의 직전에서 정지해야 한다.
황색 등화 점멸	다른 교통 또는 안전표지의 표시에 주의하면서 진행할 수 있다.
적색 등화 점멸	정지선이나 횡단보도가 있을 때에는 그 직전이나 교차로의 직전에 일시정지한 후 다른 교통에 주의하면서 진행할 수 있다.

② 안전표지의 종류 (안전표지는 속표지를 참조)

주의표지	도로상태가 위험하거나 도로 또는 그 부근에 위험물이 있는 경우에 필요한 안전조치를 할 수 있도록 이를 도로 사용자에게 알리는 표지
규제표지	도로교통의 안전을 위해 각종 제한·금지 등의 규제를 하는 경우에 이를 도로 사용자에게 알리는 표지
지시표지	도로의 통행방법·통행구분 등 도로교통의 안전을 위해 필요한 지시를 하는 경우에 도로사용자가 이를 따르도록 알리는 표지
보조표지	주의표지·규제표지 또는 지시표지의 주기능을 보충하여 도로 사용자에게 알리는 표지
노면표시	도로교통의 안전을 위해 각종 주의·규제·지시 등의 내용을 노면에 기호·문자 또는 선으로 도로 사용자에게 알리는 표시

▶ 노면표시에 사용되는 선의 종류

종류	점선	실선	복선
의미	허용	제한	의미의 강조

필수암기 노면표시 기본색상의 의미

백색	동일방향의 교통류 분리 및 경계 표시
황색	반대방향의 교통류 분리 또는 도로이용의 제한 및 지시 (중앙선표시, 노상장애물 중 도로중앙장애물표시, 주차 금지표시, 정차·주차금지 표시 및 안전지대표시)
청색	지정방향의 교통류 분리 표시(버스전용차로표시 및 다 인승차량 전용차선표시)
적색	어린이보호구역 또는 주거지역 안에 설치하는 속도제 한표시의 테두리선에 사용

05 차마의 통행

1 차로에 따른 통행차의 기준

(1) 고속도로 외의 도로

차로구분	통행 가능 차종
왼쪽 차로	승용자동차 및 경형·소형·중형 승합자동차
오른쪽 차로	대형승합자동차, 화물자동차, 특수자동차, 건설기계, 이륜자동차, 원동기장치자전거 (개인형 이동장치는 제외)

(2) 고속도로

차로 구분		통행할 수 있는 차종
편도 2차로	1차로	• 앞지르기를 하려는 모든 자동차 • 부득이하게 80km/h 미만으로 통행할 수밖에 없는 경우에는 앞지르기를 하는 경우가 아니라도 통행할 수 있다.
	2차로	모든 자동차
편도 3차로 이상	1차로	• 앞지르기를 하려는 승용자동차 및 경형·소형·중형 승합자동차 • 부득이하게 80km/h 미만으로 통행할 수밖에 없는 경우에는 앞지르기를 하는 경우가 아니라도 통행할 수 있다.
	왼쪽 차로	승용자동차 및 경형·소형·중형 승합자동차
	오른쪽 차로	대형 승합자동차, 화물자동차, 특수자동차, 건설기계

(주)
1. "왼쪽 차로"란 다음에 해당하는 차로를 말한다.
   • 고속도로 외의 도로의 경우 : 차로를 반으로 나누어 1차로에 가까운 부분의 차로. 다만, 차로수가 홀수인 경우 가운데 차로는 제외한다.
   • 고속도로의 경우 : 1차로를 제외한 차로를 반으로 나누어 그 중 1차로에 가까운 부분의 차로. 다만, 1차로를 제외한 차로의 수가 홀수인 경우 그 중 가운데 차로는 제외한다.
2. "오른쪽 차로"란 다음에 해당하는 차로를 말한다.
   • 고속도로 외의 도로의 경우 : 왼쪽 차로를 제외한 나머지 차로
   • 고속도로의 경우 : 1차로와 왼쪽 차로를 제외한 나머지 차로
3. 모든 차는 위 지정된 차로의 오른쪽 차로로 통행할 수 있다.
4. 앞지르기를 할 때에는 위 통행기준에 지정된 차로의 바로 옆 왼쪽 차로로 통행할 수 있다.
5. 도로의 진·출입 부분에서 이 표에서 정하는 기준에 따르지 아니할 수 있다.
6. 좌회전 차로가 2개 이상 설치된 교차로에서 좌회전하려는 차는 그 설치된 좌회전 차로 내에서 고속도로 외의 도로의 통행기준에 따라 좌회전해야 한다.
7. 편도 5차로 이상의 도로에서 차로에 따른 통행차의 기준은 이 표에 준하여 지방경찰청장이 따로 정한다.

2 차로에 따른 통행 방법

① 보도와 차도가 구분된 도로에서는 차도를 통행
② 도로 외의 곳으로 출입할 때에는 보도를 횡단하여 통행 가능
③ 보도를 횡단하기 직전에 일시정지하여 좌측과 우측 부분 등을 살핀 후 보행자의 통행을 방해하지 않도록 횡단
④ 도로(보도와 차도가 구분된 도로에서는 차도)의 중앙(중앙선이 설치되어 있는 경우에는 그 중앙선) 우측 부분을 통행

> ▶ 도로의 중앙이나 좌측 부분을 통행할 수 있는 경우
> • 도로가 일방통행인 경우
> • 도로의 파손, 도로공사나 그 밖의 장애 등으로 도로의 우측 부분을 통행할 수 없는 경우
> • 도로 우측 부분의 폭이 6m 미만의 도로에서 다른 차를 앞지르려는 경우 (다만, 도로의 좌측 부분을 확인 가능할 경우, 반대 방향의 교통을 방해할 우려가 없는 경우, 안전표지 등으로 앞지르기를 금지하거나 제한하지 않는 경우에 통행할 수 있다.)
> • 도로 우측 부분의 폭이 차마의 통행에 충분하지 않은 경우
> • 가파른 비탈길의 구부러진 곳에서 교통의 위험을 방지하기 위해 지방경찰청장이 필요하다고 인정하여 구간 및 통행방법을 지정하고 있는 경우에 그 지정에 따라 통행하는 경우

⑤ 안전지대 등 안전표지에 의하여 진입이 금지된 장소에 들어가면 안 된다.
⑥ 차마(자전거 제외)의 운전자는 안전표지로 통행이 허용된 장소를 제외하고는 자전거도로 또는 길가장자리 구역으로 통행하면 안 된다.(자전거우선도로의 경우 예외)
⑦ 앞지르기 시 통행기준에 지정된 차로의 바로 옆 왼쪽 차로로 통행할 수 있다.

⑧ 다음의 위험물 등을 운반하는 자동차는 도로의 오른쪽 가장자리 차로로 통행해야 한다.
→ 지정수량 이상의 위험물, 화약류, 유독물, 의료폐기물, 고압가스, 액화석유가스, 방사성물질, 유해물질, 유독성원제

⑨ 좌회전 차로가 2개 이상 설치된 교차로에서 좌회전할 때 좌회전 차로 내에서 고속도로 외의 도로의 통행기준에 따라 좌회전해야 한다.

⑩ 안전거리 확보 등
- 앞차의 뒤를 따를 때 앞차가 갑자기 정지하게 되는 경우 그 앞차와의 충돌을 피할 수 있는 필요한 거리를 확보해야 한다.
- 같은 방향으로 가고 있는 자전거 옆을 지날 때에는 그 자전거와의 충돌을 피할 수 있는 필요한 거리를 확보해야 한다.
- 차의 진로를 변경하려는 경우에 그 변경하려는 방향으로 오고 있는 다른 차의 정상적인 통행에 장애를 줄 우려가 있을 때에는 진로를 변경하면 안 된다.
- 위험방지 및 그 밖의 부득이한 경우가 아니면 운전하는 차를 갑자기 정지시키거나 속도를 줄이는 등 급제동하면 안 된다.

▶ 진로양보의무
  ㉠ 긴급자동차를 제외한 모든 차의 운전자는 뒤에서 따라오는 차보다 느린 속도로 가려는 경우에는 도로의 우측 가장자리로 피하여 진로를 양보해야 한다. (다만, 통행 구분이 설치된 도로의 경우 제외)
  ㉡ 좁은 도로에서 긴급자동차 외의 자동차가 서로 마주보고 진행할 때에는 다음의 자동차가 도로의 우측 가장자리로 피하여 진로를 양보해야 한다.
    • 비탈진 좁은 도로의 경우 올라가는 자동차
    • 동승자가 없고 물건을 싣지 아니한 자동차

3 교차로에서의 통행방법

(1) 일반 교차로에서의 통행
① 좌회전 : 미리 도로의 중앙선을 따라 서행하면서 교차로의 중심 안쪽을 이용하여 좌회전해야 한다.
② 우회전 : 미리 도로의 우측 가장자리를 서행하면서 우회전해야 한다. 이 경우 우회전하는 차의 운전자는 신호에 따라 정지하거나 진행하는 보행자 또는 자전거에 주의해야 한다.
③ 우회전이나 좌회전을 하기 위해 손·방향지시기·등화로 신호를 하는 차가 있는 경우 그 뒤차의 운전자는 앞차의 진행을 방해하면 안 된다.

④ 신호기로 교통정리를 하고 있는 교차로에 들어가려는 경우 진행하려는 진로의 앞쪽에 있는 차의 상황에 따라 교차로(정지선이 설치되어 있는 경우에는 그 정지선을 넘은 부분)에 정지하게 되어 다른 차의 통행에 방해가 될 우려가 있는 경우에는 그 교차로에 들어가서는 안 된다.

⑤ 교통정리를 하고 있지 않고 일시정지나 양보를 표시하는 안전표지가 설치되어 있는 교차로에 진입 시 다른 차의 진행을 방해하지 않도록 일시정지 또는 양보해야 한다.

(2) 교통정리를 하고 있지 않는 교차로에서의 양보운전
① 이미 교차로에 들어가 있는 차에 진로 양보
② 동시에 교차로에 진입할 때의 양보 사항
- 도로의 폭이 넓은 도로로부터 진입하는 차에 진로 양보
- 동시에 진입 시 우측도로에서 진입하는 차에 진로 양보
- 좌회전 시 직진하거나 우회전하려는 차에 진로 양보
- 선진입 적용은 속도에 비례하여 먼저 교차로에 진입한 경우이므로 단순히 교차로 진입거리가 길다하여 선진입을 확정하는 것이 아니라 일시정지 및 서행 여부, 교차로에서의 양보운전 여부 등을 확인한 후 통행우선권을 결정하게 된다.

4 운행상의 안전기준

(1) 화물자동차의 적재중량

구조 및 성능에 따르는 적재중량의 110% 이내

(2) 화물 적재 기준

길이	자동차 길이에 그 길이의 1/10을 더한 길이를 넘지 않을 것(즉 자동차 길이의 110%)
너비	자동차의 후사경으로 후방을 확인할 수 있는 범위의 너비를 넘지 않을 것
높이	• 지상으로부터 4m의 높이를 넘지 않을 것 • 도로구조의 보전과 통행의 안전에 지장이 없다고 인정하여 고시한 도로노선 : 4.2m → 소형 3륜자동차 : 2.5m, 이륜자동차 : 2m

후사경 시거 확보　　　차량 길이의 110%

4m

5 승차 또는 적재의 방법과 제한

① 승차 인원, 적재중량 및 적재용량에 관하여 대통령령으로 정하는 운행상의 안전기준을 넘어서 승차 또는 적재한 상태로 운전하면 안 됨(단, 출발지를 관할하는 경찰서장의 허가를 받은 경우 제외)

② 운전 중 탑승자가 떨어지지 않도록 하기 위해 문을 정확히 여닫는 등 필요한 조치를 해야 함

③ 운전 중 화물이 떨어지지 않도록 덮개를 씌우거나 묶는 등 확실하게 고정

④ 영유아나 동물을 안고 운전하거나 운전석 주위에 물건을 싣는 등 안전에 지장을 줄 우려가 있는 상태로 운전하지 않음

⑤ 시·도 경찰청장은 도로에서의 위험 방지 및 안전과 원활한 소통을 위해 필요할 경우 승차 인원, 적재중량 또는 적재용량을 제한할 수 있음

▶ 경찰서장의 허가가 필요한 경우
- 전신·전화·전기공사, 수도공사, 제설작업 그 밖에 공익을 위한 공사 또는 작업을 위해 부득이 화물자동차의 승차정원을 넘어서 운행하고자 하는 경우
- 분할할 수 없어 화물자동차의 적재중량 및 적재용량에 따른 기준을 적용할 수 없는 화물을 수송하는 경우

⑥ 안전기준을 넘는 화물의 적재허가를 받은 사람은 그 길이 또는 폭의 양끝에 너비 30cm, 길이 50cm 이상의 빨간 헝겊으로 된 표지를 달아야 한다.

→ 밤에 운행하는 경우에는 반사체로 된 표지를 달아야 한다.

6 자동차의 속도

(1) 도로별 차로 등에 따른 규정속도(km/h)

도로 구분			최고속도	최저속도
일반 도로	주거지역·상업지역 ·공업지역		50	제한 없음
	지정한 노선 또는 구간의 일반도로		60	
	편도 2차로 이상		80	
	편도 1차로		60	
고속 도로	편도 2차로 이상	모든 고속도로	100 (80)*	50
		경찰청장 지정·고시** 노선 또는 구간	120 (90)*	50
	편도 1차로		80	50
	자동차 전용도로		90	30

* 괄호 안의 경우 : 적재중량 1.5톤 초과 화물자동차, 특수자동차, 위험물운반자동차, 건설기계일 때 최고속도
** 지정·고시 : 경찰청장이 고속도로의 원활한 소통을 위하여 특히 필요하다고 인정하여 지정·고시한 노선 또는 구간

(2) 이상기후 시의 운행 속도

이상기후 상태	운행속도
• 비가 내려 노면이 젖어있는 경우 • 눈이 20mm 미만 쌓인 경우	최고속도의 20/100을 줄인 속도
• 폭우, 폭설, 안개 등으로 가시거리가 100m 이내인 경우 • 노면이 얼어붙은 경우 • 눈이 20mm 이상 쌓인 경우	최고속도의 50/100을 줄인 속도

- 가변형 속도제한표지로 최고속도를 정한 경우에는 이에 따름
- 가변형 속도제한표지로 정한 최고속도와 그 밖의 안전표지로 정한 최고속도가 다를 경우에는 가변형 속도제한표지에 따름

7 서행 및 정지 등

(1) 서행

① 차가 즉시 정지할 수 있는 느린 속도로 진행하는 것을 의미 (위험을 예상한 상황적 대비)

② 서행해야 하는 경우
  • 교차로에서의 좌·우회전
  • 교통정리를 하고 있지 않는 교차로에서 통행하고 있는 도로의 폭보다 교차하는 도로의 폭이 넓은 경우
  • 도로에 설치된 안전지대에 보행자가 있는 경우
  • 차로가 없는 좁은 도로에서 보행자의 옆을 지나는 경우

③ 서행해야 하는 장소
  • 교통정리를 하고 있지 않는 교차로
  • 도로가 구부러진 부근
  • 비탈길의 고갯마루 부근
  • 가파른 비탈길의 내리막
  • 지방경찰청장이 안전표지로 지정한 곳

(2) 정지

① 자동차가 완전히 멈추는 상태

(즉, 당시 속도가 0km/h으로 완전한 정지상태)

② 정지해야 할 장소
  • 정지선, 횡단보도, 교차로 직전에 정지
  • 이미 교차로에 진입한 경우 신속히 교차로 밖으로 진행
  • 신호에 따라 진행하는 다른 차의 교통을 방해하지 않고 우회전 가능

(3) 일단정지

① 반드시 일시적으로 차의 바퀴를 완전히 멈추어야 하는 행위(운행 순간 정지)

② 일단정지해야 할 장소 : 길가의 건물이나 주차장 등에서 도로에 들어갈 때에는 일단정지

(4) 일시정지

① 반드시 차가 멈추어야 하며, 얼마간의 시간동안 정지 상태를 유지(정지상황의 일시적 전개)

② 이행해야 할 장소
  • 보도와 차도가 구분된 도로에서 도로 외의 곳을 출입할 때에는 보도를 횡단하기 직전에 일시정지
  • 철길 건널목을 통과하려는 경우에는 철길 건널목 앞에서 일시정지

  • 보행자(자전거에서 내려서 자전거를 끌고 통행하는 자전거 운전자 포함)가 횡단보도를 통행하고 있을 때에는 보행자의 횡단을 방해하거나 위험을 주지 않도록 그 횡단보도 앞(정지선이 설치되어 있는 곳에서는 그 정지선)에서 일시정지
  • 보행자전용도로의 통행이 허용된 차마의 운전자는 보행자를 위험하게 하거나 보행자의 통행을 방해하지 않도록 보행자의 걸음 속도로 운행하거나 일시정지
  • 교차로나 그 부근에서 긴급자동차가 접근하는 경우에는 교차로를 피하여 일시정지
  • 교통정리를 하고 있지 아니하고 좌우를 확인할 수 없거나 교통이 빈번한 교차로에서는 일시정지
  • 시·도경찰청장이 필요하다고 인정하여 안전표지로 지정한 곳
  • 어린이가 보호자 없이 도로 횡단 시 어린이에 대한 교통사고의 위험이 있는 것을 발견한 경우 일시정지
  • 앞을 보지 못하는 사람 또는 지체장애인이나 노인 등이 도로를 횡단하고 있는 경우에는 일시정지
  • 차량신호등이 적색등화의 점멸인 경우 차마는 정지선이나 횡단보도가 있을 때에는 그 직전이나 교차로의 직전에 일시정지

8 통행의 우선순위(긴급자동차의 특례)

① 긴급하고 부득이한 경우, 도로의 중앙이나 좌측 부분을 통행

② 긴급하고 부득이한 경우, 정지해야 하는 때에도 정지하지 않을 수 있음

③ 자동차등의 속도, 앞지르기 금지의 시기 및 장소, 끼어들기의 금지에 관한 규정을 적용하지 않음

▶ 긴급자동차 본래의 사용 용도로 사용되고 있는 경우에 한하여 특례가 인정되며, 긴급자동차에 대한 특례에서 앞지르기 방법 등에 관한 규정은 인용하지 않음에 주의

▶ 소방차, 구급차, 혈액공급차량의 특례 : 보도침범, 중앙선 침범, 횡단금지, 안전거리 확보, 앞지르기 방법, 정차 및 주차금지, 고장 등의 조치 미적용

④ 긴급자동차 접근 시의 피양

교차로 또는 그 부근	• 긴급자동차의 접근 시 교차로를 피하여 도로의 우측 가장자리에 일시정지 • 일방통행 도로에서 우측 가장자리로 피하여 정지하는 것이 긴급자동차의 통행에 지장을 줄 때는 좌측 가장자리로 피하여 정지할 수 있다.
교차로 외의 곳	긴급자동차가 접근한 경우 긴급자동차가 우선통행할 수 있도록 진로를 양보한다.

06 운전면허 및 응시제한기간

1 운전 가능한 차량의 종류

(1) 제1종

제1종 대형면허	• 승용자동차, 승합자동차, 화물자동차 • 건설기계 : 덤프트럭, 아스팔트살포기, 노상안정기, 콘크리트믹서트럭, 콘크리트펌프, 천공기(트럭 적재식), 콘크리트믹서트레일러, 아스팔트콘크리트재생기, 도로보수트럭, 3톤 미만의 지게차 • 특수자동차(대형견인차, 소형견인차 및 구난차 제외) • 원동기장치자전거
제1종 보통면허	• 승용자동차 • 승차정원 15인 이하의 승합자동차 • 적재중량 12톤 미만의 화물자동차 • 건설기계 (도로를 운행하는 3톤 미만의 지게차) • 총중량 10톤 미만의 특수자동차(구난차등 제외) • 원동기장치자전거
제1종 소형면허	• 3륜화물자동차, 3륜승용자동차, 원동기장치자전거
제1종 특수면허	대형견인차 : 견인형 특수자동차 (제2종 보통면허로 운전 가능한 차량) 소형견인차 : 총중량 3.5톤 이하의 견인형 특수자동차 (제2종 보통면허로 운전 가능한 차량) 구난차 : 구난형 특수자동차 (제2종 보통면허로 운전 가능한 차량)

(2) 제2종

제2종 보통면허	• 승용자동차 • 승차정원 10인 이하의 승합자동차 • 적재중량 4톤 이하의 화물자동차 • 총중량 3.5톤 이하의 특수자동차 (구난차 등은 제외) • 원동기장치자전거
제2종 소형면허	• 이륜자동차 (측차부 포함) • 원동기장치자전거
원동기장치 자전거면허	• 원동기장치자전거

(주)
1. 자동차의 형식이 변경승인되거나 자동차 구조 또는 장치가 변경승인된 경우에는 다음의 구분에 의해 위의 표를 적용한다.
   ① 자동차의 형식이 변경된 경우
      • 차종 변경 또는 승차정원 또는 적재중량이 증가한 경우 : 변경승인 후의 차종이나 승차정원 또는 적재중량
      • 차종 변경없이 승차정원 또는 적재중량이 감소된 경우 : 변경승인 전의 승차정원 또는 적재중량
   ② 자동차의 구조 또는 장치가 변경된 경우 : 변경승인 전의 승차정원 또는 적재중량
2. 위험물 등을 운반 시 면허에 따른 적재중량 또는 적재용량
   • 제1종 보통면허 : 적재중량 3톤 이하 또는 적재용량 3천 리터 이하
   • 제1종 대형면허 : 적재중량 3톤 초과 또는 적재용량 3천 리터 초과
3. 피견인자동차는 제1종 대형면허, 제1종 보통면허 또는 제2종 보통면허를 가지고 있는 사람이 해당 면허로 운전할 수 있는 자동차로 견인 가능 (만약 총중량 750kg을 초과하는 피견인자동차를 견인하려면 견인자동차를 운전할 수 있는 면허 외에 소형견인차면허 또는 대형견인차면허 소지, 3톤을 초과하는 피견인자동차를 견인하기 위해서는 견인하는 자동차를 운전할 수 있는 면허와 대형견인차면허 소지)
4. 이륜자동차로는 피견인자동차를 견인할 수 없다.

❷ 운전면허취득 응시제한기간

제한기간	사유
5년 제한	• 음주운전, 무면허, 약물복용, 과로운전 중 사상사고 야기 후 필요한 구호조치를 하지 않고 도주
4년 제한	• 5년 제한 이외의 사유로 사상사고 야기 후 도주
3년 제한	• 음주운전을 하다가 3회 이상 교통사고 야기 • 자동차 이용 범죄, 자동차 강취·절취한 자가 무면허로 운전
2년 제한	• 음주운전 금지 규정을 3회 이상 위반하여 운전면허가 취소된 경우 • 공동 위험행위의 금지를 2회 이상 위반하여 운전면허가 취소된 경우 • 운전면허를 받을 자격이 없는 사람이 운전면허를 받거나, 거짓이나 그 밖의 부정한 수단으로 운전면허를 받은 경우 또는 운전면허효력의 정지기간 중 운전면허증 또는 운전면허증을 갈음하는 증명서를 발급받은 사실이 드러난 경우 • 타인의 자동차를 훔치거나 갈취 • 경찰공무원의 음주운전 여부 측정을 3회 이상 위반하여 운전면허가 취소된 경우 • 다른 사람의 운전면허시험에 대신 응시 • 무면허 운전 3회 이상 위반
1년 제한	• 무면허 운전 및 공동 위험행위의 금지 규정 위반
6개월 제한	• 원동기장치자전거를 취득

▶ 기타) 바로 면허시험에 응시 가능한 경우
• 적성검사 또는 면허갱신 미필자
• 2종에 응시하는 1종면허 적성검사 불합격자

07 운전면허 취소·정지처분 기준

❶ 운전면허 행정처분기준의 감경

(1) 감경사유

	음주운전으로 운전면허 취소처분 또는 정지처분을 받은 경우	벌점·누산점수 초과로 인하여 운전면허 취소처분을 받은 경우
감경 사유	• 운전이 가족의 생계를 유지할 중요한 수단 • 모범운전자로서 처분당시 3년 이상 교통봉사활동에 종사 • 교통사고를 일으키고 도주한 운전자를 검거하여 경찰서장 이상의 표창을 받음	
감경 제외 사항	• 혈중알콜농도가 0.1%를 초과하여 운전한 경우 • 음주운전 중 인적피해 교통사고를 일으킨 경우 • 경찰관의 음주측정요구에 불응하거나 도주한 때 또는 단속경찰관을 폭행한 경우 • 과거 5년 이내에 3회 이상의 인적피해 교통사고의 전력이 있는 경우 • 과거 5년 이내에 음주운전의 전력이 있는 경우	• 과거 5년 이내에 운전면허 취소처분을 받은 전력이 있는 경우 • 과거 5년 이내에 3회 이상 인적피해 교통사고를 일으키거나 운전면허 정지처분을 받은 전력이 있는 경우 • 과거 5년 이내에 운전면허행정처분 이의심의위원회의 심의를 거치거나 행정심판 또는 행정소송을 통하여 행정처분이 감경된 경우

(2) 감경기준

① 위반행위에 대한 처분기준이 운전면허의 취소처분에 해당하는 경우, 해당 위반행위에 대한 처분벌점을 110점으로 함
② 운전면허의 정지처분에 해당하는 경우, 처분 집행일수의 2분의 1로 감경

→ 다만, 벌점·누산점수 초과로 면허 취소 시 면허가 취소되기 전의 누산점수 및 처분벌점을 모두 합산하여 처분벌점을 110점으로 함

2 취소처분 개별기준

위반사항	내용
교통사고 유발 후 구호조치를 하지 아니한 때	• 교통사고로 사람을 죽게 하거나 다치게 하고, 구호조치를 하지 아니한 때
음주 운전	• 음주 기준(혈중알코올농도 0.03% 이상)을 넘어서 운전을 하다가 교통사고로 사람을 죽게 하거나 다치게 한 때 • 혈중알코올농도 0.08% 이상의 상태에서 운전한 때 • 음주 기준을 넘어 운전하거나 음주 측정에 불응한 사람이 다시 술에 취한 상태(혈중알코올농도 0.03% 이상)에서 운전한 때
음주 측정 불응	• 술에 취한 상태에서 운전하거나 술에 취한 상태에서 운전하였다고 인정할 만한 상당한 이유가 있음에도 불구하고 경찰공무원의 측정 요구에 불응한 때
타인에게 운전면허증 대여 (도난, 분실 제외)	• 면허증 소지자가 다른 사람에게 면허증을 대여하여 운전하게 한 때 • 면허 취득자가 다른 사람의 면허증을 대여 받거나 그 밖에 부정한 방법으로 입수한 면허증으로 운전한 때
결격사유에 해당하는 자	• 교통상의 위험과 장해를 일으킬 수 있는 정신질환자 또는 뇌전증환자 • 시각 장애 (한쪽 눈만 보지 못하는 사람의 경우에는 제1종 운전면허 중 대형면허·특수면허로 한정) • 청각 장애 (제1종 운전면허 중 대형면허·특수면허로 한정) • 양 팔의 팔꿈치 관절 이상을 잃은 사람, 또는 양팔을 전혀 쓸 수 없는 자 　→ 다만, 본인의 신체장애 정도에 적합한 자동차를 이용하여 정상 운전할 수 있는 경우는 제외 • 다리, 머리, 척추 그 밖의 신체장애로 인하여 앉아 있을 수 없는 자 • 교통상의 위험과 장해를 일으킬 수 있는 마약, 대마, 향정신성 의약품 또는 알코올 중독자
약물 사용 후 운전한 때	• 약물(마약·대마·향정신성 의약품 및 환각물질)의 투약·흡연·섭취·주사 등으로 정상적인 운전을 하지 못할 염려가 있는 상태에서 자동차등을 운전한 때
공동위험행위	• 공동위험행위로 구속된 때
난폭운전	• 난폭운전으로 구속된 때
속도위반	• 최고속도보다 100km/h를 초과한 속도로 3회 이상 운전한 때
정기적성검사 불합격 또는 정기적성검사 기간 1년 경과	• 정기적성검사에 불합격하거나 적성검사기간 만료일 다음 날부터 적성검사를 받지 아니하고 1년을 초과한 때

위반사항	내용
수시적성검사 불합격 또는 수시적성검사 기간 경과	• 수시적성검사에 불합격하거나 수시적성검사 기간을 초과한 때
운전면허 행정처분기간 중 운전행위	• 운전면허 행정처분 기간 중에 운전한 때
허위 또는 부정한 수단으로 운전면허를 받은 경우	• 허위·부정한 수단으로 운전면허를 받은 때 • 결격사유에 해당하여 운전면허를 받을 자격이 없는 사람이 운전면허를 받은 때 • 운전면허 효력의 정지기간중에 면허증 또는 운전면허증에 갈음하는 증명서를 교부받은 사실이 드러난 때
등록 또는 임시운행 허가받지 아니한 자동차를 운전	• 등록되지 아니하거나 임시운행 허가를 받지 아니한 자동차(이륜자동차 제외)를 운전한 때
자동차 등을 이용한 형법상 특수상해 등 (보복운전)	• 자동차등을 이용하여 형법상 특수상해, 특수폭행, 특수협박, 특수손괴를 행하여 구속된 때
대리 운전면허 응시	• 운전면허 소지자가 타인을 부정 합격시키기 위해 운전면허 시험에 응시한 때
단속 경찰공무원 폭행	• 단속하는 경찰공무원 등 및 시·군·구 공무원을 폭행하여 형사입건된 때
연습면허 취소사유가 있었던 경우	• 제1종 보통 및 제2종 보통면허를 받기 이전에 연습면허의 취소사유가 있었던 때 → 연습면허에 대한 취소절차 진행중 제1종 보통 및 제2종 보통면허를 받은 경우를 포함

❸ 정지처분 개별기준

(1) 도로교통법을 위반한 때

벌점	위반사항
100	• 속도 위반 - 100km/h 초과 • 음주운전 상태의 기준을 넘은 때(혈중알코올농도 0.03% 이상 0.08% 미만) • 자동차등을 이용하여 형법상 특수상해 등(보복운전)을 하여 입건된 때
80	• 속도 위반 - 80km/h 초과 100km/h 이하
60	• 속도 위반 - 60km/h 초과 80km/h 이하
40	• 정차·주차위반에 대한 조치불응 → 단체에 소속되거나 다수인에 포함되어 경찰공무원의 3회 이상의 이동명령에 따르지 아니하고 교통을 방해한 경우에 한함 • 공동위험행위로 형사입건된 때 • 난폭운전으로 형사입건된 때 • 안전운전의무위반 → 단체에 소속되거나 다수인에 포함되어 경찰공무원의 3회 이상의 안전운전 지시에 따르지 아니하고 타인에게 위험과 장해를 주는 속도나 방법으로 운전한 경우에 한함 • 승객의 차내 소란행위 방치운전 • 출석기간 또는 범칙금 납부기간 만료일부터 60일이 경과될 때까지 즉결심판을 받지 아니한 때

벌점	위반사항
30	• 통행구분 위반　→ 중앙선 침범에 한함 • 속도위반 - 40㎞/h 초과 60㎞/h 이하 • 철길건널목 통과방법위반 • 어린이통학버스 특별보호 위반 및 어린이통학버스 운전자의 의무위반 (좌석안전띠를 매도록 하지 아니한 운전자는 제외) • 고속도로 · 자동차전용도로 갓길통행 • 고속도로 버스전용차로 · 다인승전용차로 통행위반 • 운전면허증 등의 제시의무위반 또는 운전자 신원확인을 위한 경찰공무원의 질문에 불응
15	• 신호 · 지시 위반 • 속도 위반 - 20㎞/h 초과 40㎞/h 이하 • 속도 위반 → 어린이보호구역 안에서 오전 8시부터 오후 8시까지 사이에 제한속도를 20km/h 이내에서 초과한 경우에 한정 • 앞지르기 금지시기 · 장소위반 • 적재 제한 위반 또는 적재물 추락 방지 위반 • 운전 중 휴대용 전화 사용 • 운전 중 운전자가 볼 수 있는 위치에 영상 표시 • 운전 중 영상표시장치 조작 • 운행기록계 미설치 자동차 운전금지 등의 위반
10	• 통행구분 위반 (보도침범, 보도 횡단방법 위반) • 지정차로 통행위반 (진로변경 금지장소에서의 진로변경 포함) • 일반도로 전용차로 통행 위반 • 안전거리 미확보(진로변경 방법 위반 포함) • 앞지르기 방법 위반 • 보행자 보호 불이행(정지선 위반 포함) • 승객 또는 승하차자 추락방지조치위반 • 안전운전 의무 위반 • 노상 시비 · 다툼 등으로 차마의 통행 방해행위 • 도로에 있는 사람이나 차마를 손상시킬 우려가 있는 물건(돌, 유리병, 쇳조각 등)을 던지는 행위 • 도로를 통행하고 있는 차마에서 밖으로 물건을 던지는 행위

(주)
1. 범칙금 납부기간 만료일부터 60일이 경과될 때까지 즉결심판을 받지 아니하여 정지처분 대상자가 되었거나, 정지처분을 받고 정지처분 기간 중에 있는 사람이 위반 당시 통고받은 범칙금액에 그 100분의 50을 더한 금액을 납부하고 증빙서류를 제출한 때에는 정지처분을 하지 아니하거나 그 잔여기간의 집행을 면제한다. 다만, 다른 위반행위로 인한 벌점이 합산되어 정지처분을 받은 경우 그 다른 위반행위로 인한 정지처분 기간에 대하여는 집행을 면제하지 아니한다.
2. 어린이보호구역 및 노인 · 장애인보호구역 안에서 오전 8시부터 오후 8시까지 사이에 위반한 경우 위 표에 따른 벌점의 2배에 해당하는 벌점을 부과한다.

(2) 운전 중 교통사고를 일으킨 때

① 사고결과에 따른 벌점기준

인적 피해	벌점	내용
사망 1명마다	90	사고발생 시부터 72시간 이내에 사망한 때
중상 1명마다	15	3주 이상의 치료를 요하는 의사의 진단이 있는 사고
경상 1명마다	5	3주 미만 5일 이상의 치료를 요하는 의사의 진단이 있는 사고
부상신고 1명마다	2	5일 미만의 치료를 요하는 의사의 진단이 있는 사고

(비고)
1. 교통사고 발생 원인이 불가항력이거나 피해자의 명백한 과실인 때에는 행정처분을 하지 아니한다.
2. 자동차등 대 사람 교통사고의 경우 쌍방과실인 때에는 그 벌점을 2분의 1로 감경한다.
3. 자동차등 대 자동차등 교통사고의 경우에는 그 사고원인 중 중한 위반행위를 한 운전자만 적용한다.
4. 교통사고로 인한 벌점산정에 있어서 처분 받을 운전자 본인의 피해에 대하여는 벌점을 산정하지 아니한다.

② 불이행에 따른 벌점

내용	벌점
① 물적 피해가 발생한 교통사고를 일으킨 후 도주한 때	15
② 교통사고 유발 후 즉시 사상자를 구호 조치를 하지 않았으나 그 후 자진신고를 한 때	
㉠ 고속도로, 특별시 · 광역시 및 시의 관할구역과 군(광역시의 군 제외)의 관할구역 중 경찰관서가 위치하는 리 또는 동 지역에서 3시간(그 밖의 지역에서는 12시간) 이내에 자진신고를 한 때	30
㉡ ㉠에 따른 시간 후 48시간 이내에 자진신고를 한 때	60

4 자동차등 이용 범죄 및 자동차등 강도·절도 시운전면허 행정처분 기준

(1) 취소처분 기준

위반사항	내용
자동차등을 다음 범죄 도구나 장소로 이용한 경우 • 「국가보안법」에 위반한 증거를 날조 · 인멸 · 은닉 • 살인, 사체유기, 방화, 강도, 강간, 강제추행, 약취 · 유인 · 감금 • 상습절도(절취 물건 운반) • 교통방해(단체 또는 다중의 위력으로써 위반한 경우)	• 자동차등을 법정형 상한이 유기징역 10년을 초과하는 범죄의 도구나 장소로 이용한 경우 • 자동차등을 범죄의 도구나 장소로 이용하여 운전면허 취소 · 정지 처분을 받은 사실이 있는 사람이 다시 자동차등을 범죄의 도구나 장소로 이용한 경우(다만, 일반교통방해죄의 경우는 제외)
다른 사람의 자동차 등을 훔치거나 빼앗은 경우	• 타인의 자동차 등을 빼앗아 운전한 경우 • 타인의 자동차 등을 훔치거나 빼앗아 이를 운전하여 운전면허 취소 · 정지 처분을 받은 사실이 있는 사람이 다시 자동차 등을 훔치고 이를 운전한 경우

(2) 정지처분 기준

'(1) 취소처분 기준'으로 자동차등을 법정형 상한이 유기징역 10년 이하인 범죄 도구나 장소로 이용한 경우에 해당하며, 벌점 100점을 부과한다.

5 범칙행위에 따른 범칙금액

범칙행위	범칙금(만원)	
	승합차	승용차
• 속도위반(60km/h 초과) • 어린이통학버스 운전자의 의무 위반 (좌석안전띠를 매도록 하지 않은 경우 제외) • 인적 사항 제공의무 위반 (주·정차된 차만 손괴한 것이 분명한 경우에 한정)	13	12
• 속도위반(40km/h 초과 60km/h 이하) • 승객의 차 안 소란행위 방치 운전 • 어린이통학버스 특별보호 위반	10	9
• 신호·지시 위반 • 중앙선 침범, 통행구분 위반 및 속도위반(20km/h 초과 40km/h 이하) • 횡단·유턴·후진 위반 • 앞지르기 방법 및 앞지르기 금지 시기·장소 위반 • 철길건널목 통과방법 위반 • 횡단보도 보행자 횡단 방해 (신호 또는 지시에 따라 도로를 횡단하는 보행자의 통행방해 포함) • 보행자전용도로 통행 위반(보행자전용도로 통행방법 위반 포함) • 어린이·앞을 보지 못하는 사람 등의 보호 위반 • 운전 중 휴대용 전화 사용 • 운전 중 운전자가 볼 수 있는 위치에 영상 표시 • 운전 중 영상표시장치 조작 • 운행기록계 미설치 자동차 운전 금지 등의 위반 • 고속도로·자동차전용도로 갓길 통행 • 고속도로버스전용차로·다인승전용차로 통행 위반 • 긴급자동차에 대한 양보·일시정지 위반 • 긴급한 용도나 그 밖에 허용된 사항 외에 경광등이나 사이렌 사용 • 승차 인원 초과, 승객 또는 승하차자 추락 방지조치 위반	7	6

범칙행위	범칙금(만원)	
	승합차	승용차
• 통행 금지·제한 위반 • 일반도로 전용차로 통행 위반, 노면전차 전용로 통행 위반 • 고속도로·자동차전용도로에서 안전거리 미확보 • 앞지르기의 방해 금지 위반 • 교차로 통행방법 위반 • 교차로에서의 양보운전 위반 • 보행자의 통행 방해 또는 보호 불이행 • 정차·주차 금지 또는 방법 위반 • 정차·주차 위반에 대한 조치 불응 • 적재 제한 위반, 적재물 추락 방지 위반 • 유아나 동물을 안고 운전하는 행위 • 안전운전의무 위반 • 도로에서의 시비·다툼 등으로 인한 차마의 통행 방해 행위 • 급발진, 급가속, 엔진 공회전 또는 반복적·연속적인 경음기 울림으로 인한 소음 발생 행위 • 화물 적재함에의 승객 탑승 운행 행위 • 고속도로 지정차로 통행 위반 • 고속도로·자동차전용도로 횡단·유턴·후진 위반 • 고속도로·자동차전용도로 정차·주차 금지 위반 • 고속도로 진입 위반 • 고속도로·자동차전용도로에서의 고장 등의 경우 조치 불이행	5	4
• 돌, 유리병, 쇳조각 등으로 사람이나 차마를 손상시킬 우려가 있는 행위 • 도로를 통행하고 있는 차마에서 밖으로 물건을 던지는 행위	5	

범칙행위	범칙금(만원)	
	승합차	승용차
• 혼잡 완화조치 위반 • 지정차로 통행 위반, 차로 너비보다 넓은 차 통행 금지 위반 (진로변경 금지장소에서의 진로 변경 포함) • 속도 위반 (20km/h 이하) • 진로 변경방법 위반 / 급제동 금지 위반 / 끼어들기 금지 위반 • 서행의무 위반 / 일시정지 위반 • 방향전환 · 진로변경 시 신호 불이행 • 운전석 이탈 시 안전 확보 불이행 • 동승자 등의 안전을 위한 조치 위반 • 지방경찰청 지정 · 공고 사항 위반 • 좌석안전띠 미착용 • 이륜자동차 · 원동기장치자전거 인명보호 장구 미착용 • 어린이통학버스와 비슷한 도색 · 표지 금지위반	3	
• 최저속도 위반 • 일반도로 안전거리 미확보 • 등화 점등 · 조작 불이행(안개, 강우 또는 강설 때는 제외) • 불법부착장치 차 운전(교통단속용 장비의 기능을 방해하는 장치를 한 차의 운전은 제외한다) • 사업용 승합자동차의 승차 거부 • 택시의 합승 · 승차거부 · 부당요금징수 행위 • 운전이 금지된 위험한 자전거의 운전	2	
• 특별교통안전교육의 미 이수 　가. 과거 5년 이내에 음주운전 금지규정을 1회 이상 위반하였던 사람으로서 다시 음주운전 금지규정을 위반하여 운전면허효력 정지처분을 받게 되거나 받은 사람이 그 처분기간이 끝나기 전에 특별교통안전교육을 받지 않은 경우	6	
나. 가목 외의 경우	4	
• 경찰관의 면허증 회수에 대한 거부 또는 방해	3	

⑥ 어린이보호구역 및 노인·장애인보호구역에서의 과태료 부과기준

위반행위 및 행위자	범칙금액(만원)	
	승합차	승용차
• 신호 또는 지시를 따르지 않은 차의 고용주	14	13
• 제한속도를 준수하지 않은 차의 고용주 　- 60km/h 초과 　- 40km/h 초과 60km/h 이하 　- 20km/h 초과 40km/h 이하 　- 20km/h 이하	 17 14 11 7	 16 13 10 7
• 규정을 위반하여 정 · 주차를 한 차의 고용주 　- 어린이보호구역에서 위반한 경우 　- 노인 · 장애인보호구역에서 위반한 경우	9(10) 13(14) 9(10)	8(9) 12(13) 8(9)

※ 괄호 안의 금액은 같은 장소에서 2시간 이상 정차 또는 주차 위반을 하는 경우에 적용한다.
　• 승합자동차 등 : 승합자동차, 4톤 초과 화물자동차, 특수자동차, 건설기계 및 노면전차
　• 승용자동차 등 : 승용자동차 및 4톤 이하 화물자동차

chapter 01

⑦ 어린이보호구역 및 노인·장애인보호구역에서의 범칙행위 및 범칙금액표

위반행위	범칙금액(만원)	
	승합차	승용차
• 신호 · 지시 위반 • 횡단보도 보행자 횡단 방해	13	12

• 속도위반
  – 60km/h 초과
  – 40km/h 초과 60km/h 이하
  – 20km/h 초과 40km/h 이하
  – 20km/h 이하
	16
	13
	10
	6
		15
		12
		9
		6

• 통행금지 · 제한 위반 • 보행자 통행 방해 또는 보호 불이행	9	8
• 정차 · 주차 금지 위반 • 주차금지 위반 • 정차 · 주차방법 위반 • 정차 · 주차 위반에 대한 조치 불응	9 (13*)	8 (12*)

※ 괄호 안의 금액은 어린이보호구역에서 위반 시 부과금액임

참고) 벌금, 과태료, 범칙금 차이

벌금 (형법상 형벌)	• 형사처벌의 형태로 일정금액을 국가에 납부하는 재산형 (전과기록에 남음) • 벌금은 5만원 이상으로 하며, 재판에 의해 감경의 경우 5만원 미만으로 가할 수 있음 • 벌금을 납부하지 않을 시 노역장 등에서 작업으로 복무함
징역 (형법상 형벌)	• 벌금형 대신 부과하는 형 (죄질에 따라 벌금과 징역을 동시 처벌 가능)
과태료 (행정상의 처분)	• 행정법에 의해 의무를 이행하지 않거나 비교적 가벼운 벌칙을 위반할 경우 국가에 납부 (범칙금보다 가벼움) • 형법상 형벌이 아니므로 재판을 거치지 않음 • 불이행 시 강제징수 집행이 가능
과징금 (행정상의 처분)	• 과태료와 기본 성격은 같으며, 차이점은 위반 행위로 얻는 부당이득(경제적 이득)을 박탈(환수)하는 데 목적으로 함 • 벌금과 과징금은 병행하여 부과할 수 있음
범칙금 (행정상의 처분 → 사법상의 형벌)	• 도로교통법, 경범죄처벌법 등 일상생활에서 흔히 일어나는 경미한 범죄행위에 대해 부과하는 것 • 일정한 금액의 범칙금 납부를 통고하고, 그 통고를 받은 자가 기간 내에 이를 납부한 경우에는 해당 범칙행위에 대해 공소가 제기되지 않음 • 범칙금 미 납부 시 이후 형사처벌 절차(벌금)가 진행

참고) 도로교통법 위반 시 과태료와 범칙금의 비교

과태료 : 형법상 형벌의 성질이 없는 법령위반에 대한 가하는 처벌로 범칙금보다 가볍다. 주로 단속카메라나 블랙박스 신고 등으로 적발되며, 차량 소유주에게 부과한다. 또한, 벌점은 부과하지 않는다.

범칙금 : 도로교통법을 위반한 운전자에게 부과하는 금전적 처벌로, 경찰관에게 직접 적발된 경우 과태료 처분 없이 직접 부과한다. 위반 시 벌금이 부과되는 점이 과태료와 차이가 있다.

과태료와 범칙금은 동시 부과가 아니라 선택하여 납부한다.

구분	과태료	범칙금
적발	단속카메라	경찰관
부과대상	차량 소유주	운전자(차량과 관계없음)
벌점 부과	없음	있음

※ 교통법규의 벌점 : 운전면허 행정처분제도의 일종으로, 운전자가 법규를 위반했거나 사고가 났을 때 면허정지 또는 면허취소 처분을 하기 위한 기준값이다. 각 위반/사고 사례에 따른 벌점 부과 기준이 있으며, 정해진 기준값을 넘게 되면 면허정지 또는 면허취소 처분을 받게 된다.

1 다음 중 도로교통법령상 자동차에 해당하는 것은?

① 케이블카
② 손수레
③ 자전거
④ 콘크리트 믹서트럭

2 다음 중 도로교통법령상 차마에 해당하지 않는 것은?

① 견인되는 자동차
② 전동휠체어
③ 아스팔트살포기
④ 손수레

차마에 해당되지 않는 것
철길이나 가설(架設)된 선을 이용하여 운전되는 것, 유모차 · 수동휠체어 ·
전동휠체어 및 의료용 스쿠터 등의 보행보조용 의자차

3 다음 중 도로교통법령상 긴급자동차에 해당하지 않는 것은?

① 견인차
② 소방차
③ 구급차
④ 혈액 공급차량

4 차량신호등의 종류가 적색화살표의 등화일 경우에 대한 설명으로 옳은 것은?

① 차마는 다른 교통 또는 안전표지의 표시에 주의하면서 화살표시 방향으로 진행할 수 있다.
② 차마는 정지선이나 횡단보도가 있을 때에는 그 직전이나 교차로의 직전에 일시정지한 후 다른 교통에 주의하면서 화살표시 방향으로 진행할 수 있다.
③ 차마는 화살표시 방향으로 진행할 수 있다.
④ 화살표시 방향으로 진행하려는 차마는 정지선, 횡단보도 및 교차로의 직전에서 정지하여야 한다.

① : 황색화살표등화의 점멸
② : 적색화살표등화의 점멸
③ : 녹색화살표의 등화

5 차량신호등의 녹색의 등화에 대한 설명으로 틀린 것은?

① 비보호좌회전표시가 있는 곳에서는 좌회전할 수 있다.
② 차마는 직진할 수 있다.
③ 차마는 우회전할 수 있다.
④ 차마는 정지선이 있거나 횡단보도가 있을 때에는 그 직전이나 교차로의 직전에 정지하여야 한다.

④는 황색의 등화에 대한 설명이다.

6 차량신호등의 종류가 황색 등화의 점멸일 경우에 대한 설명으로 옳은 것은?

① 차마는 정지선이 있거나 횡단보도가 있을 때에는 그 직전이나 교차로의 직전에 정지하여야 한다.
② 차마는 정지선이나 횡단보도가 있을 때에는 그 직전이나 교차로의 직전에 일시정지한 후 다른 교통에 주의하면서 진행할 수 있다.
③ 차마는 다른 교통 또는 안전표지의 표시에 주의하면서 진행할 수 있다.
④ 차마는 직진 또는 우회전할 수 있다.

7 보행자는 횡단을 시작하면 안 되고, 횡단하고 있는 보행자는 신속하게 횡단을 완료하거나 그 횡단을 중지하고 보도로 되돌아와야 하는 보행신호등에 해당하는 것은?

① 녹색의 등화
② 황색등화의 등화
③ 적색등화의 점멸
④ 녹색등화의 점멸

8 자전거는 정지선이나 횡단보도가 있는 때에는 그 직전이나 교차로의 직전에 일시정지한 후 다른 교통에 주의하면서 진행할 수 있는 자전거 신호에 해당하는 것은?

① 적색의 등화
② 황색등화의 점멸
③ 적색등화의 점멸
④ 녹색등화의 점멸

정답 1 ④ 2 ② 3 ① 4 ④ 5 ④ 6 ③ 7 ④ 8 ③

chapter 01

9 버스신호등 중 황색등화의 점멸이 의미하는 것은?

① 버스전용차로에 있는 차마는 다른 교통 또는 안전표지의 표시에 주의하면서 진행할 수 있다.

② 버스전용차로에 있는 차마는 정지선, 횡단보도 및 교차로의 직전에서 정지하여야 한다.

③ 버스전용차로에 있는 차마는 직진할 수 있다.

④ 버스전용차로에 있는 차마는 정지선이나 횡단보도가 있을 때에는 그 직전이나 교차로의 직전에 일시정지한 후 다른 교통에 주의하면서 진행할 수 있다.

> ② : 적색의 등화, ③ : 녹색의 등화, ④ : 적색등화의 점멸

10 주의표지에 해당하지 않는 표지는?

① 위험표지
② 터널표지
③ 서행표지
④ 횡풍표지

> 서행표지는 규제표지에 해당한다.

11 다음 중 지시표지에 해당하는 것은?

① 양보표지
② 자전거표지
③ 신호기표지
④ 비행기표지

> ① 규제표지 ③, ④ 주의표지

12 도로교통법령상 차량 신호등인 '황색등화의 점멸'신호가 뜻하는 것은?

① 교차로에 일단정지 하여야 한다.
② 일시정지한 후 녹색등화가 들어올 때까지 기다려야 한다.
③ 신속히 직진하여야 한다.
④ 다른 교통에 주의하면서 진행할 수 있다.

> 황색등화의 점멸 : 다른 교통 또는 안전표지 표시에 주의하면서 진행할 수 있다.

13 편도 2차로 이상인 일반도로에서의 최고속도는 얼마인가?

① 80km/h
② 70km/h
③ 90km/h
④ 60km/h

> 편도 2차로 이상인 일반도로에서의 최고속도는 80km/h 이다.

14 노면표시에 사용되는 선의 종류 중 점선이 의미하는 것은?

① 허용
② 제한
③ 금지
④ 의미의 강조

노면표시에 사용되는 선의 종류

종류	점선	실선	복선
의미	허용	제한	의미의 강조

15 노면표시의 기본색상 중 황색이 의미하는 것이 아닌 것은?

① 반대방향의 교통류 분리
② 노상장애물 중 도로중앙장애물표시
③ 주차금지표시
④ 지정방향의 교통류 분리 표시

> 지정방향의 교통류 분리 표시는 청색으로 표시한다.

16 어린이보호구역 또는 주거지역 안에 설치하는 속도제한 표시의 테두리선에 사용되는 노면표시 색상은?

① 백색
② 황색
③ 청색
④ 적색

17 동일 방향의 교통류 분리 및 경계 표시에 사용되는 노면표시의 색상은?

① 백색
② 황색
③ 청색
④ 적색

> 정 답 9 ① 10 ③ 11 ② 12 ④ 13 ① 14 ① 15 ④ 16 ④ 17 ①

18 고속도로 외의 편도4차로에서 4차로에서 통행할 수 있는 차종이 아닌 것은?

① 중형승합자동차
② 원동기장치자전거
③ 특수자동차
④ 적재중량이 1.5톤을 초과하는 화물자동차

고속도로 외의 편도4차로에서 중형 승합자동차는 2차로에서 통행할 수 있다.

19 화물자동차는 고속도로 외의 편도4차로에서 어느 차로에서 통행할 수 있는가?

① 2차로만 가능
② 3차로만 가능
③ 4차로만 가능
④ 3 · 4차로 모두 가능

화물차는 중량 구분없이 오른쪽 차로, 즉 3 · 4차로에서 모두 통행 가능하다.

20 고속도로 외의 편도 3차로에서 화물자동차는 몇 차로로 통행하여야 하는가?

① 1차로
② 2차로만 가능
③ 3차로만 가능
④ 2, 3차로 모두 가능

화물자동차는 오른쪽 차로 통행이 가능하며, 고속도로 외의 편도 3차로에서는 2, 3차로가 오른쪽 차로이므로 2, 3차로 모두 통행이 가능하다.

21 다음 중 도로의 중앙이나 좌측 부분을 통행할 수 있는 경우에 해당되지 않는 것은?

① 도로가 일방통행인 경우
② 도로의 파손, 도로공사나 그 밖의 장애 등으로 도로의 우측 부분을 통행할 수 없는 경우
③ 도로 우측 부분의 폭이 6m 미만의 도로에서 다른 차를 앞지르려는 경우
④ 도로 우측 부분의 폭이 차마의 통행에 충분한 경우

도로 우측 부분의 폭이 차마의 통행에 충분하지 아니한 경우 도로의 중앙이나 좌측 부분을 통행할 수 있다.

22 편도4차 고속도로에서 중·소형승합자동차의 주행차로로 사용되는 차로는?

① 1차로   ② 2차로
③ 3차로   ④ 4차로

23 차로에 따른 통행 방법에 대한 설명으로 옳지 않은 것은?

① 보도와 차도가 구분된 도로에서는 차도를 통행하여야 한다.
② 도로 외의 곳으로 출입할 때에는 보도를 횡단하여 통행할 수 없다.
③ 보도를 횡단하기 직전에 일시정지하여 좌측과 우측 부분 등을 살핀 후 보행자의 통행을 방해하지 않도록 횡단하여야 한다.
④ 도로의 중앙 우측 부분을 통행하여야 한다.

도로 외의 곳으로 출입할 때에는 보도를 횡단하여 통행할 수 있다.

24 도로교통법령상 화물자동차의 적재용량에 대한 설명으로 잘못된 것은?

① 자동차 길이에 그 길이의 10분의 1의 길이를 더한 길이를 넘지 않을 것
② 자동차의 후사경으로 후방을 확인할 수 있는 범위의 너비를 넘지 않을 것
③ 지상으로부터 5m의 높이를 넘지 않을 것
④ 이륜자동차의 높이는 지상으로부터 2m를 넘지 않을 것

지상으로부터 4m의 높이를 넘지 않아야 한다.

25 차로에 따른 통행 방법에 대한 설명이다. 틀린 것은?

① 안전지대 등 안전표지에 의하여 진입이 금지된 장소에 들어가면 안 된다.
② 안전표지로 통행이 허용된 장소를 제외하고는 자전거도로 또는 길가장자리구역으로 통행하면 안 된다.
③ 앞지르기를 할 때에는 통행기준에 지정된 차로의 바로 옆 오른쪽 차로로 통행할 수 있다.
④ 도로 외의 곳으로 출입할 때에는 보도를 횡단하여 통행할 수 있다.

앞지르기를 할 때에는 통행기준에 지정된 차로의 바로 옆 왼쪽 차로로 통행할 수 있다.

정답 ▶ **18** ① **19** ④ **20** ④ **21** ④ **22** ② **23** ② **24** ③ **25** ③

26 도로교통법령상 화물자동차의 적재중량은 얼마인가?

① 구조 및 성능에 따르는 적재중량의 100% 이내
② 구조 및 성능에 따르는 적재중량의 110% 이내
③ 구조 및 성능에 따르는 적재중량의 120% 이내
④ 구조 및 성능에 따르는 적재중량의 130% 이내

27 자동차전용도로에서의 최고제한속도는 시속 몇 km인가?

① 80
② 90
③ 100
④ 110

자동차전용도로에서의 최고제한속도는 시속 90km이다.

28 적재중량 1.5톤 초과 화물자동차의 고속도로 제한속도 기준으로 옳지 않은 것은? (단, 별도 지정 고시된 경우 제외)

① 편도 1차로 고속도로 : 최저속도 40km/h
② 편도 2차로 이상 고속도로 : 최고속도 80km/h
③ 편도 1차로 고속도로 : 최고속도 80km/h
④ 편도 2차로 이상 고속도로 : 최저속도 50km/h

편도 1차로 고속도로의 최저속도는 50km/h이다.

29 편도 2차로 이상인 고속도로에서 지정·고시한 노선 또는 구간의 고속도로의 최고속도는? (단, 적재중량 1.5톤 초과 화물자동차의 경우)

① 100km/h
② 60km/h
③ 110km/h
④ 90km/h

편도 2차로 이상인 고속도로에서 지정·고시한 노선 또는 구간의 고속도로의 최고속도는 90km/h이다.

30 최고속도의 50/100을 줄인 속도로 운행해야 하는 경우가 아닌 것은?

① 폭우, 폭설, 안개 등으로 가시거리가 100m 이내인 경우
② 노면이 얼어붙은 경우
③ 눈이 20mm 이상 쌓인 경우
④ 비가 내려 노면이 젖어있는 경우

비가 내려 노면이 젖어있는 경우에는 최고속도의 20/100을 줄인 속도로 운행해야 한다.

31 다음 중 서행해야 하는 장소가 아닌 곳은?

① 도로가 구부러진 부근
② 비탈길의 고갯마루 부근
③ 가파른 비탈길의 내리막
④ 철길건널목을 통과하려는 경우

철길건널목을 통과하려는 경우에는 일시정지해야 한다.

32 다음 중 차가 즉시 정지할 수 있는 느린 속도로 진행해야 하는 경우에 해당하지 않는 것은?

① 교차로에서 좌·우회전할 때
② 교통정리를 하고 있지 않는 교차로에서 통행하고 있는 도로의 폭보다 교차하는 도로의 폭이 좁은 경우
③ 도로에 설치된 안전지대에 보행자가 있는 경우
④ 차로가 설치되지 않은 좁은 도로에서 보행자의 옆을 지나는 경우

교통정리를 하고 있지 않는 교차로에서 통행하고 있는 도로의 폭보다 교차하는 도로의 폭이 넓은 경우 서행해야 한다.

33 다음 중 일단정지를 해야 하는 경우에 해당하는 것은?

① 차마의 운전자가 길가의 건물이나 주차장 등에서 도로에 들어갈 때
② 차마의 운전자가 보도와 차도가 구분된 도로에서 도로 외의 곳을 출입할 때
③ 차의 운전자가 철길 건널목을 통과하려는 경우
④ 교차로나 그 부근에서 긴급자동차가 접근하는 경우

②, ③, ④의 경우에는 일단정지가 아닌 일시정지를 해야 한다.

정답 26 ② 27 ② 28 ① 29 ④ 30 ④ 31 ④ 32 ② 33 ①

34 일반 교차로에서의 통행 방법에 대한 설명으로 옳지 않은 것은?

① 좌회전하려는 경우 미리 도로의 중앙선을 따라 서행하면서 교차로의 중심 안쪽을 이용하여 좌회전하여야 한다.
② 우회전하려는 경우 미리 도로의 우측 가장자리로 진입하면 교통혼잡의 우려가 있으므로 교차로 부근에서 우측 가장자리로 진입한다.
③ 우회전이나 좌회전을 하기 위해 손이나 방향지시기 또는 등화로써 신호를 하는 차가 있는 경우에 그 뒤차의 운전자는 신호를 한 앞차의 진행을 방해하면 안 된다.
④ 모든 차의 운전자는 교통정리를 하고 있지 않고 일시정지나 양보를 표시하는 안전표지가 설치되어 있는 교차로에 들어가려고 할 때에는 다른 차의 진행을 방해하지 않도록 일시정지하거나 양보해야 한다.

> 우회전하려는 경우 미리 도로의 우측 가장자리를 서행하면서 우회전하여야 한다.

35 통행의 우선순위에 관한 설명이다. 옳지 않은 것은?

① 긴급하고 부득이한 경우에는 도로의 중앙이나 좌측 부분을 통행할 수 있다.
② 긴급하고 부득이한 경우에는 정지하여야 하는 경우에도 정지하지 아니할 수 있다.
③ 긴급자동차의 경우 도로교통법령의 '끼어들기의 금지'에 관한 규정을 적용하지 않는다.
④ 본래의 사용 용도가 아니라 하더라도 긴급하고 부득이한 경우에는 긴급자동차의 특례가 인정된다.

> 긴급자동차 본래의 사용 용도로 사용되고 있는 경우에 한하여 특례가 인정된다.

36 다음 중 운전면허취득 응시제한기간이 5년인 경우에 해당하는 것은?

① 음주운전을 하다가 사상사고 야기 후 필요한 구호조치를 하지 않고 도주한 경우
② 음주운전을 하다가 3회 이상 교통사고를 야기한 경우
③ 자동차를 절취한 자가 무면허로 운전한 경우
④ 음주운전 금지 규정을 3회 이상 위반하여 운전면허가 취소된 경우

> ②, ③ – 3년 제한   ④ – 2년 제한

37 다음은 동시에 교차로에 진입하는 경우의 양보운전에 대한 설명이다. 옳지 않은 것은?

① 도로의 폭이 좁은 도로에서 진입하려고 하는 경우에는 도로의 폭이 넓은 도로로부터 진입하는 차에 진로를 양보해야 한다.
② 동시에 진입하려고 하는 경우에는 우측도로에서 진입하는 차에 진로를 양보해야 한다.
③ 좌회전하려고 하는 경우에는 직진하거나 우회전하려는 차에 진로를 양보해야 한다.
④ 선진입 적용은 교차로 진입거리가 긴 경우에 통행우선권을 결정하게 된다.

> 선진입 적용은 속도에 비례하여 먼저 교차로에 진입한 경우이므로 단순히 교차로 진입거리가 길다하여 선진입을 확정하는 것이 아니라 일시정지 및 서행 여부, 교차로에서의 양보운전 여부 등을 확인한 후 통행우선권을 결정하게 된다.

38 긴급자동차 접근 시의 피양에 대한 설명으로 옳지 않은 것은?

① 교차로 또는 그 부근에서는 모든 차의 운전자는 긴급자동차가 접근하는 경우 차를 움직이지 말고 그 자리에서 일시정지하여야 한다.
② 교차로 또는 그 부근에서는 일방통행으로 된 도로에서 우측 가장자리로 피하여 정지하는 것이 긴급자동차의 통행에 지장을 주는 경우에는 좌측 가장자리로 피하여 정지할 수 있다.
③ 교차로 또는 그 부근 외의 곳에서는 모든 차의 운전자는 긴급자동차가 접근한 경우에는 도로의 우측 가장자리로 피하여 진로를 양보하여야 한다.
④ 교차로 또는 그 부근 외의 곳에서는 일방통행으로 된 도로에서 우측 가장자리로 피하는 것이 긴급자동차의 통행에 지장을 주는 경우에는 좌측 가장자리로 피하여 양보할 수 있다.

> 모든 차의 운전자는 긴급자동차가 접근하는 경우에는 교차로를 피하여 도로의 우측 가장자리에 일시정지하여야 한다.

정답 34 ② 35 ④ 36 ① 37 ④ 38 ①

39 승차정원이 12명인 승합자동차를 운전하기 위해 필요한 운전면허의 종류는?

① 제1종 대형견인차면허
② 제1종 구난차면허
③ 제2종 보통면허
④ 제1종 보통면허

제1종 보통면허로 승차정원 15명 이하의 승합자동차 운전이 가능하며, ①, ②, ③은 승차정원 10명 이하의 승합자동차 운전이 가능하다.

40 제1종 대형면허로 운전할 수 있는 차량에 속하지 않는 것은?

① 승용자동차
② 화물자동차
③ 아스팔트살포기
④ 3톤 이상의 지게차

제1종 대형면허로는 3톤 미만의 지게차를 운전할 수 있다.

41 제1종 대형면허로 운전할 수 있는 차량에 속하지 않는 것은?

① 트럭 적재식 천공기
② 원동기장치자전기
③ 콘크리트펌프
④ 대형견인차

제1종 대형면허로는 대형견인차를 운전할 수 없다.

42 다음 중 구난형 특수자동차를 운전하고자 하는 경우 어떤 면허가 필요한가?

① 제1종 대형면허
② 제1종 보통면허
③ 제1종 소형면허
④ 제1종 특수면허

구난형 특수자동차를 운전하기 위해서는 제1종 특수면허가 필요하다.

43 무면허 운전으로 사상사고 야기 후 필요한 구호조치를 하지 않고 도주한 경우의 운전면허취득 응시제한기간은?

① 2년
② 3년
③ 4년
④ 5년

음주운전, 무면허, 약물복용, 과로운전 중 사상사고 야기 후 필요한 구호조치를 하지 않고 도주한 경우의 운전면허취득 응시제한기간은 5년이다.

44 인적피해 자동차 사고 벌점기준에서 경상 1명마다 부과되는 벌점은?

① 90점
② 15점
③ 5점
④ 2점

구분	벌점	내용
사망 1명마다	90	사고발생 시부터 72시간 이내에 사망
중상 1명마다	15	3주 이상의 치료를 요하는 사고
경상 1명마다	5	3주 미만 5일 이상의 치료를 요하는 사고
부상신고 1명마다	2	5일 미만의 치료를 요하는 사고

45 인적피해 자동차 사고 벌점기준에서 중상 1명마다 부과되는 벌점은?

① 90점
② 15점
③ 5점
④ 2점

46 인적피해 자동차 사고 벌점기준에서 벌점이 2점인 경우는?

① 사망 1명마다
② 중상 1명마다
③ 경상 1명마다
④ 부상신고 1명마다

정답 39 ④ 40 ④ 41 ④ 42 ④ 43 ④ 44 ③ 45 ② 46 ④

47 3주 이상의 치료를 요하는 의사의 진단이 있는 사고의 경우 부과되는 벌점은?

① 90점
② 15점
③ 5점
④ 2점

48 사고결과에 따른 벌점기준에서 경상 1명마다 5점의 벌점이 부과되는 경우는?

① 사고발생 시부터 72시간 이내에 사망한 때
② 3주 이상의 치료를 요하는 의사의 진단이 있는 사고
③ 3주 미만 5일 이상의 치료를 요하는 의사의 진단이 있는 사고
④ 5일 미만의 치료를 요하는 의사의 진단이 있는 사고

3주 미만 5일 이상의 치료를 요하는 의사의 진단이 있는 사고의 경우 경상 1명마다 5점의 벌점이 부과된다.

49 적재물 추락 방지 위반 시 부과되는 벌점은?

① 15점
② 30점
③ 45점
④ 60점

적재물 추락 방지 위반 시 15점의 벌점이 부과된다.

50 고속도로·자동차전용도로 갓길통행을 위반한 경우의 벌점은?

① 30점
② 40점
③ 50점
④ 60점

고속도로 · 자동차전용도로 갓길통행 위반 시 30점의 벌점이 부과된다.

51 다음 중 부과되는 벌점이 60점인 경우에 해당하는 것은?

① 승객의 차내 소란행위 방치운전
② 출석기간 또는 범칙금 납부기간 만료일부터 60일이 경과될 때까지 즉결심판을 받지 아니한 때
③ 신호 · 지시위반
④ 속도위반(60km/h 초과)

①, ② : 40점   ③ : 15점

52 도로교통법상 교통사고로 인한 사망은 피해자가 사고로부터 몇 시간 내에 사망한 경우 벌점이 부과되는가?

① 24시간
② 48시간
③ 72시간
④ 96시간

사고 발생 시부터 72시간 이내에 사망한 경우 사망 1명마다 90점의 벌점이 부과된다.

교통사고처리특례법

Main
Key
Point

이 섹션에서는 뺑소니, 중앙선 침범, 속도위반, 앞지르기, 철길건널목 통과, 음주운전 등에서 꾸준하게 출제되고 있으므로 이 내용들 위주로 학습하도록 한다.

01 처벌의 특례

→ 특례 : 일반적 규율인 법령 또는 규정에 대하여 특수하고 예외적인 경우를 규정

1 특례의 적용
① 운전자가 교통사고로 인해 형법 제268조[주1]의 죄를 범한 경우 : 5년 이하의 금고 또는 2천만원 이하의 벌금
② 차의 교통으로 업무상과실치상죄 또는 중과실치상죄와 도로교통법 제151조[주2]의 죄를 범한 운전자에 대하여는 피해자의 명시한 의사에 반하여 공소를 제기할 수 없다.

> ▶ 주1) 형법 제268조(업무상과실 · 중과실 치사상)
> 업무상 과실 또는 중대한 과실로 인하여 사람을 사상에 이르게 한 자는 5년 이하의 금고 또는 2천만원 이하의 벌금에 처한다.

> ▶ 주2) 도로교통법 제151조(벌칙)
> 차의 운전자가 업무상 필요한 주의를 게을리하거나 중대한 과실로 다른 사람의 건조물이나 그 밖의 재물을 손괴한 때에는 2년 이하의 금고나 500만원 이하의 벌금에 처한다.

2 특례의 배제
(1) 교통사고 야기 후 도주
운전자가 형법 제268조의 죄 중 업무상과실치상죄 또는 중과실치상죄를 범하고 피해자를 구호하는 등 조치하지 않고 도주하거나 피해자를 사고 장소로부터 옮겨 유기하고 도주한 경우

(2) 음주측정 요구에 따르지 아니한 경우(운전자가 채혈 측정을 요청하거나 동의한 경우는 제외)

(3) 12대 중과실 교통사고
① 신호 · 지시위반사고
② 중앙선침범, 고속도로나 자동차전용도로에서의 횡단 · 유턴 또는 후진 위반 사고
③ 속도위반(20km/h 초과) 과속사고
④ 앞지르기의 방법 · 금지시기 · 금지장소 또는 끼어들기 금지 위반사고
⑤ 철길건널목 통과방법 위반사고
⑥ 보행자보호의무 위반사고
⑦ 무면허운전사고
⑧ 주취운전 · 약물복용운전 사고
⑨ 보도침범 · 보도횡단방법 위반사고
⑩ 승객추락방지의무 위반사고
⑪ 어린이 보호구역 내 안전운전의무 위반사고
⑫ 자동차의 화물이 떨어지지 않도록 필요한 조치를 하지 않고 운전한 경우

3 처벌의 가중
(1) 사망사고
① 교통안전법령상 교통사고로 인한 사망 : 피해자가 사고로부터 30일 내에 사망한 경우
② 도로교통법령상 교통사고 발생 후 72시간 내에 사망 시 벌점 : 90점
③ 사고차량이 보험이나 공제에 가입되어 있더라도 반의사불벌죄의 예외로 규정하여 처벌

(2) 도주사고에 관한 가중처벌
① 사고운전자가 피해자를 구호 조치를 하지 않고 도주한 경우
• 피해자를 사망에 이르게 하고 도주하거나, 도주 후에 피해자가 사망한 경우 : 무기 또는 5년 이상의 징역

- 피해자를 상해에 이르게 한 경우 : 1년 이상의 유기징역 또는 500만원 이상 3천만원 이하의 벌금

② 사고운전자가 피해자를 사고 장소로부터 옮겨 유기하고 도주한 경우
  - 피해자를 사망에 이르게 하고 도주하거나, 도주 후에 피해자가 사망한 경우 : 사형, 무기 또는 5년 이상의 징역
  - 피해자를 상해에 이르게 한 경우 : 3년 이상의 유기징역

③ 도주사고 적용사례
  - 사상 사실을 인식하고도 가버린 경우
  - 피해자를 방치한 채 사고현장을 이탈 도주한 경우
  - 사고현장에 있었어도 사고사실을 은폐하기 위해 거짓진술 · 신고한 경우
  - 부상 피해자에 대한 적극적인 구호조치 없이 가버린 경우
  - 피해자가 이미 사망했다고 하더라도 사체 안치 후송 등의 조치 없이 가버린 경우
  - 피해자를 병원까지만 후송하고 계속 치료받을 수 있는 조치 없이 도주한 경우
  - 운전자를 바꿔치기 하여 신고한 경우

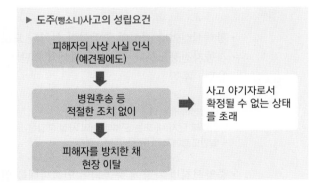

▶ 도주(뺑소니)사고의 성립요건

피해자의 사상 사실 인식 (예견됨에도) → 병원후송 등 적절한 조치 없이 → 사고 야기자로서 확정될 수 없는 상태를 초래

피해자를 방치한 채 현장 이탈

▶ 도주가 적용되지 않는 경우
- 피해자가 부상 사실이 없거나 극히 경미하여 구호조치가 필요치 않는 경우
- 가해자 및 피해자 일행 또는 경찰관이 환자를 후송 조치하는 것을 보고 연락처를 주고 가버린 경우
- 교통사고 가해운전자가 심한 부상을 입어 타인에게 의뢰하여 피해자를 후송 조치한 경우
- 교통사고 장소가 혼잡하여 도저히 정지할 수 없어 일부 진행한 후 정지하고 되돌아와 조치한 경우

1 신호·지시 위반 사고

(1) 정의
도로교통법 '신호 또는 지시에 따를 의무'의 내용 중 다음의 지시에 위반하여 운전한 경우
  → ① 신호기
     ② 교통정리를 하는 경찰공무원 등의 신호
     ③ 안전표지 (통행금지 또는 일시정지 등)

(2) 신호위반의 종류
  ① 사전출발 신호위반
  ② 주의신호(황색)에 무리한 진입
  ③ 신호를 무시하고 진행한 경우

(3) 황색 주의신호의 개념
  ① 황색 주의신호 기본 3초 : 큰 교차로는 다소 연장하나 6초 이상의 황색신호가 필요한 경우에는 교차로에서 녹색신호가 나오기 전에 출발하는 경향이 있다.
  ② 선 · 후 신호 진행차량간 사고를 예방하기 위한 제도적 장치(3초 여유)
  ③ 대부분 선신호 차량 신호위반
     (단, 후신호 논스톱 사전진입 시는 예외)
  ④ 초당거리 역산 신호위반 입증

(4) 신호기의 적용범위
원칙적으로 해당교차로나 횡단보도에만 적용되지만 다음의 경우에는 확대 적용될 수 있다.
  ① 신호기의 직접 영향 지역
  ② 신호기의 지주 위치 내의 지역
  ③ 대향(마주오는) 차선에 유턴을 허용하는 지역에서는 신호기 적용 유턴 허용지점으로까지 확대 적용
  ④ 대향차량이나 피해자가 신호기의 내용을 의식, 신호 상황에 따라 진행중인 경우

(5) 교통경찰공무원을 보조하는 사람의 수신호에 대한 법률 적용

(6) 좌회전 신호 없는 교차로 좌회전 중 사고
사고의 대형화 예방측면에서 신호위반 적용

(7) 지시위반

규제표지 중 통행금지표지, 진입금지표지, 일시정지표지에 대해 적용 (통행금지표지, 자동차통행금지표지, 화물자동차통행금지표지, 승합자동차통행금지표지, 이륜자동차및원동기장치자전거통행금지표지, 자동차 · 이륜자동차및원동기장치자전거통행금지표지, 경운기 · 트랙터및손수레통행금지표지, 자전거통행금지표지, 진입금지표지, 일시정지표지)

(8) 신호 · 지시위반사고의 성립요건

항목	내용
장소적 요건	• 신호기가 설치되어 있는 교차로나 횡단보도 • 경찰관 등의 수신호 • 지시표지판(규제표지 중 통행금지 · 진입금지 · 일시정지표지)이 설치된 구역 내 예외) – 진행방향에 신호기가 설치되지 않은 경우 – 신호기의 고장이나 황색, 적색 점멸신호등의 경우 – 기타 지시표지판(규제표지 중 통행금지 · 진입금지 · 일시정지표지 제외)이 설치된 구역
피해자적 요건	• 신호 · 지시위반 차량에 충돌되어 인적피해를 입은 경우 예외) 대물피해만 입는 경우는 공소권 없음 처리
운전자의 과실	• 고의적 또는 부주의에 의한 과실 예외) – 불가항력적 과실 – 만부득이한 과실 - 부득이함을 강조 – 교통상 적절한 행위는 예외
시설물의 설치요건	• 특별시장 · 광역시장 또는 시장 · 군수가 설치한 신호기나 안전표지 예외) 아파트 단지 등 특정구역 내부의 소통과 안전을 목적으로 자체적으로 설치된 경우는 제외

2 중앙선 침범, 횡단·유턴 또는 후진 위반 사고

(1) 중앙선의 정의

① 차마의 통행을 방향별로 명확히 구별하기 위해 도로에 황색 실선이나 황색 점선 등의 안전표지로 설치한 선 또는 중앙분리대 · 철책 · 울타리 등으로 설치한 시설물

② 가변차로가 설치된 경우 : 신호기가 지시하는 진행방향의 제일 원쪽 황색점선

(2) 중앙선침범의 한계

사고의 참혹성과 예방 목적상 차체의 일부라도 걸치면 중앙선침범 적용

(3) 중앙선 침범 적용

특례법상 10항목 사고로 형사입건	• 고의적 U턴, 회전중 중앙선 침범 사고 • 의도적 U턴, 회전중 중앙선 침범 사고 • 현저한 부주의로 인한 중앙선 침범 사고 – 커브길 과속으로 중앙선 침범 – 빗길 과속으로 중앙선 침범 – 졸다가 뒤늦게 급제동으로 중앙선 침범 – 차내 잡담 등 부주의로 인한 중앙선 침범 – 기타 현저한 부주의로 인한 중앙선 침범
공소권 없는 사고로 처리	• 불가항력적 중앙선 침범 • 만부득이한 중앙선 침범 – 사고피양 급제동으로 인한 중앙선 침범 – 위험 회피로 인한 중앙선 침범 – 충격에 의한 중앙선 침범 – 빙판 등 부득이한 중앙선 침범 – 교차로 좌회전 중 일부 중앙선 침범

(4) 중앙선침범 사고의 성립요건

항목	내용
장소적 요건	• 황색실선이나 점선의 중앙선이 설치된 도로 • 자동차전용도로나 고속도로에서의 횡단 · 유턴 · 후진 예외) – 중앙선이 설치되어 있지 않은 경우 – 아파트 단지 내 또는 군부대 내의 사설 중앙선 – 일반도로에서의 횡단 · 유턴 · 후진
피해자적 요건	• 중앙선침범 차량에 충돌되어 인적피해를 입는 경우 • 자동차전용도로나 고속도로에서의 횡단 · 유턴 · 후진차량에 충돌되어 인적피해를 입는 경우 예외) – 대물피해만 입는 경우는 공소권 없음 처리
운전자의 과실	• 고의적 또는 현저한 부주의에 의한 과실 예외) – 불가항력적 과실 – 만부득이한 과실

시설물의 설치요건	• 도로교통법 제13조에 의거 지방경찰청장이 설치한 중앙선 예외) – 아파트단지 등 특정구역 내부의 소통과 안전을 목적으 로 자체적으로 설치된 경우 제외

(5) 중앙선침범이 적용되는 사례

① 고의 또는 의도적인 중앙선침범 사고
- 좌측도로나 건물 등으로 가기 위해 회전하며 중앙선을 침범한 경우
- U턴 하며 중앙선을 침범한 경우
- 중앙선을 침범하거나 걸친 상태로 계속 진행한 경우
- 앞지르기 위해 중앙선을 넘어 진행하다 다시 진행차로로 들어오는 경우
- 후진으로 중앙선을 넘었다가 다시 진행 차로로 들어오는 경우(대향차의 차량 아닌 보행자를 충돌한 경우도 중앙선 침범 적용)
- 황색점선으로 된 중앙선을 넘어 회전 중 발생한 사고 또는 추월 중 발생한 경우

② 현저한 부주의로 중앙선침범 이전에 선행된 중대한 과실사고
- 커브길 과속운행으로 중앙선을 침범한 사고
- 빗길에 과속으로 운행하다가 미끄러지며 중앙선을 침범한 사고(단, 제한속력 내 운행 중 미끄러지며 발생한 경우는 중앙선침범 적용 불가)
- 기타 현저한 부주의에 의한 중앙선을 침범한 사고
  → 예 : 졸다가 뒤늦게 급제동하여 중앙선침범 사고, 차내 잡담 등 부주의로 인한 중앙선침범, 전방주시 태만으로 인한 중앙선침범, 역주행 자전거 충돌사고 시 자전거는 중앙선침범

③ 고속도로, 자동차전용도로에서 횡단, U턴 또는 후진 중 발생한 사고
  → 예외 : 긴급자동차, 도로보수 유지 작업차, 사고응급조치 작업차

(6) 중앙선침범이 적용되지 않는 사례

① 불가항력적 중앙선침범 사고
- 뒤차의 추돌로 앞차가 밀리면서 중앙선을 침범한 경우
- 횡단보도에서의 추돌사고(보행자 보호의무 위반 적용)
- 내리막길 주행 중 브레이크 파열 등 정비 불량으로 중앙선을 침범한 사고

② 사고피양 등 만부득이한 중앙선 침범 사고
  (안전운전 불이행 적용)
- 앞차의 정지를 보고 추돌을 피하려다 중앙선을 침범한 사고
- 보행자를 피양하다 중앙선을 침범한 사고
- 빙판길에 미끄러지면서 중앙선을 침범한 사고

③ 중앙선 침범이 성립되지 않는 사고
- 중앙선이 없는 도로나 교차로의 중앙부분을 넘어서 난 사고
- 중앙선의 도색이 마모되었을 경우 중앙부분을 넘어서 난 사고
- 눈 또는 흙더미에 덮여 중앙선이 보이지 않는 경우 중앙부분을 넘어서 발생한 사고
- 전반적 또는 완전하게 중앙선 마모로 식별이 곤란한 도로에서 중앙부분을 넘어서 발생한 사고
- 공사장 등에서 임시로 차선규제봉 또는 오뚜기 등 설치물을 넘어 사고 발생된 경우
- 운전부주의로 핸들을 과대 조작하여 반대편 도로의 노견을 충돌한 자피(自被) 사고
- 학교, 군부대, 아파트 등 단지내 사설 중앙선 침범 사고
- 중앙분리대가 끊어진 곳에서 회전하다가 사고 야기된 경우
- 중앙선이 없는 굽은 도로에서 중앙부분을 진행 중 사고 발생된 경우
- 중앙선을 침범한 동일방향 앞차를 충돌한 사고의 경우

3 속도위반 과속 사고

(1) 교통사고처리특례법상의 과속
도로교통법에 규정된 법정속도와 지정속도를 20km/h 초과한 경우

(2) 과속 사고(20km/h 초과)의 성립요건

항목	내용
장소적 요건	• 도로나 불특정 다수의 사람 또는 차마의 통행을 위해 공개된 장소로서 안전하고 원활한 교통을 확보할 필요가 있는 장소에서의 사고 예외) – 도로나 불특정 다수의 사람 또는 차마의 통행을 위해 공개된 장소로서 안전하고 원활한 교통을 확보할 필요가 있는 장소가 아닌 곳에서의 사고
피해자적 요건	• 과속 차량(20km/h 초과)에 충돌되어 인적 피해를 입는 경우 예외) – 제한 속도 20km/h 이하 과속 차량에 충돌되어 인적 피해를 입은 경우 – 제한 속도 20km/h 초과 차량에 충돌되어 대물 피해만 입은 경우
운전자의 과실	• 제한 속도 20km/h를 초과하여 과속 운행 중 사고 야기한 경우 ㉠ 고속도로(일반도로 포함)나 자동차전용도로에서 제한 속도 20km/h 초과 ㉡ 속도 제한 표지판 설치 구간에서 제한 속도 20km/h 초과 ㉢ 비, 안개, 눈 등으로 인한 악천후 시 감속 운행 기준에서 20km/h 초과 ㉣ 총중량 2,000kg에 미달자동차를 3배 이상의 자동차로 견인하는 때 30km/h에서 20km/h 초과 ㉤ 이륜자동차가 견인하는 때 25km/h에서 20km/h 초과 예외) – 제한 속도 20km/h 이하로 과속하여 운행 중 사고 야기한 경우 • 제한속도 20km/h 초과하여 과속 운행중 대물 피해만 입은 경우
시설물의 설치요건	• 지방경찰청장이 설치한 안전표지 중 최고속도제한표지, 속도제한 노면표시 예외) – 같은 안전표지 중 서행표지, 안전속도표지, 서행노면표시의 위반사고에 대해서는 적용되지 않음

▶ **경찰에서 사용 중인 속도추정 방법**
운전자의 진술, 스피드건, 타코그래프(운행기록계), 제동 흔적

4 앞지르기의 방법·금지시기·금지장소 또는 끼어들기 금지 위반 사고

(1) 중앙선침범, 차로변경 및 앞지르기의 의미 구분

중앙선 침범	중앙선을 넘어서거나 걸친 행위
차로변경	차로를 바꿔 곧바로 진행하는 행위
앞지르기	앞차 좌측 차로로 바꿔 진행하여 앞차의 앞으로 나아가는 행위

(2) 앞지르기 방법, 금지 위반 사고의 성립요건

항목	내용
장소적 요건	• 앞지르기 금지 장소 (필수암기) ㉠ 교차로 ㉡ 터널 안 ㉢ 다리 위 ㉣ 도로의 구부러진 곳, 비탈길의 고개마루 부근 또는 가파른 비탈길의 내리막 등 지방경찰청장이 안전표지에 의하여 지정한 곳 예외) 앞지르기 금지 장소 외 지역
피해자적 요건	• 앞지르기 방법 · 금지 위반 차량에 충돌되어 인적 피해를 입은 경우 예외) – 앞지르기방법 · 금지 위반 차량에 충돌되어 대물 피해만 입은 경우 – 불가항력적, 만부득이한 경우 앞지르기하던 차량에 충돌되어 인적 피해를 입은 경우
운전자의 과실	• 앞지르기 금지 위반 행위 ㉠ 병진 시 앞지르기 ㉡ 앞차의 좌회전 시 앞지르기 ㉢ 위험방지를 위한 정지 · 서행 시 앞지르기 ㉣ 앞지르기 금지 장소에서의 앞지르기 ㉤ 실선의 중앙선침범 앞지르기 • 앞지르기 방법 위반 행위 ㉠ 우측 앞지르기 ㉡ 2개 차로 사이로 앞지르기 예외) 불가항력, 만부득이한 경우 앞지르기 하던 중 사고

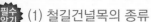

5 철길건널목 통과방법 위반 사고

(1) 철길건널목의 종류

1종 건널목	차단기, 건널목 경보기 및 교통안전표지가 설치되어 있는 경우
2종 건널목	경보기와 건널목 교통안전표지만 설치하는 건널목
3종 건널목	건널목 교통안전표지만 설치하는 건널목

(2) 철길건널목 통과방법 위반사고의 성립요건

항목	내용
장소적 요건	• 철길건널목(1, 2, 3종 불문) 예외) 역구내 철길건널목의 경우
피해자적 요건	• 철길건널목 통과방법 위반사고로 인적 피해를 입은 경우 예외) 철길건널목 통과방법 위반사고로 대물피해만을 입은 경우
운전자의 과실	• 철길건널목 통과방법을 위반한 과실 ㄱ 철길건널목 직전 일시정지 불이행 ㄴ 안전 미확인 통행 중 사고 ㄷ 고장 시 승객대피, 차량이동 조치 불이행 예외) 철길건널목 신호기 · 경보기 등의 고장으로 일어난 사고 (※ 신호기 등이 표시하는 신호에 따르는 때에는 일시정지하지 아니하고 통과할 수 있다.)

6 보행자 보호의무 위반 사고

(1) 보행자의 보호

보행자가 횡단보도를 통행 시 횡단보도 앞(정지선이 설치되어 있는 곳에서는 그 정지선을 말함)에서 일시정지하여 보행자의 횡단을 방해하거나 위험을 주어서는 안 된다.

(2) 횡단보도 보행자 보호의무 위반의 개념

보행자가 횡단보도 신호에 따라 적법하게 횡단하였고, 신호변경이 되었더라도 미처 건너지 못한 보행자가 예상되므로 운전자의 주의 촉구

(3) 횡단보도에서 이륜차(자전거, 오토바이)와 사고 발생 시 결과 및 조치

사고 형태	결과	조치
이륜차를 타고 횡단보도 통행 중 사고	이륜차를 보행자로 볼 수 없고 차로 간주하여 처리	안전운전 불이행 적용
이륜차를 끌고 횡단보도 보행 중 사고	보행자로 간주	보행자 보호 의무 위반 적용
이륜차를 타고가다 멈추고 한 발을 페달에, 한 발을 노면에 딛고 서 있던 중 사고		

(4) 횡단보도 보행자 보호의무 위반 사고의 성립요건

항목	내용
장소적 요건	• 횡단보도 내 예외) 보행자 신호가 정지신호(적색등화) 때의 횡단보도
피해자적 요건	• 횡단보도를 건너던 보행자가 자동차에 충돌되어 인적 피해를 입은 경우 예외) – 보행자가 정지신호 때 횡단보도 건너던 중 사고 – 보행자가 횡단이 아닌 교통 흐름에 방해가 된 때
운전자의 과실	• 횡단보도를 건너는 보행자를 충돌한 경우 • 횡단보도 전에 정지한 차량을 추돌, 앞차가 밀려나가 보행자를 충돌한 경우 • 보행자가 보행신호(녹색등화)에 횡단보도 진입, 건너던 중 주의신호(녹색등화의 점멸) 또는 정지신호(적색등화)가 되어 마저 건너고 있을 때 충돌한 경우 예외) – 보행자가 횡단보도를 정지신호에 건너던 중 사고 – 보행자가 횡단보도를 건너던 중 신호가 변경되어 중앙선에 서 있던 중 사고 – 보행자가 주의신호에 뒤늦게 횡단보도에 진입하여 건너던 중 정지신호로 변경된 후 사고

시설물의 설치요건	• 횡단보도로 진입하는 차량에 의해 보행자가 놀라거나 충돌을 회피하다 넘어져 다치게 한 경우(비접촉사고) • 지방경찰청장이 설치한 횡단보도 ※ 횡단보도 노면표시가 있고 표지판이 설치되지 아니한 경우 횡단보도로 간주 예외) – 아파트 단지나 학교, 군부대 등 특정구역 내부의 소통과 안전을 목적으로 자체 설치된 경우는 제외

7 무면허 운전 사고

(1) 무면허 운전에 해당하는 경우

① 면허를 취득하지 않고 운전
② 유효기간이 지난 운전면허증으로 운전
③ 면허 취소처분을 받은 자가 운전
④ 면허정지 기간 중에 운전
⑤ 시험합격 후 면허증 교부 전에 운전
⑥ 면허종별 외 차량을 운전
⑦ 위험물을 운반하는 화물자동차가 적재중량 3톤을 초과함에도 제1종 보통 운전면허로 운전
⑧ 건설기계(덤프트럭, 아스팔트살포기, 노상안정기, 콘크리트믹서트럭, 콘크리트펌프, 트럭적재식 천공기)를 제1종 보통운전면허로 운전
⑨ 면허 있는 자가 도로에서 무면허자에게 운전연습을 시키던 중 사고 야기
⑩ 군인(군속인 자)이 군면허만 취득 소지하고 일반차량 운전
⑪ 임시운전증명서 유효기간이 지나 운전 중 사고 야기
⑫ 외국인으로 국제운전면허를 받지 않고 운전하거나 입국하여 1년이 지난 국제운전면허증을 소지하고 운전

(2) 무면허 운전 사고의 성립요건

항목	내용
장소적 요건	• 도로나 그 밖에 현실적으로 불특정 다수의 사람 또는 차마의 통행을 위해 공개된 장소로서 안전하고 원활한 교통을 확보할 필요가 있는 장소(교통경찰권이 미치는 장소) 예외) 현실적으로 불특정 다수의 사람 또는 차마의 통행을 위해 공개된 장소가 아닌 곳에서의 운전(특정인만 출입하는 장소로 교통경찰권이 미치지 않는 장소)
피해자적 요건	• 무면허 운전 자동차에 충돌되어 인적사고를 입는 경우 • 대물 피해만 입는 경우도 보험면책으로 합의되지 않는 경우 예외) 대물 피해만 입는 경우로 보험면책으로 합의된 경우
운전자의 과실	• 무면허 상태에서 자동차를 운전하는 경우 ㉠ 면허를 취득치 않고 운전했을 때 ㉡ 유효기간이 지난 운전면허증으로 운전했을 때 ㉢ 면허 취소처분을 받은 자가 운전했을 때 ㉣ 면허정지기간 중에 운전했을 때 ㉤ 시험합격 후 면허증 교부 전에 운전했을 때 ㉥ 면허종별 외 차량을 운전했을 때 ㉦ 외국인이 국제운전면허를 받지 않고 운전했을 때 ㉧ 외국인으로 입국 1년이 지난 국제운전면허증을 소지하고 운전했을 때 ㉨ 위험물을 운반하는 화물자동차가 적재중량 3톤을 초과함에도 제1종 보통 운전면허로 운전한 경우 ㉩ 건설기계를 제1종 보통운전면허로 운전한 경우 예외) 취소사유 상태이나 취소처분(통지) 전 운전

8 음주운전·약물복용 운전 사고

(1) 음주운전에 해당되는 사례

① 불특정 다수인이 이용하는 도로 및 공개되지 않는 통행로에서의 음주운전 행위도 처벌 대상이 되며, 구체적인 장소는 다음과 같다.

- 도로 및 불특정 다수의 사람 또는 차마의 통행을 위해 공개된 장소
- 공개되지 않는 통행로(공장, 관공서, 학교, 사기업 등 정문 안쪽 통행로)와 같이 문, 차단기에 의해 도로와 차단되고 관리되는 장소의 통행로

② 음주 후 주차장 또는 주차선 내 운전도 처벌 대상

(2) 음주운전에 해당되지 않은 사례

혈중알코올농도 0.03% 이상이 되지 않으면 음주운전이 아님

(3) 음주운전 사고의 성립요건

항목	내용
장소적 요건	• 도로나 그 밖에 현실적으로 불특정 다수의 사람 또는 차마의 통행을 위해 공개된 장소로서 안전하고 원활한 교통을 확보할 필요가 있는 장소 • 공장, 관공서, 학교, 사기업 등의 정문 안쪽 통행로와 같이 문, 차단기에 의해 도로와 차단되고 별도로 관리되는 장소 • 주차장 또는 주차선 안 예외) – 도로교통법 개정에 따라 도로가 아닌 곳에서의 음주운전도 처벌 대상 – 도로가 아닌 곳에서의 음주운전은 형사처벌의 대상이지만, 운전면허에 대한 행정처분 대상은 아님
피해자적 요건	• 음주운전 자동차에 충돌되어 인적 사고를 입는 경우 예외) 대물 피해만 입은 경우(보험에 가입되어 있다면 공소권 없음으로 처리)
운전자의 과실	• 음주한 상태로 자동차를 일정거리 운행한 때 • 음주 한계 수치가 0.03% 이상일 때 음주 측정에 불응한 경우 예외) 음주 한계 수치 0.03% 미만일 때 음주 측정에 불응한 경우

9 보도침범·보도횡단방법 위반 사고

(1) 보도침범에 해당하는 경우

보도가 설치된 도로를 차체의 일부분만이라도 보도에 침범하거나 보도통행방법에 위반하여 운전한 경우

(2) 보도침범 사고의 성립요건

항목	내용
장소적 요건	• 보·차도가 구분된 도로에서 보도 내의 사고 (보도침범사고, 통행방법위반) 예외) 보·차도 구분이 없는 도로
피해자적 요건	• 보도 상에서 보행 중 제차에 충돌되어 인적 피해를 입은 경우 예외) 자전거, 오토바이를 타고 가던 중 보도침범 통행 차량에 충돌된 경우
운전자의 과실	• 고의적·의도적 과실 • 현저한 부주의에 의한 과실 예외) – 불가항력적·만부득이한 과실 – 단순 부주의에 의한 과실
시설물의 설치요건	• 보도설치 권한이 있는 행정관서에서 설치 관리하는 보도 예외) 학교, 아파트단지 등 특정구역 내부의 소통과 안전을 목적으로 자체적으로 설치된 경우

⑩ 승객추락 방지의무 위반 사고(개문발차 사고)

(1) 정의

'모든 차의 운전자는 운전 중 타고 있는 사람 또는 내리는 사람이 떨어지지 않도록 문을 정확히 여닫는 등 필요한 조치를 해야 한다'는 규정에 의한 승객의 추락방지 의무를 위반하여 인사사고를 일으킨 경우

(2) 개문발차 사고의 성립요건

항목	내용
자동차 요건	• 승용, 승합, 화물, 건설기계 등 자동차에만 적용 예외) 이륜, 자전거 등은 제외
피해자적 요건	• 탑승객이 승하차 중 개문된 상태로 발차하여 승객이 추락함으로써 인적 피해를 입은 경우 예외) 적재된 화물이 추락하여 발생한 경우
운전자의 과실	• 차의 문이 열려있는 상태로 발차한 행위 예외) 차량정차 중 피해자의 과실사고와 차량 뒤 적재함에서의 추락사고의 경우

(3) 승객추락 방지의무 위반 사고 사례

① 운전자가 출발하기 전 그 차의 문을 제대로 닫지 않고 출발함으로써 탑승객이 추락, 부상을 당하였을 경우

② 택시의 경우 승하차 시 출입문 개폐는 승객 자신이 하게 되어 있으므로, 승객 탑승 후 출입문을 닫기 전에 출발하여 승객이 지면으로 추락한 경우

③ 개문발차로 인한 승객의 낙상사고의 경우

(4) 적용 배제 사례

① 개문 당시 승객의 손이나 발이 끼어 사고가 난 경우

② 택시의 경우 목적지에 도착하여 승객 자신이 출입문을 개폐 도중 사고가 발생한 경우

⑪ 어린이 보호구역내 어린이 보호의무 위반 사고

(1) 어린이 보호구역으로 지정될 수 있는 장소

① 유치원, 초등학교, 특수학교

② 100명 이상의 보육시설, 학원

③ 외국인학교 또는 대안학교, 국제학교

(2) 어린이 보호의무 위반 사고의 성립요건

항목	내용
자동차 요건	• 어린이 보호구역으로 지정된 장소 예외) 어린이 보호구역이 아닌 장소
피해자적 요건	• 어린이가 상해를 입은 경우 예외) 성인이 상해를 입은 경우
운전자의 과실	• 어린이에게 상해를 입은 경우 예외) 성인에게 상해를 입힌 경우

1 다음 운전자의 과실 중 신호·지시위반사고의 성립요건에 해당되는 것은? ★★★

① 불가항력적 과실
② 만부득이한 과실
③ 고의적 과실
④ 교통상 적절한 행위

> 불가항력적 과실, 만부득이한 과실, 교통상 적절한 행위는 예외

2 사고운전자가 피해자를 사고 장소로부터 옮겨 유기하고 도주한 경우 피해자가 사망했을 때의 처벌로 맞는 것은? ★★★

① 무기 또는 5년 이상의 징역
② 1년 이상의 유기징역 또는 500만원 이상 3천만원 이하의 벌금
③ 사형, 무기 또는 5년 이상의 징역
④ 3년 이상의 유기징역

> 사고운전자가 피해자를 사고 장소로부터 옮겨 유기하고 도주한 경우 피해자가 사망했을 때의 사형, 무기 또는 5년 이상의 징역에 해당한다.

3 다음 중 음주운전에 해당되지 않는 것은? ★★★

① 술을 마시고 도로에서 운전하는 경우
② 술을 마시고 불특정 다수의 사람 또는 차마의 통행을 위하여 공개된 장소에서 운전하는 경우
③ 술을 마시고 공장의 통행로에서 운전하는 경우
④ 혈중알코올농도 0.03% 미만의 상태에서 운전하는 경우

> 술을 마시고 운전을 하였다 하더라도 혈중알코올농도 0.03% 이상이 되지 않으면 음주운전이 아니다.

4 다음 중 뺑소니 사고에 해당되지 않는 것은? ★★★★★

① 사상 사실을 인식하고도 가버린 경우
② 피해자를 방치한 채 사고현장을 이탈 도주한 경우
③ 부상 피해자에 대한 적극적인 구호조치 없이 가버린 경우
④ 교통사고 가해운전자가 심한 부상을 입어 타인에게 의뢰하여 피해자를 후송 조치한 경우

> 교통사고 가해운전자가 심한 부상을 입어 타인에게 의뢰하여 피해자를 후송 조치한 경우는 도주가 적용되지 않는다.

5 다음 중 도주사고에 해당되는 것은? ★★★★★

① 운전자를 바꿔치기 하여 신고한 경우
② 피해자가 부상 사실이 없거나 극히 경미하여 구호조치가 필요치 않는 경우
③ 가해자 및 피해자 일행 또는 경찰관이 환자를 후송 조치하는 것을 보고 연락처 주고 가버린 경우
④ 교통사고 가해 운전자가 심한 부상을 입어 타인에게 의뢰하여 피해자를 후송 조치한 경우

> 운전자를 바꿔치기 하여 신고한 경우 도주사고에 해당되며 ②, ③, ④의 경우는 도주사고가 적용되지 않는다.

6 다음 운전자의 과실 중 신호·지시위반사고의 성립요건에 해당되는 것은? ★★★

① 불가항력적 과실
② 만부득이한 과실
③ 교통상 적절한 행위
④ 고의적 과실

> **예외사항**
> 불가항력적 과실, 만부득이한 과실, 교통상 적절한 행위는 예외

7 다음 중 중앙선 침범에 해당하지 않는 경우는? ★★★★

① 고의 또는 의도적으로 중앙선을 침범한 경우
② 사고피양 급제동으로 부득이하게 중앙선을 침범한 경우
③ 중앙선을 걸친 상태로 계속 진행한 경우
④ 커브길 과속으로 중앙선을 침범한 경우

> **공소권 없는 사고로 처리되는 경우**
> • 불가항력적 중앙선침범
> • 만부득이한 중앙선침범
>   – 사고피양 급제동으로 인한 중앙선침범
>   – 위험 회피로 인한 중앙선침범
>   – 충격에 의한 중앙선침범
>   – 빙판등 부득이한 중앙선침범
>   – 교차로 좌회전 중 일부 중앙선침범

정답 1 ③ 2 ③ 3 ④ 4 ④ 5 ① 6 ④ 7 ②

8 교통사고처리특례법상 과속의 기준은? ★★★

① 도로교통법에 규정된 법정속도와 지정속도를 5km/h 초과한 경우
② 도로교통법에 규정된 법정속도와 지정속도를 10km/h 초과한 경우
③ 도로교통법에 규정된 법정속도와 지정속도를 15km/h 초과한 경우
④ 도로교통법에 규정된 법정속도와 지정속도를 20km/h 초과한 경우

9 다음 중 중앙선 침범에 해당하지 않는 경우는? ★★★★

① 좌측도로나 건물 등으로 가기 위해 회전하며 중앙선을 침범한 경우
② 앞지르기 위해 중앙선을 넘어 진행하다 다시 진행차로로 들어오는 경우
③ 황색점선으로 된 중앙선을 넘어 회전 중 발생한 사고 또는 추월 중 발생한 경우
④ 내리막길 주행 중 브레이크 파열 등 정비 불량으로 중앙선을 침범한 경우

> 내리막길 주행 중 브레이크 파열 등 정비 불량으로 중앙선을 침범한 사고는 불가항력적인 중앙선침범 사고로 보아 중앙선침범이 적용되지 않는다.

10 다음 중 중앙선 침범에 해당되는 경우는? ★★★★

① 졸다가 뒤늦게 급제동으로 중앙선을 침범한 경우
② 빙판에서 부득이하게 중앙선을 침범한 경우
③ 충격에 의해 중앙선을 침범한 경우
④ 교차로 좌회전 중 일부 중앙선을 침범한 경우

11 과속 사고(20km/h 초과)의 성립요건에 해당되지 않는 경우는? ★★★

① 고속도로나 자동차전용도로에서 제한 속도 20km/h를 초과한 경우
② 속도 제한 표지판 설치 구간에서 제한 속도 20km/h를 초과한 경우
③ 총중량 2,000kg에 미달자동차를 3배 이상의 자동차로 견인하는 때 30km/h에서 20km/h를 초과한 경우
④ 제한속도 20km/h 초과하여 과속 운행중 대물 피해만 입은 경우

12 경찰에서 사용 중인 속도추정 방법이 아닌 것은? ★★★

① 스피드건
② 운행기록계
③ 제동 흔적
④ 행인의 진술

> **경찰에서 사용 중인 속도추정 방법**
> • 운전자의 진술
> • 스피드건
> • 타코그래프(운행기록계)
> • 제동 흔적

13 경보기와 건널목 교통안전표지만 설치하는 건널목의 종류는? ★★★★

① 1종 건널목
② 2종 건널목
③ 3종 건널목
④ 4종 건널목

> 경보기와 건널목 교통안전표지만 설치하는 건널목은 2종 건널목이다.

14 건널목 교통안전표지만 설치하는 건널목의 종류는? ★★★★

① 1종 건널목
② 2종 건널목
③ 3종 건널목
④ 4종 건널목

> 건널목 교통안전표지만 설치하는 건널목은 3종 건널목이다.

15 차단기, 건널목경보기 및 교통안전표지가 설치되어 있는 경우 건널목의 종류는? ★★★★

① 1종 건널목
② 2종 건널목
③ 3종 건널목
④ 4종 건널목

> 차단기, 건널목경보기 및 교통안전표지가 설치되어 있는 건널목은 1종 건널목이다.

16 횡단보도 보행자 보호의무 위반 사고의 성립요건에 해당 되지 않는 경우는?

① 횡단보도를 건너는 보행자를 충돌한 경우
② 횡단보도 전에 정지한 차량을 추돌, 앞차가 밀려가 보행자를 충돌한 경우
③ 녹색등화에 횡단보도를 건너던 중 적색등화가 되어 마저 건너고 있는 보행자를 충돌한 경우
④ 보행자가 횡단보도를 건너던 중 신호가 변경되어 중앙선에 서 있던 중 사고가 난 경우

보행자가 횡단보도를 건너던 중 신호가 변경되어 중앙선에 서 있던 중 사고가 난 경우는 예외사항으로 횡단보도 보행자 보호의무 위반 사고의 성립요건에 해당되지 않는다.

17 다음 중 무면허 운전에 해당하지 않는 경우는?

① 면허를 취득하지 않고 운전하는 경우
② 유효기간이 지난 운전면허증으로 운전하는 경우
③ 운전면허 정지기간 중에 운전하는 경우
④ 제1종 보통 운전면허로 적재중량이 10톤인 화물자동차를 운전하는 경우

제1종 보통 운전면허로 적재중량 12톤 미만의 화물자동차를 운전할 수 있으며, 위험물을 운반하는 화물자동차가 적재중량 3톤을 초과함에도 제1종 보통 운전면허로 운전한 경우는 무면허운전에 해당된다.

18 횡단보도에서 이륜차와 사고 발생 시 결과 및 조치에 대한 설명으로 옳지 않은 것은?

① 이륜차를 끌고 횡단보도 보행 중 사고가 났을 때는 보행자로 간주한다.
② 이륜차를 타고가다 멈추고 한 발을 페달에, 한 발을 노면에 딛고 서 있던 중 사고가 났을 때는 보행자로 간주한다.
③ 이륜차를 타고 횡단보도 통행 중 사고가 났을 때는 보행자로 간주한다.
④ 이륜차를 타고 횡단보도 통행 중 사고가 났을 때는 안전운전 불이행이 적용된다.

이륜차를 타고 횡단보도 통행 중 사고가 났을 때는 이륜차를 보행자로 볼 수 없고 제차로 간주하여 처리한다.

19 다음 중 무면허 운전에 해당하는 경우가 아닌 것은?

① 면허 취소처분을 받은 자가 운전하는 경우
② 면허정지 기간 중에 운전하는 경우
③ 시험합격 후 면허증 교부 전에 운전하는 경우
④ 운전면허 취소사유 상태이나 취소처분(통지) 전 운전하는 경우

취소사유 상태이나 취소처분(통지) 전 운전하는 것은 무면허 운전의 예외사항에 해당한다.

20 다음 중 무면허 운전에 해당하는 경우가 아닌 것은?

① 면허종별 외 차량을 운전하는 경우
② 덤프트럭을 제1종 보통운전면허로 운전한 경우
③ 군인(군속인 자)이 군면허만 취득 소지하고 일반차량을 운전한 경우
④ 외국인으로 입국하여 1년 미만의 국제운전면허증을 소지하고 운전하는 경우

외국인으로 입국하여 1년이 지난 국제운전면허증을 소지하고 운전하는 경우 무면허 운전에 해당한다.

정답 **16** ④ **17** ④ **18** ③ **19** ④ **20** ④

화물자동차운수사업법

화물자동차의 구분과 세부기준에 대해서는 확실히 해두도록 한다. 용어의 정의도 꾸준히 출제되고 있으니 비슷한 용어들끼리 혼동하지 않도록 한다. 아울러 화물운송 관련 사업에 대해서도 잘 정리해두도록 한다.

01 총칙

1 법의 목적
① 화물자동차 운수사업을 효율적으로 관리
② 건전하게 육성하여 화물의 원활한 운송
③ 공공복리의 증진

2 화물자동차의 정의
자동차관리법에 따른 화물자동차 및 특수자동차로서 국토교통부령으로 정하는 자동차

3 화물자동차의 구분
(1) 규모별 종류 및 세부기준
① 화물 자동차

경형	• 초소형 : 배기량 250cc (전기자동차의 경우 최고 정격출력이 15kW) 이하이고, 길이 3.6m, 너비 1.5m, 높이 2.0m 이하 • 일반형 : 배기량이 1,000cc 미만으로 길이 3.6m, 너비 1.6m, 높이 2.0m 이하
소형	최대적재량 1톤 이하(또는 총중량 3.5톤 이하)
중형	최대적재량 1톤 초과~5톤 미만 (또는 총중량 3.5톤 초과 10톤 미만)
대형	최대적재량이 5톤 이상(또는 총중량 10톤 이상)

② 특수 자동차

경형	배기량이 1,000cc 미만으로 길이 3.6m, 너비 1.6m, 높이 2.0m 이하
소형	총중량 3.5톤 이하
중형	총중량 3.5톤 초과~10톤 미만
대형	총중량 10톤 이상

(2) 유형별 세부기준
① 화물 자동차

일반형	보통의 화물운송용인 것
덤프형	적재함을 원동기의 힘으로 기울여 적재물을 중력에 의하여 쉽게 미끄러뜨리는 구조의 화물운송용인 것
밴형	지붕구조의 덮개가 있는 화물운송용인 것
특수 용도형	특정한 용도를 위해 특수한 구조로 하거나, 기구를 장치한 것으로서 위 어느 형에도 속하지 않는 화물운송용인 것 (예 청소차, 살수차, 소방차, 냉장·냉동차, 곡물·사료운반차 등)

② 특수 자동차

견인형	피견인차의 견인을 전용으로 하는 구조인 것
구난형	고장·사고 등으로 운행이 곤란한 자동차를 구난·견인할 수 있는 구조인 것
특수 작업형	위 어느 유형에도 속하지 않는 특수작업용인 것 (예 고소작업차, 고가사다리소방차, 오가크레인 등)

4 화물자동차 운수·운송에 관한 용어

용어	정의
화물자동차 운수사업	화물자동차 운송사업, 화물자동차 운송주선사업 및 화물자동차 운송가맹사업
화물자동차 운송사업	다른 사람의 요구에 의해 화물자동차로 화물을 유상으로 운송하는 사업

용어	정의
화물자동차 운송주선사업	다른 사람의 요구에 응하여 유상으로 화물운송계약을 중개·대리하거나 화물자동차 운송사업 또는 화물자동차 운송가맹사업을 경영하는 자의 화물 운송수단을 이용하여 자기의 명의와 계산으로 화물을 운송하는 사업
화물자동차 운송가맹사업	다른 사람의 요구에 응하여 자기 화물자동차를 사용하여 유상으로 화물을 운송하거나 소속 화물자동차 운송가맹점에 의뢰하여 화물을 운송하게 하는 사업
화물자동차 운송가맹사업자	국토교통부장관으로부터 화물자동차 운송가맹사업의 허가를 받은 자
화물자동차 운송가맹점	화물자동차 운송가맹사업자의 운송가맹점으로 가입하여 그 영업표지의 사용권을 부여받은 자로서 다음의 어느 하나에 해당하는 자 • 운송가맹사업자로부터 운송 화물을 배정받아 화물을 운송하거나 운송가맹사업자가 아닌 자의 요구를 받고 화물을 운송하는 운송사업자 • 운송가맹사업자의 화물운송계약을 중개·대리하거나 운송가맹사업자가 아닌 자에게 화물자동차 운송주선사업을 하는 운송주선사업자 • 운송가맹사업자로부터 운송 화물을 배정받아 화물을 운송하거나 운송가맹사업자가 아닌 자의 요구를 받고 화물을 운송하는 자로서 화물자동차 운송사업의 경영의 일부를 위탁받은 자 (다만, 경영의 일부를 위탁한 운송사업자가 화물자동차 운송가맹점으로 가입한 경우는 제외)
운수종사자	화물자동차의 운전자, 화물의 운송 또는 운송주선에 관한 사무를 취급하는 사무원 및 이를 보조하는 보조원, 그 밖에 화물자동차 운수사업에 종사하는 자

5 밴형 화물자동차의 요건

① 물품적재장치의 바닥면적이 승차장치의 바닥면적보다 넓을 것

② 승차 정원이 3명 이하일 것(다음에 해당하는 경우는 예외)
  • 호송경비업무 허가를 받은 경비업자의 호송용 차량
  • 2001년 11월 30일 전에 화물자동차 운송사업 등록을 한 6인승 밴형 화물자동차

02 화물자동차 운송사업

1 화물자동차 운송사업의 종류

일반화물자동차 운송사업	20대 이상의 화물자동차를 사용하여 화물을 운송하는 사업
개인화물자동차 운송사업	1대의 화물자동차를 사용하여 화물을 운송하는 사업

2 화물자동차 운송사업의 허가

(1) 허가권자 : 국토교통부장관

(2) 화물자동차 운송가맹사업의 허가를 받은 자는 허가가 필요 없음

(3) 허가사항 변경
  ① 국토교통부장관의 변경허가 필요
  ② 경미한 사항 변경 : 국토교통부장관에게 신고

(4) 허가사항 변경신고의 대상
  ① 상호의 변경
  ② 대표자의 변경(법인의 경우만 해당)
  ③ 화물취급소의 설치 또는 폐지
  ④ 화물취급소의 대폐차
  ⑤ 주사무소·영업소[주1] 및 화물취급소의 이전[주2]

(5) 허가받은 날부터 5년마다 허가기준에 관한 사항을 국토교통부장관에게 신고[주3]

❸ 결격사유

다음에 해당하는 자는 화물자동차 운송사업의 허가를 받을 수 없다. (법인의 경우 임원 중 다음에 해당하는 자가 있어도 허가를 받을 수 없음)

① 피성년후견인 또는 피한정후견인
② 파산선고를 받고 복권되지 아니한 자
③ 화물자동차 운수사업법을 위반하여 징역 이상의 실형을 선고받고 그 집행이 끝나거나(집행이 끝난 것으로 보는 경우 포함) 집행이 면제된 날부터 2년이 지나지 아니한 자
④ 화물자동차 운수사업법을 위반하여 징역 이상의 형의 집행유예를 선고받고 그 유예기간 중에 있는 자
⑤ 다음의 사유로 인해 허가가 취소된 후 2년이 지나지 않은 자
 • 허가를 받은 후 6개월간의 운송실적이 국토교통부령으로 정하는 기준에 미달한 경우
 • 허가기준을 충족하지 못하게 된 경우
 • 5년마다 허가기준에 관한 사항을 신고하지 아니하였거나 거짓으로 신고한 경우
⑥ 부정한 방법으로 허가를 받은 경우, 부정한 방법으로 변경허가를 받거나 변경허가를 받지 아니하고 허가 사항을 변경한 경우에 해당되어 허가가 취소된 후 5년이 지나지 않은 자

❹ 운임 및 요금

(1) 운임 및 요금 신고

운송사업자는 운임 및 요금을 정하여 미리 국토교통부장관에게 신고해야 한다.(변경 시에도 동일)

(2) 운임과 요금을 신고해야 하는 운송사업자의 범위(대통령령)

① 구난형 특수자동차를 사용하여 고장차량 · 사고차량 등을 운송하는 운송사업자 또는 운송가맹사업자(화물자동차를 직접 소유한 운송가맹사업자만 해당)
② 견인형 특수자동차를 사용하여 컨테이너를 운송하는 운송사업자 또는 운송가맹사업자(화물자동차를 직접 소유한 운송가맹사업자만 해당)

(3) 운임 및 요금의 신고에 대하여 필요한 사항

① 운임 및 요금신고서
② 원가계산서(행정기관에 등록한 원가계산기관 또는 공인회계사가 작성한 것)
③ 운임 · 요금표
④ 운임 및 요금의 신 · 구대비표(변경신고인 경우만 해당)

❺ 운송약관

① 운송사업자는 운송약관을 정하여 국토교통부장관에게 신고해야 한다. 이를 변경하려는 때에도 또한 같다(시 · 도지사에게 위임).
② 국토교통부장관은 협회 또는 연합회가 작성한 표준약관이 있으면 운송사업자에게 그 사용을 권장할 수 있다.
③ 운송사업자가 화물자동차 운송사업의 허가(변경허가 포함)를 받는 때에 표준약관의 사용에 동의하면 운송약관을 신고한 것으로 본다.

❻ 운송사업자의 책임

① 화물의 멸실 · 훼손 또는 인도의 지연으로 발생한 운송사업자의 손해배상 책임에 관하여는 상법 제135조를 준용한다.
② 인도기한이 지난 후 3개월 이내에 인도되지 않은 화물은 멸실된 것으로 본다.
③ 국토교통부장관은 손해배상에 관하여 화주가 요청하면 국토교통부령으로 정하는 바에 따라 이에 관한 분쟁을 조정할 수 있다.
④ 국토교통부장관은 화주가 분쟁조정을 요청하면 지체 없이 그 사실을 확인하고 손해내용을 조사한 후 조정안을 작성해야 한다.
⑤ 당사자 쌍방이 조정안을 수락하면 당사자 간에 조정안과 동일한 합의가 성립된 것으로 본다.

⑥ 국토교통부장관은 분쟁조정 업무를 한국소비자원 또는 소비자단체에 위탁할 수 있다.

→ 적재물배상 책임보험 또는 공제

7 적재물배상보험 등의 의무 가입

(1) 의무 가입 대상자
① 최대 적재량이 5톤 이상이거나 총 중량이 10톤 이상인 화물자동차 중 일반형·밴형 및 특수용도형 화물자동차와 견인형 특수자동차를 소유하고 있는 운송사업자
② 이사화물 운송주선사업자
③ 운송가맹사업자

> ▶ 의무 가입 대상자 예외
> • 건축폐기물·쓰레기 등 경제적 가치가 없는 화물 운송 차량으로 국토교통부장관이 정하여 고시한 화물자동차
> • 배출가스저감장치를 차체에 부착함에 따라 총중량 10톤 이상이 된 화물자동차 중 최대 적재량이 5톤 미만인 화물자동차
> • 특수용도형 화물자동차 중 피견인자동차

(2) 가입 범위
다음 구분에 따라 사고 건당 2천만원(이사화물운송주선사업자는 500만원) 이상의 금액을 지급할 책임을 지는 적재물배상보험 등에 가입해야 한다.
① 운송사업자 : 각 화물자동차별로 가입
② 운송주선사업자 : 각 사업자별로 가입
③ 운송가맹사업자 : 최대 적재량 5톤 이상 또는 총중량 10톤 이상인 화물자동차 중 일반형·밴형 및 특수용도형 화물자동차와 견인형 특수자동차를 직접 소유한 자는 각 화물자동차별 및 각 사업자별로, 그 외의 자는 각 사업자별로 가입

8 적재물배상보험 등의 계약

(1) 계약의 체결 의무
적재물배상보험 등의 의무가입자가 적재물배상보험 등에 가입하려고 하면 대통령령으로 정하는 사유가 있는 경우 외에는 적재물배상보험 등의 계약의 체결을 거부할 수 없다.

(2) 의무가입자가 적재물 사고를 일으킬 개연성이 높은 경우 등 국토교통부령으로 정하는 사유에 해당하면 다수의 보험회사 등이 공동으로 책임보험계약 등을 체결할 수 있다.

> ▶ 국토교통부령으로 정하는 사유에 해당하는 경우
> ㉠ 운송사업자의 화물자동차운전자가 과거 2년 동안 아래 사항을 2회 이상 위반한 경력이 있는 경우
> • 무면허운전 등의 금지
> • 술에 취한 상태에서의 운전금지
> • 사고발생 시 조치의무
> ㉡ 보험회사가 보험업법에 따라 허가를 받거나 신고한 적재물배상책임보험요율과 책임준비금 산출기준에 따라 손해배상책임을 담보하는 것이 현저히 곤란하다고 판단한 경우

(3) 계약 해제가 가능한 경우
① 화물자동차 운송사업의 허가사항이 변경(감차만 해당)된 경우
② 화물자동차 운송사업을 휴업 또는 폐업한 경우
③ 화물자동차 운송사업의 허가가 취소되거나 감차 조치 명령을 받은 경우
④ 화물자동차 운송주선사업의 허가가 취소된 경우
⑤ 화물자동차 운송가맹사업의 허가사항이 변경(감차만 해당)된 경우
⑥ 화물자동차 운송가맹사업의 허가가 취소되거나 감차 조치 명령을 받은 경우
⑦ 적재물배상보험 등에 이중으로 가입되어 하나의 책임보험계약 등을 해제하거나 해지하려는 경우
⑧ 보험회사 등이 파산 등의 사유로 영업을 계속할 수 없는 경우
⑨ 계약체결 후 보험료의 전부 또는 제1회 보험료를 지급하지 아니하는 경우 : 계약성립 후 2월이 경과하면 해제
⑩ 계속보험료가 약정한 시기에 지급하지 않은 경우 : 보험자가 보험계약자에게 최고하고 그 기간 내에 지급되지 않으면 해지
⑪ 보험계약 당시에 보험계약자 또는 피보험자가 고의 또는 중대한 과실로 인하여 중요한 사항을 고지하지 않았거나 부실의 고지를 한 경우 : 그 사실을 안 날로부터 1월 내에, 계약을 체결한 날로부터 3년 내에 한하여 계약 해지
→ 단, 보험자가 계약당시에 그 사실을 알았거나 중대한 과실로 인하여 알지 못한 때에는 해지할 수 없다.
⑫ 보험기간 중에 보험계약자 또는 피보험자가 사고발생의 위험이 현저하게 변경 또는 증가된 사실을 알고서도 보험자에게 지체없이 통지하지 않은 경우 : 그 사실을 안 날로부터 1월 내에 한하여 계약 해지 가능

(4) 계약 종료일 통지

① 보험회사는 가입자에게 계약종료일 30일 전까지 계약 종료 사실을 알려야 한다.

② 계약이 끝난 후 새로운 계약을 체결하지 않으면 지체없이 국토교통부장관에게 통보(시·도지사에게 위임)

(5) 계약 종료 사실의 통지

① 통지 기간 : 계약종료일 30일 전과 10일 전

② 통지 내용 : 적재물배상보험 등에 가입하지 않은 경우 500만원 이하의 과태료가 부과된다는 안내를 포함할 것

③ 관할관청에 신고할 내용 : 운수사업자의 상호, 성명 및 주민등록번호(법인인 경우 법인명칭, 대표자 및 법인등록번호)와 자동차등록번호

(6) 미가입 사업자에 대한 과태료 부과기준

구분	과태료 부과기준
화물자동차 운송사업자	• 미가입 기간 10일 이내 : 1만5천원 • 미가입 기간 10일 초과 : 1만5천원에 11일째부터 기산하여 1일당 5천원을 가산한 금액 (과태료 총액이 자동차 1대당 50만원을 초과하지 못함)
화물자동차 운송주선사업자	• 미가입 기간 10일 이내 : 3만원 • 미가입 기간 10일 초과 : 3만원에 11일째부터 기산하여 1일당 1만원을 가산한 금액 (과태료 총액이 100만원을 초과하지 못함)
화물자동차 운송가맹사업자	• 미가입 기간 10일 이내 : 15만원 • 미가입 기간 10일 초과 : 15만원에 11일째부터 기산하여 1일당 5만원을 가산한 금액 (과태료 총액이 자동차 1대당 500만원을 초과하지 못함)

9 화물자동차 운수사업의 운전업무 종사자격

(1) 자격요건

① 연령·운전경력 등 운전업무에 필요한 요건

• 화물자동차 운전에 적합한 운전면허를 소지할 것

• 20세 이상일 것

• 운전경력이 2년 이상일 것(여객자동차 운수사업용 자동차 또는 화물자동차 운수사업용 자동차 운전경력은 1년 이상)

② 운전적성 정밀검사기준에 적합할 것

• 신규검사 : 화물운송 종사자격증을 취득하려는 사람 (다만, 자격시험 실시일을 기준으로 최근 3년 이내에 신규검사의 적합판정을 받은 사람은 제외)

③ 화물자동차 운수사업법령, 화물취급요령 등에 관한 시험에 합격하고 정해진 교육을 받을 것

(위 ①, ②의 요건을 갖춘 사람만 시험에 응시 가능)

(2) 결격사유

① 피성년후견인 또는 피한정후견인

② 화물자동차 운수사업법을 위반하여 징역 이상의 실형을 선고받고 그 집행이 끝나거나 집행이 면제된 날부터 2년이 지나지 아니한 자

③ 화물자동차 운수사업법을 위반하여 징역 이상의 형의 집행유예 선고받고 그 유예기간 중에 있는 자

④ 화물운송 종사자격이 취소된 날부터 2년이 지나지 아니한 자

⑤ 시험공고일 또는 교육 공고일 전 5년간 음주운전금지 위반을 3회 이상 한 사람

(3) 화물운송 종사자격의 취소 및 효력정지의 처분기준

① 자격 취소 사항

• 운송 종사자격 결격사유에 해당하는 경우

• 거짓이나 그 밖의 부정한 방법으로 화물운송 종사자격을 취득한 경우

• 화물운송 종사자격증을 다른 사람에게 빌려준 경우

• 화물운송 종사자격 정지기간에 화물자동차 운전 업무에 종사한 경우

• 화물자동차를 운전할 수 있는 도로교통법에 따른 운전면허가 취소된 경우

• 도로교통법 제46조의3(난폭운전 금지)을 위반하여 화물자동차를 운전할 수 있는 운전면허가 정지된 경우

• 화물자동차 교통사고와 관련하여 거짓이나 그 밖의 부정한 방법으로 보험금을 청구하여 금고 이상의 형을 선고받고 그 형이 확정된 경우

• 다음에 해당하는 사람

> 1. 다음에 해당하는 죄를 범하여 금고 이상의 실형을 선고받고 그 집행이 끝나거나 면제된 날부터 최대 20년의 범위에서 범죄의 종류, 죄질, 형기의 장단 및 재범위험성 등을 고려하여 대통령령으로 정하는 기간이 지나지 아니한 사람
>   가. 「특정강력범죄의 처벌에 관한 특례법」 제2조제1항 각 호에 따른 죄
>   나. 「특정범죄 가중처벌 등에 관한 법률」 제5조의2, 제5조의4, 제5조의5, 제5조의9 및 제11조에 따른 죄
>   다. 「마약류 관리에 관한 법률」에 따른 죄
>   라. 「성폭력범죄의 처벌 등에 관한 특례법」 제2조제1항제2호부터 제4호까지, 제3조부터 제9조까지 및 제15조(미수범 제외)에 따른 죄
>   마. 「아동·청소년의 성보호에 관한 법률」 제2조제2호에 따른 죄
> 2. 제1호에 따른 죄를 범하여 금고 이상의 형의 집행유예를 선고받고 그 유예기간 중에 있는 사람

② 기타 사항

위반행위	처분내용
집단 화물운송 거부에 대한 국토교통부장관의 업무개시 명령을 정당한 사유 없이 거부한 경우	1차 : 자격 정지 30일 2차 : 자격 취소
화물운송 중에 고의나 과실로 교통사고를 일으켜 다음 구분에 따라 사람을 사망하게 하거나 다치게 한 경우 가. 고의로 교통사고를 일으켜 사람을 사망하게 하거나 다치게 한 경우	자격 취소
나. 과실로 교통사고를 일으켜 사람을 사망하게 하거나 다치게 한 경우 　1) 사망자 2명 이상 　2) 사망자 1명 및 중상자 3명 이상 　3) 사망자 1명 또는 중상자 6명 이상	 자격 취소 자격 정지 90일 자격 정지 60일
• 부당한 운임 또는 요금을 요구하거나 받는 행위 • 택시 요금미터기의 장착 등 국토교통부령으로 정하는 택시 유사표시행위 • 전기·전자장치(최고속도제한장치에 한정한다)를 무단으로 해체하거나 조작하는 행위	1차 : 자격 정지 60일 2차 : 자격 취소

* 사망자 : 교통사고가 주된 원인이 되어 교통사고가 발생한 후 30일 이내에 사망한 경우
* 중상자 : 교통사고로 인하여 의사의 진단 결과 3주 이상의 치료가 필요한 경우

▶ 택시 유사표시행위
• 택시 요금미터기 등 요금을 산정하는 전자장비의 장착
• 화물자동차의 차체에 택시유사 표시등의 장착
• 화물자동차의 차체에 택시·모범 등의 문구 표시

(4) 화물자동차 운전자 채용기록의 관리
① **운송사업자** : 화물자동차의 운전자 채용 시 근무기간 등 운전경력증명서의 발급을 위한 필요한 사항을 기록·관리
② **협회 및 연합회** : 운전자 근무기간의 기록·관리 등 필요한 업무를 국토교통부령으로 정하는 바에 따라 행할 수 있음

▶ **화물자동차 운전자의 관리** (주체 : 운송사업자, 협회, 연합회)
• 운송사업자는 화물자동차 운전자를 채용하거나 채용된 화물자동차 운전자가 퇴직 시 그 명단(소유 대수가 1대인 운송사업자가 화물자동차를 직접 운전하는 경우에는 운송사업자 본인의 명단을 말한다)을 협회에 제출, 협회는 이를 종합하여 연합회에 보고
• 운전자 명단 기재사항 : 운전자의 성명·생년월일과 운전면허의 종류·취득일 및 화물운송 종사자격의 취득일
• 운송사업 폐업 : 운송사업자는 화물자동차 운전자의 경력에 관한 기록 등 관련 서류를 협회에 이관
• 경력증명서 발급 : 협회는 소유 대수가 1대인 운송사업자의 화물자동차 운전자에 대한 경력증명서 발급에 필요한 사항을 기록하여 관리
• 취업 현황 보고 : 운송사업자 – 매 분기 말 현재 화물자동차 운전자의 취업 현황을 다음 분기 첫 달 5일까지 협회에 통지
  협회 – 이를 종합하여 그 다음 달 말일까지 시·도지사 및 연합회에 보고
• 전산정보처리조직 운영 : 연합회는 운전자의 기록 유지·관리를 위해 전산정보처리조직 운영

(5) 운송사업자의 준수사항
① 허가받은 사항의 범위에서 사업을 성실하게 수행
② 부당한 운송조건 제시 금지, 정당한 사유 없이 운송계약의 인수 거부 금지 및 그 밖에 화물운송 질서 준수
③ 화물자동차 운전자의 과로 방지 및 과도한 승차근무 방지
④ 화물의 기준[주1]에 맞는 화물 운송

▶ **주1) 화물의 기준 및 대상차량**
㉠ 화주 1명당 화물의 중량이 20kg 이상일 것
㉡ 화주 1명당 화물의 용적이 4만cm³ 이상일 것
㉢ 화물이 다음에 해당하는 물품일 것
  • 불결하거나 악취가 나는 농산물·수산물 또는 축산물
  • 혐오감을 주는 동물 또는 식물
  • 기계·기구류 등 공산품
  • 합판·각목 등 건축기자재
  • 폭발성·인화성 또는 부식성 물품
㉣ 화주가 화물자동차에 함께 승차 시의 화물은 중량, 용적, 형상 등이 여객자동차 운송사업용 자동차에 싣기 부적합한 것으로서 대상차량은 밴형 화물자동차로 한다.

⑤ 고장 및 사고차량 등 화물 운송과 관련한 자동차관리법에 따른 자동차관리사업자와 부정한 거래 금지

⑥ 해당 운송사업에 종사하는 운수종사자의 준수사항을 성실히 이행하도록 지도·감독

⑦ 화물운송의 대가로 받은 운임 및 요금의 전부 또는 일부를 부당하게 화주, 다른 운송사업자 또는 화물자동차 운송주선사업 경영자에게 되돌려주는 행위 금지

⑧ 택시 요금미터기의 장착 등 국토교통부령으로 정하는 택시 유사표시행위 금지

⑨ 이용자가 요구 시 운임 및 요금과 운송약관 제시

⑩ 둘 이상의 화물자동차 운송가맹점에 가입 금지

⑪ 운송가맹점인 운송사업자는 자기가 가입한 운송가맹사업자에게 소속된 운송주선사업자로부터 직접 화물운송을 주선받아서는 안 되며, 자기의 상호를 소속 운송가맹사업자의 운송가맹점으로 변경하여 국토교통부령으로 정하는 바에 따라 국토교통부장관에게 신고

⑫ 경영의 일부를 위탁받은 사람이나 화물자동차 소유 대수가 1대인 운송사업자에게 화물운송을 위탁한 운송사업자는 해당 위·수탁차주나 1대 사업자가 요구하면 화물의 종류와 운임 등 국토교통부령으로 정하는 사항을 적은 화물위탁증 발급

⑬ **국토교통부장관은 위의 준수사항 외에 화물자동차 운송사업의 차고지 이용과 운송시설에 관한 사항, 그 밖에 안전 및 화주의 편의를 위한 운송사업자의 준수사항을 국토교통부령으로 정할 수 있음**

▶ **국토교통부령으로 정하는 운송사업자의 준수사항**

- 개인화물자동차 운송사업자의 경우 주사무소가 있는 특별시·광역시·특별자치시 또는 도와 이와 맞닿은 특별시·광역시·특별자치시 또는 도 외의 지역에 상주하여 화물자동차 운송사업을 경영하지 아니할 것

- 밤샘주차(0시~4시 사이에 하는 1시간 이상의 주차를 말한다)하는 경우에는 다음 에 해당하는 시설 및 장소에서만 할 것
  - 해당 운송사업자의 차고지
  - 다른 운송사업자의 차고지
  - 공영차고지
  - 화물자동차 휴게소
  - 화물터미널
  - 그 밖에 지방자치단체의 조례로 정하는 시설 또는 장소

- 최대적재량 1.5톤 이하의 화물자동차의 경우에는 주차장, 차고지 또는 지방자치단체의 조례로 정하는 시설 및 장소에서만 밤샘주차할 것

- 신고한 운임 및 요금 또는 화주와 합의된 운임 및 요금이 아닌 부당한 운임 및 요금을 받지 아니할 것

- 화주로부터 부당한 운임 및 요금의 환급을 요구받았을 때에는 환급할 것

- 신고한 운송약관을 준수할 것

- 사업용 화물자동차의 바깥쪽에 일반인이 알아보기 쉽도록 해당 운송사업자의 명칭(개인화물자동차 운송사업자인 경우에는 그 화물자동차 운송사업의 종류를 말한다)을 표시할 것. 이 경우 「자동차관리법 시행규칙」 별표 1에 따른 밴형 화물자동차를 사용해서 화주와 화물을 함께 운송하는 사업자는 "화물"이라는 표기를 한국어 및 외국어(영어, 중국어 및 일본어)로 표시할 것

- 화물자동차 운전자의 취업 현황 및 퇴직 현황을 보고하지 아니하거나 거짓으로 보고하지 아니할 것

- 교통사고로 인한 손해배상을 위한 대인보험이나 공제사업에 가입하지 아니한 상태로 화물자동차를 운행하거나 그 가입이 실효된 상태로 화물자동차를 운행하지 아니할 것

- 적재물배상보험등에 가입하지 아니한 상태로 화물자동차를 운행하거나 그 가입이 실효된 상태로 화물자동차를 운행하지 아니할 것

- 「자동차관리법」에 따른 검사를 받지 아니하고 화물자동차를 운행하지 아니할 것

- 화물자동차 운전자에게 차 안에 화물운송 종사자격증명을 게시하고 운행하도록 할 것

- 화물자동차 운전자에게 운행기록장치가 설치된 운송사업용 화물자동차를 그 장치 또는 기기가 정상적으로 작동되는 상태에서 운행하도록 할 것

- 개인화물자동차 운송사업자는 자기 명의로 운송계약을 체결한 화물에 대하여 다른 운송사업자에게 수수료나 그 밖의 대가를 받고 그 운송을 위탁하거나 대행하게 하는 등 화물운송 질서를 문란하게 하는 행위를 하지 말 것

- 화물을 집화·분류·배송하는 형태의 운송사업을 하는 운송사업자와 전속 운송계약을 통해 화물의 집화·배송만을 담당하고자 허가를 받은 자는 집화등 외의 운송을 하지 말 것

- 구난형 특수자동차를 사용하여 고장·사고차량을 운송하는 운송사업자의 경우 고장·사고차량 소유자 또는 운전자의 의사에 반하여 구난을 지시하거나 구난하지 아니할 것

예외)

- 고장·사고차량 소유자 또는 운전자가 사망·중상 등으로 의사를 표현할 수 없는 경우
- 교통의 원활한 흐름 또는 안전 등을 위하여 경찰공무원이 차량의 이동을 명한 경우

- 구난형 특수자동차를 사용하여 고장·사고차량을 운송하는 운송사업자는 차량의 소유자 또는 운전자로부터 최종 목적지까지의 총 운임·요금에 대하여 구난동의를 받은 후 운송을 시작하고, 운수종사자로 하여금 운송하게 하는 경우에는 구난동의를 받은 후 운송을 시작하도록 지시할 것
- 밴형 화물자동차를 사용하여 화주와 화물을 함께 운송하는 운송사업자는 운송을 시작하기 전에 화주에게 구두 또는 서면으로 총 운임·요금을 통지하거나 소속 운수종사자로 하여금 통지하도록 지시할 것
- 휴게시간 없이 2시간 연속운전한 운수종사자에게 15분 이상의 휴게시간을 보장할 것

※ 1시간까지 연장운행 후 30분 이상의 휴게시간을 보장해야 하는 경우
- 운송사업자 소유의 다른 화물자동차가 교통사고, 차량고장 등의 사유로 운행이 불가능하여 이를 일시적으로 대체하기 위하여 수송력 공급이 긴급히 필요한 경우
- 천재지변이나 이에 준하는 비상사태로 인하여 수송력 공급을 긴급히 증가할 필요가 있는 경우
- 교통사고, 차량고장 또는 교통정체 등 불가피한 사유로 2시간 연속운전 후 휴게시간 확보가 불가능한 경우

- 화물자동차 운전자가 난폭운전을 하지 않도록 운행관리를 할 것
- 밴형 화물자동차를 사용해 화주와 화물을 함께 운송하는 사업자는 호객행위를 하지 말 것
- 위·수탁계약서에 명시된 금전 외의 금전을 위·수탁차주에게 요구하지 않을 것

(6) 운수종사자의 준수사항(금지사항)
① 정당한 사유 없이 화물을 중도에서 내리거나 화물운송을 거부하는 행위
② 부당한 운임 또는 요금을 요구하거나 받는 행위
③ 고장 및 사고차량 등 화물운송과 관련하여 자동차관리사업자와 부정한 금품을 주고받는 행위
④ 일정한 장소에 오랜 시간 정차하여 화주를 호객하는 행위
⑤ 문을 완전히 닫지 않은 상태에서 자동차를 출발시키거나 운행하는 행위
⑥ 택시 요금미터기의 장착 등 국토교통부령으로 정하는 택시 유사표시행위
⑦ 전기·전자장치(최고속도제한장치에 한정)를 무단으로 해체하거나 조작하는 행위
⑧ 위의 준수사항 외에 안전운행을 확보하고 화주의 편의를 도모하기 위해 국토교통부령으로 정하는 사항

▶ 국토교통부령으로 정하는 운수종사자의 준수사항
- 운행하기 전에 일상점검 및 확인을 할 것
- 구난형 특수자동차를 사용하여 고장·사고차량을 운송하는 운수종사자의 경우 고장·사고차량 소유자 또는 운전자의 의사에 반하여 구난하지 아니할 것. 다만, 다음의 경우는 제외
  - 고장·사고차량 소유자 또는 운전자가 사망·중상 등으로 의사를 표현할 수 없는 경우
  - 교통의 원활한 흐름이나 안전 등을 위하여 경찰공무원이 차량의 이동을 명한 경우
- 구난형 특수자동차를 사용하여 고장·사고차량을 운송하는 운수종사자는 차량의 소유자 또는 운전자로부터 최종 목적지까지의 총 운임·요금에 대하여 구난동의를 받은 후 운송을 시작할 것
- 휴게시간 없이 2시간 연속운전한 후에는 15분 이상의 휴게시간을 가질 것. 다만, 긴급상황이나 휴게시간 확보가 불가능한 경우에는 1시간까지 연장운행을 할 수 있으며 운행 후 30분 이상의 휴게시간을 가져야 한다.
- 운전 중 휴대용 전화를 사용하거나 영상표시장치를 시청·조작 등을 하지 말 것

(7) 운송사업자에 대한 개선명령 사항(시·도지사에게 위임)
① 운송약관의 변경
② 화물자동차의 구조변경 및 운송시설의 개선
③ 화물의 안전운송을 위한 조치
④ 적재물배상보험 등의 가입 및 보험·공제 가입
⑤ 위·수탁계약에 따라 운송사업자 명의로 등록된 차량의 자동차등록번호판이 훼손 또는 분실된 경우 위·수탁차주의 요청을 받은 즉시 등록번호판의 부착 및 봉인을 신청하는 등 운행이 가능하도록 조치
⑥ 위·수탁계약에 따라 운송사업자 명의로 등록된 차량의 노후, 교통사고 등으로 대폐차가 필요한 경우 위·수탁차주의 요청을 받은 즉시 운송사업자가 대폐차 신고 등 절차를 진행하도록 조치
⑦ 위·수탁계약에 따라 운송사업자 명의로 등록된 차량의 사용본거지를 다른 시·도로 변경하는 경우 즉시 자동차등록번호판의 교체 및 봉인을 신청하는 등 운행이 가능하도록 조치
⑧ 그 밖에 화물자동차 운송사업의 개선을 위해 필요한 사항으로 대통령령으로 정하는 사항

(8) 업무개시명령

① 국토교통부장관은 운송사업자나 운수종사자가 정당한 사유 없이 집단으로 화물운송을 거부하여 화물운송에 커다란 지장을 주어 국가경제에 매우 심각한 위기를 초래(또는 초래할 우려)가 있다고 인정할 만한 상당한 이유가 있으면 그 운송사업자 또는 운수종사자에게 업무개시를 명할 수 있다.

② 국토교통부장관은 운송사업자 또는 운수종사자에게 업무개시를 명하려면 국무회의의 심의를 거쳐야 한다.

③ 국토교통부장관은 업무개시를 명한 때에는 구체적 이유 및 향후대책을 국회 소관 상임위원회에 보고해야 한다.

④ 운송사업자 또는 운수종사자는 정당한 사유 없이 업무개시명령을 거부할 수 없다.

(9) 과징금

① 과징금의 부과 : 사업정지처분을 해야 하는 경우로 그 사업정지처분이 해당 화물자동차 운송사업의 이용자에게 심한 불편을 주거나 그 밖에 공익을 해칠 우려가 있으면 대통령령으로 정하는 바에 따라 사업정지처분을 갈음하여 2천만원 이하의 과징금을 부과·징수할 수 있다.

② 과징금의 용도

• 화물 터미널 또는 공동차고지(사업자단체, 운송사업자 또는 운송가맹사업자가 운송사업자 또는 운송가맹사업자에게 공동으로 제공하기 위해 설치하거나 임차한 차고지)의 건설 및 확충

• 신고포상금의 지급

• 경영개선이나 그 밖에 화물에 대한 정보 제공사업 등 화물자동차 운수사업의 발전을 위해 필요한 사항

> • 공영차고지의 설치·운영사업
> • 시·도지사가 설치·운영하는 운수종사자의 교육시설에 대한 비용의 보조사업

※ 시·도지사에게 위임(과징금의 부과·징수 및 과징금 운용계획의 수립·시행)

(10) 화물자동차 운송사업의 허가취소 등의 기준

국토교통부장관은 다음의 경우 허가를 취소하거나 6개월 이내의 기간을 정하여 사업의 전부 또는 일부의 정지를 명령하거나 감차 조치를 명할 수 있으며 ①, ⑦, ⑯의 경우에는 허가를 취소해야 한다.

① 부정한 방법으로 화물자동차 운송사업 허가를 받은 경우

② 허가를 받은 후 6개월간의 운송실적이 국토교통부령으로 정하는 기준에 미달한 경우

③ 부정한 방법으로 화물자동차 운송사업의 변경허가를 받거나, 변경허가를 받지 않고 허가사항을 변경한 경우

④ 화물자동차 운송사업의 허가 또는 증차를 수반하는 변경허가에 따른 기준을 충족하지 못하게 된 경우

⑤ 국토교통부장관에게 운송사업의 허가를 받은 날부터 3년의 범위에서 대통령령으로 정하는 기간마다 화물자동차운송사업의 허가 또는 증차를 수반하는 변경허가 기준에 관한 사항을 신고하지 않았거나 거짓으로 신고한 경우

⑥ 화물자동차 소유 대수가 2대 이상인 운송사업자가 영업소 설치 허가를 받지 아니하고 주사무소 외의 장소에서 상주하여 영업한 경우

⑦ 결격사유에 해당하게 된 경우 (다만, 법인의 임원 중 결격사유에 해당하는 자가 있는 경우에 3개월 이내에 그 임원을 개임(改任)하면 허가를 취소하지 않음)

⑧ 화물운송 종사자격이 없는 자에게 화물을 운송하게 한 경우

⑨ 법 제11조 운송사업자의 준수사항을 위반한 경우 (운송사업자의 준수사항 중 고장 및 사고차량 등 화물 운송과 관련하여 자동차관리사업자와 부정한 금품을 주고받은 경우는 제외)

⑩ 운송사업자의 직접운송 의무 등을 위반한 경우

⑪ 대통령령으로 정하는 연한 이상의 화물자동차를 정기검사 또는 자동차종합검사를 받지 아니한 상태로 운행하거나 운행하게 한 경우(2022.4.14.부터 시행)

⑫ 1대의 화물자동차를 본인이 직접 운전하는 운송사업자, 운송사업자가 채용한 운수종사자 또는 위·수탁차주가 일정한 장소에 오랜 시간 정차하여 화주를 호객하는 행위를 하여 과태료 처분을 1년 동안 3회 이상 받은 경우

⑬ 정당한 사유 없이 개선명령 및 업무개시 명령을 이행하지 않은 경우

⑭ 사업정지처분 또는 감차 조치 명령을 위반한 경우

⑮ 부정한 방법으로 보험금을 청구하여 금고 이상의 형을 선고받고 그 형이 확정된 경우

⑯ 운송사업자가 사업을 양도한 경우
⑰ 중대한 교통사고 또는 빈번한 교통사고로 1명 이상의 사상자를 발생하게 한 경우

▶ 중대한 교통사고의 범위
  ㉠ 다음에 해당하는 사유로 인해 중상 이상의 사상자가 발생한 경우 (사상의 정도 : 중상 이상)
    • 화물자동차의 정비불량
    • 운송종사자의 잘못으로 인한 화물자동차의 전복 또는 추락
    • 교통사고처리특례법 제3조제2항 단서의 규정에 해당하는 사유
      - 운전자가 업무상과실치사죄 또는 중과실치상죄를 범하고
        1) 피해자를 구호 조치를 하지 않고 도주한 경우
        2) 피해자를 사고 장소로부터 옮겨 유기하고 도주한 경우
        3) 경찰관의 음주측정 요구에 따르지 않은 경우
  ㉡ 빈번한 교통사고는 사상자가 발생한 교통사고가 교통사고지수 또는 교통사고 건수에 이르게 된 경우로 한다.
    • 5대 이상의 차량을 소유한 운송사업자 : 해당 연도의 교통사고 지수가 3 이상인 경우

      $$(교통사고지수 = \frac{교통사고건수}{화물자동차의 대수} \times 10)$$

    • 5대 미만의 차량을 소유한 운송사업자 : 해당 사고 이전 최근 1년 동안에 발생한 교통사고가 2건 이상인 경우

⑱ 보조금 지급이 정지된 자가 그 날부터 5년 이내에 다시 보조금 지급 정지사유에 해당하게 된 경우

▶ 보조금 지급 정지사유
  • 주유업자등으로부터 세금계산서를 거짓으로 발급받아 보조금을 지급받은 경우
  • 주유업자등으로부터 유류 또는 수소의 구매를 가장하거나 실제 구매금액을 초과하여 신용카드, 직불카드, 선불카드에 의한 거래를 하거나 이를 대행하게 하여 보조금을 지급받은 경우
  • 화물자동차 운수사업이 아닌 다른 목적에 사용한 유류분 또는 수소 구매분에 대하여 보조금을 지급받은 경우
  • 다른 운송사업자등이 구입한 유류 또는 수소 사용량을 자기가 사용한 것으로 위장하여 보조금을 지급받은 경우
  • 거짓이나 부정한 방법으로 보조금을 지급받은 경우
  • 위의 어느 하나에 해당하는지를 확인하기 위한 소명서 및 증거자료의 제출요구에 따르지 않거나 이에 따른 검사나 조사를 거부, 기피 또는 방해한 경우

⑲ 운송사업자, 운송주선사업자 및 운송가맹사업자가 운송 또는 주선 실적에 따른 신고를 하지 않았거나 거짓으로 신고한 경우
⑳ 운송사업자가 화주, 운송주선사업자 및 국제물류주선업자, 다른 운송사업자(다른 운송사업자로부터 운송을 위탁받은 경우에 한함), 운송가맹사업자와 계약한 실적의 합이 연간 시장평균운송매출액(화물자동차의 종류별 연평균 운송매출액의 합계액)의 100분의 20 이상에 해당하는 운송매출액을 충족하지 못하게 된 경우
㉑ 대통령령으로 정하는 연한 이상의 화물자동차를 정기검사 또는 자동차종합검사를 받지 아니한 상태로 운행하거나 운행하게 한 경우

❶ 화물자동차 운송주선사업의 허가

(1) 허가권자 : 국토교통부장관
(2) 허가 면제 : 화물자동차 운송가맹사업의 허가를 받은 자(시 · 도지사에게 위임)
(3) 허가사항 변경 : 국토교통부장관에게 신고(협회에 위탁)

▶ 운송가맹사업자의 허가사항 변경신고의 대상
  • 대표자의 변경(법인인 경우만 해당)
  • 화물취급소의 설치 및 폐지
  • 화물자동차의 대폐차(화물자동차를 직접 소유한 운송가맹사업자만 해당)
  • 주사무소 · 영업소 및 화물취급소의 이전
  • 화물자동차 운송가맹계약의 체결 또는 해제 · 해지

❷ 화물자동차 운송주선사업의 종류

이사화물운송 주선사업	이사화물을 취급 (포장 및 보관 등 부대서비스 포함)
일반화물운송 주선사업	이사화물 이외의 화물

❸ 운송주선사업자의 준수사항

① 본인 명의로 운송계약을 체결한 화물에 대해 계약금액 중 일부를 제외한 나머지 금액으로 다른 운송주선사업자와 재계약하여 운송하면 안 된다. (다만, 효율적인 화물운송을 위해 다른 운송주선사업자에게 중개 또는 대리를 의뢰 시 예외)
② 화주로부터 중개 또는 대리를 의뢰받은 화물에 대해 다른 운송주선사업자에게 수수료나 그 밖의 대가를 받고 중개 또는 대리 의뢰 금지
③ 자기가 가입한 운송가맹사업자에게 소속된 운송가맹점에 대하여 화물운송 주선 금지
④ 운송사업자에게 화물의 종류 · 무게 및 부피 등 거짓 통보 금지
⑤ 운송주선사업자가 운송가맹사업자에게 화물의 운송을 주선하는 행위는 재계약 · 중개 또는 대리로 보지 않음
⑥ 기타 국토교통부령으로 정한 준수사항
  • 신고한 운송주선약관을 준수할 것
  • 적재물배상보험 등에 가입한 상태에서 운송주선사업을 영위할 것

- 허가증에 기재된 상호만 사용할 것
- 자가용 화물자동차의 소유자 또는 사용자에게 화물운송을 주선하지 아니할 것

04 화물자동차 운송가맹사업

1 허가

(1) 허가권자 : 국토교통부장관

(2) 허가사항 변경

① 국토교통부장관의 변경허가 필요

② 대통령령으로 정하는 경미한 사항의 변경일 경우에는 변경신고[주1]

 주1) 변경신고 대상
- 대표자의 변경(법인인 경우만 해당)
- 화물취급소의 설치 및 폐지
- 화물자동차의 대폐차(화물자동차를 직접 소유한 운송가맹사업자만 해당)
- 주사무소·영업소 및 화물취급소의 이전
- 화물자동차 운송가맹계약의 체결 또는 해제·해지

③ 허가 또는 증차를 수반하는 변경허가의 기준
- 국토교통부장관이 화물의 운송수요를 고려하여 고시하는 공급기준에 맞을 것
- 화물자동차의 대수(운송가맹점이 보유하는 화물자동차 대수 포함), 자본금 또는 자산평가액, 운송시설, 그 밖에 국토교통부령으로 정하는 기준에 맞을 것

2 운송가맹사업자에 대한 개선명령

국토교통부장관은 안전운행의 확보, 운송질서의 확립 및 화주의 편의를 위해 다음 사항을 명할 수 있다.

① 운송약관의 변경

② 화물자동차의 구조변경 및 운송시설의 개선

③ 화물의 안전운송을 위한 조치

④ 정보공개서의 제공의무 등, 가맹금의 반환, 가맹계약서의 기재사항 등, 가맹계약의 갱신 등의 통지

⑤ 적재물배상보험 등과 운송가맹사업자가 의무적으로 가입해야 하는 보험·공제의 가입

⑥ 그 밖에 화물자동차 운송가맹사업의 개선을 위해 필요한 사항으로서 대통령령으로 정하는 사항

05 화물운송종사 자격시험 및 교육

1 운전적성정밀검사의 기준

구분	검사항목
기기형 검사	속도예측검사, 정지거리예측검사, 주의력검사, 거리지각검사, 야간시력 및 회복력검사, 동체시력검사, 상황인식검사, 운전행동검사
필기형 검사	인지능력검사, 지각성향검사, 인성검사

2 운전적성정밀검사의 종류 및 대상

신규검사	화물운송 종사자격증을 취득하려는 사람 (3년 이내에 적합판정을 받은 사람 제외)
유지검사	• 여객자동차 운송사업용 자동차 또는 화물자동차 운송사업용 자동차의 운전업무에 종사하다가 퇴직한 사람으로서 신규검사 또는 유지검사를 받은 날부터 3년이 지난 후 재취업하려는 사람(재취업일까지 무사고로 운전한 사람 제외) • 신규검사 또는 유지검사의 적합판정을 받은 사람으로서 해당 검사를 받은 날부터 3년 이내에 취업하지 않은 사람
특별검사	• 교통사고를 일으켜 사람을 사망하게 하거나 5주 이상의 치료가 필요한 상해를 입힌 사람 • 과거 1년간 운전면허행정처분기준에 따라 산출된 누산점수가 81점 이상인 사람

3 자격시험의 과목 및 교통안전체험교육의 과정

(1) 자격시험의 과목 및 합격 결정

과목	• 교통 및 화물자동차 운수사업 관련 법규 • 안전운행에 관한 사항 • 화물 취급 요령 • 운송서비스에 관한 사항
합격여부	필기시험 총점의 6할 이상을 얻은 자

(2) 교통안전체험교육

① 총 16시간의 과정을 마치고 종합평가 총점의 6할 이상일 때 이수

② 교육과정

교육명	과목	내용
이론교육	소양교육	• 교통관련 법규 및 화물자동차 운행의 위험요인 이해 • 자동차 응급처치방법 및 운송서비스 등 • 화물취급 및 올바른 적재요령
실기교육	차량점검 및 운전자세	• 일상점검을 통한 안전한 차량점검 및 관리 • 선회 주행을 통한 올바른 운전자세 및 핸들 조작 요령 습득
	긴급제동	• 제동특성 이해 • 적재량(중량초과)에 따른 제동거리 실습
	특수로 주행	• 화물적재 상태에서 특수한 주행노면(물결모양 도로, 비대칭 도로) 주행 시 적재물의 흔들림, 추락 등 체험
	위험예측 및 회피	• 돌발상황 발생 시 운전자의 한계 체험 • 위험회피 요령 체험 • 과적의 위험성 체험
	미끄럼 주행	• 미끄러운 곡선도로 주행 시 화물자동차의 횡방향 미끄러짐 특성 및 속도의 한계 체험
	화물취급 실습	• 올바른 화물취급(상하차 및 적재) 요령 실습 체험
	탑재장비 운전실습	• 탑재장비의 조작과 안전관리 체험
	종합평가	• 실기수행능력 종합평가

④ 합격자를 위한 교육과목 (8시간)

① 화물자동차 운수사업법령 및 도로관계법령
② 교통안전에 관한 사항
③ 화물취급요령에 관한 사항
④ 자동차 응급처치방법
⑤ 운송서비스에 관한 사항

06 화물운송 종사자격증명의 게시 및 반납

1 게시 위치

운전석 앞 창의 오른쪽 위

2 반납

반납처	대상
협회	• 퇴직한 화물자동차 운전자의 명단을 제출하는 경우 • 화물자동차 운송사업의 휴업 또는 폐업 신고를 하는 경우
관할 관청	• 사업의 양도 · 양수 신고를 하는 경우(상호가 변경되는 경우만 해당) • 화물자동차 운전자의 화물운송 종사자격이 취소되거나 효력이 정지된 경우 ※ 관할관청은 반납받은 사실을 협회에 통지

07 자가용 화물자동차의 사용

1 사용 신고

(1) 화물자동차 운송사업과 화물자동차 운송가맹사업에 이용되지 않고 자가용 화물자동차를 대통령령으로 정하는 화물자동차로 사용하려면 국토교통부령으로 정하는 사항을 시 · 도지사에게 신고(신고한 사항 변경 시에도 동일)

(2) 사용신고대상 화물자동차

① 특수자동차(경형 및 소형 특수자동차 중 특별시 · 광역시 · 특별자치시 · 도 또는 특별자치도의 조례로 정하는 경우는 제외)

② 특수자동차를 제외한 화물자동차로서 최대 적재량이 2.5톤 이상인 화물자동차

→ 자가용 화물자동차 소유자는 신고확인증을 갖추고 운행해야 한다.

2 유상운송의 금지

(1) 자가용 화물자동차를 유상(운행 경비 포함)으로 화물운송용으로 제공 또는 임대 금지(다만, 국토교통부령으로 정하는 사유로 시 · 도지사의 허가를 받으면 가능)

(2) 유상운송의 허가 사유

① 천재지변이나 이에 준하는 비상사태로 수송력 공급을 긴급히 증가

② 사업용 화물자동차 · 철도 등 화물운송수단의 운행 불가능으로 인한 일시적인 대체 수송력 공급
③ 영농조합법인이 사업상 화물자동차를 직접 소유 · 운영

❸ 사용의 제한 또는 금지
시 · 도지사는 다음의 경우에 대해 6개월 이내에 화물자동차의 사용을 제한 또는 금지
① 자가용 화물자동차로 화물자동차 운송사업 경영
② 허가없이 자가용 화물자동차를 유상으로 운송 제공 또는 임대

---

08 보칙 및 벌칙 등

❶ 운수종사자의 교육
① 시 · 도지사는 화물운송 서비스 증진을 위해 운수종사자 교육 실시
② 교육의 효율을 위해 필요하면 해당 시 · 도의 조례에 따라 운수종사자 연수기관을 직접 설립 · 운영또는 지정, 운영 비용 지원

> ▶ **국토교통부령으로 정하는 교육** (주체 : 시 · 도지사)
> ㉠ 교육 내용
> • 화물자동차 운수사업 관계법령 및 도로교통 관계 법령
> • 교통안전에 관한 사항
> • 화물운수와 관련한 업무수행에 필요한 사항
> • 그 밖에 화물운수 서비스 증진 등을 위해 필요한 사항
> ㉡ 통보 : 운수종사자 교육을 실시하려면 운수종사자 교육계획을 수립하여 운수사업자에게 교육 시작 1개월 전까지 통지
> ㉢ 교육시간 : 4시간
>
> 예외) 다음에 해당하는 사람은 8시간
> • 운수종사자 준수사항을 위반하여 벌칙 또는 과태료 부과처분을 받은 사람
> • 특별검사 대상자
> • 이동통신단말장치를 장착해야 하는 위험물질 운송차량을 운전하는 사람
>
> ㉣ 교육 면제대상
> • 교육을 실시하는 해의 전년도 10월 31일을 기준으로 무사고 · 무벌점 기간이 10년 이상인 운수종사자
> • 교육을 실시하는 해에 화물자동차 운수사업법령, 화물취급요령, 교통안전체험 교육을 이수한 운수종사자
> ㉤ 교육방법 및 절차 등 교육 실시에 필요한 사항은 관할관청이 정함

❷ 화물자동차 운수사업의 지도 · 감독
국토교통부장관은 운수사업의 합리적인 발전을 위하여 시 · 도지사의 권한으로 정한 사무를 지도 · 감독

❸ 보고와 검사
(1) 국토교통부장관 또는 시 · 도지사는 다음에 해당하는 경우에는 운수사업자나 화물자동차의 소유자 또는 사용자에 대하여 그 사업이나 그 화물자동차의 소유 또는 사용에 관하여 보고하게 하거나 서류를 제출하게 할 수 있으며, 필요하면 소속 공무원에게 운수사업자의 사업장에 출입하여 장부 · 서류, 그 밖의 물건을 검사하거나 관계인에게 질문을 하게 할 수 있다.

① 허가기준[주1)]에 맞는지를 확인하기 위해 필요한 경우
② 화물운송질서 등의 문란행위를 파악하기 위해 필요한 경우
③ 운수사업자의 위법행위 확인 및 운수사업자에 대한 허가취소 등 행정 처분을 위해 필요한 경우

> ▶ 주1) 허가기준
> • 화물자동차 운송사업의 허가 또는 증차를 수반하는 변경허가
> • 화물자동차 운송주선사업의 허가
> • 화물자동차 운송가맹사업의 허가 또는 증차를 수반하는 변경허가

(2) 출입 또는 검사하는 공무원은 그 권한을 나타내는 증표를 지니고 이를 관계인에게 내보여야 하며, 자신의 성명, 소속 기관, 출입의 목적 및 일시 등을 적은 서류를 상대방에게 내주거나 관계 장부에 적어야 한다.

4 벌금, 과태료 및 과징금

(1) 벌금, 과태료

처분내용	위반내용
5년 이하의 징역 또는 2천만원 이하의 벌금	• 제11조제20항에 따른 필요한 조치를 하지 아니하여 사람을 상해 또는 사망에 이르게 한 운송사업자 • 제11조제20항에 따른 조치를 하지 아니하고 화물자동차를 운행하여 사람을 상해 또는 사망에 이르게 한 운수종사자 ※ 제11조제20항 : 운송사업자는 적재된 화물이 떨어지지 아니하도록 덮개 · 포장 · 고정장치 등 필요한 조치를 하여야 한다.
3년 이하의 징역 또는 3천만원 이하의 벌금	• 정당한 사유없이 업무개시 명령을 위반한 운송사업자 또는 운수종사자 • 거짓이나 부정한 방법으로 유가보조금 또는 수소보조금을 교부받은 자 또는 이에 가담하였거나 공모한 주유업자 등
1년 이하의 징역 또는 1천만원 이하의 벌금	• 다른 사람에게 자신의 화물운송종사자격증을 빌려 준 사람 • 다른 사람의 화물운송종사자격증을 빌린 사람 • 화물운송종사자격증을 빌려 주거나 빌리는 행위를 알선한 사람
500만원 이하의 과태료	• 제3조제3항 단서에 따른 허가사항 변경신고를 하지 아니한 자 • 제5조제1항에 따른 운임 및 요금에 관한 신고를 하지 아니한 자 • 제6조에 따른 약관의 신고를 하지 아니한 자 • 화물운송 종사자격증을 받지 아니하고 화물자동차 운수사업의 운전 업무에 종사한 자 • 거짓이나 그 밖의 부정한 방법으로 화물운송 종사자격을 취득한 자 • 제10조(화물자동차 운전자 채용 기록의 관리)를 위반한 자 • 제10조의2제4항(화물자동차 운전자의 교통안전 기록 · 관리)을 위반하여 자료를 제공하지 아니하거나 거짓으로 제공한 자 • 제11조(운송사업자의 준수사항)에 따른 준수사항을 위반한 운송사업자 • 제12조(운수종사자의 준수사항)에 따른 준수사항을 위반한 운수종사자 • 제12조의2제2항(운행 중인 화물자동차에 대한 조사 등)을 위반하여 조사를 거부 · 방해 또는 기피한 자 • 개선명령을 이행하지 아니한 자 • 양도 · 양수, 합병 또는 상속의 신고를 하지 아니한 자 • 휴업 · 폐업신고를 하지 아니한 자

(2) 과징금 부과기준

위반내용	과징금(만원)			
	화물자동차 운송사업		화물운송 주선사업	화물자동차 운송가맹사업
	일반	개인		
최대적재량 1.5톤 초과의 화물자동차가 차고지와 지방자치단체의 조례로 정하는 시설 및 장소가 아닌 곳에서 밤샘주차한 경우	20	10	–	20
최대적재량 1.5톤 이하의 화물자동차가 주차장, 차고지 또는 지방자치단체의 조례로 정하는 시설 및 장소가 아닌 곳에서 밤샘주차한 경우	20	5	–	20

위반내용	과징금(만원)			
	화물자동차 운송사업		화물운송 주선사업	화물자동차 운송가맹사업
	일반	개인		
신고한 운임 및 요금 또는 화주와 합의된 운임 및 요금이 아닌 부당한 운임 및 요금을 받은 경우	40	20	-	40
화주로부터 부당한 운임 및 요금의 환급을 요구받고 환급하지 않은 경우	60	30	-	60
신고한 운송약관 또는 운송가맹약관을 준수하지 않은 경우	60	30	-	60
사업용 화물자동차의 바깥쪽에 일반인이 알아보기 쉽도록 해당 운송사업자의 명칭(소유 대수가 1대인 운송사업자인 경우에는 그 화물자동차 운송사업의 종류를 말함)을 표시하지 않은 경우	10	5	-	10
화물자동차 운전자의 취업 현황 및 퇴직 현황을 보고하지 않거나 거짓으로 보고한 경우	20	10	-	10
화물자동차 운전자에게 화물운송 종사자격증명을 게시하지 않고 운행하게 한 경우	10	5	-	10
최고속도 제한장치 또는 운행기록계가 정상적으로 작동되지 않는 상태에서 운행하도록 한 경우	20	10	-	20
운송종사자에게 휴게시간을 보장하지 않은 경우	180	60	-	180
밴형 화물자동차를 사용해 화주와 화물을 함께 운송하는 운송사업자가 일정한 장소에 오랜 시간 정차하여 화주를 호객하는 행위를 하거나 소속 운수종사자에게 지시한 경우	60	30	-	60
개인화물자동차 운송사업자가 자기 명의로 운송계약을 체결한 화물에 대하여 다른 운송사업자에게 수수료나 그 밖의 대가를 받고 그 운송을 위탁하거나 대행하게 하는 등 화물운송 질서를 문란하게 하는 행위를 한 경우	180	90	-	-
신고한 운송주선약관을 준수하지 않은 경우	-	-	20	-
허가증에 기재되지 않은 상호를 사용한 경우	-	-	20	-
화주에게 견적서 또는 계약서를 발급하지 않은 경우	-	-	20	-
화주에게 사고확인서를 발급하지 않은 경우	-	-	20	-

09 화물운송업 관련 업무 처리

1 시·도에서 처리하는 업무
(일부 업무는 시·군·구에서 처리될 수 있음)

① 화물자동차 운송사업의 허가, 임시허가 및 허가사항 변경허가
② 화물자동차 운송사업의 허가기준에 관한 사항의 신고
③ 화물자동차 운송사업의 운송약관의 신고 및 변경신고
④ 운송가맹점으로 가입한 운송사업자가 자기의 상호를 소속 운송가맹사업자의 운송가맹점으로 변경하기 위한 신고의 접수
⑤ 운송사업자에 대한 개선명령
⑥ 화물자동차 운송사업에 대한 양도·양수·상속 또는 합병의 신고
⑦ 화물자동차 운송사업에 대한 휴업 및 폐업 신고, 허가취소, 사업정지처분 및 감차 조치 명령
⑧ 화물자동차 사용 정지에 따른 화물자동차의 자동차등록증과 자동차등록번호판의 반납 및 반환
⑨ 운송사업자에 대한 과징금의 부과·징수 및 과징금 운용계획의 수립·시행
⑩ 화물자동차 운송사업의 허가 취소 등에 따른 청문
⑪ 화물운송 종사자격의 취소 및 효력의 정지
⑫ 화물운송 종사자격의 취소 및 효력의 정지에 따른 청문
⑬ 화물자동차 운송주선사업의 허가·허가취소 및 사업정지처분
⑭ 적재물배상 책임보험(또는 공제 계약)이 끝난 후 새로운 계약의 미체결 사항에 대한 통지 수령
⑮ 화물자동차 운수사업의 종류별 또는 시·도별 협회의 설립인가
⑯ 협회사업에 대한 지도·감독
⑰ 협회에 위탁된 사무에 대한 수수료의 승인
⑱ 운송사업자 및 운수종사자에 대한 과태료의 부과 및 징수
⑲ 자가용 화물자동차의 사용신고 및 유상운송 허가

2 협회에서 처리하는 업무

① 화물자동차 운송사업 허가사항에 대한 경미한 사항 변경신고
② 소유 대수가 1대인 운송사업자의 화물자동차를 운전하는 사람에 대한 경력증명서 발급에 필요한 사항 기록·관리
③ 화물자동차 운송주선사업 허가사항에 대한 변경신고

3 연합회에서 처리하는 업무

① 사업자 준수사항에 대한 계도활동
② 과적 운행, 과로 운전, 과속 운전의 예방 등 안전한 수송을 위한 지도·계몽
③ 법령 위반사항에 대한 처분의 건의

4 한국교통안전공단에서 처리하는 업무

① 운전적성에 대한 정밀검사의 시행
② 화물운송 종사자격시험의 실시·관리 및 교육
③ 화물운송 종사자격증의 발급
④ 화물자동차 운전자의 교통사고 및 교통법규 위반사항 제공요청 및 기록·관리
⑤ 화물자동차 운전자의 인명사상사고 및 교통법규 위반사항 제공
⑥ 화물자동차 운전자채용 기록·관리 자료의 요청
⑦ 교통안전체험교육의 이론 및 실기교육

1 화물자동차운수사업법의 목적에 해당되지 않는 것은?

① 운수사업의 효율적 관리
② 화물의 원활한 운송
③ 공공복리 증진
④ 화물차의 성능 개선

2 화물자동차의 규모별 종류 중 중형에 속하는 것은?

① 배기량이 1,000cc 미만으로서 길이 3.6m, 너비 1.6m, 높이 2.0m 이하인 것
② 최대적재량이 1톤 이하인 것으로서 총중량이 3.5톤 이하인 것
③ 최대적재량이 1톤 초과 5톤 미만이거나, 총중량이 3.5톤 초과 10톤 미만인 것
④ 최대적재량이 5톤 이상이거나, 총중량이 10톤 이상인 것

화물자동차의 규모별 종류

종류	세부기준
소형	최대적재량이 1톤 이하인 것으로서 총중량이 3.5톤 이하인 것
중형	최대적재량이 1톤 초과 5톤 미만이거나, 총중량이 3.5톤 초과 10톤 미만인 것
대형	최대적재량이 5톤 이상이거나, 총중량이 10톤 이상인 것

3 화물자동차의 규모별 종류 중 소형에 속하는 것은?

① 배기량이 1,000cc 미만으로서 길이 3.6m, 너비 1.6m, 높이 2.0m 이하인 것
② 최대적재량이 1톤 이하인 것으로서 총중량이 3.5톤 이하인 것
③ 최대적재량이 1톤 초과 5톤 미만이거나, 총중량이 3.5톤 초과 10톤 미만인 것
④ 최대적재량이 5톤 이상이거나, 총중량이 10톤 이상인 것

4 화물자동차의 유형별 세부기준에서 적재함을 원동기의 힘으로 기울여 적재물을 중력에 의하여 쉽게 미끄러뜨리는 구조의 화물운송용인 것은?

① 일반형   ② 덤프형
③ 밴형   ④ 특수용도형

적재함을 원동기의 힘으로 기울여 적재물을 중력에 의하여 쉽게 미끄러뜨리는 구조의 화물운송용은 덤프형이다.

5 화물자동차의 유형별 세부기준에서 고장·사고 등으로 운행이 곤란한 자동차를 구난·견인할 수 있는 구조인 것은?

① 일반형   ② 견인형
③ 구난형   ④ 특수작업형

6 화물자동차운수사업법령상 화물자동차 운송사업, 화물자동차 운송주선사업 및 화물자동차 운송가맹사업을 무엇이라 하는가?

① 화물자동차 운수사업
② 화물자동차 운송사업
③ 화물자동차 운송주선사업
④ 화물자동차 운송가맹사업

7 화물자동차운수사업법령상 화물자동차 운수사업의 종류가 아닌 것은?

① 화물자동차 운송사업
② 화물자동차 운송주선사업
③ 화물자동차 운송가맹사업
④ 화물자동차 판매사업

8 다른 사람의 요구에 응하여 화물자동차를 사용하여 화물을 유상으로 운송하는 사업을 무엇이라 하는가?

① 화물자동차 운수사업
② 화물자동차 운송사업
③ 화물자동차 운송주선사업
④ 화물자동차 운송가맹사업

9 다음 중 운수종사자에 해당되는 사람은?

① 교통담당공무원   ② 화물차 운전자
③ 보험회사 직원   ④ 정비공장 정비원

운수종사자
화물자동차의 운전자, 화물의 운송 또는 운송주선에 관한 사무를 취급하는 사무원 및 이를 보조하는 보조원, 그 밖에 화물자동차 운수사업에 종사하는 자

정답 1 ④ 2 ③ 3 ② 4 ② 5 ③ 6 ① 7 ④ 8 ② 9 ②

10 ★★★ 화물자동차 운송가맹점에 해당하지 않는 사람은?

① 운송가맹사업자로부터 운송 화물을 배정받아 화물을 운송하는 운송사업자
② 운송가맹사업자가 아닌 자의 요구를 받고 화물을 운송하는 운송사업자
③ 운송가맹사업자에게 화물자동차 운송주선사업을 하는 운송주선사업자
④ 운송가맹사업자가 아닌 자의 요구를 받고 화물을 운송하는 자로서 화물자동차 운송사업의 경영의 일부를 위탁받은 사람

> **화물자동차 운송가맹점에 속하는 운송주선사업자**
> 운송가맹사업자의 화물운송계약을 중개·대리하거나 운송가맹사업자가 아닌 자에게 화물자동차 운송주선사업을 하는 운송주선사업자

11 ★★★ 국토교통부장관으로부터 화물자동차 운송가맹사업의 허가를 받은 사람을 무엇이라 하는가?

① 화물자동차 운송가맹사업자
② 화물자동차 운수종사자
③ 화물자동차 운수사업자
④ 화물자동차 운송주선사업자

> 국토교통부장관으로부터 화물자동차 운송가맹사업의 허가를 받은 사람을 화물자동차 운송가맹사업자라고 한다.

12 ★★ 다음 중 운수종사자의 준수사항이 아닌 것은?

① 택시유사표시행위를 하지 말 것
② 적재된 화물의 이탈을 방지하기 위한 덮개·포장·고정장치 등을 하고 운행할 것
③ 운행하기 전에 일상점검 및 확인을 할 것
④ 고장·사고차량을 운송하는 운수종사자의 경우 경찰공무원이 차량의 이동을 명한 경우라도 운전자의 의사에 반하여 구난하지 아니할 것

> 구난형 특수자동차를 사용하여 고장·사고차량을 운송하는 운수종사자의 경우 고장·사고차량 소유자 또는 운전자의 의사에 반하여 구난하지 아니할 것. 다만, 다음에 해당하는 경우는 제외한다.
> • 고장·사고차량 소유자 또는 운전자가 사망·중상 등으로 의사를 표현할 수 없는 경우
> • 교통의 원활한 흐름 또는 안전 등을 위하여 경찰공무원이 차량 이동을 명한 경우

13 ★★★★ 화물자동차 1대를 사용하여 화물을 운송하는 사업으로 규정한 것은?

① 일반화물자동차 운송사업
② 개인화물자동차 운송사업
③ 용달화물자동차 운송사업
④ 특수화물자동차 운송사업

> **화물자동차 운송사업의 종류(시행령 제3조)**
>
> | 종류 | 사업 내용 |
> | --- | --- |
> | 일반화물자동차 운송사업 | 20대 이상의 화물자동차를 사용하여 화물을 운송하는 사업 |
> | 개인화물자동차 운송사업 | 화물자동차 1대를 사용하여 화물을 운송하는 사업 |

14 ★★★★ 화물운송종사자격 법률에 따른 화물운송사업 허가를 받을 수 있는 자는?

① 피성년후견인
② 피한정후견인
③ 파산선고를 받고 복권되지 아니한 자
④ 허가 취소된 후 2년이 경과한 자

> 허가 취소된 후 2년이 경과되지 아니한 자는 화물운송사업 허가를 받을 수 없다.

15 ★★★★ 화물운송사업의 허가사항 변경신고 대상에 해당되지 않는 것은?

① 상호의 변경
② 화물 취급소의 설치
③ 화물취급소의 대폐차
④ 사무실 전화번호 변경

> **허가사항 변경신고의 대상**
> • 상호의 변경
> • 대표자의 변경(법인의 경우만 해당)
> • 화물취급소의 설치 또는 폐지
> • 화물취급소의 대폐차
> • 주사무소·영업소 및 화물취급소의 이전(주사무소 이전의 경우에는 관할 관청의 행정구역 내에서의 이전만 해당)

정답 10 ③ 11 ① 12 ④ 13 ② 14 ④ 15 ④

16 화물자동차 운송사업을 경영하려는 자는 누구의 허가를 받아야 하는가?

① 국토교통부장관
② 국토해양부장관
③ 산업통상자원부장관
④ 미래창조과학부장관

17 운송사업자의 책임에 관한 설명으로 옳지 않은 것은?

① 인도기한이 지난 후 1개월 이내에 인도되지 않은 화물은 멸실된 것으로 본다.
② 국토교통부장관은 손해배상에 관하여 화주가 요청하면 국토교통부령으로 정하는 바에 따라 이에 관한 분쟁을 조정할 수 있다.
③ 국토교통부장관은 화주가 분쟁조정을 요청하면 지체 없이 그 사실을 확인하고 손해내용을 조사한 후 조정안을 작성하여야 한다.
④ 당사자 쌍방이 조정안을 수락하면 당사자 간에 조정안과 동일한 합의가 성립된 것으로 본다.

> 인도기한이 지난 후 3개월 이내에 인도되지 않은 화물은 멸실된 것으로 본다.

18 다음 중 적재물배상 책임보험 또는 공제 계약의 해제가 가능한 경우가 아닌 것은?

① 화물자동차 운송사업을 휴업 또는 폐업한 경우
② 화물자동차 운송사업의 허가가 취소되거나 감차 조치 명령을 받은 경우
③ 화물자동차 운송주선사업의 허가가 취소된 경우
④ 화물자동차 운송사업의 허가사항이 변경(감차 이외)된 경우

> 화물자동차 운송사업의 허가사항이 변경된 경우는 감차만 해당된다.

19 화물운송종사 자격의 정지기간 중에 화물자동차 운송사업의 운전 업무에 종사할 경우의 처분 내용은?

① 자격 취소
② 자격 경고
③ 자격 정지 60일
④ 자격 정지 40일

20 화물자동차 운수사업의 운전업무 종사자격으로 잘못된 것은?

① 화물자동차를 운전하기에 적합한 운전면허를 가지고 있을 것
② 19세 이상일 것
③ 운전경력이 2년 이상일 것
④ 운전적성 정밀검사기준에 맞을 것

> 화물자동차 운수사업의 운전업무 종사하려고 하는 자는 20세 이상이어야 한다.

21 다음 중 적재물배상보험의 의무 가입 대상자에 해당하지 않는 사람은?

① 최대 적재량이 5톤 이상이거나 총 중량이 10톤 이상인 화물자동차 중 일반형·밴형 및 특수용도형 화물자동차와 견인형 특수자동차를 소유하고 있는 운송사업자
② 일반화물 운송주선사업자와 이사화물 운송주선사업자
③ 운송가맹사업자
④ 배출가스저감장치를 차체에 부착함에 따라 총중량이 10톤 이상이 된 화물자동차 중 최대 적재량이 5톤 미만인 화물자동차를 소유하고 있는 운송사업자

> **의무 가입 대상 예외**
> • 건축폐기물·쓰레기 등 경제적 가치가 없는 화물을 운송하는 차량으로서 국토교통부장관이 정하여 고시하는 화물자동차
> • 배출가스저감장치를 차체에 부착함에 따라 총중량이 10톤 이상이 된 화물자동차 중 최대 적재량이 5톤 미만인 화물자동차

22 화물운송 중에 과실로 교통사고를 일으켜 사망자가 2명 이상 발생했을 경우의 처분기준은?

① 자격 정지 90일
② 자격 취소
③ 자격 정지 50일
④ 자격 정지 40일

> • 사망자 2명 이상 – 자격 취소
> • 사망자 1명 및 중상자 3명 이상 – 자격 정지 90일
> • 사망자 1명 또는 중상자 6명 이상 – 자격 정지 60일

정답 16 ① 17 ① 18 ④ 19 ① 20 ② 21 ④ 22 ②

23 다음 중 운수종사자가 해서는 안 되는 행위에 해당하지 않는 것은?

① 정당한 사유로 화물을 중도에서 내리게 하는 행위
② 부당한 운임 또는 요금을 요구하거나 받는 행위
③ 일정한 장소에 오랜 시간 정차하여 화주를 호객하는 행위
④ 문을 완전히 닫지 않은 상태에서 자동차를 출발시키거나 운행하는 행위

24 과징금의 사용 용도로 맞지 않는 것은?

① 화물 터미널의 건설과 확충
② 공동 차고지의 건설과 확충
③ 운수종사자의 교육시설에 대한 비용의 보조사업
④ 화물자동차 구입비 지원

> 과징금은 화물자동차 구입비 지원으로는 사용되지 않는다.

25 운송사업자가 운송할 수 있는 화물의 기준에 맞지 않는 것은?

① 화주 1명당 중량이 15kg 이상인 화물
② 화주 1명당 용적이 4만cm³ 이상인 화물
③ 기계 · 기구류 등 공산품
④ 불결하거나 악취가 나는 농산물 · 수산물 또는 축산물

> **화물의 기준 및 대상차량**
> ㉠ 화주 1명당 화물 중량이 20kg 이상일 것
> ㉡ 화주 1명당 화물 용적이 4만cm³ 이상일 것
> ㉢ 화물이 다음에 해당하는 물품일 것
> • 불결하거나 악취가 나는 농산물 · 수산물 또는 축산물
> • 혐오감을 주는 동물 또는 식물
> • 기계 · 기구류 등 공산품
> • 합판 · 각목 등 건축기자재
> • 폭발성 · 인화성 또는 부식성 물품

26 화물자동차 운송가맹사업의 허가는 누구에게 받아야 하는가?

① 국토교통부장관
② 시 · 도지사
③ 안전행정부장관
④ 기획재정부장관

27 운송주선사업자에 대한 설명으로 옳지 않은 것은?

① 화주로부터 중개 또는 대리를 의뢰받은 화물에 대해 다른 운송주선사업자에게 수수료나 그 밖의 대가를 받고 중개 또는 대리를 의뢰하면 안 된다.
② 운송사업자에게 화물의 종류 · 무게 및 부피 등을 거짓으로 통보하면 안 된다.
③ 자기가 가입한 운송가맹사업자에게 소속된 운송가맹점에 대하여 화물운송을 주선할 수 있다.
④ 운송주선사업자가 운송가맹사업자에게 화물의 운송을 주선하는 행위는 재계약 · 중개 또는 대리로 보지 않는다.

> 자기가 가입한 운송가맹사업자에게 소속된 운송가맹점에 대하여 화물운송을 주선하면 안 된다.

28 운전적성정밀검사 신규검사 대상자에 해당하는 사람은?

① 화물운송 종사자격증을 취득하려는 사람
② 교통사고를 일으켜 사람을 사망하게 하거나 5주 이상의 치료가 필요한 상해를 입힌 사람
③ 과거 1년간 운전면허행정처분기준에 따라 산출된 누산점수가 81점 이상인 사람
④ 유지검사의 적합판정을 받은 사람으로서 해당 검사를 받은 날부터 3년 이내에 취업하지 않은 사람

29 운전적성정밀검사의 기준에서 특별검사 대상자에 해당하는 사람은?

① 화물운송 종사자격증을 취득하려는 사람
② 과거 1년간 운전면허행정처분기준에 따라 산출된 누산점수가 81점 이상인 사람
③ 신규검사의 적합판정을 받은 사람으로서 해당 검사를 받은 날부터 3년 이내에 취업하지 않은 사람
④ 화물자동차 운송사업용 자동차의 운전업무에 종사하다가 퇴직한 사람으로서 신규검사를 받은 날부터 3년이 지난 후 재취업하려는 사람

> ① : 신규검사　　　　③, ④ : 유지검사

30 과거 1년간 운전면허행정처분기준에 따라 산출된 누산점수가 81점 이상인 사람이 받아야 할 검사는?

① 신규검사
② 유지검사
③ 정기검사
④ 특별검사

31 교통사고를 일으켜 사람을 사망하게 하거나 5주 이상의 치료가 필요한 상해를 입힌 사람이 받아야 할 검사는?

① 신규검사
② 유지검사
③ 정기검사
④ 특별검사

32 운전적성정밀검사를 기기형 검사와 필기형 검사로 구분할 때 필기형 검사에 해당하지 않는 것은?

① 인지능력검사
② 지각성향검사
③ 인성검사
④ 동체시력검사

33 교통안전체험교육 과정은 총 몇 시간인가?

① 12시간
② 14시간
③ 16시간
④ 18시간

34 화물자동차운송사업협회의 설립에 대한 설명으로 옳지 않은 것은?

① 협회는 주된 사무소의 소재지에서 설립등기를 함으로써 성립한다.
② 운수사업자는 정관으로 정하는 바에 따라 협회에 가입할 수 있다.
③ 정관을 변경하려면 국토교통부장관에게 신고를 하면 된다.
④ 협회는 법인으로 한다.

> 정관을 변경하려면 국토교통부장관의 인가를 받아야 한다.

35 소유 대수가 1대인 운송사업자의 화물자동차를 운전하는 사람에 대한 경력증명서 발급에 필요한 사항을 기록·관리하는 곳은?

① 화물자동차운송회사
② 교통안전공단
③ 화물자동차운송사업협회
④ 관할 경찰서

> **협회에서 처리하는 업무**
> • 화물자동차 운송사업 허가사항에 대한 경미한 사항 변경신고
> • 소유 대수가 1대인 운송사업자의 화물자동차를 운전하는 사람에 대한 경력증명서 발급에 필요한 사항 기록·관리
> • 화물자동차 운송주선사업 허가사항에 대한 변경신고

36 다음 중 화물자동차운송사업협회에서 처리하는 업무가 아닌 것은?

① 화물자동차 운송사업 허가사항에 대한 경미한 사항 변경신고
② 소유 대수가 1대인 운송사업자의 화물자동차를 운전하는 사람에 대한 경력증명서 발급에 필요한 사항 기록·관리
③ 화물자동차 운송주선사업 허가사항에 대한 변경신고
④ 화물운송 종사자격시험의 실시·관리 및 교육

> 화물운송 종사자격시험의 실시·관리 및 교육은 교통안전공단에서 처리한다.

37 ★★★ 다음 중 연합회에서 처리하는 업무가 아닌 것은?

① 사업자 준수사항에 대한 계도활동
② 과적 운행, 과로 운전, 과속 운전의 예방 등 안전한 수송을 위한 지도·계몽
③ 법령 위반사항에 대한 처분의 건의
④ 화물자동차 운송주선사업 허가사항에 대한 변경신고

운송주선사업 허가사항에 대한 변경신고는 협회의 처리 업무

38 ★★★★★ 화물자동차운송사업협회의 사업이 아닌 것은?

① 화물운송종사 자격증 발급
② 경영자와 운수종사자의 교육훈련
③ 화물자동차 운수사업의 경영개선을 위한 지도
④ 화물자동차 운수사업의 건전한 발전과 운수사업자의 공동이익을 도모하는 사업

협회의 사업 내용
• 화물자동차 운수사업의 건전한 발전과 운수사업자의 공동이익을 도모하는 사업
• 화물자동차 운수사업의 진흥 및 발전에 필요한 통계의 작성 및 관리, 외국 자료의 수집·조사 및 연구사업
• 경영자와 운수종사자의 교육훈련
• 화물자동차 운수사업의 경영개선을 위한 지도
• 국가나 지방자치단체로부터 위탁받은 업무

39 ★ 사업용 화물자동차 공제사업은 누구의 허가를 받아야 할 수 있는가?

① 국토교통부장관
② 시·도지사
③ 산업통상자원부장관
④ 안전행정부장관

40 ★★★ 다음 중 교통안전공단에서 처리하는 업무가 아닌 것은?

① 화물운송 종사자격증의 발급
② 운전적성에 대한 정밀검사의 시행
③ 화물자동차 운송사업 허가사항에 대한 경미한 사항 변경신고
④ 화물자동차 운전자의 인명사상사고 및 교통법규 위반사항 제공

화물자동차 운송사업 허가사항에 대한 경미한 사항 변경신고는 협회에서 처리하는 업무에 해당한다.

41 ★★★ 화물운송 종사자격증을 받지 않고 화물자동차 운수사업의 운전 업무에 종사한 자에게 부과되는 과태료는 얼마인가?

① 1천만원
② 5백만원
③ 3백만원
④ 1백만원

화물운송 종사자격증을 받지 않고 화물자동차 운수사업의 운전 업무에 종사한 자에게 부과되는 과태료는 500만원이다.

04 자동차관리법

Main
Key
Point

이 섹션은 출제 비중이 크게 높은 편은 아니지만 자동차의 종류, 등록, 안전기준 및 자동차 검사에 관한 기본적인 내용은 익히도록 한다.

01 총칙

1 목적

자동차의 등록, 안전기준, 자기인증, 제작결함 시정, 점검, 정비, 검사 및 자동차관리사업 등에 관한 사항을 정하여 자동차의 효율적 관리 및 자동차의 성능, 안전확보로 공공의 복리 증진

2 용어 정의

자동차	• 원동기에 의하여 육상에서 이동할 목적으로 제작한 용구 또는 이에 견인되어 육상을 이동할 목적으로 제작한 용구 • 적용이 제외되는 자동차 : 건설기계, 농업기계, 군수품관리법에 따른 차량, 궤도 또는 공중선에 의하여 운행되는 차량, 의료기기
원동기	자동차의 구동을 주목적으로 하는 내연기관이나 전동기 등 동력발생장치
운행	사람 또는 화물의 운송 여부에 관계없이 자동차를 그 용법에 따라 사용하는 것
자동차 사용자	자동차 소유자 또는 자동차 소유자로부터 자동차의 운행 등에 관한 사항을 위탁받은 자
자율주행 자동차	운전자 또는 승객의 조작 없이 자동차 스스로 운행이 가능한 자동차

3 자동차의 종류 (필수암기)

승용 자동차	• 10인용 이하
승합 자동차	• 11인용 이상 • 내부의 특수한 설비로 인한 승차인원 10인 이하 • 국토교통부령으로 정하는 경형자동차로서 승차인원이 10인 이하인 전방조종자동차
화물 자동차	• 화물적재공간을 갖추고, 화물적재공간의 총적재화물의 무게가 운전자를 제외한 승객의 무게보다 많은 차 • 바닥 면적이 최소 2m² 이상(특수용도형의 경형화물자동차는 1m² 이상)인 화물적재공간을 갖춘 차 ㉠ 승차공간과 화물적재공간이 분리된 차 　- 화물적재공간의 윗부분이 개방된 차 　- 유류·가스 등을 운반하기 위한 적재함을 설치한 차 　- 화물을 싣고 내리는 문을 갖춘 적재함이 설치된 차(구조·장치의 변경을 통하여 화물적재공간에 덮개가 설치된 차 포함) ㉡ 승차공간과 화물적재공간이 동일 차실 내에 있으면서 화물의 이동 방지를 위한 격벽을 설치한 차로, 화물적재공간의 바닥면적이 승차공간의 바닥면적(운전석이 있는 열의 바닥면적을 포함)보다 넓은 차 ㉢ 화물 운송 기능을 갖추고 자체적하 및 기타 작업을 수행 가능한 설비를 함께 갖춘 차

특수 자동차	• 다른 자동차를 견인 · 구난작업 · 특수한 작 업을 수행하기에 적합하게 제작된 자동차 • 승용자동차 · 승합자동차 또는 화물자동차 가 아닌 차
이륜 자동차	총배기량 또는 정격출력의 크기와 관계없이 1 인 또는 2인의 사람을 운송하기에 적합하게 제 작된 이륜 자동차 및 그와 유사한 구조로 된 차

02 자동차의 등록

1 등록

① 자동차는 자동차등록원부에 등록한 후에 운행 가능
(이륜자동차는 등록 없이 운행 가능)

② 임시운행허가 기간 내 운행 가능

2 자동차 등록번호판

(1) 등록번호판의 부착 및 봉인

① 시 · 도지사는 국토교통부령으로 정하는 바에 따라 자동차등록번호판을 붙이고 봉인해야 한다.
→ 자동차 소유자(또는 자동차 소유자를 갈음하여 등록 신청한 자)는 직접 등록번호판의 부착 및 봉인 가능

② 등록번호판 및 봉인은 시 · 도지사의 허가 및 특별한 규정이 있는 경우를 제외하고는 떼지 못한다.

③ 등록번호판이나 봉인이 떨어지거나 식별이 어려운 경우 등록번호판의 부착 및 봉인 재신청

④ 등록번호판의 미부착 또는 미봉인 시 자동차 운행 불가(임시운행허가번호판을 붙인 경우는 제외)

⑤ 자전거 운반용 부착장치 등으로 인해 등록번호판이 가려지게 되는 경우 : 시 · 도지사에게 외부장치용 등록번호판의 부착 신청

⑥ 등록번호판 및 봉인을 회수한 경우 : 폐기해야 한다.

▶ **과태료 부과** : 등록번호판을 가리거나 식별 곤란한 경우
• 1차 – 50만원
• 2차 – 150만원
• 3차 – 250만원
▶ 고의로 자동차등록번호판을 가리거나 알아보기 곤란하게 한 자는 1년 이하의 징역 또는 1천만원 이하의 벌금

3 변경등록

① 등록원부의 기재 사항이 변경된 경우 시 · 도지사에게 변경등록을 신청(이전등록 및 말소등록 제외)

② 과태료 부과 : 30일 이내에 변경등록신청을 하지 않은 경우
• 신청기간만료일부터 90일 이내인 때 : 2만원
• 신청기간만료일부터 90일을 초과 174일 이내인 경우 2만원에 91일째부터 계산하여 3일 초과 시마다 : 1만원
• 신청 지연기간이 175일 이상인 경우 : 30만원

4 이전등록

① 신청 대상자 : 자동차를 양수받는 자

② 자동차를 양수한 자가 다시 제3자에게 양도하려는 경우 양도 전에 자기 명의로 이전등록

③ 양수자가 이전등록을 신청하지 않은 경우 대신 신청 가능

5 말소등록

(1) 말소등록을 신청하는 경우

① 자동차제작 · 판매자 등에게 반품한 경우

② 차령이 초과한 경우

③ 면허 · 등록 · 인가 또는 신고가 실효 또는 취소된 경우

④ 천재지변 · 교통사고 또는 화재로 자동차 본래 기능의 회복 불가능 또는 멸실된 경우

⑤ 자동차해체재활용업을 등록한 자에게 폐차를 요청한 경우

⑥ 자동차를 수출하는 경우

⑦ 압류등록을 한 후에도 환가(換價) 절차 등 후속 강제집행 절차가 진행되고 있지 않는 차량 중 차령 등 대통령령으로 정하는 기준에 따라 환가가치가 남아 있지 않다고 인정되는 경우

⑧ 자동차를 교육 · 연구의 목적으로 사용하는 등 대통령령으로 정하는 사유에 해당하는 경우

▶ **말소등록 신청을 하지 않는 경우의 과태료**
①~⑤의 사유가 발생한 날부터 1개월 이내에 말소등록 신청을 하지 않는 경우 과태료 발생
• 신청기간만료일부터 10일까지 : 5만원
• 신청 지연기간이 10~54일인 경우 : 5만원에서 11일째부터 계산하여 1일마다 1만원을 더한 금액
• 신청 지연기간이 55일 이상인 경우 : 50만원

(2) 시 · 도지사가 직권으로 말소등록을 할 수 있는 경우
① 말소등록을 신청해야 할 자가 신청하지 않은 경우
② 자동차의 차대(차대가 없는 자동차의 경우 차체)가 등록원부
상의 차대와 다른 경우
③ 속임수나 그 밖의 부정한 방법으로 등록된 경우
④ 자동차 운행정지 명령에도 불구하고 해당 자동차를
계속 운행하는 경우
⑤ 자동차를 폐차한 경우

6 자동차등록증의 재발급
자동차등록증 분실 및 훼손 시 재발급 신청

7 임시운행

(1) 임시운행 허가기간이 10일 이내인 경우
① 신규등록신청을 위해 자동차를 운행하려는 경우
② 자동차의 차대번호 또는 원동기형식의 표기를 지우
거나 그 표기를 받기 위해 자동차를 운행하려는 경우
③ 신규검사 또는 임시검사를 받기 위해 자동차를 운행
하려는 경우
④ 자동차를 제작 · 조립 · 수입 또는 판매하는 자가 판
매사업장 · 하치장 또는 전시장에 자동차를 보관 ·
전시하기 위하여 운행하려는 경우
⑤ 자동차 제작 · 조립 · 수입 또는 판매하는 자가 판매
한 자동차 환수를 위해 운행하려는 경우
⑥ 자동차운전(전문)학원을 설립 · 운영자가 검사받기 위
해 기능교육용 자동차를 운행하려는 경우

(2) 수출하기 위하여 말소등록한 자동차를 점검 · 정비하거
나 선적하기 위하여 운행하려는 경우 : 20일 이내

(3) 자동차자기인증에 필요한 시험 또는 확인을 받기 위하
여 자동차를 운행하려는 경우 : 40일 이내

(4) 자동차를 제작 · 조립 또는 수입하는 자가 자동차에 특
수한 설비를 설치하기 위하여 다른 제작 또는 조립장소
로 자동차를 운행하려는 경우 : 40일 이내

(5) 운행정지 중인 자동차의 임시운행
① 운행정지처분을 받아 운행정지중인 자동차
② 자동차검사 명령을 이행하지 않아 등록번호판이 영
치된 자동차
③ 사업정지처분을 받아 운행정지중인 자동차

④ 자동차세 미납으로 자동차등록증이 회수되거나 등록
번호판이 영치된 자동차
⑤ 압류로 인하여 운행정지중인 자동차
⑥ 의무보험에 가입되지 않아 등록번호판이 영치된 자
동차
⑦ 질서위반행위로 부과받은 과태료를 납부하지 않아
등록번호판이 영치된 자동차

8 자동차의 운행 제한
국토교통부장관은 다음의 경우 미리 경찰청장과 협의하
여 자동차의 운행 제한을 명할 수 있다.
① 전시 · 사변 또는 이에 준하는 비상사태의 대처
② 극심한 교통체증 지역의 발생 예방 또는 해소
③ 결함이 있는 자동차의 운행으로 인한 화재사고가 반
복적으로 발생하여 공중의 안전에 심각한 위해를 끼
칠 수 있는 경우
④ 대기오염 방지나 그 밖에 대통령령으로 정하는 사유

03 자동차의 안전기준 및 자기인증

1 자동차 튜닝

(1) 변경 승인 : 시장 · 군수 · 구청장의 승인

(2) 권한 위탁 : 시장 · 군수 · 구청장은 변경 승인에 관한
권한을 한국교통안전공단에 위탁

(3) 자동차 튜닝이 승인되지 않는 경우
① 총중량이 증가되는 튜닝
② 승차정원 또는 최대적재량의 증가를 가져오는 승차
장치 또는 물품적재장치의 튜닝
→ 승차정원 또는 최대적재량을 감소시켰던 자동차를 원상회복하는
경우와 동일한 형식으로 자기인증되어 제원이 통보된 차종의 승차
정원 또는 최대 적재량의 범위 안에서 승차정원 또는 최대적재량
을 증가시키는 경우는 제외
③ 자동차의 종류가 변경되는 튜닝
④ 튜닝 전보다 성능 또는 안전도가 저하될 우려가 있
는 경우의 튜닝

(4) 튜닝검사 신청서류
① 자동차등록증
② 튜닝승인서

③ 튜닝 전 · 후의 주요 제원 대비표
④ 튜닝 전 · 후의 자동차외관도(외관의 변경이 있는 경우에 한함)
⑤ 튜닝하려는 구조 · 장치의 설계도

04 자동차의 점검·정비 (주체 : 시장·군수·구청장)

자동차 소유자에게 국토교통부령으로 정하는 바에 따라 점검 · 정비 · 검사 또는 원상복구를 명할 수 있는 경우[주1]
→ ②, ③, ④는 의무사항임

① 자동차안전기준에 적합하지 않거나 안전운행에 지장이 있다고 인정되는 자동차
② 승인을 받지 않고 튜닝한 자동차 – 원상복구
③ 정기검사 또는 자동차종합검사를 받지 않은 자동차 – 정기검사 또는 종합검사
④ 중대한 교통사고가 발생한 사업용 자동차 – 임시검사

▶ 주1) 점검 · 정비 · 검사 또는 원상복구를 명하려는 경우 국토교통부령으로 정하는 바에 따라 기간을 정하여야 하며, 이 경우 해당 자동차의 운행 정지를 함께 명할 수 있다.

05 자동차의 검사

1 자동차 검사의 종류 및 검사 대상

종류	검사 대상
신규검사	신규등록을 하려는 경우 실시하는 검사
정기검사	신규등록 후 일정 기간마다 정기적으로 실시하는 검사
튜닝검사	자동차를 튜닝한 경우에 실시하는 검사
임시검사	자동차관리법 또는 자동차관리법에 따른 명령이나 자동차 소유자의 신청을 받아 비정기적으로 실시하는 검사
수리검사	전손 처리 자동차를 수리한 후 운행하려는 경우에 실시하는 검사

2 검사 대행

한국교통안전공단이 대행(정기검사는 지정정비사업자도 대행 가능)

3 자동차검사의 유효기간

구분		검사유효기간
비사업용 승용자동차 및 피견인자동차		2년(신규 차량은 신규검사 후 최초 검사유효기간은 4년)
사업용 승용자동차		1년(신규 차량은 신규검사 후 최초 검사유효기간은 2년)
경 · 소형의 승합 및 화물자동차		1년
사업용 대형화물 자동차	차령 2년 이하	1년
	차령 2년 초과	6월
중형 승합차 및 사업용 대형 승합차	차령 8년 이하	1년
	차령 8년 초과	6월
그 밖의 자동차	차령 5년 이하	1년
	차령 5년 초과	6월

주 : 10인 이하의 운송용 자동차로서 2000년 12월 31일 이전에 등록된 승합자동차의 경우에는 승용자동차의 검사유효기간을 적용한다.

▶ 자동차의 차령기산일
• 제작연도에 등록된 자동차 : 최초의 신규등록일
• 제작연도에 등록되지 아니한 자동차 : 제작연도의 말일
▶ 검사유효기간의 연장 또는 유예하는 경우
천재지변이나 그 밖의 부득이한 사유로 자동차검사(정기검사, 튜닝, 임시검사)를 받을 수 없다고 인정될 때에는 국토교통부령으로 정하는 바에 따라 기간을 연장 또는 유예
• 전시 · 사변 또는 이에 준하는 비상사태로 인해 관할지역 안에서 자동차의 검사업무를 수행할 수 없다고 판단되는 때 (이 경우 대상자동차 · 유예기간 및 대상지역 등을 공고)
• 자동차의 도난 · 사고 발생 · 압류 · 장기간의 정비 및 기타 부득이한 사유인 경우
• 섬 지역의 출장검사인 경우
• 신고된 매매용 자동차의 검사유효기간 만료일이 도래하는 경우

4 자동차종합검사

(1) 검사 내용
① 자동차의 동일성 확인 및 배출가스 관련 장치 등의 작동상태 확인을 관능검사 및 기능검사로 하는 공통 분야
② 자동차 안전검사 분야
③ 자동차 배출가스 정밀검사 분야

▶ 종합검사, 관능검사
• 종합검사 : 정기검사, 정밀검사, 특정경유자동차검사를 함께 받은 것으로 본다.
• 관능검사 : 사람의 감각기관으로 자동차 상태를 확인

(2) 종합검사의 대상과 유효기간 [필수암기]

검사 대상		적용 차령	검사 유효기간
승용차	비사업용	차령 4년 초과	2년
	사업용	차령 2년 초과	1년
경·소형의 승합 및 화물차	비사업용	차령 3년 초과	1년
	사업용	차령 2년 초과	1년
사업용 대형화물차		차령 2년 초과	6개월
사업용 대형승합차		차령 2년 초과	차령 8년까지는 1년, 이후부터는 6개월
중형 승합차	비사업용	차량 3년 초과	차령 8년까지는 1년, 이후부터는 6개월
	사업용	차령 2년 초과	
그 밖의 자동차	비사업용	차령 3년 초과	차령 5년까지는 1년, 이후부터는 6개월
	사업용	차령 2년 초과	

▶ 검사 유효기간이 6개월인 자동차의 경우 자동차종합검사 중 자동차 배출가스 정밀검사 분야의 검사는 1년마다 받는다.

(3) 검사 유효기간의 계산 방법
① 신규등록을 하는 자동차 : 신규등록일부터 계산
② 종합검사기간 내에 종합검사를 신청하여 적합 판정을 받은 자동차 : 직전 검사 유효기간 마지막 날의 다음 날부터 계산
③ 종합검사기간 전 또는 후에 종합검사를 신청하여 적합 판정을 받은 자동차 : 종합검사를 받은 날의 다음 날부터 계산
④ 재검사 결과 적합 판정을 받은 자동차 : 종합검사를 받은 것으로 보는 날의 다음 날부터 계산

5 검사 기간
① 종합검사기간은 검사 유효기간의 마지막 날 전후 각각 31일 이내
→ 마지막 날 : 검사 유효기간 연장 또는 검사를 유예한 경우, 그 연장 또는 유예된 기간의 마지막 날을 의미한다.
② 소유권 변동 또는 사용본거지 변경 등의 사유로 종합검사의 대상이 된 자동차 중 정기검사의 기간 중에 있거나 정기검사의 기간이 지난 자동차는 변경등록을 한 날부터 62일 이내에 종합검사를 받아야 한다.

6 재검사
① 부적합 판정을 받은 자동차의 소유자가 재검사를 받으려면 다음의 구분에 따른 재검사기간 내에 종합검사대행자(또는 종합검사지정정비사업자)에게 자동차등록증과 자동차종합검사 결과표 또는 자동차기능 종합진단서를 제출하고 신청
• 종합검사기간 내에 종합검사를 신청한 경우 : 부적합 판정을 받은 날부터 종합검사기간 만료 후 10일까지
• 종합검사기간 전 또는 후에 종합검사를 신청한 경우 : 부적합 판정을 받은 날의 다음 날부터 10일 이내
② 재검사를 하고 적합 여부를 판정
• 재검사기간 내에 적합 판정 : 검사를 받은 날에 종합검사를 받은 것으로 함
• 종합검사 결과 부적합 판정 : 재검사기간 내에 재검사를 신청하지 않거나 재검사 신청 후 적합 판정을 받지 못한 경우에는 종합검사를 받지 않은 것으로 함
③ 종합검사 결과 부적합 판정을 받은 자동차가 「수도권 대기환경 개선에 관한 특별법」에 따라 특정경유자동차의 배출허용기준에 맞는지에 대한 검사가 면제되는 경우 자동차 배출가스 정밀검사 분야에 대해서는 재검사기간 내에 적합 판정을 받은 것으로 본다.

7 자동차정기검사나 자동차종합검사를 받지 않은 경우 과태료
① 검사 지연기간이 30일 이내인 때 : 4만원
② 검사 지연기간이 30일 초과 114일 이내인 경우 : 4만원에 31일째부터 계산하여 3일 초과시마다 2만원을 더한 금액
③ 검사 지연기간이 115일 이상인 경우 : 60만원
• 자동차정기검사의 기간은 검사유효기간만료일 전후 각각 31일 이내로 하며, 이 기간 내에 자동차정기검사에서 적합판정을 받은 경우에는 검사유효기간만료일에 자동차정기검사를 받은 것으로 본다.

1 ★★★ 자동차관리법상 내부의 특수한 설비로 인하여 승차인원이 10인 이하로 된 자동차의 종류는?

① 승합자동차
② 승용자동차
③ 화물자동차
④ 특수자동차

> 내부의 특수한 설비로 인하여 승차인원이 10인 이하로 된 자동차는 승합자동차이다.

2 ★★★★ 자동차등록원부에 등록하지 않은 상태에서 자동차를 운행할 수 있는 경우는?

① 시 · 도지사에게 신고한 경우
② 형식승인을 마친 경우
③ 자동차검사에 합격한 경우
④ 임시운행허가를 받아 허가기간 내에 운행하는 경우

> 자동차는 자동차등록원부에 등록한 후가 아니면 운행할 수 없다. (다만, 임시운행허가를 받아 허가기간 내에 운행하는 경우에는 운행 가능)

3 ★★★ 자동차의 등록에 관한 설명이다. 옳지 않은 것은?

① 등록번호판 및 봉인은 시 · 도지사의 허가를 받은 경우와 다른 법률에 특별한 규정이 있는 경우를 제외하고는 떼지 못한다.
② 등록원부의 기재 사항이 변경된 경우 시 · 도지사에게 변경등록을 신청해야 한다.
③ 30일 이내에 변경등록신청을 하지 않은 경우 신청기간 만료일부터 90일 이내인 때에는 2만원의 과태료를 부과한다.
④ 자동차를 양수한 자가 다시 제3자에게 양도하려는 경우 양도 후에 이전등록을 해야 한다.

> 자동차를 양수한 자가 다시 제3자에게 양도하려는 경우 양도 전에 자기 명의로 이전등록을 해야 한다.

4 ★★★ 말소등록을 신청하는 경우에 해당되지 않는 것은?

① 자동차해체재활용업을 등록한 자에게 폐차를 요청한 경우
② 자동차제작 · 판매자 등에게 반품한 경우
③ 자동차종합검사를 받지 않은 경우
④ 자동차를 수출하는 경우

5 ★★★★ 시 · 도지사가 직권으로 말소등록을 할 수 있는 경우에 해당되지 않는 것은?

① 말소등록을 신청해야 할 자가 신청하지 않은 경우
② 자동차의 차대가 등록원부상의 차대와 다른 경우
③ 속임수나 그 밖의 부정한 방법으로 등록된 경우
④ 면허 · 등록 · 인가 또는 신고가 실효 · 취소된 경우

6 ★★★ 차령이 2년 초과된 사업용 대형화물자동차의 검사유효기간은?

① 6월   ② 1년
③ 2년   ④ 3년

> **사업용 대형화물자동차의 검사유효기간**
> • 차령이 2년 이하인 경우 : 1년
> • 차령이 2년 초과된 경우 : 6월

7 ★★★ 사업용 경형 · 소형의 승합 및 화물자동차의 종합검사 유효기간은?

① 6개월   ② 1년
③ 2년   ④ 3년

> 사업용, 비사업용 모두 검사 유효기간은 1년이다.

8 ★★★ 자동차정기검사나 자동차종합검사를 받지 않은 상태에서 검사를 받아야 할 기간만료일부터 30일 이내인 경우의 과태료 부과기준은?

① 1만원   ② 2만원
③ 3만원   ④ 4만원

> 검사 지연기간이 30일 이내인 경우의 과태료는 4만원이다.

정답 ▶ 1 ①   2 ④   3 ④   4 ③   5 ④   6 ①   7 ②   8 ④

chapter 01

SECTION

05

The qualification Test of Freight Transportation

도로법

Main
Key
Point

이 섹션은 분량이 적은 만큼 출제 비중이 높지 않다. 도로의 정의, 종류 및 등급 등 기본적인 내용 위주로 학습하도록 한다.

01 총칙

1 목적

도로망의 계획수립, 도로 노선의 지정, 도로공사의 시행과 도로의 시설 기준, 도로의 관리 · 보전 및 비용 부담 등에 관한 사항을 규정하여 국민이 안전하고 편리하게 이용할 수 있는 도로의 건설과 공공복리의 향상에 이바지한다.

2 도로의 정의

① 차도, 보도, 자전거도로, 측도, 터널, 교량, 육교 등 대통령령으로 정하는 시설로 구성된 것 (도로의 부속물을 포함)

▶ 대통령령으로 정하는 시설
- 차도 · 보도 · 자전거도로 및 측도
- 터널 · 교량 · 지하도 및 육교(해당 시설에 설치된 엘리베이터 포함)
- 궤도
- 옹벽 · 배수로 · 길도랑 · 지하통로 및 무넘기시설(논에 물이 알맞게 고이고 남은 물이 흘러넘쳐 빠질 수 있도록 만든 둑)
- 도선장 및 도선의 교통을 위하여 수면에 설치하는 시설

▶ 도로법에 의한 도로
- 고속국도 (고속국도의 지선 포함)
- 일반국도 (일반국도의 지선 포함)
- 특별시도 · 광역시도
- 지방도 · 시도 · 군도 · 구도

② **도로의 부속물** : 도로관리청이 도로의 편리한 이용과 안전 및 원활한 도로교통의 확보, 그 밖에 도로 관리를 위하여 설치하는 시설 또는 공작물

▶ 도로의 부속물
- 주차장, 버스정류시설, 휴게시설 등 도로이용 지원시설
- 시선유도표지, 중앙분리대, 과속방지시설 등 도로안전시설
- 통행료 징수시설, 도로관제시설, 도로관리사업소 등 도로관리 시설
- 도로표지 및 교통량 측정시설 등 교통관리시설

- 낙석방지시설, 제설시설, 식수대 등 도로에서의 재해 예방 및 구조 활동, 도로환경의 개선 · 유지 등을 위한 도로부대시설
- 주유소, 충전소, 교통 · 관광안내소, 졸음쉼터 및 대기소
- 환승시설 및 환승센터
- 운전자의 시선을 유도하기 위한 시설(장애물 표적표지, 시선유도봉 등)
- 방호울타리, 충격흡수시설, 가로등, 교통섬, 도로반사경, 미끄럼방지시설, 긴급제동시설 및 도로의 유지 · 관리용 재료적치장
- 화물 적재량 측정을 위한 과적차량 검문소 등의 차량단속시설
- 도로에 관한 정보 수집 및 제공 장치, 기상 관측 장치, 긴급 연락 및 도로의 유지 · 관리를 위한 통신시설
- 도로 상의 방파 · 방설 · 방풍 · 방음시설(방음림 포함)
- 토사유출을 방지하기 위한 시설 및 비점오염저감시설
- 도로원표, 수선 담당 구역표 및 도로경계표
- 공동구
- 도로 관련 기술개발 및 품질 향상을 위하여 도로에 연접(連接)한 연구시설

3 도로의 종류와 등급

등급 및 종류	설명
1 고속국도	• 도로교통망의 중요한 축을 이루며 주요 도시를 연결하는 자동차 전용의 고속교통에 사용되는 도로 • 노선 지정 · 고시 : 국토교통부장관
2 일반국도	• 주요 도시, 지정항만, 주요 공항, 국가산업단지 또는 관광지 등을 연결하여 고속국도와 함께 국가간선도로망을 이루는 도로 • 노선 지정 · 고시 : 국토교통부장관
3 특별시도 · 광역시도	• 특별시, 광역시의 관할구역에 있는 주요 도로망을 형성하는 도로, 특별시 · 광역시의 주요 지역과 인근 도시 · 항만 · 산업단지 · 물류시설 등을 연결하는 도로 및 그밖의 특별시 또는 광역시의 기능 유지를 위하여 특히 중요한 도로 • 노선 지정 · 고시 : 특별시장 또는 광역시장

4 지방도	• 지방의 간선도로망을 이루는 도로로서 도청 소재지에서 시청 또는 군청 소재지에 이르는 도로, 시청 또는 군청 소재지를 서로 연결하는 도로, 도 또는 특별자치도에 있는 비행장 · 항만 · 역에서 이들과 밀접한 관계가 있는 고속국도, 일반국도 또는 지방도를 연결하는 도로 • 노선 인정 : 관할 도지사 또는 특별자치도지사
5 시도(市道)	• 시 또는 행정시에 있는 도로 • 노선 인정 : 관할 시장(행정시의 경우는 특별자치도지사)
6 군도(郡道)	• 군청 소재지에서 읍사무소 또는 면사무소 소재지에 이르는 도로, 읍사무소 또는 면사무소 소재지를 연결하는 도로 • 노선 인정 : 관할 군수
7 구도(區道)	• 특별시나 광역시 구역에 있는 도로 중 특별시도와 광역시도를 제외한 자치구 안에서 동(洞) 사이를 연결하는 도로 • 노선 인정 : 관할 구청장

02 도로의 보전 및 공용부담

1 도로에 관한 금지행위

① 도로를 파손하는 행위^{주1)}
② 도로에 토석, 입 · 목죽 등의 장애물을 쌓아놓는 행위
③ 그 밖에 도로의 구조나 교통에 지장을 끼치는 행위

▶ 주1) 정당한 사유 없이 도로(고속국도 제외)를 파손하여 교통을 방해하거나 교통에 위험을 발생하게 한 자의 벌칙 : 10년 이하의 징역이나 1억원 이하의 벌금

2 차량의 운행제한

(1) 도로관리청이 운행을 제한할 수 있는 차량
① 축하중 10톤 초과 또는 총중량 40톤 초과 차량
② 차량의 폭이 2.5m, 높이*가 4.0m, 길이가 16.7m를 초과하는 차량
→ 도로구조의 보전과 통행의 안전에 지장이 없다고 관리청이 인정하여 고시한 도로노선인 경우의 높이는 4.2m

③ 관리청이 특히 도로구조의 보전과 통행의 안전에 지장이 있다고 인정하는 차량

(2) 특수 차량이나 특수 화물자동차
차량 구조나 적재화물의 특수성으로 인해 허가 필요 시 다음 사항을 기재한 신청서에 구조물 통과 하중 계산서를 첨부하여 관리청에 제출

▶ 첨부서류
① 운행하려는 도로의 종류 및 노선명
② 운행구간 및 그 총 연장
③ 차량의 제원
④ 운행기간
⑤ 운행목적
⑥ 운행방법

(3) 제한차량 운행허가 신청서에 첨부할 서류
① 차량검사증 또는 차량등록증
② 차량 중량표
③ 구조물 통과 하중 계산서

(4) 벌칙 및 과태료

구분	해당 사유
1년 이하의 징역이나 1천만원 이하의 벌금	• 정당한 사유 없이 적재량 측정을 위한 도로관리청의 요구에 따르지 않은 자
500만원 이하의 과태료	• 운행 제한을 위반한 차량의 운전자 • 운행 제한 위반의 지시 · 요구 금지를 위반한 자

3 적재량 측정 방해행위의 금지 등

① 자동차의 장치를 조작하거나 차량의 적재량 측정을 방해하는 행위 금지
② 도로 관리청은 차량의 운전자가 방해행위를 했다고 판단하면 재측정을 요구할 수 있다. 이 경우 운전자는 정당한 사유가 없으면 이에 따라야 한다.
③ 차량의 적재량 측정을 방해한 자, 정당한 사유 없이 도로 관리청의 재측정 요구에 따르지 아니한 자는 1년 이하의 징역이나 천만원 이하의 벌금에 처한다.

4 자동차 전용도로

(1) 자동차 전용도로의 지정

① 도로관리청은 원활한 교통 소통을 위해 도로(고속국도 제외) 또는 일정한 구간을 대통령령으로 정하는 바에 따라 자동차 전용도로 또는 전용구역으로 지정

② 지정하려는 도로에 둘 이상의 도로관리청이 있으면 관계되는 도로관리청이 공동 지정

③ 자동차 전용도로 지정 시 해당 구간을 연결하는 일반 교통용 도로가 있어야 한다.

④ 자동차 전용도로 지정 시 도로 관리청에 따른 의견 경청
  • 도로 관리청이 국토교통부장관일 경우 : 경찰청장의 의견
  • 도로 관리청이 특별시장 · 광역시장 · 도지사 또는 특별자치도지사일 경우 : 관할 지방경찰청장의 의견
  • 특별자치시장 · 시장 · 군수 또는 구청장일 경우 : 관할 경찰서장의 의견을 각각 들어야 한다.

⑤ 자동차 전용도로 지정 시 이를 공고(지정의 변경 또는 해제 시에도 동일함)

⑥ 구조 및 시설기준 등 자동차 전용도로의 지정에 관한 필요한 사항 : 국토교통부령으로 정함

⑦ 관리청은 자동차 전용도로 지정 시 다음 사항을 공고하고 지체 없이 국토교통부장관에게 보고

> • 도로의 종류 · 노선번호 및 노선명
> • 도로구간
> • 통행의 방법(해제의 경우 제외)
> • 지정 · 변경 또는 해제의 이유
> • 해당 구간에 일반교통용의 다른 도로 현황(해제의 경우 제외)
> • 기타 필요한 사항

(2) 통행제한

① 자동차전용도로에서는 차량만을 사용해서 통행하거나 출입하여야 한다.

② 도로관리청은 자동차전용도로의 입구나 그 밖의 필요한 장소에 위 ①의 내용과 자동차전용도로의 통행을 금지하거나 제한하는 대상 등을 구체적으로 밝힌 도로표지를 설치하여야 한다.

③ 차량을 사용하지 아니하고 자동차전용도로를 통행하거나 출입한 자 : 1년 이하의 징역 또는 1천만원 이하의 벌금

1 다음 도로의 종류 중 등급이 가장 높은 것은?

① 고속국도   ② 일반국도
③ 특별시도   ④ 지방도

고속국도가 1등급으로 가장 높다.

2 정당한 사유 없이 도로(고속국도 제외)를 파손하여 교통을 방해하거나 교통에 위험을 발생하게 한 자에 대한 벌칙은?

① 50만원 이하의 벌금
② 1년 이하의 징역이나 200만원 이하의 벌금
③ 2년 이하의 징역이나 700만원 이하의 벌금
④ 10년 이하의 징역이나 1억원 이하의 벌금

3 제한차량 운행허가 신청서에 첨부할 서류에 해당하지 않는 것은?

① 차량등록증   ② 구조물 통과 하중 계산서
③ 차량 중량표   ④ 사업자등록증

제한차량 운행허가 신청서에 첨부할 서류
• 차량검사증 또는 차량등록증
• 차량 중량표
• 구조물 통과 하중 계산서

4 정당한 사유 없이 적재량 측정을 위한 도로관리청의 요구에 따르지 않은 자에 대한 벌칙은?

① 500만원 이하의 과태료
② 6개월 이하의 징역이나 500만원 이하의 벌금
③ 1년 이하의 징역이나 1천만원 이하의 벌금
④ 3년 이하의 징역이나 3천만원 이하의 벌금

정당한 사유 없이 적재량 측정을 위한 도로관리청의 요구에 따르지 않은 자는 1년 이하의 징역이나 1천만원 이하의 벌금에 처한다.

5 도로관리청이 운행을 제한할 수 있는 차량에 해당하지 않는 것은?

① 축하중이 10톤을 초과하는 차량
② 총중량이 30톤을 초과하는 차량

③ 차량의 폭이 2.5m, 높이가 4.0m, 길이가 16.7m를 초과하는 차량
④ 관리청이 도로구조의 보전과 통행의 안전에 지장이 있다고 인정하는 차량

총중량이 40톤 초과 차량은 도로관리청이 운행을 제한할 수 있다.

6 자동차 전용도로 지정에 관한 설명이 아닌 것은?

① 도로관리청은 교통이 현저히 폭주하여 차량의 능률적인 운행에 지장이 있는 도로를 자동차 전용도로로 지정할 수 있다.
② 지정하려는 도로에 둘 이상의 도로관리청이 있으면 가장 가까운 도로관리청이 지정하여야 한다.
③ 자동차 전용도로를 지정할 때에는 해당 구간을 연결하는 일반교통용의 다른 도로가 있어야 한다.
④ 지정을 하는 때에는 대통령령으로 정하는 바에 따라 이를 공고하여야 한다.

지정하려는 도로에 둘 이상의 도로관리청이 있으면 관계되는 도로관리청이 공동으로 지정해야 한다.

7 도로관리청이 자동차 전용도로를 지정한 때 공고해야 할 사항이 아닌 것은?

① 통행의 방법   ② 도로의 종류 및 노선명
③ 구간   ④ 도로의 구조

자동차 전용도로를 지정한 때 공고해야 할 사항
• 도로의 종류 및 노선명
• 구간
• 통행의 방법
• 지정의 이유
• 해당 구간에 일반교통용의 다른 도로가 있다는 취지의 표지

8 차량을 사용하지 아니하고 자동차전용도로를 통행하거나 출입한 자에 대한 처벌은?

① 2년 이하의 징역 또는 2천만원 이하의 벌금
② 2년 이하의 징역 또는 1천만원 이하의 벌금
③ 1년 이하의 징역 또는 2천만원 이하의 벌금
④ 1년 이하의 징역 또는 1천만원 이하의 벌금

정답 1 ① 2 ④ 3 ④ 4 ③ 5 ② 6 ② 7 ④ 8 ④

06 대기환경보전법

Main
Key
Point

이 섹션에 나오는 용어는 간간이 출제되고 있으므로 의미를 분명히 해두도록 하고, 자동차배출가스 및 공회전에 관한 법률적인 부분도 이해하고 넘어가도록 한다.

01 총칙

1 목적

대기오염으로 인한 국민건강이나 환경에 관한 위해를 예방하고 대기환경을 적정하고 지속 가능하게 관리 · 보전하여 모든 국민이 건강하고 쾌적한 환경에서 생활할 수 있게 하는 것

2 용어 정의

대기오염물질	대기 중에 존재하는 물질 중 위해성 심사 · 평가 결과 대기오염의 원인으로 인정된 가스 · 입자상물질로서 환경부령으로 정하는 것
유해성대기 감시물질	대기오염물질 중 위해성 심사 · 평가 결과 사람의 건강이나 동식물의 생육(生育)에 위해를 끼칠 수 있어 지속적인 측정이나 감시 · 관찰 등이 필요하다고 인정된 물질로서 환경부령으로 정하는 것
기후 · 생태계 변화유발물질	지구 온난화 등으로 생태계의 변화를 가져올 수 있는 기체상물질로서 온실가스와 환경부령으로 정하는 것
온실가스	적외선 복사열을 흡수하거나 다시 방출하여 온실효과를 유발하는 대기 중의 가스상태 물질로서 이산화탄소, 메탄, 아산화질소, 수소불화탄소, 과불화탄소, 육불화황을 말한다.
가스	물질이 연소 · 합성 · 분해될 때에 발생하거나 물리적 성질로 인하여 발생하는 기체상물질
먼지	대기 중에 떠다니거나 흩날려 내려오는 입자상물질
입자상 물질	물질이 파쇄 · 선별 · 퇴적 · 이적될 때, 그 밖에 기계적으로 처리되거나 연소 · 합성 · 분해될 때에 발생하는 고체상 또는 액체상의 미세한 물질
매연	연소할 때에 생기는 유리 탄소가 주가 되는 미세한 입자상물질
검댕	연소할 때에 생기는 유리 탄소가 응결하여 입자의 지름이 1미크론 이상이 되는 입자상물질
저공해 자동차	대기오염물질의 배출이 없는 자동차 또는 제작차의 배출허용기준보다 오염물질을 적게 배출하는 자동차
배출가스 저감장치	자동차에서 배출되는 대기오염물질을 줄이기 위해 자동차에 부착 또는 교체하는 장치로서 환경부령으로 정하는 저감효율에 적합한 장치
저공해 엔진	자동차에서 배출되는 대기오염물질을 줄이기 위한 엔진으로서 환경부령으로 정하는 배출허용기준에 맞는 엔진
공회전 제한장치	자동차에서 배출되는 대기오염물질을 줄이고 연료를 절약하기 위해 자동차에 부착하는 장치로서 환경부령으로 정하는 기준에 적합한 장치
온실가스 배출량	자동차에서 단위 주행거리당 배출되는 이산화탄소(CO_2) 배출량(g/km)
온실가스 평균배출량	자동차제작자가 판매한 자동차 중 환경부령으로 정하는 자동차의 온실가스 배출량의 합계를 해당 자동차 총 대수로 나누어 산출한 평균값(g/km)

1 저공해자동차의 운행 등

(1) 시 · 도지사 또는 시장 · 군수는 차령과 대기오염물질 또는 기후 · 생태계 변화유발물질 배출 정도 등에 관해 환경부령으로 정하는 요건을 충족하는 자동차의 소유자에게 조례에 따라 다음의 조치를 하도록 명령하거나 조기 폐차를 권고할 수 있다.

> • 저공해자동차로의 전환 또는 개조
> • 저공해 엔진(혼소엔진 포함)으로의 개조 또는 교체
> • 배출가스저감장치의 부착 또는 교체 및 배출가스 관련 부품의 교체

> ※ 명령 미이행 시 300만원 이하의 과태료 부과

(2) 배출가스 보증기간이 경과한 자동차의 소유자는 배출가스 저감장치를 부착 또는 교체하거나 저공해엔진으로 개조 또는 교체할 수 있다.

(3) 국가나 지방자치단체는 다음에 해당하는 자에게 필요한 자금을 보조하거나 융자할 수 있다.
① 저공해자동차를 구입하거나 저공해자동차로 개조하는 자
② 저공해자동차에 연료를 공급하기 위한 시설 중 다음 시설을 설치하는 자
  • 천연가스를 연료로 사용하는 자동차에 천연가스를 공급하기 위한 시설로서 환경부장관이 정하는 시설
  • 전기를 연료로 사용하는 자동차에 전기를 충전하기 위한 시설로서 환경부장관이 정하는 시설
  • 그 밖에 태양광, 수소연료 등 환경부장관이 정하는 저공해자동차 연료공급시설
③ 자동차에 배출가스저감장치를 부착 또는 교체하거나 자동차의 엔진을 저공해엔진으로 개조 또는 교체하는 자
④ 자동차의 배출가스 관련 부품을 교체하는 자
⑤ 폐차 권고에 따라 자동차를 조기에 폐차하는 자
⑥ 배출가스가 매우 적게 배출되는 것으로서 환경부장관이 정하여 고시하는 자동차를 구입하는 자

2 공회전의 제한

(1) 시 · 도지사는 터미널, 차고지, 주차장 등의 장소에서 자동차의 원동기를 가동한 상태로 주 · 정차하는 행위를 제한할 수 있다.

(2) 자동차의 원동기 가동제한을 위반 시 과태료 : **위반 시마다 5만원**

(3) 시 · 도지사는 대중교통용 자동차 등 환경부령으로 정하는 자동차[주1)에 대하여 시 · 도 조례에 따라 공회전제한장치의 부착을 명령할 수 있다.

> **필수 암기** ▶ 주1) 환경부령으로 정하는 자동차
> • 화물자동차운송사업에 사용되는 최대적재량이 1톤 이하인 밴형 화물자동차로서 택배용으로 사용되는 자동차
> • 시내버스운송사업에 사용되는 자동차
> • 일반택시운송사업(군단위를 사업구역으로 하는 운송사업은 제외)에 사용되는 자동차

(4) 국가나 지방자치단체는 공회전제한장치의 부착 명령을 받은 자동차 소유자에 대하여는 예산의 범위에서 필요한 자금을 보조하거나 융자할 수 있다.

3 운행차의 수시점검

① 환경부장관, 특별시장 · 광역시장 · 특별자치시장 · 특별자치도지사 · 시장 · 군수 · 구청장은 자동차에서 배출되는 배출가스가 운행차배출허용기준에 맞는지 확인하기 위해 도로나 주차장 등에서 자동차의 배출가스 배출상태를 수시로 점검해야 한다.
② 자동차 운행자는 수시점검에 협조해야 하며 이에 응하지 않거나 기피 또는 방해를 해서는 안 된다.
  → 운행차의 수시점검에 불응하거나 기피 · 방해 시 : 200만원 이하의 과태료
③ 수시점검의 방법 등에 필요한 사항은 환경부령으로 정한다.

> ▶ **운행차의 수시점검 방법**
> • 환경부장관, 특별시장 · 광역시장 또는 시장 · 군수 · 구청장은 점검대상 자동차 선정 후 배출가스를 점검해야 한다. 원활한 차량소통과 승객의 편의를 위해 운행 중인 상태에서 원격측정기 또는 비디오카메라를 사용하여 점검할 수 있다.
> • 배출가스 측정방법 등에 관하여 필요한 사항은 환경부장관이 정하여 고시한다.

> ▶ **운행차 수시점검의 면제 자동차**
> • 환경부장관이 정하는 저공해자동차
> • 도로교통법에 따른 긴급자동차
> • 군용 및 경호업무용 등 국가의 특수한 공용 목적으로 사용되는 자동차

1 대기환경보전법령상 용어의 정의로 옳지 않은 것은?

① 입자상물질 : 물질이 파쇄·선별·퇴적·이적될 때, 그 밖에 기계적으로 처리되거나 연소·합성·분해될 때에 발생하는 고체상 또는 액체상의 미세한 물질

② 매연 : 연소할 때에 생기는 유리 탄소가 응결하여 입자의 지름이 1미크론 이상이 되는 입자상물질

③ 공회전제한장치 : 자동차에서 배출되는 대기오염물질을 줄이고 연료를 절약하기 위하여 자동차에 부착하는 장치로서 환경부령으로 정하는 기준에 적합한 장치

④ 기후·생태계 변화유발물질 : 지구 온난화 등으로 생태계의 변화를 가져올 수 있는 기체상물질로서 온실가스와 환경부령으로 정하는 것

②는 검댕의 정의이다.
※ 매연이란 연소할 때에 생기는 유리 탄소가 주가 되는 미세한 입자상물질을 말한다.

2 대기질 개선 또는 기후·생태계 변화유발물질 배출감소를 위하여 차령과 대기오염물질 또는 기후·생태계 변화유발물질 배출정도 등에 관하여 환경부령으로 정하는 요건을 충족하는 자동차에 대한 조치로 적당하지 않은 것은?

① 저공해자동차로의 전환 또는 개조

② 배출가스저감장치의 부착 또는 교체

③ 공회전제한장치의 부착

④ 저공해엔진으로의 개조 또는 교체

3 저공해 자동차로의 전환명령, 배출가스 저감장치의 부착 또는 교체명령, 저공해 엔진으로의 개조 또는 교체명령을 이행하지 않은 자에 대한 과태료 부과기준은?

① 100만원 이하

② 200만원 이하

③ 300만원 이하

④ 400만원 이하

저공해 자동차로의 전환명령, 배출가스 저감장치의 부착 또는 교체명령, 저공해 엔진으로의 개조 또는 교체명령을 이행하지 않은 자에 대해서는 300만원 이하의 과태료를 부과한다.

4 자동차의 원동기 가동제한을 2차 위반한 경우의 과태료는 얼마가 부과되는가?

① 1만원

② 3만원

③ 5만원

④ 10만원

자동차의 원동기 가동제한을 위반 시마다 5만원이 부과된다.

5 시·도지사가 시·도 조례에 따라 공회전제한장치의 부착을 명령할 수 있는 자동차에 해당되지 않는 것은?

① 화물자동차운송사업에 사용되는 최대적재량이 1톤 이하인 밴형 화물자동차로서 택배용으로 사용되는 자동차

② 시내버스운송사업에 사용되는 자동차

③ 일반택시운송사업에 사용되는 자동차

④ 고속버스운송사업에 사용되는 자동차

고속버스운송사업에 사용되는 자동차는 공회전제한장치 부착 명령 대상 자동차에 해당되지 않는다.

6 배출가스 수시점검이 면제되는 자동차에 해당되지 않는 것은?

① 저공해자동차

② 긴급자동차

③ 적재중량이 1.5톤 이하인 화물자동차

④ 경호업무용으로 사용되는 자동차

운행차 수시점검 면제 자동차
• 환경부장관이 정하는 저공해자동차
• 도로교통법에 따른 긴급자동차
• 군용 및 경호업무용 등 국가의 특수한 공용 목적으로 사용되는 자동차

정답 1② 2③ 3③ 4③ 5④ 6③

출제문항수
15

CHAPTER

02

화물 취급 요령

운송장 작성과 화물포장

Main
Key
Point

이 섹션은 출제비중이 매우 높습니다. 운송장의 기능 · 형태 · 기록 · 기재요령, 포장의 기능 및 분류, 일반화물의 취급표지 등에서 골고루 출제되고 있습니다. 특별히 어려운 내용은 없으니 점수를 확보할 수 있도록 합니다.

01 운송장의 기능과 운영

1 운송장의 기능

계약서 기능	운송장 작성과 동시에 계약 성립
화물인수증 기능	사고 발생 시 운송장을 기준으로 배상
운송요금 영수증 기능	• 화물의 수탁 또는 배달 시 운송요금을 현금으로 받는 경우에는 운송장에 회사의 수령인을 날인하여 사용함으로써 영수증 기능을 한다. • 대부분의 회사가 운송장에 사업자등록번호 및 대표자의 날인을 인쇄하지 않고 있기 때문에 영수증으로 활용하기 위해서는 날인과 사업자등록번호를 확인 받아야 한다.
정보처리 기본자료	• 송하인, 수하인, 화물에 대한 정보로 운송사업자는 마케팅, 요금 청구, 사내 수입정산, 운전자 효율 측정, 각 작업단계의 효율 측정 등의 기본 자료로 활용 • 고객에게 화물추적 및 배달에 대한 정보 제공
배달에 대한 증빙	• 배송에 대한 증거서류 기능 • 배달을 완료했다는 증거 • 물품 분실 시 책임 완수 여부 증명
수입금 관리 자료	• 전체 수입금 파악 • 수입 형태 및 영업점 관리 기능
행선지 분류 정보 제공	작업지시서 기능

2 운송장의 형태

제작비 절감, 취급절차 간소화 목적에 따라 분류

형태	설명
기본형 운송장 (포켓 타입)	• 송하인용, 전산처리용, 배달표용, 수하인용 • 수입관리용(최근에는 빠지는 경우도 있음)
보조운송장	• 동일 수하인에게 다수의 화물이 배달될 때 비용 절약을 위해 사용 • 기본적인 내용과 원운송장과 연결시키는 내용만 기록
스티커형 운송장	• 운송장 제작비와 전산 입력비용을 절약하기 위하여 기업고객과 완벽한 EDI(Electronic Data Interchange, 전자문서교환) 시스템이 구축될 수 있는 경우 이용 • 라벨 프린터기 설치, 운송장 발행시스템, 출하정보 전송시스템 필요 • 기업고객의 경우 운송장의 출하를 바코드로 스캐닝하는 시스템 필요 • 배달표형 스티커 운송장 : 화물에 부착된 스티커형 운송장을 떼어 내어 배달표로 사용할 수 있는 운송장 • 바코드절취형 스티커 운송장 : 스티커에 부착된 바코드만을 절취하여 별도의 화물배달표에 부착하여 배달 확인을 받는 운송장

❸ 운송장의 형태

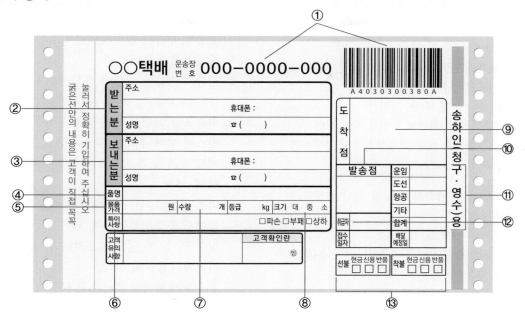

① **운송장 번호와 바코드** : 충분한 자리수 확보 및 운송장의 종류 등을 나타낼 수 있도록 설계

② **수하인 주소, 성명 및 전화번호** : 도로명 주소, 상세주소 포함

③ **송하인 주소, 성명 및 전화번호**

④ **화물명**(품명)
  • 파손, 분실 등 사고 발생 시 배상의 기준이 됨
  • 취급금지, 제한품목 여부 확인을 위해서도 필요
  • 취급금지 품목임을 알고도 수탁한 경우 운송회사의 책임
  • 중고 화물인 경우 중고임을 기록 : 배달 후 일부 품목이 부족하거나 손상이 발생한 경우 책임 여부 규명을 위해 필요

⑤ **화물의 가격**
  • 고객이 직접 기재하되 중고 또는 수제품의 경우 시중 가격 참고
  • 파손, 분실 또는 배달지연 사고 시 손해배상의 기준

⑥ **특이사항**
  화물을 취급할 때 또는 집하나 배달할 때 주의사항이나 참고사항 기록

⑦ **화물의 수량**
  • 1개의 화물에 1개의 운송장 부착이 원칙이나 1개의 운송장으로 기입하되 보조스티커를 사용하는 경우 총 박스 수량(단위포장 수량) 기록 가능
  • 포장 내부의 물품 수량이 아닌 수탁받은 단위임

⑧ **화물의 크기(중량, 사이즈)**
  • 화물의 크기에 따라 요금이 달라지므로 정확히 기록
  • 소홀히 하면 영업점을 대리점 체제로 운영하는 경우 운임사고의 원인이 됨

⑨ **도착지**(코드)
  • 도착터미널 및 배달장소 기록
  • 화물을 분류할 때 식별을 용이하게 하기 위해 코드화 작업 필요

⑩ **발송지**(집하점)
  화물을 집하한 주소 기록

⑪ **운송요금**
  운송포장요금, 물품대, 기타 서비스 요금 등을 구분하여 기록

⑫ **집하자**(集荷者)
  집하자의 능률관리, 집하한 화물포장의 소홀, 금지품목의 집하 등 사후 화물사고 발생 시 책임 소재 확인을 위해 필요

⑬ **운임의 지급방법**
  • 선불, 착불, 신용으로 구분
  • 별도 운송장으로 운영하는 경우 불필요

> **기타 기재사항**
> ① 주문번호 또는 고객번호
>   • 접수번호만으로 추적조회 가능
>   • 통신판매, 전자상거래의 경우 예약접수번호, 상품주문번호, 고객번호 등을 기록하여 구매자나 판매자가 운송장 번호 없이 화물추적이 가능하도록 함
> ② 인수자 날인 : 인수자의 이름을 정자로 기록 후 서명이나 날인
> ③ 면책사항(수탁이 곤란한 화물은 송하인이 모든 책임을 짐)
>   • 포장이 불완전하거나 파손 가능성이 높은 화물일 때 : 파손 면책
>   • 수하인의 전화번호가 없을 때 : 배달 지연 면책, 배달 불능 면책
>   • 식품 등 정상적으로 배달해도 부패의 가능성이 있는 화물일 때 : 부패 면책

02 운송장 기재요령

 1 기재사항

송하인 기재사항	① 송하인의 주소, 성명(또는 상호) 및 전화번호 ② 수하인의 주소, 성명, 전화번호 ③ 물품의 품명, 수량, 가격 ④ 특약사항 약관설명 확인필 자필 서명 ⑤ 파손품 또는 냉동 부패성 물품의 경우 : 면 책확인서(별도양식) 자필 서명
집하담당자 기재사항	① 접수일자, 발송점, 도착점, 배달 예정일 ② 운송료 ③ 집하자 성명 및 전화번호 ④ 수하인용 송장상의 좌측하단에 총수량 및 도착점 코드 ⑤ 기타 물품의 운송에 필요한 사항

2 운송장 기재 시 유의사항

① 화물 인수 시 적합성 여부를 확인한 다음, 고객이 직접 운송장에 정보 기입
② 운송장은 꼭꼭 눌러 기재하여 맨 뒷면까지 잘 복사되도록 함
③ 수하인의 주소 및 전화번호가 맞는지 재차 확인
④ 도착점 코드가 정확히 기재되었는지 확인(유사지역과 혼동하지 않도록 유의)
⑤ 특약사항에 대하여 고객에게 고지한 후 특약사항 약관설명 확인필에 서명을 받음
⑥ 파손, 부패, 변질 등 문제의 소지가 있는 물품의 경우 면책확인서를 받음
⑦ 고가품의 경우 그 품목과 물품가격의 정확한 기재 및 할증료를 청구해야 하며, 할증료 거절 시 특약사항을 설명하고 보상한도에 대해 서명을 받는다.
⑧ 산간 오지, 섬 지역 등 지역특성을 고려하여 배송예정일을 정함

03 운송장 부착요령

① 운송장 부착은 원칙적으로 접수장소에서 매 건마다 작성하여 화물에 부착
② 물품의 정중앙 상단에 부착(물품 정중앙 상단에 부착이 어려운 경우 최대한 잘 보이는 곳에 부착)
③ 화물포장 표면에 운송장을 부착할 수 없는 화물은 박스에 넣어 수탁한 후 부착하고, 작은 소포의 경우에도 운송장 부착이 가능한 박스에 포장하여 수탁한 후 부착
④ 박스 물품이 아닌 쌀, 매트, 카페트 등은 물품의 정중앙에 운송장을 부착하며, 테이프 등을 이용하여 운송장이 떨어지지 않도록 조치하되, 운송장의 바코드가 가려지지 않도록 한다.
⑤ 운송장이 떨어질 우려가 큰 물품의 경우 송하인의 동의를 얻어 포장재에 수하인 주소 및 전화번호 등 필요한 사항을 기재
⑥ 사용하던 박스를 재사용 시 기존 운송장으로 인한 물품의 오분류가 발생할 수 있으므로 반드시 기존 운송장은 제거하고 새로운 운송장을 부착할 것
⑦ 취급주의 스티커의 경우 운송장 바로 우측 옆에 붙여서 눈에 띄게 한다.

04 운송화물의 포장

1 포장의 개념

구분	의미
포장	물품의 수송, 보관, 취급, 사용 등에 있어 물품의 가치 및 상태를 보호하기 위하여 적절한 재료, 용기 등을 물품에 사용하는 기술 또는 그 상태
개장 (낱개포장, 단위포장)	물품 개개의 포장. 물품의 상품가치를 높이기 위해 또는 물품 개개를 보호하기 위해 적절한 재료, 용기 등으로 물품을 포장하는 방법 및 포장 상태

내장 (속포장, 내부포장)	포장 화물 내부의 포장. 물품에 대한 수분, 습기, 광열, 충격 등을 고려하여 적절한 재료, 용기 등으로 물품을 포장하는 방법 및 포장한 상태
외장 (겉포장, 외부포장)	포장 화물 외부의 포장. 물품 또는 포장물품을 상자, 포대, 나무통 및 금속관 등의 용기에 넣거나 용기를 사용하지 않고 결속하여 기호, 화물 표시 등을 하는 방법 및 포장한 상태

2 포장의 기능

보호성	• 내용물 보호 – 포장의 가장 기본적인 기능 • 내용물의 변질 방지, 물리적인 변화 등 내용물의 변형과 파손으로부터의 보호(완충 포장) • 이물질의 혼입과 오염으로부터의 보호 • 기타 병균으로부터의 보호
표시성	• 인쇄, 라벨 붙이기 등이 포장에 의해 표시가 쉬워짐
상품성	• 생산 공정을 거쳐 만들어진 물품은 자체 상품뿐만 아니라 포장을 통해 상품화가 완성
편리성	• 공업포장, 상업포장의 공통 기능 • 설명서, 증서, 서비스품, 팸플릿 등을 넣거나 진열이 쉽고 수송, 하역, 보관에 편리
효율성	• 작업의 효율이 양호 • 생산, 판매, 하역, 수·배송 등의 작업이 효율
판매 촉진성	• 판매의욕 환기 및 광고효과

3 포장의 분류

(1) 상업포장 (소비자 포장, 판매 포장)
  ① 상품 가치를 높이기 위한 포장
  ② 판매촉진, 진열판매 편리, 작업의 효율성 도모

(2) 공업포장(수송 포장)
  ① 물품의 수송, 보관을 주목적으로 하는 포장
  ② 물품을 상자, 자루, 나무통, 금속 등에 넣어 수송, 보관, 하역 과정 등에서 물품의 변질 방지
  ③ 포장 기능 중 수송, 하역의 편리성이 중요시

(3) 포장재료의 특성에 따른 분류

유연 포장	• 포장된 물품(또는 단위포장물)의 본질적인 형태는 변화되지 않으나, 포장재료나 용기의 유연성으로 외형이 변화될 수 있는 포장 • 재료 : 종이, 플라스틱 필름, 알루미늄 호일, 면포 등 유연성이 풍부한 재료
강성 포장	• 포장된 물품(또는 단위포장물)이 포장재료나 용기의 경직성으로 형태가 변화되지 않고 고정되는 포장 • 유연포장과 대비되는 포장으로 유리제 및 플라스틱제의 병이나 통, 목제 및 금속제의 상자나 통 등 강성을 가진 포장
반강성 포장	• 강성을 가진 포장 중에서 약간의 유연성을 갖는 골판지상자, 플라스틱 병 등에 의한 포장 • 유연포장과 강성포장의 중간적인 포장
방수 포장	• 방수포장재료, 방수접착제 등을 사용하여 물이 침입하는 것을 방지하는 포장 • 방수포장을 한 것은 반드시 방습포장을 겸하고 있는 것은 아님 • 방수포장에 방습포장을 병용할 경우 방습포장은 내면에, 방수포장은 외면에 하는 것이 원칙

(4) 포장방법(포장기법)별 분류

방습 포장	• 내용물을 습기로부터 보호하기 위해 방습포장재료 및 포장용 건조제를 사용하여 건조 상태로 유지하는 포장 • 비료, 시멘트, 농약, 공업약품 : 흡습에 의해 부피가 늘어나는 것(팽윤), 고체가 저절로 녹는 것(조해), 액체가 굳어지는 것(응고) 방지 • 건조식품, 의약품 : 흡습에 의한 변질, 상품가치의 상실 방지 • 식료품, 섬유제품 및 피혁제품 : 곰팡이 발생 방지 • 고수분 식품 및 청과물 : 탈습에 의한 변질, 신선도 저하 방지 • 금속제품 : 표면의 변색 방지 • 정밀기기(전자제품 등) : 기능 저하 방지

방청 포장	• 금속, 금속제품 및 부품을 수송 또는 보관할 때 녹의 발생을 막기 위한 포장 • 되도록 낮은 습도에서 작업할 것 • 금속제품의 연마부분은 되도록 맨손으로 만지지 않는 것이 바람직하며, 맨손으로 만진 경우 지문을 제거할 것
완충 포장	• 물품 운송 또는 하역 과정에서 발생하는 진동이나 충격에 의한 물품 파손 방지 • 외부 압력을 완화 • 물품 성질, 유통환경 및 포장재료의 완충성능 고려
진공 포장	• 진공상태에서 물품 변질 등을 방지 • 유연한 플라스틱 필름으로 물건을 싸고 내부를 공기가 없는 상태로 만듦과 동시에 필름의 둘레를 용착밀봉하는 방법으로 식품 포장에 많이 사용
압축 포장	• 포장비, 운송 · 보관 · 하역비 등의 절감을 위해 상품을 압축하여 용적을 작게 한 후 결속재로 결체 • 수입면의 포장이 대표적
수축 포장	• 물품을 1개 또는 여러 개를 합하여 수축필름으로 덮고 가열 수축시켜 물품을 강하게 고정, 유지하는 포장

④ 화물포장에 관한 일반적 유의사항

운송화물의 포장이 부실하거나 불량한 경우 다음과 같이 처리한다.

① 고객에게 화물이 훼손되지 않게 포장을 보강하도록 양해를 구함

② 포장비를 별도로 받고 포장할 수 있다(포장 재료비는 실비로 수령).

③ 포장이 미비하거나 포장 보강을 고객이 거부할 경우, 집하를 거절할 수 있으며 부득이 발송할 경우에는 면책확인서에 고객의 자필서명을 받고 집하한다. (특약사항 약관설명 확인필 란에 자필서명, 면책확인서는 지점에서 보관)

⑤ 특별품목 포장 시 유의사항

① 손잡이가 있는 박스 물품 : 손잡이를 안으로 접어 사각이 되게 포장

② 고가품(휴대폰 및 노트북 등) : 내용물이 파악되지 않도록 별도의 박스로 이중 포장

③ 손잡이 구멍이 있는 박스 : 테이프로 막아 내용물의 파손 방지

④ 병제품 : 가능하면 플라스틱병으로 대체하고, 병이 움직이지 않도록 포장재를 보강하여 낱개로 포장한 뒤 박스로 포장하여 집하(부득이 병으로 집하하는 경우 면책확인서를 받고 내용물 간의 충돌로 파손되는 경우가 없도록 박스 안의 빈 공간에 폐지 또는 스티로폼 등으로 채워 집하)

⑤ 식품류(김치, 특산물, 농수산물 등) : 스티로폼으로 포장하는 것이 원칙(스티로폼이 없을 경우 비닐로 내용물이 손상되지 않도록 포장한 후 두꺼운 골판지 박스 등으로 포장하여 집하)

⑥ 가구류 : 박스 포장하고 모서리부분을 에어캡으로 포장처리 후 면책확인서를 받아 집하

⑦ 가방류 및 보자기류 : 풀어서 내용물을 확인할 수 있는 물품들은 개봉이 되지 않도록 안전장치를 강구한 후 박스로 이중 포장하여 집하

⑧ 포장된 박스가 낡은 경우 : 운송 중에 박스 손상으로 인한 내용물의 유실 또는 파손 가능성이 있는 물품에 대해서는 박스를 교체하거나 보강하여 포장

⑨ 서류 등 부피가 작고 가벼운 물품 : 집하할 때에는 작은 박스에 넣어 포장

⑩ 비나 눈이 올 경우 : 비닐 포장 후 박스포장이 원칙

⑪ 부패 또는 변질되기 쉬운 물품 : 아이스박스 사용

⑫ 깨지기 쉬운 물품 : 플라스틱 용기로 대체하여 충격완화포장(도자기, 유리병 등은 집하금지 품목에 해당)

⑬ 옥매트 등 매트 제품 : 화물중간에 테이핑 처리 후 운송장을 부착하고 운송장 대체용 또는 송 · 수하인을 확인할 수 있는 내역을 매트 내에 투입

⑭ 내용물의 겉포장 상태가 천 종류로 되어 있는 경우 : 타 화물에 의한 훼손으로 오손 우려가 있으므로 고객의 양해를 구하여 비닐포장

⑥ 집하 시의 유의사항

① 물품의 특성을 잘 파악하여 물품의 종류에 따라 포장방법을 달리하여 취급하여야 한다.

② 집하할 때에는 반드시 물품의 포장상태를 확인한다.

⑦ 일반화물의 취급 표지(KS A ISO 780)

(1) 취급 표지의 표시

취급 표지는 포장에 직접 스텐실 인쇄하거나 라벨을 이용하여 부착하는 방법 중 적절한 것을 사용하여 표시한다. 페인트로 그리거나 인쇄 또는 다른 여러 가지 방법으로 이 표준에 정의되어 있는 표지를 사용하는 것을 장려하며 국경 등의 경계에 구애받을 필요는 없다.

호칭	표지	호칭	표지
깨지기 쉬움, 취급주의		지게차 취급 금지	
갈고리 금지		지게차 꺾쇠 취급 표시	
위 쌓기		지게차 꺾쇠 취급 제한	
직사일광·열차폐		위 쌓기 제한	...kg max.
방사선 보호		쌓은 단수 제한	
젖음 방지		쌓기 금지	
무게 중심 위치		거는 위치	
굴림 방지		온도 제한	
손수레 삽입 금지			

(2) 취급 표지의 색상

① 기본적으로 검은색 사용
② 검은색 표지가 잘 보이지 않는 경우 흰색과 같이 적절한 대조를 이룰 수 있는 색을 부분 배경으로 사용
③ 위험물 표지와 혼돈을 가져올 수 있는 색의 사용은 피할 것

④ 적색, 주황색, 황색 등은 이들 색의 사용이 규정화되어 있는 지역 및 국가 외에서는 사용을 피할 것

(3) 취급 표지의 크기

① 취급 표지의 높이 : 100, 150, 200mm
② 포장의 크기나 모양에 따라 조정 가능

(4) 취급 표지의 수와 위치

① 하나의 포장 화물에 사용되는 동일한 취급 표지의 수는 그 포장 화물의 크기나 모양에 따라 다름

구분	내용
깨지기 쉬움, 취급 주의 표지	• 4개의 수직면에 모두 표시 • 위치 : 각 변의 왼쪽 윗부분
위 쌓기 표지	• 위치 : 깨지기 쉬움, 취급 주의 표지와 같은 위치에 표시 • 두 표지가 모두 필요할 경우 "위" 표지를 모서리에 가깝게 표시
무게 중심 위치 표지	• 가능한 한 여섯 면 모두에 표시 • 부득이한 경우 최소한 무게 중심의 실제 위치와 관련있는 4개의 측면에 표시
지게차 꺾쇠 취급 표시 표지	• 클램프를 이용하여 취급할 화물에 사용 • 마주보고 있는 2개의 면에 표시하여 클램프 트럭 운전자가 화물에 접근할 때 표지를 인지할 수 있도록 운전자의 시각 범위 내에 둘 것 • 클램프가 직접 닿는 면에는 표시하지 말 것
거는 위치 표지	• 최소 2개의 마주보는 면에 표시

② 수송 포장 화물을 단위 적재 화물화하였을 경우 취급 표지가 잘 보일 수 있는 곳에 적절히 표시할 것
③ "무게 중심 위치" 표지와 "거는 위치" 표지는 그 의미가 정확하고 완벽한 전달을 위해 각 화물의 적절한 위치에 표시할 것
④ 표지 "쌓는 단수 제한"에서의 n은 위에 쌓을 수 있는 최대한의 포장 화물 수를 말한다.

1 다음 중 운송장의 기능에 해당되지 않는 것은?

① 계약서 기능
② 화물인수증 기능
③ 운송요금 영수증 기능
④ 현금영수증 기능

> 운송장은 계약서 기능, 운송요금 영수증 기능, 정보처리 기본자료, 배달에 대한 증빙, 수입금 관리자료, 행선지 분류정보 제공의 기능을 한다.

2 운송장의 기능으로 맞지 않는 것은?

① 수입금 관리자료
② 계약서 기능
③ 품질보증 기능
④ 정보처리 기본자료

3 운송장의 기능에 대한 설명으로 옳지 않은 것은?

① 운송장을 작성하고 운전자가 날인하여 교부함으로써 화물을 인수하였음을 확인하는 것이다.
② 사고가 발생할 경우 운송장을 기준으로 배상해야 한다.
③ 운송요금 영수증으로 사용하기 위해서 날인과 사업자등록번호를 확인 받을 필요는 없다.
④ 운송장은 고객에게 화물추적 및 배달에 대한 정보를 제공하는 자료로 활용된다.

> 화물의 수탁 또는 배달 시 운송요금을 현금으로 받는 경우 영수증 기능을 하는데, 영수증으로 활용하기 위해서는 날인과 사업자등록번호를 확인 받아야 한다.

4 운송요금을 현금으로 받은 경우 운송장에 확인해 주어야 하는 사항은?

① 물품의 가격과 포장상태
② 송하인의 주소와 인적사항
③ 수하인의 주소와 인적사항
④ 회사대표이사의 날인과 사업자등록번호

> 화물의 수탁 또는 배달 시 운송요금을 현금으로 받는 경우에는 영수증으로 활용하기 위해서는 회사대표이사의 날인과 사업자등록번호를 확인 받아야 한다.

5 제작비 절감, 취급절차 간소화 목적에 따른 운송장의 분류 형태가 아닌 것은?

① 기본형 운송장
② 보조운송장
③ 스티커형 운송장
④ 기업용 운송장

> 제작비 절감, 취급절차 간소화 목적에 따른 운송장의 분류 형태는 기본형 운송장, 보조운송장, 스티커형 운송장이다.

6 다음 중 EDI 시스템이 구축될 수 있는 경우 이용하는 운송장은?

① 스티커형 운송장
② 보조운송장
③ 기본형 운송장
④ 수하인용 운송장

> 스티커형 운송장은 운송장 제작비와 전산 입력비용을 절약하기 위하여 기업 고객과 완벽한 EDI 시스템이 구축될 수 있는 경우 이용된다.

7 동일 수하인에게 다수의 화물이 배달될 때 비용 절약을 위해 사용되는 운송장은?

① 스티커형 운송장
② 보조운송장
③ 기본형 운송장
④ 전산처리용 운송장

> **보조운송장**
> • 동일 수하인에게 다수의 화물이 배달될 때 비용 절약을 위해 사용
> • 기본적인 내용과 원운송장과 연결시키는 내용만 기록

8 운송장에 기록하는 면책사항 중 수하인의 전화번호가 없을 때 기록하는 내용은?

① 파손면책
② 배달지연면책
③ 부패면책
④ 분실면책

> 수하인의 전화번호가 없을 때는 배달지연면책 또는 배달불능면책을 기록한다.

정답 1 ④ 2 ③ 3 ③ 4 ④ 5 ④ 6 ① 7 ② 8 ②

9 ★
운송장의 기록사항 중에서 파손, 분실 등 사고 발생 시 배상의 기준이 되며, 제한 품목 여부를 알기 위해서도 반드시 기록해야 하는 사항은?

① 운송장 번호
② 주문번호
③ 운송요금
④ 화물명

10 ★★★
운송장의 기록과 운영에 대한 설명으로 옳지 않은 것은?

① 계속적으로 거래하는 기업고객인 경우에는 전산입력을 간소화할 수 있도록 거래처 코드를 별도로 기재한다.
② 화물명이 취급금지 품목임을 알고도 수탁을 했다 하더라도 책임은 송하인에게 있다.
③ 포장이 불완전하거나 파손 가능성이 높은 화물인 경우에는 파손면책을 기록한다.
④ 1개의 화물에 1개의 운송장 부착이 원칙이나 1개의 운송장으로 기입하되 다수 화물에 보조스티커를 사용하는 경우에는 총 박스 수량을 기록할 수 있다.

> 화물명이 취급금지 품목임을 알고도 수탁을 한 때에는 운송회사가 그 책임을 져야 한다.

11 ★★★
운송장에서 집하담당자의 기재사항이 아닌 것은?

① 접수일자
② 운송료
③ 배달 예정일
④ 수하인의 주소

> **집하담당자 기재사항**
> • 접수일자, 발송점, 도착점, 배달 예정일
> • 운송료
> • 집하자 성명 및 전화번호
> • 수하인용 송장상의 좌측하단에 총수량 및 도착점 코드
> • 기타 물품의 운송에 필요한 사항
> ※ 수하인의 주소는 송하인의 기재사항에 해당한다.

12 ★★
다음 중 송하인의 운송장 기재사항에 해당하는 것은?

① 파손품 면책확인서
② 도착점
③ 운송료
④ 접수일자

13 ★★★
운송장 기재 시 유의사항이 아닌 것은?

① 화물 인수 시 적합성 여부를 확인한 다음, 고객을 대신하여 운송장의 정보를 기입해 준다.
② 운송장은 꼭꼭 눌러 기재하여 맨 뒷면까지 잘 복사되도록 한다.
③ 파손, 부패, 변질 등 문제의 소지가 있는 물품의 경우 면책확인서를 받는다.
④ 산간 오지, 섬 지역 등은 지역특성을 고려하여 배송예정일을 정한다.

> 화물 인수 시 적합성 여부를 확인한 다음, 고객이 직접 운송장의 정보를 기입하도록 한다.

14 ★★★
운송장 부착요령으로 잘못된 것은?

① 운송장 부착은 원칙적으로 접수장소에서 매 건마다 작성하여 화물에 부착한다.
② 운송장은 물품의 정중앙 상단에 뚜렷하게 보이도록 부착한다.
③ 취급주의 스티커의 경우 운송장 바로 좌측 옆에 붙여서 눈에 띄게 한다.
④ 운송장이 떨어질 우려가 큰 물품의 경우 송하인의 동의를 얻어 포장재에 수하인 주소 및 전화번호 등 필요한 사항을 기재하도록 한다.

> 취급주의 스티커의 경우 운송장 바로 우측 옆에 붙여서 눈에 띄게 한다.

15 ★★
포장의 개념 중 물품에 대한 수분, 습기, 광열, 충격 등을 고려하여 적절한 재료, 용기 등으로 물품을 포장하는 방법 및 포장한 상태를 의미하는 용어는?

① 포장　　　　　　② 개장
③ 내장　　　　　　④ 외장

> 물품에 대한 수분, 습기, 광열, 충격 등을 고려하여 적절한 재료, 용기 등으로 물품을 포장하는 방법 및 포장한 상태를 내장이라 한다.

16 ★★
포장의 기능 중 공업포장, 상업포장의 공통 기능으로 설명서, 증서, 서비스품, 팸플릿 등을 넣기가 용이한 것을 의미하는 기능은?

① 보호성　　　　　② 표시성
③ 상품성　　　　　④ 편리성

정답　**9** ④　**10** ②　**11** ④　**12** ①　**13** ①　**14** ③　**15** ③　**16** ④

17 포장의 기능 중 편리성에 관한 설명으로 옳은 것은?

① 설명서, 증서, 서비스품, 팸플릿 등을 넣거나 진열이 쉽고 수송, 하역, 보관에 편리하다.
② 내용물의 변질 방지, 물리적인 변화 등 내용물의 변형과 파손으로부터 보호한다.
③ 인쇄, 라벨 붙이기 등이 포장에 의해 표시가 쉬워진다.
④ 생산, 판매, 하역, 수송, 배송 등의 작업이 효율적으로 이루어진다.

②: 보호성, ③: 표시성, ④: 효율성

18 포장방법에 따른 포장의 분류 중 물품 운송 또는 하역 과정에서 발생하는 진동이나 충격에 의한 물품파손 방지를 위한 포장은?

① 방습 포장
② 방청 포장
③ 완충 포장
④ 압축 포장

19 포장을 포장재료의 특성에 따라 분류할 때 그 종류에 해당되지 않는 것은?

① 유연 포장
② 강성 포장
③ 반강성 포장
④ 수축 포장

포장 방법별 분류 : 방청 포장, 완충 포장, 진공 포장, 압축 포장, 수축 포장

20 일반화물의 취급 표지에 대한 설명으로 잘못된 것은?

① 표지의 색은 기본적으로 적색을 사용한다.
② 위험물 표지와 혼돈을 가져올 수 있는 색의 사용은 피한다.
③ 포장의 크기나 모양에 따라 표지의 크기는 조정할 수 있다.
④ 수송 포장 화물을 단위 적재 화물화하였을 경우 취급 표지가 잘 보일 수 있는 곳에 적절히 표시하여야 한다.

표지의 색은 기본적으로 검은색을 사용한다.

21 물품을 1개 또는 여러 개를 합하여 수축필름으로 덮고 가열 수축시켜 물품을 강하게 고정, 유지하는 포장은?

① 진공 포장
② 압축 포장
③ 수축 포장
④ 완충 포장

22 비나 눈이 올 때 운송화물의 포장 방법으로 옳은 것은?

① 비닐 포장 후 박스포장을 한다.
② 아이스박스를 사용하여 포장한다.
③ 박스로 이중포장한다.
④ 플라스틱 용기를 사용하여 충격 완화 포장을 한다.

비나 눈이 올 경우 비닐 포장 후 박스포장을 원칙으로 한다.

23 특별 품목에 대한 포장 시 유의사항으로 적절하지 않은 것은?

① 배나 사과 등을 박스에 담아 좌우에서 들 수 있도록 되어 있는 물품의 경우 손잡이 부분의 구멍을 테이프로 막아 내용물의 파손을 방지한다.
② 휴대폰 및 노트북 등 고가품의 경우 내용물이 쉽게 확인될 수 있도록 특별히 포장한다.
③ 병제품의 경우 가능하면 플라스틱병으로 대체하거나 병이 움직이지 않도록 포장재를 보강하여 낱개로 포장한 뒤 박스로 포장하여 집하한다.
④ 서류 등 부피가 작고 가벼운 물품 집하 시는 소박스에 넣어 포장한다.

휴대폰 및 노트북 등 고가품의 경우 내용물이 파악되지 않도록 별도의 박스로 이중 포장한다.

24 다음 중 내용물이 "깨지기 쉬움, 취급주의"를 나타내는 표지는?

25 일반화물의 취급 표지의 수와 위치에 대한 설명으로 잘못된 것은?

① "깨지기 쉬움, 취급주의" 표지는 4개의 수직면에 모두 표시해야 한다.

② "지게차 꺾쇠 취급 표시" 표지는 클램프를 이용하여 취급할 화물에 사용한다.

③ "거는 위치" 표지는 최소 2개의 마주보는 면에 표시되어야 한다.

④ "위 쌓기" 표지는 2개의 수직면에 표시해야 한다.

"위 쌓기" 표지는 4개의 수직면에 모두 표시해야 한다.

26 다음 중 호칭과 표지의 연결이 잘못 된 것은?

① 직사일광 · 열차폐 -

② 갈고리 금지 -

③ 손수레 삽입 금지 -

④ 지게차 취급 금지 -

①의 심벌은 방사선 보호를 나타내는 표지이다.

27 다음 중 호칭과 표지의 연결이 잘못 된 것은?

① 위 쌓기 -

② 무게중심 위치 -

③ 갈고리 금지 -

④ 지게차 꺾쇠 취급제한 -

③의 심벌은 손수레 삽입 금지를 나타내는 표지이다.

화물의 상 · 하차

Main
Key
Point

이 섹션에서는 화물의 상 · 하차 전반에 걸쳐 골고루 출제된다. 입출고 작업요령, 하역방법, 적재방법 및 운반방법 등에 대한 기본적인 내용을 포함해 몇 가지 특이사항을 잘 암기해서 점수를 확보할 수 있도록 한다.

01 화물취급 전 준비사항

① 위험물, 유해물 취급 시 반드시 보호구 착용, 안전모는 턱끈을 매어 착용
② 보호구의 자체결함 여부 확인 및 사용방법 숙지
③ 취급 화물의 품목별, 포장별, 비포장별(산물, 분탄, 유해물) 등 취급방법 및 작업순서 사전 검토
④ 유해, 유독화물의 철저한 확인 및 위험에 대비한 약품, 세척용구 등 준비
⑤ 화물 포장의 거칠거나 미끄러움, 뾰족함 등 확인
⑥ 화물의 낙하, 비산 등의 위험을 사전 제거
⑦ 작업도구는 필요한 수량만큼 준비

02 창고 내 및 입·출고 작업요령

(1) 창고 내 작업 시 금연
(2) 화물적하장소에 무단 출입 금지
(3) 창고 내에 화물 운반 시 주의사항
 ① 창고의 통로 및 바닥 등에 장애물 제거하고 통로 공간확보
 ② 바닥의 기름기나 물기는 즉시 제거하여 미끄럼 사고 예방
 ③ 운반통로에 있는 맨홀이나 홈에 주의
 ④ 운반통로에 불안전 요소 제거
(4) 화물더미에서 작업할 때의 주의사항
 ① 화물더미 한쪽 가장자리에서 작업 시 화물더미의 불안전한 상태를 수시 확인
 ② 화물더미에 오르내릴 때에는 화물의 쏠림이 발생하지 않도록 조심

③ 화물더미에 오르내릴 때에는 안전한 승강시설 이용
④ 화물을 쌓거나 내릴 때에는 적재 순서 준수
⑤ 화물더미의 화물 출하 시 위에서부터 순차적으로 층계를 지으면서 헐어냄
⑥ 화물더미의 상층과 하층에서 동시에 작업 금지
⑦ 화물더미의 중간에서 화물을 뽑아내거나 직선으로 깊이 파내는 작업 금지
⑧ 화물더미 위에서 작업 시 힘을 줄 때 발밑을 조심할 것
(5) 화물의 연속 이동을 위한 컨베이어를 사용 시 주의사항
 ① 상차용 컨베이어를 이용하여 타이어 등을 상차할 때에는 타이어 등이 떨어지거나 떨어질 위험이 있는 곳에서 작업을 해서는 안 된다.
 ② 컨베이어(Conveyor) 위로는 절대 올라가서는 안 된다.
 ③ 상차 작업자와 컨베이어를 운전하는 작업자는 상호 간에 신호를 긴밀히 함
(6) 화물 운반 시 주의사항
 ① 운반하는 물건이 시야를 가리지 않도록 한다.
 ② 뒷걸음질로 화물 운반 금지
 ③ 작업장 주변의 화물상태, 차량 통행 등 확인
 ④ 원기둥형 화물을 굴릴 때는 앞으로 밀어 굴림(뒤로 끌어서는 안 됨)
 ⑤ 화물자동차에서 화물 하차 시 로프를 풀거나 옆문을 열 때는 화물낙하 여부를 확인하고 안전위치에서 작업
(7) 발판을 활용한 작업 시 주의사항
 ① 발판은 경사를 완만하게 하여 사용
 ② 발판을 오르내릴 때에는 2명 이상이 동시에 통행 금지
 ③ 작업에 적합한 발판의 넓이와 길이 및 결함 여부 확인
 ④ 발판의 안전한 설치 및 미끄럼 방지조치 여부 확인

⑤ 발판의 고정을 위해 목마 위에 설치 또는 발판 상·하부위에 고정 조치
⑥ 화물의 붕괴 방지를 위한 적재규정의 준수 여부 확인
⑧ 작업 종료 후 작업장 주위 정리

03 하역방법

(1) 공통된 주의사항
① 상자로 된 화물은 취급표지에 따라 취급
② 화물의 적하순서를 준수하여 작업
③ 높이 올려 쌓는 화물의 붕괴 및 쌓아 놓은 물건 위에 다른 물건을 던져 쌓을 때 화물 붕괴에 유의
④ 화물을 한 줄로 높이 쌓지 말 것
⑤ 화물을 내릴 때 갑자기 화물이 무너질 수 있으므로 안전한 거리 유지 및 접근에 유의
⑥ 화물 적재 시 깔판 자체의 결함 및 깔판 사이의 간격 등의 이상 유무 확인
⑦ 화물더미에서 한쪽으로 치우치는 편중작업 시 붕괴, 전도 및 충격 등에 각별히 유의
⑧ 소화기, 소화전, 배전함 등 설비 사용에 장애를 주지 않도록 함
⑨ 야외 적치 시 부식 방지를 위해 밑받침 및 덮개 사용
⑩ 높은 곳에 적재할 때나 무거운 물건을 적재할 때에는 무리하지 말고, 안전모 착용
⑪ 적재 시 주변으로 넘어질 것을 대비하여 위험한 요소는 사전에 제거
⑫ 동일 품목 및 동일 규격끼리 적재
⑬ 화물 종류별로 표기된 쌓는 단수 이상으로 적재하지 말 것

(2) 품목이 다르거나 부피, 길이가 다른 화물 하역 시 주의사항
① 품목이 다른 화물 적치 시 무거운 것을 밑에 쌓음
② 부피가 큰 것을 쌓을 때는 무거운 것은 밑에, 가벼운 것은 위에 쌓음
③ 길이가 고르지 못하면 한 쪽 끝이 맞도록 함
④ 작은 화물 위에 큰 화물을 놓지 말 것
⑤ 팔레트에 적치 시 화물의 종류, 형상, 크기에 따라 적부방법과 높이를 정하고 운반 중 무너질 위험이 있는 것은 적재물을 묶어 팔레트에 고정

(3) 포대화물 적치 시 주의사항
① 포대화물을 적치할 때는 겹쳐쌓기, 벽돌쌓기, 단별방향, 바꾸어 쌓기 등 기본형으로 쌓고, 올라가면서 중심을 향하여 적당히 끌어 당겨야 하며, 화물더미의 주위와 중심이 일정하게 쌓아야 한다.
② 바닥으로부터의 높이가 2m 이상 되는 화물더미(포대, 가마니 등으로 포장된 화물이 쌓여있는 것)와 인접 화물더미 사이의 간격은 화물더미의 밑부분을 기준으로 10cm 이상으로 하여야 한다.

(4) 원목과 같은 원기둥형의 화물 적재 시 주의사항
① 열을 지어 정방형을 만들고, 그 위에 직각으로 열을 지어 쌓거나 또는 열 사이에 끼워 쌓는 방법으로 하되 구르기 쉬우므로 외측에 제동장치를 해야 한다.
② 화물더미가 무너질 위험이 있는 경우에는 로프를 사용하여 묶거나 망을 치는 등 위험방지를 위한 조치를 해야 한다.
③ 제재목 적치 시 건너지르는 대목을 3개소에 놓아야 한다.
④ 적재 시 구르거나 무너지지 않도록 받침대 또는 로프 사용

04 차량 내 적재방법

1 부피, 길이, 무게에 따른 주의사항
① 화물 적재 시 한쪽으로 기울지 않게 쌓고, 적재하중을 초과하지 않도록 할 것
② 최대한 무게가 골고루 분산될 수 있도록 하고, 무거운 화물은 적재함의 중간부분에 무게가 집중될 수 있도록 적재

> • 무거운 화물을 적재함 뒤쪽에 실으면 : 앞바퀴가 들려 조향이 마음대로 되지 않아 위험
> • 무거운 화물을 적재함 앞쪽에 실으면 : 조향이 무겁고, 제동 시 뒷바퀴가 먼저 제동되어 좌로 틀어지는 경우 발생

③ 차량 전복 방지를 위해 적재물 전체의 무게중심 위치는 적재함 전후좌우의 중심위치로 할 것
④ 둥글고 구르기 쉬운 물건은 상자 등으로 포장한 후 적재
⑤ 볼트와 같이 세밀한 물건은 상자 등에 넣어 적재

⑥ 적재함보다 긴 물건 적재 시 적재함 밖으로 나온 부위에 위험표시를 할 것
⑦ 적재 시 제품의 무게를 고려하고, 병 제품이나 앰플 등 파손의 우려가 높은 제품은 취급 주의

2 로프나 체인 등 사용에 관한 주의사항

① 차의 동요로 안정이 파괴되기 쉬운 짐은 철저히 결박
② 물건 적재 후 이동거리에 관계없이 짐이 넘어지지 않도록 로프나 체인 등으로 단단히 결박
③ 적재함에 덮개를 씌우거나 화물 결박 시 추락, 전도의 위험이 크므로 유의
④ 적재함 위에서 화물을 결박할 때 앞에서 뒤로 당겨 떨어지지 않도록 주의
⑤ 차량용 로프나 고무바는 항상 점검 후 사용, 불량일 경우 즉시 교체
⑥ 지상에서 결박하는 사람은 한 발을 타이어 및 차량 하단부를 밟고 당기지 말고, 옆으로 서서 고무바를 짧게 잡고 조금씩 여러 번 당길 것
⑦ 적재함 위에서는 운전탑 또는 후방을 바라보고 선 자세에서 두 손으로 고무바를 위쪽으로 들어서 좌우로 이동
⑧ 밧줄을 결박할 때 끊어질 것에 대비해 안전한 작업 자세로 결박
⑨ 체인은 화물 위나 둘레에 놓이도록 하고 화물이 움직이지 않을 정도로 탄탄하게 당길 수 있도록 바인더 사용
⑩ 방수천은 로프, 직물, 끈 또는 고리가 달린 고무끈을 사용하여 주행 시 펄럭이지 않도록 결박
⑪ 적재 후 밴딩 끈을 사용할 때 견고하게 묶여졌는지 점검

3 기타 주의사항

① 냉동 및 냉장차량은 공기가 화물 전체에 통하게 하여 균등한 온도를 유지하도록 열과 열 사이 및 주위에 공간을 남기도록 유의하고, 화물 적재 전에 적절한 온도의 유지 여부 확인
② 가축은 화물칸에 완전히 차지하지 않을 경우 임시 칸막이를 사용하여 가축을 한데 몰아 움직임을 제한
③ 자동차에 화물 적하 시 적재함의 난간(문짝 위)에 서서 작업 금지

④ 컨테이너는 트레일러에 단단히 고정할 것
⑤ 헤더보드는 화물이 이동하여 트랙터 운전실을 덮치는 것을 방지하므로 차량에 헤더보드가 없다면 화물을 차단하거나 잘 고정
⑥ 트랙터 차량의 캡과 적재물의 간격을 120cm 이상으로 유지할 것
→ 경사주행 시 캡과 적재물의 충돌로 인하여 차량파손 및 인체상의 상해가 발생할 수 있다.

05 운반방법

1 물품을 들어올릴 때의 자세 및 방법

① 몸의 균형을 유지하기 위해서 발은 어깨넓이만큼 벌리고 물품으로 향한다.
② 물품과 몸의 거리는 물품의 크기에 따라 다르나 물품을 수직으로 들어 올릴 수 있는 위치에 몸을 준비한다.
③ 물품을 들 때는 허리를 똑바로 펴야 한다.
④ 다리와 어깨의 근육에 힘을 넣고 팔꿈치를 바로 펴서 서서히 물품을 들어올린다.
⑤ 허리의 힘으로 드는 것이 아니고 무릎을 굽혀 펴는 힘으로 물품을 든다.

2 물품 이동 및 놓을 때 자세 및 방법

① 가능한 한 물품을 몸에 밀착시켜서 단단히 잡고, 몸의 균형중심을 잡으면서 운반
② 단독으로 화물 운반 시 인력운반중량 권장기준(인력운반 안전작업에 관한 지침) 준수

수작업 운반기준	성인남자	성인여자
일시작업(시간당 2회 이하)	25~30kg	15~20kg
계속작업(시간당 3회 이상)	10~15kg	5~10kg

③ 긴 물건을 어깨에 메고 운반 시 앞부분의 끝을 운반자 신장보다 약간 높게 하여 모서리 등에 충돌하지 않도록 할 것
④ 허리를 구부린 자세로 물건을 운반하지 말 것
⑤ 시야를 가리는 물품은 계단이나 사다리를 이용하여 운반하지 말 것
⑥ 화물 운반 시 들었다 놓았다 하지 말고 직선거리로 운반할 것

⑦ 화물을 들어 올리거나 내리는 높이는 될수록 작게 할 것
⑧ 운반도중 잡은 손의 위치를 변경할 때는 지주에 기댄 다음 고쳐 잡는다.
⑨ 화물을 놓을 때는 다리를 굽히면서 한쪽 귀를 놓은 다음 손을 뺀다.
⑩ 갈고리 사용 시 포장 끈이나 매듭이 있는 곳에 깊이 걸고 천천히 당긴다.

06 기타 작업

1 팔레트
① 화물은 가급적 세우지 말고 눕혀 놓는다.
② 화물을 바닥에 놓는 경우 화물의 가장 넓은 면이 바닥에 놓이도록 한다.
③ 바닥이 약하거나 원형물건 등 평평하지 않은 화물은 지지력이 있고 평평한 면적을 가진 받침대를 이용
④ 가능한 한 수작업 운반보다 기계작업 운반을 하며, 수작업 운반과 기계작업 운반의 기준은 다음과 같다.

수작업 운반기준	• 두뇌작업이 필요한 작업 - 분류, 판독, 검사 • 얼마동안 시간 간격을 두고 되풀이하는 소량취급 작업 • 취급물품의 형상, 성질, 크기 등이 일정하지 않은 작업 • 취급물품이 경량물인 작업
기계작업 운반기준	• 단순·반복적인 작업 - 분류, 판독, 검사 • 표준화되어 있어 지속적이고 운반량이 많은 작업 • 취급물품의 형상, 성질, 크기 등이 일정한 작업 • 취급물품이 중량물인 작업

⑤ 동일 거래처의 제품이 자주 파손될 때에는 반드시 개봉하여 포장상태를 점검하고, 수제품의 경우 옆으로 눕혀 포장하지 말고 상하 구별 가능한 스티커와 취급주의 스티커를 부착

07 고압가스의 취급

① 고압가스의 명칭, 성질 및 이동 중의 재해 방지를 위해 필요한 주의사항을 기재한 서면을 운반책임자 또는 운전자에게 교부하고 운반 중에 휴대시킬 것
② 고압가스 적재 운반차량은 차량의 고장, 교통사정 또는 운반책임자, 운전자의 휴식 등 부득이한 경우를 제외하고는 장시간 정차하지 않으며, 운반책임자와 운전자가 동시에 차량에서 이탈하지 않을 것
③ 안전관리책임자가 운반책임자 또는 운반차량 운전자에게 고압가스의 예방 사항을 주지시킬 것
④ 고압가스 운반자는 수요자에게 인도하는 때까지 주의를 다하여 운반하며, 운반도중 보관 시 안전한 장소에 보관할 것
⑤ 200km 이상 운행 시 중간에 충분한 휴식을 취할 것
⑥ 노면이 나쁜 도로에서는 가능한 한 운행하지 말 것. 부득이 노면이 나쁜 도로를 운행 시 운행 전에 충전용기의 적재상황을 점검하고, 노면이 나쁜 도로를 운행한 후에는 일단정지하여 적재 상황, 용기밸브, 로프 등의 풀림 여부를 확인할 것

08 컨테이너의 취급

1 컨테이너의 구조
① 해당 위험물의 운송에 충분히 견딜 수 있는 구조와 강도를 가질 것
② 영구히 반복하여 사용할 수 있도록 견고히 제조할 것

2 위험물의 수납방법 및 주의사항
① 위험물의 성질, 성상, 취급방법, 방제대책을 충분히 조사하고 적부방법 및 주의사항 준수
② 컨테이너에 위험물을 수납하기 전에 철저히 점검(특히, 개폐문의 방수상태 점검)
③ 컨테이너를 깨끗이 청소하고 잘 건조시킬 것
④ 위험물 수납 용기의 포장·표찰을 점검하여 포장 및 용기의 파손 또는 불완전 수납 금지
⑤ 수납에 있어서는 화물의 이동, 전도, 충격, 마찰, 누설 등에 의한 위험이 생기지 않도록 충분한 깔판 및 각종 고임목을 사용하여 화물을 보호하는 동시에 단단히 고정시킬 것

⑥ 화물 중량의 배분과 외부충격의 완화 고려
⑦ 화물 일부가 컨테이너 밖으로 튀어나오지 않게 하고, 수납 완료 후 즉시 문을 폐쇄할 것
⑧ 품명이 틀린 위험물 또는 위험물과 위험물 이외의 화물의 상호작용으로 인한 발열·가스 발생, 부식작용 또는 기타 물리·화학 작용이 일어날 염려가 있을 시 동일 컨테이너에 수납하지 말 것

❸ 위험물의 표시
위험물의 분류명, 표찰 및 컨테이너 번호를 외측부의 가장 잘 보이는 곳에 표시할 것

❹ 위험물 적재 방법
① 위험물이 수납된 컨테이너 이동 중 전도, 손상, 찌그러지는 현상 등이 생기지 않도록 적재할 것
② 위험물이 수납되어 수밀의 금속제 컨테이너를 적재하기 위해 설비를 갖추고 있는 선창 또는 구획에 적재할 경우 상호관계를 참조하여 적재할 것
③ 컨테이너를 적재 후 반드시 콘(잠금장치)을 잠글 것

09 위험물 탱크로리 취급 시의 확인 점검

① 탱크로리에 커플링 연결 및 접지 연결 여부 및 주위 정리정돈 상태 점검
② 플랜지 등 연결부분의 누유 여부 및 누유된 위험물의 회수 처리 여부
③ 플렉서블 호스(Flexiable Hose)의 고정 여부
④ 인화성물질 취급 시 소화기 준비 및 주위 흡연자의 유무 확인
⑤ 주위에 위험표지 설치
⑥ 담당자 이외에는 손대지 않도록 조치

10 주유취급소의 위험물 취급기준

① 주유 시 고정주유설비를 사용하여 직접 주유하고 주유취급소의 공지 내에서만 주유할 것
② 자동차 등을 주유 시 자동차 등의 원동기를 정지할 것
③ 주유 시 다른 자동차를 주유취급소 안에 주차시키지 말 것 (재해 발생의 우려가 없는 경우 주차 가능)

④ 주유취급소의 전용탱크 또는 간이탱크에 위험물 주입 시 탱크에 연결되는 고정주유설비의 사용을 중지시키고 탱크 주입구에 자동차의 접근을 금지할 것
⑤ 유분리 장치에 고인 유류는 넘치지 않도록 수시로 제거할 것
⑥ 고정주유설비의 유류 공급 배관은 전용탱크(또는 간이탱크)로부터 직접 연결된 것일 것

11 독극물 취급 시 주의사항

① 독극물을 취급 또는 운반 시 소정의 안전한 용기, 도구, 운반구 및 운반차를 이용할 것
② 표지불명의 독극물은 함부로 다루지 말고 독극물 취급방법을 확인한 후 취급할 것
③ 적재·적하 작업 전에 주차 브레이크를 사용하여 차량이 움직이지 않도록 조치할 것
④ 독극물이 들어있는 용기는 쓰러지거나 미끄러지지 않도록 고정하고 빈 용기와 확실히 구별할 것
⑤ 취급하는 독극물의 물리적·화학적 특성 및 방호수단을 충분히 숙지할 것
⑥ 용기가 깨어질 염려가 있는 것은 나무상자나 플라스틱상자 속에 넣어 보관하고, 쌓아둔 것은 울타리나 철망으로 둘러싸서 보관할 것

12 상·하차 작업 시 확인사항

① 작업원에게 화물의 내용, 특성 등을 잘 주지시켰는가?
② 받침목, 지주, 로프 등 필요한 보조용구는 준비되어 있는가?
③ 차량에 구름막이는 되어 있는가?
④ 위험한 승강을 하고 있지는 않는가?
⑤ 던지기 및 굴려 내리기를 하고 있지 않는가?
⑥ 적재량을 초과하지 않았는가?
⑦ 적재화물의 높이, 길이, 폭 등의 제한은 지키고 있는가?
⑧ 화물의 붕괴를 방지하기 위한 조치는 취해져 있는가?
⑨ 위험물이나 긴 화물은 소정의 위험표지를 하였는가?
⑩ 차량의 이동신호는 잘 지키고 있는가?
⑪ 작업 신호에 따라 작업이 잘 행해지고 있는가?
⑫ 차를 통로에 방치해 두지 않았는가?

1 창고 내 입출고 작업요령에 대한 설명으로 맞지 않는 것은?

① 담배를 피우지 않는다.
② 무단출입을 하지 않는다.
③ 컨베이어 위에서 작업한다.
④ 컨베이어 운전자는 서로간에 신호를 긴밀히 해야 한다.

입출고 작업 시 컨베이어 위로는 절대 올라가서는 안 된다.

2 화물더미에서 작업 시 주의사항으로 옳지 않은 것은?

① 화물더미에 오르내릴 때에는 화물의 쏠림이 발생하지 않도록 조심해야 한다.
② 급할 때는 화물더미의 상층과 하층에서 동시에 작업한다.
③ 화물더미의 중간에서 화물을 뽑아내거나 직선으로 깊이 파내는 작업을 하지 않는다.
④ 화물더미 위에서 작업할 때에는 힘을 줄 때 발밑을 항상 조심한다.

화물더미의 상층과 하층에서 동시에 작업을 하지 않는다.

3 화물의 상·하차 시 물품을 들어 올리는 방법으로 잘못된 것은?

① 몸의 균형을 유지하기 위해서 발을 어깨 넓이만큼 벌린다.
② 물건을 들 때는 허리를 똑바로 편다.
③ 가능한 한 물건을 신체에 붙여서 단단히 잡고 운반한다.
④ 무릎을 굽혀 펴는 힘으로 드는 것이 아니라 허리의 힘으로 물품을 든다.

물품을 들 때는 허리의 힘으로 드는 것이 아니고 무릎을 굽혀 펴는 힘으로 든다.

4 화물 운반 시 주의사항으로 옳지 않은 것은?

① 운반하는 물건이 시야를 가리지 않도록 한다.
② 작업장 주변의 화물상태, 차량 통행 등을 항상 살핀다.
③ 원기둥형을 굴릴 때는 뒤로 끌면서 굴리는 게 안전하다.
④ 화물자동차에서 화물을 내릴 때 로프를 풀거나 옆문을 열 때는 화물낙하 여부를 확인하고 안전위치에서 행한다.

원기둥형을 굴릴 때는 앞으로 밀어 굴리고 뒤로 끌어서는 안 된다.

5 발판을 활용한 작업 시 주의사항이 아닌 것은?

① 발판은 경사를 완만하게 하여 사용한다.
② 발판이 잘 고정되어 있으면 여러 사람이 동시에 통행해도 된다.
③ 발판은 움직이지 않도록 목마 위에 설치한다.
④ 발판의 넓이와 길이는 작업에 적합한 것이며 자체에 결함이 없는지 확인한다.

발판을 이용하여 오르내릴 때에는 2명 이상이 동시에 통행하지 않는다.

6 화물의 하역 방법에 대한 설명으로 옳지 않은 것은?

① 상자로 된 화물은 취급표지에 따라 다루어야 한다.
② 부피가 큰 것을 쌓을 때는 가벼운 것은 밑에 무거운 것은 위에 쌓는다.
③ 길이가 고르지 못하면 한 쪽 끝이 맞도록 한다.
④ 화물을 한 줄로 높이 쌓지 말아야 한다.

부피가 큰 것을 쌓을 때는 무거운 것은 밑에 가벼운 것은 위에 쌓는다.

7 트랙터 차량의 캡과 적재물의 간격은 몇 cm 이상 유지해야 하는가?

① 80   ② 100
③ 120   ④ 150

트랙터 차량의 캡과 적재물의 간격은 120cm 이상 유지해야 한다.

8 물품을 들어올릴 때의 자세 및 방법으로 틀린 것은?

① 몸의 균형을 유지하기 위해서 발은 어깨넓이만큼 벌리고 물품으로 향한다.
② 다칠 우려가 있으므로 가능한 한 물건을 신체에서 멀리 떨어져서 잡고 운반한다.
③ 물품을 들 때는 허리를 똑바로 펴야 한다.
④ 다리와 어깨의 근육에 힘을 넣고 팔꿈치를 바로 펴서 서서히 물품을 들어올린다.

가능한 한 물건을 신체에 붙여서 단단히 잡고 운반한다.

정답 1③ 2② 3④ 4③ 5② 6② 7③ 8②

9 단독으로 화물을 운반하고자 할 때 시간당 3회 이상 작업 시 성인남자의 인력운반중량 권장기준은 얼마인가?

① 10~15kg   ② 15~20kg
③ 20~25kg   ④ 25~30kg

> 단독으로 화물을 운반하고자 할 때 인력운반중량 권장기준
> • 일시작업(시간당 2회 이하) : 성인남자(25~30kg), 성인여자(15~20kg)
> • 계속작업(시간당 3회 이상) : 성인남자(10~15kg), 성인여자(5~10kg)

10 화물 운반작업 시의 작업방법에 대한 설명으로 옳은 것은?

① 화물은 가급적 눕혀 놓지 말고 세워놓는다.
② 가급적 기계를 이용하지 말고 사람의 손으로 하는 작업을 늘린다.
③ 화물을 바닥에 놓는 경우 화물의 가장 좁은 면이 바닥에 놓이도록 한다.
④ 수제품의 경우 옆으로 눕혀 포장하지 말고 상하를 구별할 수 있는 스티커와 취급주의 스티커의 부착이 필요하다.

> ① 화물은 가급적 세우지 말고 눕혀 놓는다.
> ② 사람의 손으로 하는 작업은 가능한 한 줄이고, 기계를 이용한다.
> ③ 화물을 바닥에 놓는 경우 화물의 가장 넓은 면이 바닥에 놓이도록 한다.

11 화물 운반작업 시 수작업과 비교한 기계작업의 운반기준으로 옳지 않은 것은?

① 단순하고 반복적인 작업
② 표준화되어 있어 지속적이고 운반량이 많은 작업
③ 취급물의 형상, 성질, 크기 등이 일정하지 않은 작업
④ 취급물품이 중량물인 작업

> 취급물의 형상, 성질, 크기 등이 일정하지 않은 작업은 수작업으로 한다.

12 고압가스 운반차량이 노면 상태가 나쁜 도로를 운행한 후 일단정지하여 확인하여야 할 사항으로 거리가 먼 것은?

① 엔진오일의 점검
② 적재 상황
③ 용기밸브의 풀림 여부
④ 로프의 풀림 여부

> 고압가스 운반차량이 노면이 나쁜 도로를 운행한 후에는 일단정지하여 적재 상황, 용기밸브, 로프 등의 풀림 등이 없는 것을 확인해야 한다.

13 컨테이너에 위험물이 수납되어 있을 경우 외측부 가장 잘 보이는 곳에 표시해야 할 사항이 아닌 것은?

① 위험물의 분류명
② 위험물의 표찰
③ 컨테이너 번호
④ 위험물 제조회사

> 위험물의 표시 : 위험물의 분류명, 표찰 및 컨테이너 번호를 외측부의 가장 잘 보이는 곳에 표시해야 한다.

14 주유취급소의 위험물 취급기준으로 옳지 않은 것은?

① 자동차 등에 주유할 때에는 고정주유설비를 사용하여 직접 주유한다.
② 자동차 등을 주유할 때는 자동차 등의 원동기를 정지시킨다.
③ 자동차 등의 일부 또는 전부가 주유취급소의 공지밖에 나온 채로 주유하지 않는다.
④ 고정주유설비에 유류를 공급하는 배관은 간이탱크로부터 고정주유설비에 직접 연결되지 않도록 한다.

> 고정주유설비에 유류를 공급하는 배관은 전용탱크 또는 간이탱크로부터 고정주유설비에 직접 연결된 것이어야 한다.

15 독극물 취급 시의 주의사항으로 옳지 않은 것은?

① 표지불명의 독극물은 함부로 다루지 말고 독극물 취급방법을 확인한 후 취급할 것
② 독극물의 취급 및 운반은 거칠게 다루지 말 것
③ 적재 및 적하 작업 전에는 주차 브레이크를 사용하여 차량이 움직이지 않도록 조치할 것
④ 독극물 저장소, 드럼통, 용기, 배관 등은 내용물을 알 수 있는 표시를 하지 말 것

> 독극물 저장소, 드럼통, 용기, 배관 등은 내용물을 알 수 있도록 확실하게 표시하여 놓을 것

The qualification Test of Freight Transportation

적재물 결박 · 덮개 설치

화물의 붕괴방지 요령은 자주 출제되는 내용이다. 밴드걸기 방식, 주연어프 방식 등 각 종류별 특성을 확실히 구분해서 암기하도록 한다. 수하역의 낙하높이도 필히 암기하도록 하자.

01 팔레트 화물의 붕괴 방지 방법

1 밴드걸기 방식

① 나무상자를 팔레트에 쌓는 경우 붕괴 방지에 많이 사용되는 방법

② 밴드가 걸려 있는 부분은 화물의 움직임을 억제하지만, 밴드가 걸리지 않은 부분의 화물이 튀어나오는 결점이 있음

③ 각목대기 수평 밴드걸기 방식은 포장화물의 네 모퉁이에 각목을 대고, 그 바깥쪽으로부터 밴드를 거는 방법으로 쌓은 화물의 압력이나 진동·충격으로 밴드가 느슨해지는 결점이 있음

④ 종류 : 수평 밴드걸기 방식, 수직 밴드걸기 방식

2 주연어프 방식

① 팔레트의 가장자리를 높게 하여 포장화물을 안쪽으로 기울여 화물이 갈라지는 것을 방지하는 방법으로 부대화물 등에 효과적

② 주연어프 방식만으로 화물의 갈라짐 방지가 어려우므로 다른 방법과 병용하여 안전 확보

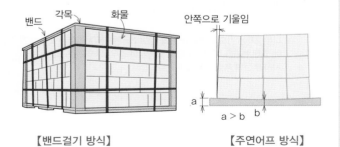

【밴드걸기 방식】　　　【주연어프 방식】

3 슬립멈추기 시트삽입 방식

① 포장과 포장 사이에 미끄럼을 멈추는 시트를 넣음으로써 안전을 도모하는 방법

② 부대화물에는 효과가 있으나 진동이 있을 경우 상자가 튀어 오르기 쉬움

4 풀붙이기 접착방식

① 팔레트 화물의 붕괴 방지대책의 자동화·기계화가 가능하고 비용도 저렴한 방식

② 풀은 미끄럼에 대한 저항이 강하고, 상하로 뗄 때의 저항은 약한 것을 택하지 않으면 화물을 팔레트에서 분리 시 장애가 일어남

③ 풀은 온도에 따라 변화할 수도 있으므로 포장화물의 중량이나 형태에 따라 풀의 양이나 풀칠하는 방식을 결정

5 수평 밴드걸기 풀붙이기 방식

① 풀붙이기와 밴드걸기를 병용한 방식

② 화물의 붕괴를 방지하는 효과를 한층 더 높이는 방법

6 슈링크(shrink) 방식

① 열수축성 플라스틱 필름을 팔레트 화물에 씌우고 슈링크 터널을 통과시킬 때 가열하여 필름을 수축시켜 팔레트와 밀착시키는 방식

② 물이나 먼지도 막아내기 때문에 우천 시의 하역이나 야적보관도 가능

③ 통기성이 없고, 고열(120~130℃)의 터널을 통과하므로 상품에 따라 제한적, 고비용

7 스트레치 방식

① 스트레치 포장기를 사용하여 플라스틱 필름을 팔레트 화물에 감아 움직이지 않게 하는 방식

② 슈링크 방식처럼 달리 열처리는 행하지 않음

8 박스 테두리 방식

① 팔레트에 테두리를 붙이는 방식

② 화물이 무너지는 것을 방지하는 효과가 크나, 평팔레트에 비해 제조원가가 많이 든다.

02 화물붕괴 방지 요령

1 팔레트 화물 사이 생기는 틈바구니를 적당한 재료로 메우는 방법

① 팔레트 화물이 서로 얽히지 않도록 사이에 합판을 넣는다.

② 여러 가지 두께의 발포 스티롤판으로 틈바구니를 없앤다.

③ 에어백이라는 공기가 든 부대를 사용한다.

2 차량에 특수장치를 설치하는 방법

① 화물붕괴 방지와 짐을 싣고 부리는 작업성을 생각하여 차량에 특수한 장치를 설치하는 방법

② 팔레트 화물의 높이가 일정한 경우 적재함의 천장이나 측벽에서 팔레트 화물이 붕괴되지 않도록 누르는 장치를 설치

③ 청량음료 전용차처럼 적재공간이 팔레트 화물수치에 맞추어 작은 칸으로 구분되는 장치를 설치

03 포장화물 운송과정의 외압과 보호요령

1 하역 시의 충격

하역 시 가장 큰 충격은 수하역(手荷役) 시의 낙하충격이다. 낙하충격이 화물에 미치는 영향도는 낙하의 높이*, 낙하면의 상태 등 낙하상황과 포장의 방법에 따라 달라진다.

> ▶ 수하역의 경우 일반적인 낙하 높이
> • 견하역(肩荷役) : 100cm 이상 – 어깨에서 화물하역 중 낙하 높이
> • 요하역(腰荷役) : 10cm 정도 – 허리에서 화물하역 중 낙하 높이
> • 팔레트 쌓기의 수하역 : 40cm 정도

2 수송 중의 충격 및 진동

① 수송 중의 충격으로는 트랙터와 트레일러를 연결할 때 발생하는 수평충격이 있는데, 낙하충격에 비하면 적은 편이다.

② 화물은 수평충격과 함께 수송 중에는 항상 진동을 받음. 진동에 따른 제품의 포장면이 서로 닿아서 상처를 일으키거나 표면이 훼손될 수 있음

③ 트럭수송에서 비포장 도로 등에서는 상하진동이 발생하게 되므로 화물을 고정시켜 진동으로부터 화물 보호

3 보관 및 수송 중의 압축하중

① 포장 화물은 보관 중 또는 수송 중에 밑에 쌓은 화물이 반드시 압축 하중을 받는다. 이를테면 높이는 창고에서는 4m, 트럭이나 화차에서는 2m이지만, 주행 중에는 상하진동을 받으므로 2배 정도로 압축하중을 받게 된다.

② 내하중은 포장 재료에 따라 다르다.

> ▶ 나무상자는 강도의 변화가 거의 없으나 골판지는 시간이나 외부 환경에 의해 변화를 받기 쉬우므로 골판지의 경우 외부의 온도와 습기, 방치시간 등에 특히 유의해야 한다.

1 포장과 포장 사이에 미끄럼이 발생하지 않도록 조치하여 팔레트 화물의 붕괴를 방지하는 방식은?

① 밴드걸기 방식
② 주연어프 방식
③ 풀붙이기 접착방식
④ 슬립멈추기 시트삽입 방식

2 팔레트의 가장자리를 높게 하여 포장화물을 안쪽으로 기울여 화물이 갈라지는 것을 방지하는 방식은?

① 주연어프 방식
② 풀붙이기 방식
③ 밴드걸기 방식
④ 스트레치 방식

> 팔레트의 가장자리를 높게 하여 포장화물을 안쪽으로 기울여 화물이 갈라지는 것을 방지하는 방법은 주연어프 방식이다.

3 팔레트 화물의 붕괴를 방지하기 위한 방식으로 옳지 않은 것은?

① 박스 테두리 방식
② 스트레치 방식
③ 성형가공 방식
④ 밴드걸기 방식

> 팔레트 화물의 붕괴를 방지하기 위한 방식에는 박스 테두리 방식, 스트레치 방식, 밴드걸기 방식 등이 있다.

4 팔레트 화물의 붕괴 방지 방법 중 나무상자를 팔레트에 쌓는 경우 붕괴 방지에 많이 사용되는 방법은?

① 박스 테두리 방식
② 스트레치 방식
③ 성형가공 방식
④ 밴드걸기 방식

> 나무상자를 팔레트에 쌓는 경우 붕괴 방지에 많이 사용되는 방법은 밴드걸기 방식이다.

5 열수축성 플라스틱 필름을 팔레트 화물에 씌우고 슈링크 터널을 통과시킬 때 가열하여 필름을 수축시켜 팔레트와 밀착시키는 화물붕괴 방지 방식은?

① 주연어프 방식
② 슈링크 방식
③ 풀 붙이기 접착 방식
④ 수평 밴드걸기 방식

> 슈링크 방식에 대한 설명이다.

6 수하역의 경우 견하역의 일반적인 낙하 높이는?

① 50cm 이상
② 100cm 이상
③ 150cm 이상
④ 200cm 이상

> 수하역의 경우 일반적인 낙하 높이
> • 견하역 : 100cm 이상
> • 요하역 : 10cm 정도
> • 팔레트 쌓기의 수하역 : 40cm 정도

chapter 02

정답 1 ④ 2 ① 3 ③ 4 ④ 5 ② 6 ②

Main
Key
Point

고속도로 운행 제한차량과 관련된 수치는 반드시 외우도록 한다. 과적차량 타이어의 내구수명과 도로에 미치는 영향에 대해서도 소홀히 하지 않도록 한다. 이 섹션은 출제비중이 높은 편이 아니지만 꾸준히 출제되고 있다.

01 일반사항

① 주차 시 엔진을 끄고 주차 브레이크 장치로 완전 제동한다.
② 내리막길 운전 시 기어를 중립에 두지 않는다.
③ 트레일러 운전 시 트랙터와의 연결부분을 점검하고 확인한다.

02 운행요령

■ 트랙터 운행에 따른 주의사항

① 중량물 및 활대품 수송 시 바인더 잭으로 화물결박을 철저히 하고, 운행할 때에는 수시로 결박 상태 확인
② 고속운행 중 급제동은 잭나이프 현상 등의 위험을 초래하므로 유의
→ 잭나이프 현상(Jack knifing) : 트레일러가 연결된 트랙터가 커브에서 급제동 시 트레일러가 직진하려는 관성력에 의해 V자 형태로 꺾어지는 상태

트렉터

트레일러 →

③ 트랙터는 일반적으로 트레일러와 연결되어 운행하여 일반 차량에 비해 회전반경 및 점유면적이 크므로 사전에 도로상황, 화물의 제원, 장비의 제원을 정확히 파악
④ 트레일러에 중량물 적재 시 적재 전에 중심을 정확히 파악하여 적재
→ 화물을 한쪽에 편적하면 킹핀 또는 해당 바퀴쪽으로 무리한 힘이 작용하여 트랙터의 견인력 약화와 각 하체부분에 무리를 가져와 타이어의 이상마모 내지 파손을 초래하거나 경사도로에서 회전할 때 전복의 위험이 발생할 수 있다.

⑤ 장거리 운행 시 최소한 2시간 주행마다 10분 이상 휴식하며 타이어 및 화물결박 상태 확인

☑ 컨테이너 상차 등에 따른 주의사항

(1) 상차 전의 확인사항
① 배차계로부터 통보받아야 할 사항 : 배치지시, 보세면장번호, 컨테이너 라인, 화주, 공장위치 및 전화번호, 담당자 이름, 상차지, 도착시간, 컨테이너 중량 등
② 다른 라인의 컨테이너 상차 시 배차계로부터 통보받아야 할 사항 : 라인 종류, 상차 장소, 담당자 이름 · 직책 · 전화번호, 터미널일 경우 반출 전송을 하는 사람

▶ 면장 출력 장소
• 상차 시 해당 게이트로 가서 담당자에게 면장 번호를 불러주고 보세운송 면장과 적하목록을 출력받는다.
• 철도 상차일 경우 철도역의 담당자, 기타 사업장일 경우 배차계로부터 면장 출력 장소를 통보받는다.

(2) 상차할 때의 확인사항
① 손해 여부와 봉인번호 체크 후 배차계에 결과 통보
② 섀시 잠금 장치의 안전 여부 검사 및 상차 시 화물을 안전하게 실었는지 확인
③ 다른 라인의 컨테이너 상차가 어려울 경우 배차계로 통보

(3) 상차 후의 확인사항
① 도착장소와 도착시간 재확인
② 면장상의 중량보다 실중량이 더 무거우면 관련부서로 연락해서 운송 여부를 통보받을 것
③ 상차 후 해당 게이트로 가서 전산정리, 다른 라인일 경우 배차계에게 면장번호, 컨테이너번호, 화주이름을 말해주고 전산정리

(4) 도착이 지연될 때

일정 시간 이상 지연 시는 배차계에 출발시간, 지연 이유, 현재위치, 예상도착시간 등을 보고

(5) 화주 공장에 도착했을 때

① 상하차 시 시동 정지

② 각 공장 작업자의 지시사항 준수 및 배차계에 작업 상황 통보

③ 사소한 문제 발생 시 담당자와 문제를 해결하려 하지 말고 반드시 배차계에 연락할 것

(6) 작업 종료 후

종료 후 배차계에 통보하고 작업 종료시간, 반납 장소 등 문의

3 특수화물 운송차량 운행 시 유의사항

① 드라이 벌크 탱크 차량 : 무게중심이 높고 적재물이 이동하기 쉬우므로 커브길과 급회전 시 운행 주의

→ 드라이 벌크(Dry bulk) : 곡물, 면화, 석탄 따위처럼 용적 단위로 적재하는 것

② 냉동차량 : 무게중심이 높으므로 급회전 시 특별한 주의운전과 서행운전이 필요

③ 가축 또는 살아있는 동물의 운반 차량 : 무게중심이 이동하여 전복될 우려가 높으므로 커브길 등에서 특별한 주의운전이 필요

④ 길이가 긴 화물, 폭이 넓은 화물 또는 부피에 비하여 중량이 무거운 화물 등 비정상화물을 운반하는 때 : 적재물의 특성을 알리는 특수장비 구비 및 경고표시를 하는 등 운행에 특별히 주의

02 고속도로 제한차량 및 운행허가

1 고속도로 운행 제한차량(과적차량 단속기준)

┌──▶ 전륜 또는 후륜 차축에 전가되는 중량

(1) 축하중 : 차량 축하중이 **10톤** 초과

(2) 총중량 : 차량 총중량이 **40톤** 초과

(3) 길이 : 적재물을 포함한 차량 길이가 **16.7m** 초과

(4) 폭 : 적재물을 포함한 차량의 폭이 **2.5m** 초과

(5) 높이 : 적재물을 포함한 차량의 높이가 **4.2m** 초과

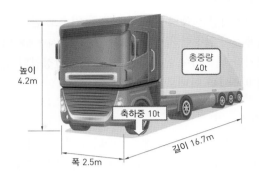

(6) 다음에 해당하는 적재불량 차량

① 화물 적재가 편중되어 전도 우려가 있는 차량

② 모래, 흙, 골재류, 쓰레기 등을 운반하면서 덮개를 미설치하거나 없는 차량

③ 스페어 타이어 고정상태가 불량한 차량

④ 덮개를 씌우지 않았거나 묶지 않아 결속상태가 불량한 차량

⑤ 적재함 청소상태가 불량한 차량

⑥ 액체 적재물 방류 또는 유출 차량

⑦ 사고 차량을 견인하면서 파손품의 낙하가 우려되는 차량

⑧ 기타 적재불량으로 인해 적재물 낙하의 우려가 있는 차량

(7) 저속 : 정상운행속도가 **50km/h 미만** 차량

(8) 이상기후일 때(적설량 10cm 이상 또는 영하 20℃ 이하) 연결 화물차량(풀카고, 트레일러 등)

(9) 기타 도로관리청이 도로의 구조보전과 운행의 위험을 방지하기 위하여 운행제한이 필요하다고 인정하는 차량

2 제한차량의 표시 및 공고

도로법에 의한 운행제한의 표지는 다음의 사항을 기재하여 고속국도의 입구 및 기타 필요한 장소에 설치하고 그 내용을 공고하여야 한다.

> ① 구간
> ② 운행이 제한되는 차량
> ③ 기간
> ④ 운행을 제한하는 이유
> ⑤ 제한하는 근거 등 기타 필요한 사항

3 운행허가기간

① 운행허가기간은 해당 운행에 필요한 일수로 한다.
② 제한제원이 일정한 차량(구조물 보강을 요하는 차량 제외)이 일정기간 반복하여 운행하는 경우에는 신청인의 신청에 따라 1년 이내로 할 수 있다.

4 차량 호송

(1) 운행허가기관의 장은 다음 제한차량의 운행을 허가하고자 할 때에는 고속도로순찰대와 협조하여 차량 호송을 실시(운행자가 호송 능력이 없거나 호송을 공사에 위탁하는 경우 공사가 대행 가능)
   ① 적재물을 포함하여 차폭 3.6m 또는 길이 20m를 초과하는 차량으로서 운행상 호송이 필요하다고 인정되는 경우
   ② 구조물통과 하중계산서를 필요로 하는 중량제한차량
   ③ 주행속도 50km/h 미만인 차량

(2) 특수한 도로상황이나 제한차량상태를 감안하여 운행허가기관의 장이 필요하다고 인정하는 경우에는 호송기준을 강화하거나 다른 특수한 호송방법을 강구하게 할 수 있다.

(3) 안전운행에 지장이 없다고 판단되는 경우에는 제한차량 후면 좌우측에 "자동점멸신호등"의 부착 등의 조치를 함으로써 호송을 대신할 수 있다.

5 과적 차량 단속

(1) 과적차량에 대한 단속 근거
   ① 단속의 필요성 : 관리청은 도로의 구조를 보전하고 운행의 위험을 방지하기 위하여 필요하다고 인정하면 대통령령으로 정하는 바에 따라 차량의 운행을 제한할 수 있다.
   ② 도로법 단속 대상
   • 총중량 40톤, 축하중 10톤, 높이 4.2m, 길이 16.7m, 폭 2.5m 초과
   • 운행제한을 위반하도록 지시하거나 요구한 자
   • 적재량의 측정 및 관계서류의 제출요구 거부 시 : 500만원 이하의 과태료
   • 적재량 측정 방해(축조작) 행위 및 재측정 거부 시 : 1년 이하의 징역 또는 1천만원 이하의 벌금

• 임차한 화물적재차량이 운행제한을 위반하지 않도록 관리하지 않은 임차인 : 500만원 이하의 과태료
• 적재량 측정을 위한 도로관리원의 차량동승 요구 거부 시 : 1년 이하의 징역 또는 1천만원 이하의 벌금

> ▶ 화주, 화물자동차 운송사업자, 화물자동차 운송주선 사업자 등이 지시 또는 요구에 따라서 운행제한을 위반한 운전자가 그 사실을 신고하여 화주 등에게 과태료를 부과한 경우 운전자에게는 과태료를 부과하지 않음

(2) 국토교통부 훈령 근거

관련 규정	내용
제4조	• 단속기준 : 축하중 10톤, 총중량 40톤을 초과하는 차량 (기계오차와 측정오차를 감안하여 제한기준의 100분의 10을 초과하지 않은 경우에는 허용) • 선의의 피해를 예방하기 위한 조치로 오차 허용량(10%) 만큼 적재량 증가를 의미하지 않으므로 운행제한 기준(축하중 10톤, 총중량 40톤) 이내로 적재하여야 함
제12조	• 제한기준을 초과하여 단속된 차량으로서 운전자, 차주, 화주가 재측정을 요구할 경우 1회에 한해 재측정 가능 : 정도가 낮은 측정자료를 기준으로 위반 여부 결정 ※ 재측정 시 가변축 등을 조작할 경우 적재량 측정 방해 행위에 해당하므로 1차 계측상태와 동일한 상태로 측정에 응해야 함 ※ 가변축 고장, 조작실수 등으로 위반한 후 가변축 정상 작동 후 기준 이내로 되었더라도 운행제한 기준을 위반하여 운행하였기 때문에 단속대상이 되므로 가변축 작동상태 점검 철저 • 축조작 의심 차량은 재측정 실시 • 과적 차량으로 단속된 경우 허가받아 운행하거나 감량 후 운행하여야 함
제14조	• 저속축중기 : 시속 10km 이내의 속도로 운행하는 차량의 바퀴하중 측정 • 이동식축중기 : 정지한 차량의 바퀴하중을 측정

1 다음 중 트랙터 운행에 따른 주의사항으로 잘못된 것은?

① 중량물을 수송하는 경우에는 바인더 잭으로 화물결박을 철저히 한다.
② 고속운행 중 급제동은 잭나이프 현상 등의 위험을 초래하므로 조심한다.
③ 트랙터는 일반적으로 트레일러와 연결되어 운행하여 일반 차량에 비해 회전반경 및 점유면적이 작으므로 장비의 제원을 정확히 파악한다.
④ 장거리 운행 시 최소한 2시간 주행마다 10분 이상 휴식하면서 타이어 및 화물결박 상태를 확인한다.

트랙터는 일반적으로 트레일러와 연결되어 운행하여 일반 차량에 비해 회전반경 및 점유면적이 크므로 사전 도로정찰, 화물의 제원, 장비의 제원을 정확히 파악한다.

2 컨테이너 상차에 따른 주의사항 중 상차 전에 확인해야 할 사항으로 옳지 않은 것은?

① 배차계로부터 배치지시를 받는다.
② 배차계에서 보세 면장번호를 통보받는다.
③ 컨테이너 라인을 배차계로부터 통보받는다.
④ 면장상의 중량과 비교했을 때 실중량이 더 무겁다고 판단되면 관련부서로 연락해서 운송 여부를 통보받는다.

④는 상차 후에 확인할 사항이다.

3 다음 중 고속도로 운행 제한차량이 아닌 것은?

① 축하중이 10톤을 초과하는 차량
② 총중량이 20톤을 초과하는 차량
③ 적재물을 포함한 길이가 16.7m를 초과하는 차량
④ 적재물을 포함한 높이가 4.2m를 초과하는 차량

총중량이 40톤을 초과하는 차량이 고속도로 운행 제한차량이다.

4 정상운행속도가 시속 몇 km 미만인 차량은 고속도로 통행이 제한되는가?

① 50
② 60
③ 70
④ 80

5 도로법 제77조제3항에 따른 운행 제한 위반의 지시ㆍ요구 금지를 위반한 자에 대한 과태료는 얼마인가?

① 50만원 이하
② 100만원 이하
③ 300만원 이하
④ 500만원 이하

도로법 제77조제3항에 따른 운행 제한 위반의 지시ㆍ요구 금지를 위반한 자에 대한 과태료는 500만원 이하이다.

6 국토교통부 훈령 근거에 따르면 제한기준을 초과하여 단속된 차량으로서 운전자, 차주, 화주가 재측정을 요구할 경우 몇 회에 한해 재측정이 가능한가?

① 1회
② 2회
③ 3회
④ 4회

제한기준을 초과하여 단속된 차량으로서 운전자, 차주, 화주가 재측정을 요구할 경우 1회에 한해 재측정 가능하다.

7 도로법에 따라 적재량 측정 방해(축 조작) 행위 및 재측정 거부 시 처벌은 어떻게 되는가?

① 1년 이하의 징역 또는 300만원 이하의 벌금
② 1년 이하의 징역 또는 1,000만원 이하의 벌금
③ 3년 이하의 징역 또는 1,000만원 이하의 벌금
④ 5년 이하의 징역 또는 3,000만원 이하의 벌금

적재량 측정을 위한 도로관리원의 차량동승 요구 거부 시 1년 이하의 징역 또는 1천만원 이하의 벌금에 처한다.

정답　1 ③　2 ④　3 ②　4 ①　5 ④　6 ①　7 ②

chapter 02

05 화물의 인수·인계 및 화물사고

Main
Key
Point

특별히 어려운 내용은 없지만 실무에 직접적으로 관련되는 내용이므로 시험에 자주 출제된다. 화물의 인수 · 인계, 화물사고의 유형에 대해 숙지하고 점수를 확보할 수 있도록 한다.

01 화물의 인수·인계요령

1 화물의 인수요령

(1) 기본적인 인수요령

① 집하 자제품목 및 집하 금지품목(화약류 및 인화물질 등 위험물)은 그 취지를 알리고 양해를 구한 후 정중히 거절

② 집하물품의 도착지와 고객의 배달요청일이 당사의 배송 소요일수 내에 가능한지 반드시 확인하고, 기간 내에 배송 가능한 물품을 인수(○월 ○일 ○시까지 배달 등 조건부 운송물품 인수 금지)

③ 운송장 작성 전에 물품의 성질, 규격, 포장상태, 운임, 파손면책 등 부대사항을 고객에게 통보하고 상호 동의가 되었을 때 운송장을 작성, 발급하게 하여 불필요한 운송장 낭비 방지

④ 화물은 취급 가능 화물규격 및 중량, 취급불가 화물 품목 등을 확인하고, 화물의 안전수송과 타화물의 보호를 위하여 포장상태 및 화물의 상태를 확인한 후 접수 여부 결정

▶ 운송인의 책임은 물품을 인수하고 운송장을 교부한 시점부터 발생

(2) 특수 사항에 따른 인수요령

① 제주도 및 도서지역 : 그 지역에 적용되는 부대비용(항공료, 도선료)을 수하인에게 징수할 수 있음을 반드시 알려주고 양해를 구한 후 인수

② 도서지역 : 착불 거래 시 운임 징수가 어려우므로 양해를 얻어 운임 및 도선료는 선불로 처리

③ 항공 운송 시 : 항공기 탑재 불가 물품(총포류, 화약류, 기타 공항에서 정한 물품)과 공항유치물품(가전제품, 전자제품)은 집하 시 고객의 이해를 구한 후 집하를 거절함으로써 고객과의 마찰을 방지(항공료가 착불일 경우 기타란에 '항공료 착불'이라고 기재하고 합계란은 공란으로 비워둠)

④ 두 개 이상의 화물을 하나의 화물로 밴딩 처리한 경우 : 반드시 고객에게 파손 가능성을 설명하고 별도로 포장하여 각각 운송장 및 보조송장을 부착하여 집하

⑤ 신용업체의 대량화물 집하 시 수량 착오가 발생하지 않도록 최대한 주의하여 운송장 및 보조송장을 부착하고, 반드시 박스 수량과 운송장에 기재된 수량을 확인

⑥ 전화로 발송할 물품을 접수받을 때 : 반드시 집하 가능한 일자와 고객의 배송 요구일자를 확인한 후 배송 가능한 경우에 고객과 약속하고 약속 불이행으로 불만이 발생되지 않도록 함

⑦ 인수(집하) 예약은 반드시 접수대장에 기재하여 누락되지 않도록 주의

⑧ 거래처 및 집하지점에서 반품요청이 들어왔을 때 : 반품요청일 익일로부터 빠른 시일 내에 처리

2 화물의 적재요령

① 긴급을 요하는 화물(부패성 식품 등)은 우선순위로 배송될 수 있도록 쉽게 꺼낼 수 있게 적재

② 취급주의 스티커 부착 화물은 적재함 별도공간에 위치하도록 하고, 중량화물은 적재함 하단에 적재하여 타 화물이 훼손되지 않도록 주의

③ 다수의 화물 도착 시 미도착 수량이 있는지 확인

❸ 화물의 인계요령

(1) 기본적인 인수요령

① 수하인의 주소 및 수하인이 맞는지 확인 후 인계

② 지점에 도착된 물품은 당일 배송이 원칙(산간 오지 및 당일 배송이 불가능한 경우 소비자의 양해를 구한 뒤 조치)

③ 수하인에게 물품 인계 시 인계물품에 이상이 있을 경우 즉시 지점에 통보하여 조치

④ 각 영업소로 분류된 물품은 수하인에게 물품의 도착 사실을 알리고 배송 가능 시간을 약속

⑤ 고객에게 물품 인계 시 물품의 이상 유무를 확인시키고, 인수자 서명을 받아 향후 발생할 수 있는 손해배상을 예방

> ▶ 인수자 서명이 없을 경우 수하인이 물품인수를 부인하면 그 책임이 배송지점에 전가됨

⑥ 배송할 때 고객 불만 원인 중 가장 큰 부분은 배송직원의 대응 미숙에서 발생하므로 부드러운 말씨와 친절한 서비스정신으로 고객과의 마찰을 예방

(2) 특수 사항에 따른 인수요령

① 인수된 물품 중 부패성 물품과 긴급 물품은 우선 배송하여 손해배상 요구가 발생하지 않도록 함

② 혼자 배송하기 힘들 경우 원칙적으로 집하해서는 안 되지만, 만약 도착된 물품에 대해서는 수하인의 요청을 얻어 같이 운반할 수 있도록 함

③ 배송지연이 예상될 경우 고객에게 사전에 양해를 구하고 약속한 것에 대해서는 반드시 이행

④ 배송확인 문의전화를 받았을 경우 임의적으로 약속하지 말고 반드시 해당 영업소장에게 확인하여 고객에게 전달

⑤ 수하인의 부재로 배송이 곤란할 경우 : 임의로 방치 또는 집안으로 무단 투기하지 말고 수하인과 통화하여 지정한 장소에 전달하고 수하인에게 통보(수하인과 통화가 되지 않을 경우 송하인과 통화하여 반송 또는 익일 재배송할 수 있도록 함)

⑥ 방문시간에 수하인이 없는 경우 : 부재중 방문표를 활용하여 방문 근거를 남기되 우편함에 넣거나 문틈으로 밀어 넣어 타인이 볼 수 없도록 조치

⑦ 부득이하게 대리인에게 인계 시 : 사후조치로 실제 수하인과 연락을 취하여 확인

⑧ 물품을 다른 곳에 맡길 경우 : 반드시 수하인과 통화하여 맡겨놓은 위치 및 연락처를 남겨 물품인수를 확인

⑨ 수하인의 장기부재, 휴가, 주소불명, 기타사유 등 : 집하지점 또는 송하인과 연락 조치

⑩ 귀중품 및 고가품 : 분실의 위험이 높고 분실되었을 때 피해 보상액이 크므로 수하인에게 직접 전달하도록 하며, 부득이 본인에게 전달이 어려울 경우 정확하게 전달될 수 있도록 조치

⑪ 수하인이 직접 찾으러 오는 경우 : 반드시 본인 확인 후 전달하고, 인수확인란에 직접 서명을 받아 향후 피해가 발생하지 않도록 유의

⑫ 근거리 배송이라도 차에서 떠날 때는 반드시 잠금장치를 하여 도난 사고를 미연에 방지

⑬ 당일 배송하지 못한 물품 : 익일 영업시간까지 물품이 안전하게 보관될 수 있는 장소에 보관

(3) 인수증 관리 요령

① 인수증은 반드시 인수자가 확인란에 수령인이 누구인지 인수자가 자필로 바르게 적도록 함

② 수령인 구분 : 본인, 동거인, 관리인, 지정인, 기타 등

③ 같은 장소에 여러 박스 배송 시 : 인수증에 반드시 실제 배달한 수량을 기재받아 차후에 수량 차이로 인한 시비가 발생하지 않도록 함

④ 수령인이 물품의 수하인과 다른 경우 반드시 수하인과의 관계를 기재

⑤ 지점에서는 회수된 인수증 관리를 철저히 하고, 인수 근거가 없는 경우 즉시 확인하여 인수인계 근거를 명확히 관리

⑥ 물품 인도일 기준으로 1년 이내 인수근거 요청이 있을 때 입증자료를 제시할 수 있어야 한다.

> ▶ 인수증 상에 인수자 서명을 운전자가 임의로 기재한 경우는 무효로 간주되며, 문제가 발생하면 배송완료로 인정받을 수 없다.

1 고객 유의사항의 필요성

① 택배는 소화물 운송으로 무한책임이 아닌 과실 책임에 한정하여 변상
② 내용검사가 부적당한 수탁물에 대한 송하인의 책임을 명확히 설명
③ 운송인이 통보받지 못한 위험부분까지 책임지는 부담 해소

2 고객 유의사항 사용범위

(매달 지급하는 거래처 제외 – 계약서상 명시)
① 수리를 목적으로 운송을 의뢰하는 모든 물품
② 포장이 불량하여 운송에 부적합하다고 판단되는 물품
③ 중고제품으로 원래의 제품 특성을 유지하고 있다고 보기 어려운 물품(외관상 전혀 이상이 없는 경우 보상 불가)
④ 통상적으로 물품의 안전을 보장하기 어렵다고 판단되는 물품
⑤ 일정금액(예 : 50만원)을 초과하는 물품으로 위험 부담률이 극히 높고, 할증료를 징수하지 않은 물품
⑥ 물품 사고 시 다른 물품에까지 영향을 미쳐 손해액이 증가하는 물품

3 고객 유의사항 확인 요구 물품

① 중고 가전제품 및 A/S용 물품
② 기계류, 장비 등 중량 고가물로 40kg 초과 물품
③ 포장 부실물품 및 무포장 물품(비닐포장 또는 쇼핑백 등)
④ 파손 우려 물품 및 내용검사가 부적당하다고 판단되는 부적합 물품

사고 유형	원인	대책
파손사고	• 집하 시 화물의 포장상태를 미확인한 경우 • 화물을 함부로 던지거나 발로 차거나 끄는 경우 • 무분별한 적재로 압착되는 경우 • 차량에 상하차할 때 떨어져 파손되는 경우	• 집하 시 고객에게 내용물에 관한 정보를 충분히 듣고 포장상태 확인 • 가까운 거리 또는 가벼운 화물이라도 절대 함부로 취급하지 않는다. • 사고위험이 있는 물품은 안전박스에 적재하거나 별도 적재 관리 • 충격에 약한 화물은 보강포장 및 특기사항 표기
오손사고	• 김치, 젓갈, 한약류 등 수량에 비해 포장이 약한 경우 • 화물 적재 시 무거운 화물을 상단에 적재하여 하단 화물의 오손피해가 발생한 경우 • 쇼핑백, 이불, 카펫 등 포장이 미흡한 화물을 중심으로 오손피해가 발생한 경우	• 오손 발생 위험이 큰 물품은 안전박스에 적재하여 위험으로부터 격리 • 중량물은 하단, 경량물은 상단 적재 규정 준수

분실사고	• 대량화물을 취급할 때 수량 미확인 및 송장이 2개 부착된 화물을 집하한 경우 • 집배송을 위해 차량을 이석하였을 때 차량 내 화물이 도난당한 경우 • 화물을 인계할 때 인수자 확인(서명 등)이 부실한 경우	• 집하할 때 화물수량 및 운송장 부착 여부 확인 등 분실 원인 제거 • 차량에서 벗어날 때 시건장치 확인 철저 (지점 및 사무소 등 방범시설 확인) • 인계할 때 인수자 확인은 반드시 인수자가 직접 서명하도록 할 것
내용물 부족 사고	• 마대화물(쌀, 고춧가루, 잡곡 등) 등 박스가 아닌 화물의 포장이 파손된 경우 • 포장이 부실한 화물에 대한 절취 행위(과일, 가전제품 등)가 발생된 경우	• 대량거래처의 부실포장 화물에 대한 포장개선 업무 요청 • 부실포장 화물 집하할 때 내용물 상세 확인 및 포장 보강 시행
오배달 사고	• 수령인이 없을 때 임의 장소에 두고 간 후 미확인한 경우 • 수령인의 신분 확인 없이 화물을 인계한 경우	• 화물 인계시 수령인 본인확인 작업 필히 실시 • 우편함, 우유통, 소화전 등 임의장소에 화물 방치 행위 엄금
지연배달 사고	• 사전에 배송연락 미실시로 제3자가 수취한 후 전달이 늦어지는 경우 • 당일 배송되지 않는 화물에 대한 관리가 미흡한 경우 • 제3자에게 전달한 후 원래 수령인에게 받은 사람을 미통지한 경우 • 집하 부주의, 터미널 오분류로 터미널 오착 및 잔류되는 경우	• 사전에 배송연락 후 배송 계획 수립으로 효율적 배송 시행 • 미배송되는 화물 명단 작성과 조치사항 확인으로 최대한의 사고예방 조치 • 터미널 잔류화물 운송을 위한 가용차량 사용 조치 • 부재중 방문표 사용으로 방문사실을 고객에게 알려 고객과의 분쟁 예방
받는 사람과 보낸 사람을 알 수 없는 화 물사고	• 미포장화물, 마대화물 등에 운송장을 부착했으나 떨어지거나 훼손된 경우	• 집하 단계에서부터 운송장 부착 여부 확인 및 운송장이 떨어지지 않도록 고정 • 운송장과 보조운송장을 부착(이중 부착)하여 훼손 가능성을 최소화

1 화물의 인수요령에 대한 설명으로 틀린 것은?

① 집하 금지품목의 경우는 그 취지를 알리고 양해를 구한 후 정중히 거절한다.

② 제주도 및 도서지역인 경우 그 지역에 적용되는 부대비용을 수하인에게 징수할 수 있음을 반드시 알려주고 양해를 구한 후 인수한다.

③ 신용업체의 대량화물을 집하할 때 수량 착오가 발생하지 않도록 최대한 주의한다.

④ 운송인의 책임은 인수 예약을 접수대장에 기재하면서부터 발생한다.

> 운송인의 책임은 물품을 인수하고 운송장을 교부한 시점부터 발생한다.

2 화물을 인계하는 요령으로 적절하지 않은 것은?

① 배송지연이 예상될 경우 고객에게 사전에 양해를 구한다.

② 배송중 수하인이 직접 찾으러 오는 경우 반드시 본인 확인을 하고 인수확인란에 직접 서명을 받고 난 뒤 물품을 전달한다.

③ 수하인이 장기부재, 휴가 등으로 배송이 어려운 경우 물품을 보관하고 있다가 수하인이 귀가하면 배송한다.

④ 수하인에게 집을 못 찾으니 어디로 나오라는 등의 말을 하지 않는다.

> 수하인이 장기부재, 휴가, 주소불명, 기타사유 등으로 배송이 안 될 경우, 집하지점 또는 송하인과 연락하여 조치하도록 한다.

3 다음 중 인수증 관리 요령으로 잘못된 것은?

① 인수증은 반드시 인수자가 확인란에 수령인이 누구인지 인수자가 자필로 바르게 적도록 한다.

② 수령인이 물품의 수하인과 다른 경우 반드시 수하인과의 관계를 기재하여야 한다.

③ 물품 인도일 기준으로 1년 이내 인수근거 요청이 있을 때 입증자료를 제시할 수 있어야 한다.

④ 바쁠 때는 인수증 상에 인수자 서명을 운전자가 대신할 수 있다.

> 인수증상에 인수자 서명을 운전자가 임의로 기재한 경우는 무효로 간주되며, 문제가 발생하면 배송완료로 인정받을 수 없다.

4 다음 중 고객 유의사항 확인 요구 물품에 해당되지 않는 것은?

① 중고 가전제품 및 A/S용 물품

② 기계류, 장비 등 중량 고가물로 30kg 초과 물품

③ 포장 부실물품 및 무포장 물품(비닐포장 또는 쇼핑백 등)

④ 파손 우려 물품 및 내용검사가 부적당하다고 판단되는 부적합 물품

> 기계류, 장비 등 중량 고가물로 40kg 초과 물품

5 화물사고의 유형 중 파손사고의 원인으로 적당하지 않은 것은?

① 집하할 때 화물의 포장상태를 미확인한 경우

② 화물을 적재할 때 무분별한 적재로 압착되는 경우

③ 차량에 상하차할 때 컨베이어벨트 등에서 떨어져 파손되는 경우

④ 미포장화물, 마대화물 등에 운송장을 부착한 경우 떨어지거나 훼손된 경우

> ④는 받는 사람과 보낸 사람을 알 수 없는 화물사고의 원인이다.

6 대량거래처의 부실포장 화물에 대한 포장개선 업무 요청을 해야 하는 화물사고의 유형에 해당하는 것은?

① 오배달 사고

② 내용물 부족 사고

③ 지연배달 사고

④ 파손 사고

> **내용물 부족 사고 시의 대책**
> • 대량거래처의 부실포장 화물에 대한 포장개선 업무 요청
> • 부실포장 화물 집하할 때 내용물 상세 확인 및 포장보강 시행

정답 1④ 2③ 3④ 4② 5④ 6②

화물자동차의 종류

출제 빈도가 아주 높은 섹션이다. 화물자동차, 특수자동차, 트레일러, 특장차 등에 대해서는 확실히 구분하고 세부기준 및 구조에 대해서도 절대 소홀히 하지 않도록 한다.

01 한국산업규격에 의한 화물자동차의 종류

구분		세부기준
보닛 트럭		원동기부의 덮개가 운전실의 앞쪽에 나와 있는 트럭
캡 오버 엔진 트럭		원동기의 전부 또는 대부분이 운전실의 아래쪽에 있는 트럭
밴		상자형 화물실을 갖추고 있는 트럭(지붕이 없는 것(오픈 톱형) 포함)
픽업		화물실의 지붕이 없고, 옆판이 운전대와 일체로 되어 있는 소형트럭
특수 자동차	특수용도차 (특용차)	특별한 목적을 위해 보디(차체)를 특수한 것으로 하거나 특수한 기구를 갖추고 있는 특수 자동차 (예 선전자동차, 구급차, 우편차, 냉장차 등)
	특수장비차 (특장차)	• 특별한 기계를 갖추고 그것을 자동차의 원동기로 구동할 수 있도록 되어 있는 특별차 (예 탱크차, 덤프차, 믹서 자동차, 위생 자동차, 소방차, 레커차, 냉동차, 트럭크레인, 크레인붙이트럭 등) • 보통트럭을 제외한 트레일러, 전용특장차, 합리화 특장차는 모두 특별차에 해당되는데, 트레일러나 전용특장차는 특별용도차에, 합리화 특장차는 특별장비차에 주로 해당
냉장차		소송물품을 냉각제를 사용하여 냉장하는 설비를 갖춤
탱크차		탱크 모양의 용기와 펌프 등을 갖추고 오로지 물, 휘발유 등 액체를 수송
덤프차		화물대를 기울여 적재물을 중력으로 쉽게 미끄러지게 내리는 구조의 특별 장비차(리어 덤프, 사이드 덤프 등)
믹서 자동차		시멘트, 골재(모래 · 자갈), 물을 드럼 내에서 혼합 반죽하여 콘크리트로 하는 특수 장비 자동차로 특히, 생 콘크리트를 교반하면서 수송하는 것을 '애지테이터(agitator)'라 한다.
레커차		크레인 등을 갖추고 고장차를 매달아 올려서 수송
트럭 크레인		크레인을 갖추고 작업을 하는 특수 장비 자동차(레커차는 제외)
크레인붙이 트럭		차에 실은 화물의 쌓아내림용 크레인을 갖춤
풀 트레일러 트랙터		주로 풀 트레일러를 견인하도록 설계된 자동차 (풀 트레일러를 견인하지 않는 경우는 트럭으로 사용 가능)
세미 트레일러용 트랙터		세미 트레일러를 견인하도록 설계된 자동차
폴 트레일러용 트랙터		폴 트레일러를 견인하도록 설계된 자동차

▶ 특수자동차 : 다음의 목적을 위하여 설계 및 장비 된 자동차
ㄱ 특별한 장비를 한 사람 및(또는) 물품의 수송차량
ㄴ 특수한 작업 전용
ㄷ 위 ㄱ과 ㄴ을 겸하여 갖춘 것
ㄹ 차량운반차, 쓰레기 운반차, 모터 캐러반, 탈착 보디 부착 트럭 컨테이너 운반차 등

02 트레일러(trailer)

1 개념

자동차를 동력부분(견인차 또는 트랙터)과 적하부분(피견인차)으로 나누었을 때 적하부분을 지칭하며, 주로 물품 등의 수송을 목적으로 설계되어 도로상을 주행하는 차량

2 트레일러의 종류 필수 암기

종류	구조 및 설명
풀(Full) 트레일러	• 트랙터와 트레일러가 완전히 분리되어 있고 트랙터 자체도 적재함을 가진 트레일러 • 총하중을 트레일러만으로 지탱되도록 설계되어 선단에 견인구 즉 트랙터를 갖춘 트레일러 • 돌리와 조합된 세미 트레일러는 기준 내 차량으로서 적재톤수(세미 트레일러급 14톤에 대해 풀 트레일러급 17톤), 적재량, 용적 모두 세미 트레일러보다 유리
세미(Semi) 트레일러	• 가장 많고 일반적인 트레일러 • 세미 트레일러용 트랙터에 연결하여 총하중의 일부가 견인하는 자동차에 의해 지탱되도록 설계 • 발착지에서 탈착이 용이하고 공간을 적게 차지하므로 후진이 쉬움
폴(Pole) 트레일러	• 파이프, H형강, 기둥, 통나무 등 장척의 적하물 자체가 트랙터와 트레일러의 연결부분을 구성하는 트레일러 • 트랙터에 턴테이블을 비치하고 폴 트레일러를 연결해서 적재함과 턴테이블이 적재물을 고정시키는 것으로 축 거리는 적하물의 길이에 따라 조정 가능
돌리(Dolly)	• 세미 트레일러와 조합해서 풀 트레일러로 하기 위한 견인구를 갖춘 대차

풀 트레일러

세미 트랙터　세미 트레일러　돌리　세미 트레일러

턴테이블

폴 트레일러

【돌리】　【세미 트레일러】

3 트레일러의 구조 형상에 따른 종류

구분	구조 및 형상
평상식	전장의 프레임 상면이 평면의 하대를 가진 구조로, 일반화물이나 강재 등의 수송에 적합
저상식	적재 시 전고가 낮은 화대를 가진 트레일러로서 불도저나 기중기 등 건설장비의 운반에 적합
중저상식	저상식 트레일러 가운데 프레임 중앙 화대부가 오목하게 낮은 트레일러로서 대형 핫 코일(hot coil)이나 중량 블록 화물 등 중량화물의 운반에 편리
스케레탈 트레일러	컨테이너 운송을 위해 제작된 트레일러로서 전후단에 컨테이너 고정장치가 부착
밴 트레일러	화대부분에 밴형의 보데가 장치된 트레일러로서 일반잡화 및 냉동화물 등의 운반용으로 사용
오픈탑 트레일러	밴형 트레일러의 일종으로서 천장에 개구부가 있어 채광이 들어가게 만든 고척화물 운반용
특수용도 트레일러	덤프 트레일러, 탱크 트레일러, 자동차 운반용 트레일러 등

4 트레일러의 장점

① 트랙터의 효율적 이용 : 트랙터와 트레일러의 분리가 가능하여 트레일러가 적화 및 하역을 위해 체류하고 있는 중에도 트랙터 부분은 따로 분리되어 사용 가능할 수 있으므로 회전율 향상

② 효과적인 적재량 : 자동차의 차량총중량은 20톤으로 제한되어 있으나 화물자동차 및 특수자동차(트랙터와 트레일러가 연결된 경우 포함)의 경우 차량총중량은 40톤이다.

③ 탄력적인 작업 : 트레일러를 별도로 분리하여 화물의 적재 또는 하역 가능

④ 트랙터와 운전자의 효율적 운영 : 트랙터 1대로 복수의 트레일러를 운영할 수 있으므로 트랙터와 운전사의 이용효율 향상

⑤ 일시보관기능 : 트레일러에 일시적으로 화물 보관이 가능하므로, 여유있는 유연한 하역작업 가능

⑥ 중계지점에서의 탄력적인 이용 : 중계지점을 중심으로 각각의 트랙터가 기점에서 중계점까지 왕복 운송함으로써 차량운용의 효율 향상

5 연결차량

(1) 연결차량(트레일러 트럭) : 1대의 모터 비이클에 1대 또는 그 이상의 트레일러를 결합시킨 것

(2) 종류

종류	구조 및 특성
단차	• 연결상태가 아닌 자동차 및 트레일러를 지칭하는 용어로, 연결차량에 대응하여 사용
풀 트레일러 연결차량	• 1대의 트럭, 특별차 또는 풀 트레일러용 트랙터와 1대 또는 그 이상의 풀 트레일러를 결합 • 차량 자체의 중량과 화물의 전중량을 자기의 전후 차축만으로 흡수할 수 있는 구조를 가진 트레일러가 붙어 있는 트럭 • 트랙터와 트레일러가 완전히 분리되어 있고, 트랙터 자체도 body를 가지고 있음
풀 트레일러 연결차량	• 보통 트럭에 비해 적재량을 늘릴 수 있다. • 트랙터 한 대에 트레일러 두 세대를 달 수 있어 트랙터와 운전자의 효율적 운용 도모 • 트랙터와 트레일러에 각기 다른 발송지별 또는 품목별 화물을 수송 가능
세미 트레일러 연결차량	• 1대의 세미 트레일러 트랙터와 1대의 세미 트레일러로 이루는 조합 • 자체 차량중량과 적하의 총중량 중 상당부분을 연결장치가 끼워진 세미 트레일러 트랙터에 지탱시키는 하나 이상의 자축을 가진 트레일러를 갖춘 트럭으로서, 트레일러의 일부 하중을 트랙터가 부담하는 형태 • 잡화수송에는 밴형, 중량물에는 중량형 세미 트레일러 또는 중저상식 트레일러 등이 사용 • 발착지에서의 트레일러 탈착이 용이하고 공간을 적게 차지하며 후진이 용이
더블 트레일러 연결차량	• 1대의 세미 트레일러용 트랙터와 1대의 세미 트레일러 및 1대의 풀 트레일러로 이루는 조합
폴 트레일러 연결차량	• 1대의 폴 트레일러용 트랙터와 1대의 폴 트레일러로 이루는 조합 • 대형 파이프, 교각, 대형 목재 등 장척화물을 운반하는 트레일러가 부착된 트럭 • 트랙터에 장치된 턴테이블에 폴 트레일러를 연결하고, 하대와 턴테이블에 적재물을 고정시켜서 수송

1 카고(cargo) 트럭

① 개요 : 하대*에 간단히 접는 형식의 문짝을 단 차량으로 일반적으로 트럭(또는 카고 트럭)이라고 함

② 특징 : 우리나라에서 가장 보유대수가 많고 일반화된 것으로 적재량 1톤 미만의 소형차로부터 12톤 이상의 대형차까지 다양

> ▶ 하대의 구성
> • 받침부분 : 귀틀 부분(세로귀틀, 가로귀틀)
> • 바닥부분 : 화물을 얹는 부분
> • 문짝 : 짐이 무너지는 것을 방지

2 전용 특장차

차량의 적재함을 특수한 화물에 적합하도록 구조를 갖추거나 특수한 작업이 가능하도록 기계장치를 부착한 차량

종류	특성
덤프트럭	• 특장차 중 대표적인 차종으로 적재함 높이를 경사지게 하여 적재물을 쏟아내리는 것으로 주로 흙, 모래를 수송하는 데 사용 • 무거운 토사를 포크레인 등으로 거칠게 적재하기 때문에 차체는 견고
벌크차 (분립체 수송차)	• 분립체(시멘트, 사료, 곡물, 화학제품, 식품 등)를 자루에 담지 않고 실물상태로 운반하는 차량 • 하대는 밀폐형 탱크 구조로서 상부에서 적재하고 스크루식, 공기압송식, 덤프식 또는 이들을 병용하여 배출함 • 시멘트 수송차량이 가장 많고 그 다음이 사료 수송 차량인데, 식품에서는 밀가루 수송에 사용되는 비율이 높아지고 있다. • 물류면에서 보면 포장의 생략, 하역의 기계화라는 관점에서 합리적
액체 수송차 (탱크로리)	• 각종 액체를 수송하기 위해 탱크 형식의 적재함을 장착한 차량 • 위험물 탱크로리 : 화학제품(휘발유, 등유 등 석유제품, 메타놀, 농황산 등)이 포함되며 소방법에 의해 구조 및 취급상 엄격한 제약을 받음 • 비위험물 탱크로리 : 우유, 간장 등 식품이 포함, 소방법의 제약은 없음
믹서차	• 적재함 위에 회전하는 드럼을 싣고 이 속에 생 콘크리트를 뒤섞으면서 토목건설 현장 등으로 운행하는 차량 • 보디 부분을 움직이면서 수송하는 기능을 갖고 있으며 대형차가 주류를 이룸
냉동차	• 적재함 내를 냉각시키는 방법에 의한 분류 : 기계식, 축냉식, 액체질소식, 드라이아이스식 • 식료품 가격의 안정을 위해 저온 유통기구(Cold chain)의 정비 요망 • 콜드 체인 : 신선식품을 냉동, 냉장, 저온 상태에서 생산자로부터 소비자에게 전달하는 구조 • 보냉고(냉장차) : 보디는 단열되어 있는데, 냉동장치를 갖추지 않은 것
기타	차량 운반차, 목재 운반차, 컨테이너 수송차, 프레하브 전용차, 보트 운반차, 가축 운반차, 말 운반차, 지육 수송차, 병 운반차, 팰레트 전용차, 행거차 등

❸ 합리화 특장차

화물을 싣거나 부릴 때에 발생하는 하역을 합리화하는
설비기기를 차량 자체에 장비하고 있는 차

종류	특성
실내하역기기 장비차	• 적재함 바닥면에 롤러컨베이어, 로더용 레일, 팔레트 이동용의 팔레트 슬라이더 또는 컨베이어 등을 장치함으로써 적재함 하역의 합리화를 도모
측방 개폐차	• 화물에 시트를 치거나 로프를 거는 작업을 합리화하고, 동시에 지게차에 의해 짐부리기를 간편화할 목적으로 개발 • 스태빌라이저 차는 보디에 스태빌라이저를 장치하고, 수송 중 화물의 무너짐 방지 목적
쌓기 · 부리기 합리화차	• 리프트게이트, 크레인 등을 장비하고 쌓기 · 부리기 작업의 합리화를 위한 차량 • 차량 뒷부분에 리프트게이트를 장치한 리프트게이트 부착 트럭 또는 크레인 부착 트럭 등
시스템 차량	• 트레일러 방식의 소형트럭을 가리키며 CB(Changeable body)차 또는 탈착 보디차를 말함 • 보디의 탈착 방식 : 기계식, 유압식, 차의 유압장치를 사용하는 것 (예 : 청소차)

▶ 기타
 • 측면개폐유개차 : 팔레트를 측면으로부터 상 · 하 하역이 가능한 차
 • 팔레트 로더용 가드레일차 : 후방으로부터 화물을 상 · 하 하역할 때 가드레일이나 롤러를 장치한 차

【시스템 차량】

【측면개폐유개차】

1 한국산업표준(KS)에 따른 화물자동차의 종류에 대한 설명으로 옳은 것은?

① 보닛 트럭 : 원동기부의 덮개가 운전실의 뒤쪽에 나와 있는 트럭
② 캡 오버 엔진 트럭 : 원동기의 전부 또는 대부분이 운전실의 아래쪽에 있는 트럭
③ 밴 : 차에 실은 화물의 쌓아 내림용 크레인을 갖춘 특수장비 자동차
④ 픽업 : 픽업 : 화물실의 지붕이 있고, 옆판이 운전대와 분리되어 있는 소형트럭

① 보닛 트럭 : 원동기부의 덮개가 운전실의 앞쪽에 나와 있는 트럭
③ 밴 : 상자형 화물실을 갖추고 있는 트럭
④ 픽업 : 화물실의 지붕이 없고, 옆판이 운전대와 일체로 되어 있는 소형트럭

2 화물자동차의 종류 중 크레인 등을 갖추고 고장차의 앞 또는 뒤를 매달아 올려서 수송하는 특수 장비 자동차는?

① 레커차　② 풀 트레일러 트랙터
③ 덤프차　④ 탱크차

크레인 등을 갖추고 고장차의 앞 또는 뒤를 매달아 올려서 수송하는 특수 장비 자동차는 레커차이다.

3 화물자동차의 종류 중 원동기부의 덮개가 운전실의 앞쪽에 나와 있는 트럭을 무엇이라 하는가?

① 보닛 트럭　② 탱크차
③ 덤프차　④ 믹서 자동차

원동기부의 덮개가 운전실의 앞쪽에 나와 있는 트럭을 보닛 트럭이라 한다.

4 트레일러의 개념에 대한 설명으로 틀린 것은?

① 동력을 갖추고 있지 않다.
② 모터 비이클에 의해 견인된다.
③ 사람 및 물품을 수송하는 목적으로 설계되어 도로상을 주행한다.
④ 자동차를 동력부분과 적하부분으로 나누었을 때 동력부분을 지칭한다.

자동차를 동력부분(견인차 또는 트랙터)과 적하부분(피견인차)으로 나누었을 때 적하부분을 지칭한다.

5 특별한 기계를 갖추고 그것을 자동차의 원동기로 구동할 수 있도록 되어 있는 특수장비차에 해당하지 않는 것은?

① 믹서 자동차　② 소방차
③ 냉동차　④ 구급차

구급차는 특수용도차에 해당한다.

6 트레일러의 종류 중 세미 트레일러와 조합해서 풀 트레일러로 하기 위한 견인구를 갖춘 대차를 무엇이라 하는가?

① 풀 트레일러　② 세미 트레일러
③ 폴 트레일러　④ 돌리

세미 트레일러와 조합해서 풀 트레일러로 하기 위한 견인구를 갖춘 대차를 돌리라고 한다.

7 다음 중 풀 트레일러에 대한 설명으로 잘못된 것은?

① 트랙터와 트레일러가 완전 분리되어 있고 트랙터 자체도 적재함을 가진 트레일러이다.
② 총하중을 트레일러만으로 지탱되도록 설계되어 선단에 견인구 즉 트랙터를 갖춘 트레일러이다.
③ 적재량, 용적 모두 세미트레일러보다는 유리하다.
④ 발착지에서 탈착이 용이하고 공간을 적게 차지해서 후진이 쉽다.

발착지에서 탈착이 용이하고 공간을 적게 차지해서 후진이 쉬운 트레일러는 세미 트레일러이다.

8 적재 시 전고가 낮은 화대를 가진 트레일러로서 불도저나 기중기 등 건설장비의 운반에 적합한 트레일러는?

① 평상식 트레일러
② 저상식 트레일러
③ 밴 트레일러
④ 오픈탑 트레일러

불도저나 기중기 등 건설장비의 운반에 적합한 트레일러는 저상식 트레일러이다.

정답　1② 2① 3① 4④ 5④ 6④ 7④ 8②

9 트레일러에 대한 설명으로 잘못된 것은?

① 총중량이 20톤으로 제한되어 있어 활용 범위가 크지 않은 단점이 있다.

② 트레일러를 별도로 분리하여 화물을 적재하거나 하역할 수 있다.

③ 트랙터 1대로 복수의 트레일러를 운영할 수 있으므로 트랙터와 운전사의 이용효율을 높일 수 있다.

④ 트레일러 부분에 일시적으로 화물을 보관하고 유연한 하역작업을 할 수 있다.

> 트럭은 총중량이 20톤으로 제한되어 있으나 트레일러의 경우 트랙터, 트레일러의 각 부분이 20톤으로 합계 40톤을 적재·수송할 수 있다.

10 1대의 세미 트레일러용 트랙터와 1대의 세미 트레일러 및 1대의 풀 트레일러로 이루는 조합의 연결차량을 무엇이라 하는가?

① 풀 트레일러 연결차량
② 세미 트레일러 연결차량
③ 더블 트레일러 연결차량
④ 폴 트레일러 연결차량

> ① 풀 트레일러 연결차량 : 1대의 트럭, 특별차 또는 풀 트레일러용 트랙터와 1대 또는 그 이상의 독립된 풀 트레일러를 결합한 조합
> ② 세미 트레일러 연결차량 : 1대의 세미 트레일러 트랙터와 1대의 세미 트레일러로 이루는 조합
> ④ 폴 트레일러 연결차량 : 1대의 폴 트레일러용 트랙터와 1대의 폴 트레일러로 이루는 조합

11 발착지에서의 트레일러 탈착이 용이하고 공간을 적게 차지하며 후진이 용이한 연결차량은?

① 풀 트레일러 연결차량
② 세미 트레일러 연결차량
③ 더블 트레일러 연결차량
④ 폴 트레일러 연결차량

> 세미 트레일러 연결차량은 1대의 세미 트레일러 트랙터와 1대의 세미트레일러로 이루는 조합으로 발착지에서의 트레일러 탈착이 용이하고 공간을 적게 차지하며 후진이 용이하다.

12 다음 전용특장차 중 하대는 밀폐형 탱크 구조로서 상부에서 적재하고 스크루식, 공기압송식, 덤프식 또는 이들을 병용하여 배출하는 차량은?

① 벌크차량
② 믹서차량
③ 덤프트럭
④ 탱크로리

> 하대는 밀폐형 탱크 구조로서 상부에서 적재하고 스크루식, 공기압송식, 덤프식 또는 이들을 병용하여 배출하는 전용특장차는 벌크차량이다.

13 다음 중 화물을 싣거나 부릴 때에 발생하는 하역을 합리화하는 설비기기를 차량 자체에 장비하고 있는 합리화 특장차의 종류에 해당하는 것은?

① 벌크차량
② 믹서차량
③ 덤프트럭
④ 시스템 차량

> 합리화 특장차에 해당하는 것은 시스템 차량이다.

14 우리나라에서 가장 일반화된 것으로 적재량 1톤 미만의 소형차로부터 12톤 이상의 대형차까지 다양한 화물자동차는?

① 카고 트럭
② 믹서차량
③ 덤프트럭
④ 탱크로리

> 적재량 1톤 미만의 소형차로부터 12톤 이상의 대형차까지 다양한 화물자동차는 카고 트럭이다.

15 팔레트 화물 취급 시 팔레트를 측면으로부터 상하 하역이 가능한 차를 무엇이라고 하는가?

① 측면개폐유개차
② 팔레트 로더용 가드레일차
③ 스태빌라이저 장치차
④ 델리베리카

> 팔레트를 측면으로부터 상하 하역이 가능한 차는 측면개폐유개차이다.

정답 **9** ① **10** ③ **11** ② **12** ① **13** ④ **14** ① **15** ①

07 화물운송의 책임한계

이사화물 표준약관과 택배 표준약관의 손해배상에 대해 구분해서 암기하도록 한다. 사고유형별 손해배상은 절대 혼동하지 않도록 한다.

01 이사화물 표준약관의 규정

① 인수거절

(1) 인수거절 가능한 이사화물

① 현금, 유가증권, 귀금속, 예금통장, 신용카드, 인감 등 고객이 휴대 가능한 귀중품

② 위험품, 불결한 물품 등 다른 화물에 손해를 끼칠 염려가 있는 물건

③ 특수한 관리가 필요하여 다른 화물과 동시에 운송하기에 적합하지 않은 동식물, 미술품(골동품) 등

③ 일반이사화물의 종류, 무게, 부피, 운송거리 등에 따라 운송에 적합하도록 포장할 것을 사업자가 요청하였으나 고객이 이를 거절한 물건

> 인수 거절 가능한 이사화물이라 하더라도 특별한 운송은 고객과 합의한 경우에는 인수할 수 있다.

② 계약해제에 따른 손해배상액

(1) 고객의 책임으로 인한 계약해제

① 약정 인수일 1일 전까지 해제를 통지한 경우 : 계약금

② 약정 인수일 당일에 해제를 통지한 경우 : 계약금의 배액

(2) 사업자의 책임으로 인한 계약해제

① 약정 인수일 2일 전까지 해제를 통지한 경우 : 계약금의 배액

② 약정 인수일 1일 전까지 해제를 통지한 경우 : 계약금의 4배액

③ 약정 인수일 당일에 해제를 통지한 경우 : 계약금의 6배액

④ 약정 인수일 당일에도 해제를 통지하지 않은 경우 : 계약금의 10배액

(3) 손해배상 청구

사업자의 귀책사유로 약정된 인수일시로부터 2시간 이상 지연된 경우 고객은 계약을 해제하고 계약금의 반환 및 계약금 6배액의 손해배상 청구 가능

③ 손해배상

(1) 사업자의 손해배상

① 연착되지 않은 경우

사고 유형	처리
전부 또는 일부 멸실된 경우	약정된 인도일과 도착장소에서의 이사화물의 가액을 기준으로 산정한 손해액 지급
훼손된 경우	• 수선이 가능한 경우 : 수선 • 수선이 불가능한 경우 : 약정된 인도일과 도착장소에서의 이사화물의 가액을 기준으로 산정한 손해액 지급

② 연착된 경우

사고 유형	처리
멸실 및 훼손되지 않은 경우	• 계약금의 10배액 한도에서 약정된 인도일시로부터 연착된 1시간마다 계약금의 반액을 곱한 금액(연착시간 수×계약금×1/2)의 지급 • 연착시간 수의 계산에서 1시간 미만의 시간은 산입하지 않음
일부 멸실된 경우	(약정된 인도일과 도착장소에서의 이사화물의 가액을 기준으로 산정한 손해액) + (약정된 인도일시로부터 연착된 1시간마다 계약금의 반액을 곱한 금액) 지급

훼손된 경우	• 수선이 가능한 경우 : 수선 + (약정된 인도일시로부터 연착된 1시간마다 계약금의 반액을 곱한 금액 지급) • 수선이 불가능한 경우 : (약정된 인도일과 도착장소에서의 이사화물의 가액을 기준으로 산정한 손해액) + (약정된 인도일시로부터 연착된 1시간마다 계약금의 반액을 곱한 금액) 지급

▶ 본 규정과 관계없이 민법의 규정에 따라 손해를 배상해야 하는 경우
  • 이사화물의 멸실, 훼손 또는 연착이 고의 또는 중대한 과실로 인해 발생한 경우
  • 고객이 손해액을 입증한 경우

(2) 고객의 손해배상
  ① 고객의 책임으로 지체된 경우
    • 약정된 인수일시로부터 지체된 1시간마다 계약금의 반액을 곱한 금액(지체 시간 수×계약금×1/2)
    • 손해배상 한도 : 계약금의 배액
    • 1시간 미만의 시간은 산입하지 않음
  ② 2시간 이상 지체된 경우 계약 해제 및 계약금의 배액 청구 가능

4 사업자의 면책
사업자는 다음의 사유로 이사화물의 멸실, 훼손 또는 연착한 경우 손해배상의 책임이 없음
  ① 이사화물의 결함, 자연적 소모
  ② 이사화물의 성질에 의한 발화, 폭발, 물그러짐, 곰팡이 발생, 부패, 변색 등
  ③ 법령 또는 공권력의 발동에 의한 운송의 금지, 개봉, 몰수, 압류 또는 제3자에 대한 인도
    → ①~③ : 입증이 필요함
  ④ 천재지변 등 불가항력적인 사유

5 멸실·훼손과 운임 등
  ① 천재지변 등 불가항력적 사유 또는 고객의 책임 없는 사유로 전부 또는 일부 멸실되거나 수선이 불가능할 정도로 훼손된 경우 사업자는 그 멸실·훼손된 이사화물에 대한 운임을 청구하지 못한다. (사업자가 이미 운임을 받은 때는 반환)
  ② 이사화물이 그 성질이나 하자 등 고객의 책임있는 사유로 전부 또는 일부 멸실되거나 수선이 불가능할 정도로 훼손된 경우에는 사업자는 그 멸실·훼손된 이사화물에 대한 운임 청구 가능

6 책임의 특별소멸사유와 시효
  ① 이사화물의 일부 멸실 또는 훼손에 대한 사업자의 손해배상책임은 고객이 이사화물을 인도받은 날로부터 30일 이내에 그 일부 멸실 또는 훼손의 사실을 사업자에게 통지하지 않으면 소멸
  ② 이사화물의 멸실, 훼손 또는 연착에 대한 사업자의 손해배상책임은 고객이 이사화물을 인도받은 날로부터 1년이 경과하면 소멸

▶ 이사화물이 전부 멸실된 경우에는 약정된 인도일부터 기산한다.

  ③ 위 ①, ②의 경우 사업자 또는 그 사용인이 이사화물의 일부 멸실 또는 훼손의 사실을 알면서 이를 숨기고 이사화물을 인도한 경우에는 적용되지 않음

▶ ③의 경우에는 사업자의 손해배상책임은 고객이 이사화물을 인도받은 날로부터 5년간 존속한다.

7 사고증명서의 발행
이사화물이 운송 중에 멸실, 훼손 또는 연착된 경우 사업자는 고객의 요청이 있으면 그 멸실·훼손 또는 연착된 날로부터 1년에 한하여 사고증명서를 발행한다.

▶ 사업자와 고객 간의 소송은 민사소송법상의 관할에 관한 규정에 따른다.

02 택배 표준약관의 규정

1 운송물을 수탁거절할 수 있는 경우

① 고객이 운송장에 필요한 사항을 기재하지 않은 경우

② 고객이 규정에 의한 청구나 승낙을 거절하여 운송에 적합한 포장이 되지 않은 경우

③ 고객이 규정에 의한 확인을 거절하거나 운송물의 종류와 수량이 운송장에 기재된 것과 다른 경우

④ 운송물1포장의크기가가로·세로·높이세변의합이 (   )cm를 초과하거나, 최장변이 (   )cm를 초과하는 경우

⑤ 운송물 1포장의 무게가 ( )kg, 가액이 300만원을 초과하는 경우

⑥ 운송물의 인도예정일(시)에 따른 운송이 불가능한 경우

⑦ 운송물이 위험한 물건(화약류, 인화물질 등), 위법한 물건(밀수품, 군수품, 부정 임산물 등) 또는 현금화가 가능한 물건(현금, 카드, 어음, 수표, 유가증권 등)인 경우

⑧ 운송물이 재생 불가능한 계약서, 원고, 서류 등인 경우

⑨ 운송물이 살아있는 동물, 동물사체 등인 경우

⑩ 운송이 법령, 사회질서, 기타 선량한 풍속에 반하는 경우

⑪ 운송이 천재지변, 기타 불가항력적인 사유로 불가능한 경우

2 운송물의 인도일

(1) 운송장에 인도예정일의 기재가 있는 경우

그 기재된 날

(2) 운송장에 인도예정일의 기재가 없는 경우

운송장에 기재된 운송물의 수탁일로부터 인도예정 장소에 따라 다음 일수에 해당하는 날

① 일반 지역 : 2일

② 도서, 산간벽지 : 3일

3 수하인 부재 시의 조치

① 운송물 인도 시에는 수하인으로부터 인도확인을 받아야 하며, 수하인의 대리인에게 운송물을 인도 시 수하인에게 그 사실을 통지

② 수하인의 부재로 인해 운송물을 인도할 수 없는 경우에는 수하인에게 운송물을 인도하고자 한 일시, 사업자의 명칭, 문의할 전화번호, 기타 운송물의 인도에 필요한 사항을 기재한 서면(부재중 방문표)으로 통지한 후 사업소에 운송물 보관

4 손해배상

(1) 고객이 운송장에 운송물의 가액을 기재한 경우

사고 유형	처리
① 전부 또는 일부 멸실된 경우	운송장에 기재된 가액을 기준으로 산정한 손해액
② 훼손된 경우	• 수선이 가능한 경우 : 수선 • 수선이 불가능한 경우 : 운송장에 기재된 가액을 기준으로 산정한 손해액
③ 연착되고 일부 멸실 및 훼손되지 않은 경우	• 일반적인 경우 : 초과일수 × 운송장 기재 운임액 × 50%(운송장 기재 운임액의 200% 한도) • 특정 일시에 사용할 운송물의 경우 : 운송장 기재 운임액의 200%
④ 연착되고 일부 멸실 또는 훼손된 경우	위의 ① 또는 ②에 의함

(2) 고객이 운송물의 가액을 기재하지 않은 경우

손해배상한도액은 50만원으로 하되, 운송물의 가액에 따라 할증요금을 지급하는 경우의 손해배상한도액은 각 운송가액 구간별 운송물의 최고가액으로 한다.

사고 유형	처리
① 전부 멸실된 경우	인도예정일의 인도예정 장소에서의 운송물 가액을 기준으로 산정한 손해액
② 일부 멸실된 경우	인도일의 인도장소에서의 운송물 가액을 기준으로 산정한 손해액

사고 유형	처리
③ 훼손된 경우	• 수선이 가능한 경우 : 수선 • 수선이 불가능한 경우 : 인도일의 인도장소에서의 운송물 가액을 기준으로 산정한 손해액
④ 연착되고 일부 멸실 및 훼손되지 않은 때	• 일반적인 경우 : 초과일수 × 운송장 기재 운임액 × 50%(운송장 기재 운임액의 200% 한도) • 특정 일시에 사용할 운송물의 경우 : 운송장 기재 운임액의 200%
⑤ 연착되고 일부 멸실된 경우	인도일의 인도장소에서의 운송물 가액을 기준으로 산정한 손해액
⑥ 연착되고 훼손된 경우	• 수선이 가능한 경우 : 수선 • 수선이 불가능한 경우 : 인도예정일의 인도장소에서의 운송물 가액을 기준으로 산정한 손해액

※ 운송물의 멸실, 훼손 또는 연착이 고의 또는 중대한 과실로 인하여 발생한 때에는 위의 규정에 관계없이 모든 손해를 배상한다.

5 사업자의 면책

천재지변, 기타 불가항력적인 사유에 의하여 발생한 운송물의 멸실, 훼손 또는 연착에 대해서는 손해배상책임을 지지 않음

6 책임의 특별소멸사유와 시효

① 운송물의 일부 멸실 또는 훼손에 대한 사업자의 손해배상책임은 수하인이 운송물 수령일로부터 14일 이내에 그 사실을 사업자에게 통지하지 않으면 소멸

② 운송물의 일부 멸실, 훼손 또는 연착에 대한 사업자의 손해배상책임은 수하인이 운송물 수령일로부터 1년이 경과하면 소멸(다만, 운송물이 전부 멸실된 경우에는 그 인도예정일로부터 기산)

③ 위 ①과 ②는 사업자 또는 그 사용인이 운송물의 일부 멸실 또는 훼손의 사실을 알면서 이를 숨기고 운송물을 인도한 경우에는 적용되지 않음(이 경우, 사업자의 손해배상책임은 수하인이 운송물 수령일로부터 5년간 존속)

1 이사화물 표준약관의 규정상 고객이 약정 인수일 당일에 계약해제를 통지한 경우의 손해배상액은 얼마인가?

① 계약금
② 계약금의 배액
③ 계약금의 4배액
④ 계약금의 6배액

> **고객의 책임으로 인한 계약해제**
> • 약정 인수일 1일 전까지 해제를 통지한 경우 : 계약금
> • 약정 인수일 당일에 해제를 통지한 경우 : 계약금의 배액

2 이사화물 표준약관의 규정상 사업자가 약정 인수일 당일에 계약해제를 통지한 경우의 손해배상액은 얼마인가?

① 계약금
② 계약금의 배액
③ 계약금의 4배액
④ 계약금의 6배액

> **사업자의 책임으로 인한 계약해제**
> • 약정 인수일 2일 전까지 해제를 통지한 경우 : 계약금의 배액
> • 약정 인수일 1일 전까지 해제를 통지한 경우 : 계약금의 4배액
> • 약정 인수일 당일에 해제를 통지한 경우 : 계약금의 6배액
> • 약정 인수일 당일에도 해제를 통지하지 않은 경우 : 계약금의 10배액

3 이사화물 표준약관의 규정상 계약해제에 따른 손해배상에 대한 설명으로 잘못된 것은?

① 고객이 약정 인수일 1일 전까지 계약해제를 통지한 경우의 손해배상액은 계약금에 해당한다.
② 사업자가 약정 인수일 2일 전까지 해제를 통지한 경우의 손해배상액은 계약금의 배액이다.
③ 사업자가 약정 인수일 1일 전까지 해제를 통지한 경우의 손해배상액은 계약금의 4배액이다.
④ 사업자의 귀책사유로 약정된 인수일시로부터 2시간 이상 지연된 경우 고객은 계약을 해제하고 계약금의 반환 및 계약금 4배액의 손해배상을 청구할 수 있다.

> 사업자의 귀책사유로 약정된 인수일시로부터 2시간 이상 지연된 경우 고객은 계약을 해제하고 계약금의 반환 및 계약금 6배액의 손해배상을 청구할 수 있다.

4 이사화물 표준약관의 규정상 사업자가 약정 인수일 당일에도 계약해제를 통지하지 않은 경우의 손해배상액은 얼마인가?

① 계약금의 배액
② 계약금의 4배액
③ 계약금의 6배액
④ 계약금의 10배액

5 다음 중 이사화물 표준약관의 규정상 민법의 규정에 따라 손해를 배상해야 하는 경우에 해당하는 것은?

① 연착되지 않고 전부 또는 일부가 멸실된 경우
② 연착되지 않고 물품이 훼손되어 수선이 불가능한 경우
③ 연착되고 물품이 훼손되어 수선이 불가능한 경우
④ 고객이 손해액을 입증한 경우

> **민법의 규정에 따라 손해를 배상해야 하는 경우**
> • 이사화물의 멸실, 훼손 또는 연착이 고의 또는 중대한 과실로 인해 발생한 경우
> • 고객이 손해액을 입증한 경우

6 다음은 이사화물의 멸실, 훼손 또는 연착이 발생한 경우 사업자에게 손해배상의 책임이 면제되는 경우이다. 이 중 사업자가 입증을 해야 하는 경우에 해당하지 않는 것은?

① 이사화물의 결함, 자연적 소모
② 이사화물의 성질에 의한 발화, 폭발, 물그러짐, 곰팡이 발생, 부패, 변색 등
③ 법령 또는 공권력의 발동에 의한 운송의 금지, 개봉, 몰수, 압류 또는 제3자에 대한 인도
④ 천재지변 등 불가항력적인 사유

> 천재지변 등 불가항력적인 사유는 입증할 필요가 없다.

7 고객의 책임 있는 사유로 이사화물의 인수가 지체된 경우 고객은 얼마의 손해배상액을 사업자에게 지급해야 하는가?

① 지체 시간 수 × 계약금 × 1/2
② 지체 시간 수 × 계약금 × 1/4
③ 지체 시간 수 × 계약금 × 1/6
④ 지체 시간 수 × 계약금 × 1/8

정답 1② 2④ 3④ 4④ 5④ 6④ 7①

8 ★★ 고객의 귀책사유로 이사화물의 인수가 약정된 일시로부터 몇 시간 이상 지체된 경우 사업자는 계약을 해제하고 계약금의 배액을 손해배상으로 청구할 수 있는가?

① 1시간
② 2시간
③ 3시간
④ 4시간

> 고객의 귀책사유로 2시간 이상 지체된 경우 계약 해제 및 계약금의 배액 청구가 가능하다.

9 ★★★ 이사화물의 일부 멸실 또는 훼손에 대한 사업자의 손해배상 책임은 고객이 이사화물을 인도받은 날로부터 며칠 이내에 그 일부 멸실 또는 훼손의 사실을 사업자에게 통지하지 않으면 소멸하는가?

① 10일
② 20일
③ 30일
④ 40일

> 이사화물의 일부 멸실 또는 훼손에 대한 사업자의 손해배상책임은 고객이 이사화물을 인도받은 날로부터 30일 이내에 그 일부 멸실 또는 훼손의 사실을 사업자에게 통지하지 않으면 소멸한다.

10 ★★★ 다음은 화물배송 시 발생할 수 있는 손해배상에 대한 설명이다. 옳지 않은 것은?

① 이사화물의 일부 멸실 또는 훼손에 대한 사업자의 손해배상책임은 고객이 이사화물을 인도받은 날로부터 15일 이내에 그 일부 멸실 또는 훼손의 사실을 사업자에게 통지하지 아니하면 소멸한다.
② 이사화물의 멸실, 훼손 또는 연착에 대한 사업자의 손해배상책임은 고객이 이사화물을 인도받은 날로부터 1년이 경과하면 소멸한다.
③ 이사화물이 운송 중에 멸실, 훼손 또는 연착된 경우 사업자는 고객의 요청이 있으면 그 멸실·훼손 또는 연착된 날로부터 1년에 한하여 사고증명서를 발행한다.
④ 이사화물이 그 성질이나 하자 등 고객의 책임 있는 사유로 전부 또는 일부 멸실된 경우 사업자는 그 멸실·훼손된 이사화물에 대한 운임을 청구할 수 있다.

> **이사화물의 일부 멸실 또는 훼손에 대한 사업자의 손해배상책임**
> 고객이 이사화물을 인도받은 날로부터 30일 이내에 그 일부 멸실 또는 훼손의 사실을 사업자에게 통지하지 아니하면 소멸한다.

11 ★★★ 다음 택배 표준약관의 규정 중 운송물을 수탁거절할 수 있는 경우가 아닌 것은?

① 고객이 운송장에 필요한 사항을 기재하지 아니한 경우
② 고객이 규정에 의한 청구나 승낙을 거절하여 운송에 적합한 포장이 되지 않은 경우
③ 운송물 1포장의 가액이 100만원을 초과하는 경우
④ 운송물이 밀수품, 군수품, 부정임산물 등 위법한 물건인 경우

> 운송물 1포장의 가액이 300만원을 초과하는 경우 운송물을 수탁거절할 수 있다.

12 ★★★★★ 운송장에 인도예정일의 기재가 없는 경우 일반지역은 몇 일 이내에 운송물을 인도해야 하는가?

① 1일
② 2일
③ 3일
④ 4일

> **운송물의 인도일**
> • 운송장에 인도예정일의 기재가 있는 경우에는 그 기재된 날
> • 운송장에 인도예정일의 기재가 없는 경우에는 운송장에 기재된 운송물의 수탁일로부터 인도예정 장소에 따라 다음 일수에 해당하는 날
>   – 일반 지역 : 2일
>   – 도서, 산간벽지 : 3일

13 ★★ 택배표준약관의 규정에서 고객이 운송물의 가액을 기재하지 않은 경우의 손해배상한도액은 얼마인가?

① 30만원
② 50만원
③ 80만원
④ 100만원

> 고객이 운송물의 가액을 기재하지 않은 경우 손해배상한도액은 50만원으로 하되, 운송물의 가액에 따라 할증요금을 지급하는 경우의 손해배상한도액은 각 운송가액 구간별 운송물의 최고가액으로 한다.

정답   8 ②   9 ③   10 ①   11 ③   12 ②   13 ②

14 택배표준약관의 규정에서 운송물의 일부 멸실 또는 훼손에 대한 사업자의 손해배상책임은 수하인의 운송물 수령일로부터 며칠 이내에 사업자에게 통지하지 않으면 소멸하는가?

① 7일
② 10일
③ 14일
④ 20일

운송물의 일부 멸실 또는 훼손에 대한 사업자의 손해배상책임은 수하인이 운송물 수령일로부터 14일 이내에 그 사실을 사업자에게 통지하지 않으면 소멸한다.

15 택배표준약관의 규정에서 운송물의 일부 멸실, 훼손 또는 연착에 대한 사업자의 손해배상책임은 수하인의 운송물 수령일로부터 몇 년이 경과하면 소멸하는가?

① 1년
② 2년
③ 3년
④ 4년

운송물의 일부 멸실, 훼손 또는 연착에 대한 사업자의 손해배상책임은 수하인이 운송물 수령일로부터 1년이 경과하면 소멸한다.

출제문항수
25

CHAPTER

03

안전운행에 관한 사항

교통사고의 요인

Main
Key
Point

제3장에서는 총 25문제가 출제된다. 교통사고의 4대요인은 꼭 구분해서 암기하도록 하자. 정지시력·동체시력, 명순응·암순응, 착각, 운전피로는 어려운 내용이 아니니 잘 이해해서 점수를 확보하도록 한다. 물리적 현상, 자동차의 진동, 타이어 마모, 자동차의 점검, 도로요인도 출제 빈도가 높으므로 확실히 하고 넘어가도록 한다.

01 개요

1 교통사고의 4대 요인

인적요인	• 운전자 또는 보행자의 신체적·생리적 조건 • 위험의 인지와 회피에 대한 판단, 심리적 조건 • 운전자의 적성, 자질, 운전습관, 내적 태도
차량요인	• 차량구조장치, 부속품 또는 적하
도로요인	• 도로구조 : 도로의 선형, 노면, 차로수, 노폭, 구배 • 안전시설 : 신호기, 노면표시, 방호책
환경요인	• 자연환경 : 기상, 일광 등의 자연조건 • 교통환경 : 차량 교통량, 운행차 구성, 보행자 교통량 등의 교통상황 • 사회환경 : 일반국민·운전자·보행자 등의 교통도덕, 정부의 교통정책, 교통단속과 형사처벌 • 구조환경 : 교통여건 변화, 차량점검 및 정비관리자와 운전자의 책임한계

▶ 교통사고의 3대 요인 : 인적요인, 차량요인, 도로·환경요인
▶ 교통사고의 4대 요인 : 인적요인, 차량요인, 도로요인, 환경요인
▶ 도로교통체계의 구성요소 : 운전자 및 보행자를 비롯한 도로 사용자, 도로 및 교통신호등 등의 환경, 차량

02 운전자 요인과 안전운행

1 인지, 판단, 조작

① 인지 : 교통상황을 알아차리는 것
② 판단 : 어떻게 자동차를 움직이고 운전할 것인지를 결정
③ 조작 : 그 결정에 따라 자동차를 움직이는 운전행위

운전자 요인에 의한 교통사고 중 인지과정의 결함에 의한 사고가 가장 많으며 이어서 판단, 조작 과정의 결함 순이다.

2 운전특성

① 신체·생리적 조건 : 피로, 약물, 질병 등
② 심리적 조건 : 흥미, 욕구, 정서 등

3 시각특성

(1) 운전 관련 시각 특성

① 운전에 필요한 정보의 대부분은 시각을 통해 획득
② 속도가 빨라질수록 → 시력이 떨어짐, 시야 범위가 좁아짐, 전방주시점 멀어짐

(2) 정지시력

① 정지된 사물을 보는 시력(병원 등에서의 건강검진 시 측정하는 시력)
② 아주 밝은 상태에서 1/3inch(0.85cm) 크기의 글자를 20ft (6.10m) 거리에서 읽을 수 있는 시력을 말하며, 정상시력은 20/20으로 나타낸다.
③ 5m 거리에서 흰 바탕에 검정으로 그린 란돌트 고리 시표(직경 7.5mm, 굵기와 틈의 폭이 각각 1.5mm)의 끊어진 틈을 식별할 수 있는 시력(이 경우의 정상시력은 1.0)
  • 예 10m 거리에서 15mm 크기의 문자를 읽을 수 있을 경우의 시력 : 1.0

- **예** 5m 거리에서 15mm 크기의 문자를 읽을 수 있을 경우의 시력 : 0.5

> ▶ 면허 종류에 따른 시력기준(교정시력)
> ① 제1종 운전면허 : 두 눈을 동시에 뜨고 잰 시력이 0.8 이상, 양쪽 눈의 시력이 각각 0.5 이상
> ② 제2종 운전면허 : 두 눈을 동시에 뜨고 잰 시력이 0.5 이상. 한쪽 눈을 보지 못하는 사람은 0.6 이상
> ※ 적색, 녹색, 황색의 색채 식별이 가능할 것

(3) 동체시력 **필수암기**

① 움직이는 물체(자동차, 사람 등) 또는 움직이면서(운전하면서) 다른 자동차나 사람 등의 물체를 보는 시력

② 정지시력이 1.2인 사람이 시속 50km로 운전하면서 고정된 대상물을 볼 때의 시력은 0.7 이하로 저하되고, 시속 90km라면 시력이 0.5 이하로 떨어진다.

③ **동체시력의 특성**
- 물체의 이동속도가 빠를수록 저하
- 연령이 높을수록 저하
- 장시간 운전에 의한 피로상태에서 저하

(4) 야간시력

① **야간 시력과 주시대상**

옷 색깔의 영향	• 무엇인가 있다는 것을 인지하기 쉬운 옷 색깔 : 흰색, 엷은 황색의 순(흑색이 가장 어려움) • 무엇인가가 사람이라는 것을 확인하기 쉬운 옷 색깔 : 적색, 백색의 순(흑색이 가장 어려움) • 사람의 움직이는 방향을 식별하기 쉬운 옷 색깔 : 적색(흑색이 가장 어려움) • 흑색은 신체의 노출 정도에 영향을 받으며, 노출 정도가 심할수록 빨리 확인할 수 있다.
통행인의 노상 위치에 따른 영향	• 주간 : 갓길에 있는 사람보다 중앙선에 있는 통행인을 쉽게 확인 • 야간 : 대향차량 간의 전조등에 의한 현혹현상(눈부심 현상)으로 우측 갓길에 있는 통행인보다 중앙선 상의 통행인을 더 확인하기 어려움

② **야간의 시력저하**
- 가장 운전하기 힘든 시간 : 해가 질 무렵

- 전조등을 비추어도 주변의 밝기와 비슷해 다른 자동차나 보행자의 식별이 어려움
- 야간운전의 결점 보완 방법 : 가로등이나 차량의 전조등 사용

③ **야간운전 시의 주의사항**
- 눈으로 확인할 수 있는 시야의 범위가 좁아짐
- 마주 오는 차의 전조등 불빛에 현혹되는 경우 물체의 식별이 어려워짐(눈이 부실 경우 시선을 약간 오른쪽으로 돌림)
- 전방이나 좌우 확인이 어려운 신호등 없는 교차로나 커브길 진입 직전 : 전조등(상향과 하향을 2~3회 변환)으로 자기 차의 진입을 알림
- 보행자와 자동차의 통행이 빈번한 도로 : 전조등의 방향을 하향으로 조정

(5) 명순응과 암순응 **필수암기**

명순응	• 어두운 터널을 벗어나 밝은 도로로 주행할 때 운전자가 일시적으로 주변의 눈부심으로 인해 물체가 보이지 않는 시각장애 • 회복시간 : 수초~1분
암순응	• 주간 운전 시 터널에 막 진입하였을 때 일시적으로 일어나는 운전자의 심한 시각장애 • 회복시간 : 30분 또는 그 이상

(6) 심시력

① **심경각** : 전방에 있는 대상물까지의 거리를 목측(눈으로 측정)하는 것
② **심시력** : 심경각의 기능
③ **심시력의 결함 결과** : 입체공간 측정의 결함으로 인한 교통사고를 초래할 수 있다.

(7) 시야

① **시야와 주변시야**
- 시야 : 정지한 상태에서 눈의 초점을 고정시키고 양쪽 눈으로 볼 수 있는 범위
- 정상적인 시야범위 : 180~200°
- 한쪽 눈의 시야범위 : 약 160°
- 시야 범위 안에 있는 대상물이라도 시축에서 벗어나는 시각(視角)에 따라 시력이 저하
- 시축(視軸)에서 3° 벗어나면 80%, 6° 벗어나면 90%, 12° 벗어나면 99% 저하

• 양쪽 눈으로 색채를 식별할 수 있는 범위 : 약 70°

▶ 운전자는 전방의 한 곳에만 주의를 집중하기보다는 시야를 넓게 갖도록 하고 주시점을 끊임없이 이동시켜 상황에 대응하는 운전을 해야 한다.

② 속도와 시야
• 시야의 범위는 자동차 속도에 반비례하여 좁아진다.
• 주행속도에 따른 시야 범위

주행속도	시야 범위
시속 40km	약 100°
시속 70km	약 65°
시속 100km	약 40°

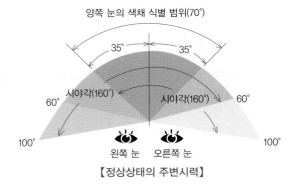

【정상상태의 주변시력】

【속도에 따른 시야각 변화】

③ 주의의 정도와 시야 : 어느 특정한 곳에 주의가 집중되었을 경우의 시야범위는 집중의 정도에 비례하여 좁아지므로 운전 중 불필요한 대상에 주의가 집중되지 않도록 한다.

④ 주행시공간의 특성
• 속도가 빨라질수록 주시점은 멀어지고 시야는 좁아진다.
• 속도가 빨라질수록 가까운 곳의 풍경은 더욱 흐려지고 작고 복잡한 대상은 잘 확인되지 않는다.

▶ 고속주행로 상의 표지판을 크고 단순한 모양으로 하는 것은 주행시 공간의 특성을 고려한 것이다.

4 사고의 심리

(1) 교통사고의 요인

사고 유형	요인
간접적 요인	• 운전자에 대한 홍보활동 또는 훈련의 결여 • 차량의 운전 전 점검습관의 결여 • 안전운전을 위하여 필요한 교육 태만, 안전지식 결여 • 무리한 운행계획 • 원만하지 못한 인간관계
중간적 요인	• 운전자의 지능 · 성격 · 심신기능 • 불량한 운전태도 및 음주, 과로 등
직접적 요인	• 사고 직전 과속 등 법규위반 행위 • 위험인지의 지연 • 운전조작의 잘못 및 잘못된 위기대처

(2) 사고의 심리적 요인

① 교통사고 운전자의 특성
• 선천적 능력(타고난 심신기능의 특성) 부족
• 후천적 능력(학습에 의해서 습득한 운전에 관계되는 지식과 기능) 부족
• 바람직한 동기와 사회적 태도(각양각색의 운전상태에 대하여 인지, 판단, 조작하는 태도) 결여
• 불안정한 생활환경 등

필수암기
② 착각

구분	의미
크기의 착각	어두운 곳에서는 가로 폭보다, 세로 폭을 보다 넓은 것으로 판단한다.
원근의 착각	작은 것은 멀리있는 것 같고 덜 밝은 것은 멀리있는 것으로 느껴진다.
경사의 착각	• 작은 경사는 실제보다 작게, 큰 경사는 실제보다 크게 보인다. • 오름 경사는 실제보다 크게, 내림 경사는 실제보다 작게 보인다.

구분	의미

속도의
착각
	• 주시점이 가까운 좁은 시야에서는 빠르게 느
	  껴진다.
	• 비교대상이 먼 곳에 있을 때 느리게 느껴진다.
	• 상대 가속도감(반대방향), 상대 감속도감(동일방
	  향)을 느낀다.

상반의
착각
	• 주행 중 급정거 시 반대방향으로 움직이는 것
	  처럼 보인다.
	• 큰 물건들 가운데 있는 작은 물건은 작은 물
	  건들 가운데 있는 같은 물건보다 작아 보인다.
	• 한쪽 방향의 곡선을 보고 반대방향의 곡선을
	  봤을 경우 실제보다 더 구부러져 있는 것처
	  럼 보인다.

5 운전피로

(1) 개념

① 운전작업에 의해 일어나는 신체적인 변화, 무기력감,
  객관적으로 측정되는 운전기능 저하를 총칭
② 순간적으로 변화하는 운전환경에서 발생한다.
③ 신체적 피로와 정신적 피로를 동시에 수반한다.
④ 신체적인 부담보다 오히려 심리적 부담이 더 크다.
⑤ 운전작업의 생략이나 착오가 발생할 수 있다는 위험
  신호이다.
⑥ 정신적 · 심리적 피로는 신체적 부담에 의한 일반적
  피로보다 회복시간이 길다.

(2) 운전피로의 3요인

구분	종류
생활 요인	수면, 생활환경 등
운전작업 중의 요인	차내 환경, 차외 환경, 운행조건 등
운전자 요인	신체조건, 경험조건, 연령조건, 성별조 건, 성격, 질병 등

(3) 운전착오

① 발생 시기 및 원인

발생 시기	원인
운전개시 직후	정적 부조화
운전 종료 시	운전 피로

② 운전에 미치는 영향
  • 운전시간 경과와 더불어 운전피로가 증가하여 작업
    타이밍의 불균형 초래
  • 운전기능, 판단착오, 작업단절현상 초래 → 잠재적
    사고
  • 정서적 · 신체적 부조화가 가중되면 조잡 · 난폭 · 방
    만한 운전 유발
  • 피로가 쌓이면 졸음상태가 되어 차외, 차내의 정보를
    효과적으로 입수하지 못해 위험
  • 운전조작의 잘못, 주의력 집중의 편재 등을 불러와
    교통사고의 직 · 간접 원인이 됨
③ 발생 시간대 : 심야에서 새벽 사이에 많이 발생
  (각성 수준의 저하, 졸음)

6 보행자 사고

(1) 보행 유형과 사고

① 횡단 중(횡단보도 횡단, 횡단보도 부근 횡단, 육교 부근 횡단 등)
  의 사고가 가장 많이 발생
② 통행 중의 사고
③ 어린이와 노약자가 높은 비중 차지

(2) 보행자 사고의 요인

① 교통상황 정보를 제대로 인지하지 못한 경우가 가장 많음
② 교통정보 인지 결함
  • 과도한 음주
  • 등교 또는 출근시간 등으로 인한 시간의 촉박
  • 횡단 중 한쪽 방향에만 주시
  • 동행자와 이야기에 열중 또는 놀이에 열중
  • 피곤한 상태로 주의력 저하 등
③ 판단착오 및 동작착오
④ 비횡단보도인 도로를 횡단하는 횡단보행자 심리
  • 횡단거리 줄이기 : 횡단보도로 건너면 거리가 멀고
    시간이 더 걸리기 때문에
  • 잘 지키지 않는 평소 습관
  • 자동차가 달려오지만 충분히 건널 수 있다는 판단 등

7 음주 운전

(1) 음주운전 교통사고의 특징

① 주차 중인 자동차와 같은 정지 물체나 전신주, 가로시설물, 가로수 등과 같은 고정 물체와 충돌할 가능성

② 대향차의 전조등에 의한 현혹현상 발생 시 정상운전보다 교통사고 위험이 증가

→ 현혹현상 : 반대편 차량의 전조등 불빛에 의한 눈부심으로 일시적으로 시력을 상실하는 현상

③ 음주운전에 의한 교통사고는 치사율이 높음

④ 차량단독사고의 가능성

(2) 체내 알코올 농도와 제거 소요시간

알코올 농도	0.05%	0.1%	0.2%	0.5%
알코올 제거 소요시간	7시간	10시간	19시간	30시간

▶ 음주운전의 기준 : 혈중 알코올 농도 0.03% 이상

8 교통약자

(1) 고령자 교통안전

① 고령 운전자의 특징

- 젊은 층에 비해 신중하고 과속을 하지 않음
- 반사신경이 둔하며, 돌발사태 시 대응력 미흡
- 급후진, 대형차 추종운전 등의 불안감을 유발시킴
- 좁은 길에서 대형차와 교행할 때 불안감이 높아짐
- 후방으로부터의 자극에 대한 동작 지연

② 고령 운전자의 교통안전 장애 요인

지각 구분	설명
시각 능력	• 시력 자체의 저하현상 발생 : 자동차 운전에서는 근점시력보다 원점시력이 중요한데, 조도가 낮은 상황에서 원점시력이 저하 • 대비능력 저하 : 여러 개의 사물 간 또는 사물과 배경을 식별하는 대비능력 저하 • 동체시력의 약화현상 : 움직이는 물체를 정확히 식별하고 인지하는 능력 약화 • 원근구별능력의 약화 • 암순응에 필요한 시간 증가 및 눈부심에 대한 감수성 증가 • 시야 감소 현상 : 시야 바깥의 표지판, 신호, 차량, 보행자를 발견하지 못하는 경우 증가
청각 능력	• 청각기능의 상실 또는 약화 • 주파수 높이의 판별 저하 및 목소리 구별의 감수성 저하
사고 · 신경 능력	• 복잡한 교통상황에서 필요한 **빠른** 신경활동과 정보판단 처리능력 저하 • 노화에 따른 근육운동 저하 • 선택적 주의력 저하 : 덜 중요한 위기 정보는 걸러내고 가장 중요한 위기 정보에 지속적으로 초점을 맞춰가는 선택적 주의력이 저하 • 다중적인 주의력 저하 : 복잡한 도로 교통상황을 전반적으로 이해하는 동시에 여러 사항들을 함께 처리하는 능력이 저하 • 인지반응시간의 증가 : 특별한 도로사정과 교통조건에 어떻게 대응할지 판단을 내리고 핸들과 브레이크 작동을 하는 데 필요한 시간이 증가 • 복잡한 상황보다 단순한 상황을 선호

③ 고령 보행자의 보행의 특성

- 고착화된 자기 경직성 : 뒤에서 접근하는 차에 주의를 기울이지 않거나 경음기에 반응하지 않음
- 이면도로 등에서 도로의 노면표시가 없으면 도로 중앙부를 걷는 경향을 보이며, 보행 궤적이 흔들거리며, 보행 중에 사선횡단을 하기도 함
- 보행 시 상점이나 포스터를 보면서 걷는 경향
- 정면에서 오는 차량 등을 회피할 수 있는 여력을 갖지 못하며, 소리나는 방향을 주시하지 않음

(2) 어린이 교통안전

① 아동발달의 일반적 특성과 행동능력

구분	의미
감각적 운동단계 (2세 미만)	• 교통상황에 대처할 능력이 없어 보호자에게 전적으로 의존하는 단계
전 조작단계 (2~7세)	• 직접 존재하는 것에 대해서만 사고하며, 한 가지 사물에만 집착 • 2가지 이상을 동시에 생각하고 행동할 능력이 매우 미약

구분	의미
구체적 조작단계 (7~12세)	• 교통상황을 충분히 인식하고 추상적 교통규칙을 이해할 수 있는 단계
형식적 조작단계 (12세 이상)	• 논리적 사고가 발달하고 보행자로서 교통에 참여할 수 있는 단계

② 어린이 교통사고의 특징

- 보행 중(차대 사람) 교통사고를 당하여 사망하는 비율이 가장 높음
- 시간대별 어린이 보행 사상자는 오후 4~6시 사이에 가장 많음
- 보행 중 사상 사고는 집이나 학교 근처 등 통행이 잦은 곳에서 가장 많이 발생

③ 어린이 교통사고의 유형

- 도로에 갑자기 뛰어들기(약 70%)
- 도로 횡단 중의 부주의
- 도로상에서의 위험한 놀이
- 차도에서의 자전거 사고 등

03 자동차 요인과 안전운행

1 주요 안전장치

(1) 제동장치

① 주요 브레이크 장치

종류	정의 및 기능
주차 브레이크	• 차를 주차 또는 정차시킬 때 사용하는 제동장치 • 주로 손으로 조작하나 일부 승용자동차의 경우 발로 조작되며, 뒷바퀴 좌우가 고정
풋 브레이크	• 주행 중에 발로써 조작하는 주 제동장치 • 브레이크 페달을 밟으면 브레이크 액이 휠 실린더로 전달 • 휠 실린더의 피스톤에 의해 브레이크 라이닝을 밀어 주어 타이어와 함께 회전하는 드럼을 잡아 멈추게 함

종류	정의 및 기능
엔진 브레이크	• 가속 페달을 놓거나 저단기어로 바꾸게 되면 엔진의 저항력을 이용하여 속도를 줄임 • 내리막길에서 풋 브레이크만 사용하면 라이닝의 마찰에 의해 제동력이 떨어지므로 엔진 브레이크를 함께 사용하는 것이 안전

② ABS (브레이크 잠김 방지 장치, Anti-lock Braking System)

사용 목적	• 후륜 잠김현상을 방지하여 방향 안정성 확보 • 전륜 잠김현상을 방지하여 조종성 확보 → 장애물 회피, 차로변경 및 선회 가능 • 불쾌한 스키드 음을 막고, 타이어 잠김에 따른 편마모를 방지 → 타이어 수명 연장
ABS 작동 상황	• 매우 미끄러운 노면에서 브레이크를 밟는 경우 • 브레이크 페달을 급하게 힘을 주어 밟는 경우 • 바퀴가 미끄러지지 않는 정상 노면에서는 일반 브레이크 작동과 동일

(2) 주행장치

① 휠 (wheel)

역할	타이어와 함께 차량의 중량을 지지하고 구동력과 제동력을 지면에 전달
갖추어야 할 조건	• 무게가 가볍지만, 노면의 충격과 측력에 견딜 수 있는 강성이 있을 것 • 타이어에서 발생하는 열을 흡수하여 대기 중으로 잘 방출시킬 것

② 타이어

- 휠의 림에 끼워져서 일체로 회전하며, 자동차가 달리거나 멈추는 것을 원활히 함
- 자동차의 진행방향을 전환하며, 자동차의 중량을 떠받쳐 줌
- 지면으로부터 받는 충격을 흡수해 승차감 향상

(3) 조향장치 (앞바퀴 정렬, 휠얼라인먼트) 필수암기

종류	정의 및 기능
토인 (Toe-in)	• 앞바퀴를 위에서 보았을 때 앞쪽이 뒤쪽보다 좁은 상태 • 타이어의 마모 방지 • 바퀴 회전을 원활하게 해 핸들 조작을 용이해짐 • 주행 중 타이어가 바깥쪽으로 벌어지는 것을 방지 • 캠버에 의해 토아웃 되는 것을 방지 • 주행저항 및 구동력의 반력으로 토아웃 되는 것을 방지
캠버 (Camber)	• 앞바퀴가 하중을 받았을 때 아래로 벌어지는 것을 방지 • 핸들 조작을 가볍게 함 • 수직방향 하중에 의한 앞차축의 휨 방지
캐스터 (Caster)	• 자동차를 옆에서 보았을 때 차축과 연결되는 킹핀의 중심선이 약간 뒤로 기울어져 있는 상태 • 주행 시 앞바퀴에 방향성을 부여 → 차의 롤링 방지 • 조향 시 직진 방향으로 되돌아오려는 복원성을 좋게 함

+ 캠버
자동차를 앞에서 보았을 때,
위쪽이 아래보다 약간 바깥쪽으로 기울어진 상태

− 캠버
자동차를 앞에서 보았을 때,
위쪽이 아래보다 약간 안쪽으로 기울어진 있는 상태

토인

토아웃

+ 캐스터

− 캐스터

(4) 현가장치 필수암기

차량 무게를 지탱하여 차체가 직접 차축에 얹히지 않도록 해주며, 도로 충격을 흡수하여 운전자와 화물에 더욱 유연한 승차를 제공하는 역할을 하는 장치

유형	특징
판 스프링	• 주로 화물자동차에 사용되고 스프링의 앞과 뒤가 차체에 부착됨 • 구조가 간단하고 내구성이 크지만 승차감이 나쁘다. • 판간 마찰력을 이용하여 진동을 억제하나, 작은 진동을 흡수하기에는 적합하지 않다. • 판 스프링이 너무 부드러우면 차축의 지지력이 부족하여 차체가 불안정하게 된다.
코일 스프링	• 주로 승용자동차에 사용 • 코일의 상단은 차체에 부착하며, 하단은 차륜에 간접적으로 연결
비틀림 막대 스프링	• 뒤틀림에 의한 충격 흡수 • 도로의 융기나 함몰지점에 대응하여 신축하거나 비틀려 차륜이 도로 표면에 따라 아래위로 움직이도록 하는 한편, 차체는 수평을 유지하도록 해준다.
공기 스프링	• 버스 등 대형차량에 사용 • 고무재질로 제조되어 압축공기로 채워지며, 에어백이 신축성이 있음
충격흡수 장치 (쇽업소버)	• 스프링을 보조하는 역할로 스프링의 진동을 흡수하여 스프링의 피로 감소 및 승차감 향상 • 작동유를 채운 실린더로서 스프링의 동작에 반응하여, 피스톤이 위아래로 움직이며 운전자에게 전달되는 반동량을 줄여준다. • 타이어와 노면의 접착성을 향상시켜 커브길이나 빗길에 차가 튀거나 미끄러짐 방지

【판 스프링】

【공기 스프링】

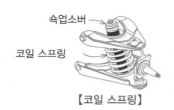

【코일 스프링】　【비틀림 막대 스프링】

2 물리적 현상

(1) 원심력

① 커브에 진입하기 전에 속도를 줄여 노면에 대한 타이어의 접지력이 원심력을 안전하게 극복할 수 있도록 해야 한다.

② 커브가 예각을 이룰수록 원심력은 커지므로 다른 커브에서 보다 감속해야 한다.

③ 한가운데가 높고 가장자리로 갈수록 낮아지는 비포장도로의 커브에서 원심력이 더 커질 수 있으므로 주의해서 운전

▶ 원심력의 특징
 • 원의 중심으로부터 벗어나려는 힘을 말한다.
 • 속도가 빠를수록 증가
 • 커브가 작을수록 증가
 • 중량이 무거울수록 증가
 • 속도의 제곱에 비례

(2) 스탠딩 웨이브(Standing Wave) 현상

① 개념 : 타이어의 공기압이 부족할 경우 타이어의 회전속도가 빨라지면 접지부에서 받은 타이어의 변형(주름)이 다음 접지 시점까지도 복원되지 않고, 접지의 뒤쪽에 진동의 물결이 일어나는 현상

② **발생 조건** : 일반구조의 승용차용 타이어의 경우 시속 약 150km에서 발생

③ **예방책** : 속도를 낮추고, 공기압을 높인다.

(3) 수막현상

① 개념 : 물이 고인 노면을 고속으로 주행할 때 그루브(타이어 홈) 사이에 있는 물을 배수하는 기능이 감소되어 타이어가 물의 저항에 의해 노면으로부터 떠올라 물 위를 미끄러지듯이 되는 현상

② 발생 조건 : 물깊이 2.5~10mm(자동차의 속도, 타이어의 마모 정도, 노면의 거침 등에 따라 다름)

③ **예방책**
 • 빗길에서 고속으로 주행하지 않는다.
 • 마모된 타이어 교체 및 타이어의 공기압을 조금 높게 한다.
 • 배수효과가 좋은 타이어를 사용한다.

【수막 현상】　　【스탠딩 웨이브】

(4) 페이드(Fade) 현상

① 비탈길을 내려갈 경우 브레이크를 반복하여 사용하면 마찰열이 라이닝에 축적되어 브레이크의 제동력이 저하되는 현상

② 브레이크 라이닝의 온도 상승으로 인해 라이닝면의 마찰계수가 저하되면서 발생

(5) 베이퍼 록(Vapor Lock) 현상

유압식 브레이크의 휠 실린더나 브레이크 파이프 속에서 브레이크 액이 기화하여 페달을 밟아도 스펀지를 밟는 것 같고, 유압이 전달되지 않아 브레이크가 작동하지 않는 현상

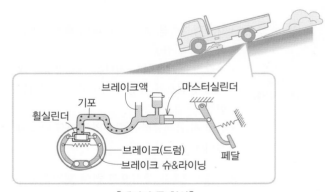

【베이퍼 록 현상】

(6) 워터 페이드 현상

① 브레이크 마찰재가 물에 젖어 마찰계수가 작아져 브레이크의 제동력이 저하되는 현상

② 물이 고인 도로에 자동차를 정차시켰거나 수중 주행을 하였을 때 발생하며 브레이크가 전혀 작동되지 않을 수도 있다.

③ 브레이크 페달을 반복해 밟으면서 천천히 주행하면 열에 의해 서서히 브레이크가 회복된다.

(7) 모닝 록 현상

① 비가 자주 오거나 습도가 높은 날 또는 오랜 시간 주차한 후 브레이크 드럼에 미세한 녹이 발생하는 현상

② 브레이크 드럼과 라이닝, 브레이크 패드와 디스크의 마찰계수가 높아져 평소보다 브레이크가 지나치게 예민하게 작동

③ 서행하면서 브레이크를 몇 번 밟아 주게 되면 녹이 자연히 제거

(8) 현가장치 관련 현상

 ① 자동차의 진동

구분	현상
바운싱 (상하 진동)	차체가 Z축 방향과 평행운동을 하는 고유 진동
피칭 (앞뒤 진동)	• 차체가 Y축을 중심으로 회전운동을 하는 고유 진동 • 차량의 무게중심을 지나는 가로방향 축(Y축)을 중심으로 차량이 앞뒤로 기울어지는 현상 • 적재물이 없는 대형차량의 급제동 시 발생 • 스키드 마크가 짧게 끊어진 형태로 나타남
롤링 (좌우 진동)	• 차체가 X축을 중심으로 하여 회전운동을 하는 고유 진동 • 차량의 무게중심을 지나는 세로방향 축(X축)을 중심으로 차량이 좌우로 기울어지는 현상 • 롤링 시 급제동하면 좌우의 스키드 마크의 길이에서 차이가 남
요잉 (차체 후부 진동)	• 차체가 Z축을 중심으로 하여 회전운동을 하는 고유 진동 • 차량의 무게중심을 지나는 윗 방향 축(Z축)을 중심으로 차량이 회전하는 현상 • 심할 경우 노면에 요 마크를 생성

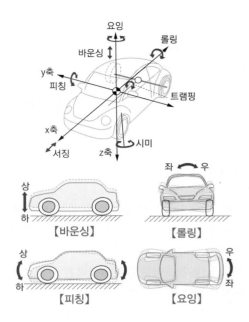

【바운싱】　【롤링】

【피칭】　【요잉】

② 노즈 다운 및 노즈 업(Nose down, Nose up)

구분	현상
노즈 다운 (다이브 현상)	자동차를 제동할 때 바퀴는 정지하려 하고 차체는 관성에 의해 이동하려는 성질 때문에 앞 범퍼 부분이 내려가는 현상
노즈 업 (스쿼트 현상)	자동차가 출발할 때 구동 바퀴는 이동하려 하지만 차체는 정지하고 있기 때문에 앞 범퍼 부분이 들리는 현상

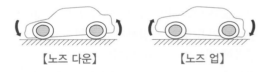

【노즈 다운】　【노즈 업】

(9) 유체자극 현상

고속도로에서 고속으로 주행 시 노면과 좌우에 있는 나무나 중앙분리대의 풍경 등이 마치 물이 흐르듯이 흘러서 눈에 들어오는 느낌의 자극을 받게 되는데, 속도가 빠를수록 눈에 들어오는 흐름의 자극은 더해지며, 주변의 경관이 거의 흐르는 선과 같이 되어 눈을 자극하는 현상

(10) 내륜차와 외륜차

① 개념
- **내륜차** : 앞바퀴의 안쪽과 뒷바퀴의 안쪽과의 차이
- **외륜차** : 앞바퀴의 바깥쪽과 뒷바퀴의 바깥쪽의 차이

② 특성
- 자동차 바퀴의 궤적을 따라 나타난다.
- 대형차일수록 내륜차와 외륜차의 차이는 크다.
  - → 승용차가 약 90cm라면 대형차는 약 1.4m이다
- 자동차가 전진할 경우에는 내륜차에 의해, 또 후진할 경우에는 외륜차에 의한 교통사고의 위험이 있다.

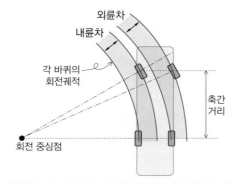

- 내륜차 = 안쪽 앞바퀴의 회전궤적과 안쪽 뒷바퀴의 회전궤적 사이의 거리
- 외륜차 = 바깥쪽 앞바퀴의 회전궤적과 바깥쪽 뒷바퀴의 회전궤적 사이의 거리

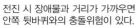
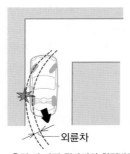

전진 시 장애물과 거리가 가까우면 안쪽 뒷바퀴와의 충돌위험이 있다.

후진 시 바깥 뒷바퀴의 회전반경이 크면 충돌위험이 있다.

(11) 타이어 마모에 영향을 주는 요소

요소	특징
공기압	• **공기압이 낮으면** : 승차감은 좋아지나, 숄더 부분에 마찰력이 집중되기 때문에 수명이 짧아짐 • **공기압이 높으면** : 고속주행에 좋으나 승차감은 나빠지며 트레드 중앙부분의 마모가 촉진
속도	• 주행 중 타이어의 구동력, 제동력, 선회력 등의 힘은 속도의 제곱에 비례 • 속도가 증가하면 타이어의 온도 상승 → 트레드 고무의 내마모성 저하 → 트레드 : 타이어에서 지면과 닿는 부위
하중	• 하중이 커지면 트레드의 접지 면적이 증가하여 트레드의 미끄러짐 정도도 커져서 마모를 촉진한다. • 하중이 커지면 공기압 부족과 같은 형태로 타이어는 크게 굴곡되어 마찰력이 증가하기 때문에 내마모성이 저하된다.
커브	• 활각이 클수록 마모가 많아진다.
제동	• 브레이크를 밟는 횟수가 많을수록, 브레이크를 밟기 직전의 속도가 빠를수록 마모가 많아진다.
노면	• 비포장도로에서의 수명은 포장도로의 60%

❸ 정지거리와 정지시간

① 정지거리 = 공주거리 + 제동거리
② 정지시간 = 공주시간 + 제동시간

구분	설명
공주시간	운전자가 자동차를 정지시켜야 할 상황임을 지각하고 브레이크로 발을 옮겨 브레이크가 작동을 시작하는 순간까지의 시간
공주거리	브레이크가 작동을 시작하는 순간까지 자동차가 진행한 거리

구분	설명
제동시간	운전자가 브레이크에 발을 올려 브레이크가 막 작동을 시작하는 순간부터 자동차가 완전히 정지할 때까지의 시간
제동거리	브레이크가 막 작동을 시작하는 순간부터 자동차가 완전히 정지할 때까지 자동차가 진행한 거리
정지시간	운전자가 위험을 인지하고 자동차를 정지시키려고 시작하는 순간부터 자동차가 완전히 정지할 때까지의 시간
정지거리	자동차를 정지시키려고 시작하는 순간부터 자동차가 완전히 정지할 때까지 자동차가 진행한 거리

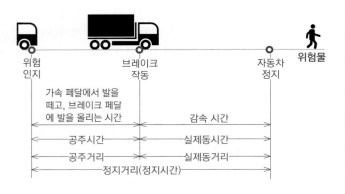

구분	점검사항
동력전달장치	• 클러치 페달의 유동이 없고 클러치의 유격은 적당한가? • 변속기의 조작이 쉽고 변속기 오일의 누출은 없는가? • 추진축 연결부의 헐거움이나 이음은 없는가?
조향장치	• 스티어링 휠의 유동 · 느슨함 · 흔들림은 없는가? • 조향축의 흔들림이나 손상은 없는가?
제동장치	• 브레이크 페달을 밟았을 때 상판과의 간격은 적당한가? • 브레이크 액의 누출은 없는가? • 주차 제동레버의 유격 및 당겨짐은 적당한가? • 브레이크 액의 누출은 없는가? • 브레이크 파이프 및 호스의 손상 및 연결상태는 양호한가? • 에어브레이크의 공기 누출은 없는가? • 에어탱크의 공기압은 적당한가?
완충장치 (현가장치)	• 섀시스프링 및 쇽 업소버 이음부의 느슨함이나 손상은 없는가? • 섀시스프링이 절손된 곳은 없는가? • 쇽 업소버의 오일 누출은 없는가?
주행장치	• 휠볼트 및 허브볼트의 느슨함은 없는가? • 타이어의 이상 마모와 손상은 없는가? • 타이어의 공기압은 적당한가?
기타	• 와이퍼의 작동은 확실한가? • 유리세척액의 양은 충분한가? • 전조등의 광도 및 조사각도는 양호한가? • 후사경 및 후부반사기의 비침상태는 양호한가? • 등록번호판은 깨끗하며 손상이 없는가?

④ 자동차의 일상점검

구분	점검사항
원동기 (엔진)	• 시동이 쉽고 잡음이 없는가? • 배기가스의 색이 깨끗하고 유독가스 및 매연이 없는가? • 엔진오일의 양이 충분하고 오염되지 않으며 누출이 없는가? • 연료 및 냉각수가 충분하고 새는 곳이 없는가? • 연료분사펌프조속기의 봉인상태가 양호한가? • 배기관 및 소음기의 상태가 양호한가?

5 차량점검 및 주의사항

① 조향핸들의 높이와 각도 조정은 반드시 운전 전에 점검하며, 운행 중에는 조정하지 않음

② 주차 시에는 항상 주차브레이크 사용

→ 트랙터 차량의 경우 : 트레일러 주차 브레이크는 일시적으로만 사용하고 트레일러 브레이크만을 사용하여 주차하지 않는다.

③ 파워핸들(동력조향)이 설치되지 않은 트럭의 조향감이 매우 무거우므로 유의하여 조향할 것

④ 라디에이터 캡은 주의해서 연다.

⑤ 캡을 기울일 경우에는 최대 끝 지점까지 도달하도록 기울이고 스트러트(캡지지대)를 사용

⑥ 캡을 기울인 후 또는 원위치 시킨 후에 엔진을 시동할 경우에는 반드시 기어 레버가 중립위치에 있는지 재확인

⑦ 캡을 기울일 때 손을 머드가드(흙받이 밀폐고무) 부위에 올려놓지 않는다. → 손이 끼어서 다칠 우려가 있다.

⑧ 컨테이너 차량의 경우 고정장치가 작동되는지를 확인한다.

6 자동차 응급조치 방법

(1) 오감으로 판별하는 자동차 이상 징후

감각	점검방법	적용사례
시각	부품이나 장치의 외부 굽음 · 변형 · 녹슴 등	물 · 오일 · 연료의 누설, 자동차의 기울어짐
청각	이상한 음	마찰음, 걸리는 쇳소리, 노킹소리, 긁히는 소리 등
촉각	느슨함, 흔들림, 발열 상태 등	볼트 너트의 이완, 유격, 브레이크 시 차량이 한쪽으로 쏠림, 전기 배선 불량 등
후각	이상 발열 · 냄새	배터리액의 누출, 연료 누설, 전선 등이 타는 냄새 등

(2) 고장이 자주 일어나는 부분

① 진동 및 소리

고장 부위	증상 및 조치방법
엔진의 점화장치	• 주행 전 차체에 이상한 진동이 느껴질 때는 엔진에서의 고장이 주원인이다. • 플러그 배선이 빠져있거나 플러그 자체가 나쁠 때 이런 현상이 나타난다.
엔진의 이음	• 엔진의 회전수에 비례하여 쇠가 마주치는 소리가 날 때가 있다. • 거의 이런 이음은 밸브 장치에서 나는 소리로, 밸브 간극 조정으로 고칠 수 있다.
팬벨트	• 가속 페달을 힘껏 밟는 순간 "끼익!"하는 소리가 나는 경우가 많은데, 이때는 팬벨트(V벨트)가 이완되어 걸려 있는 풀리(pulley)와의 미끄러짐에 의해 일어난다.
클러치	• 클러치를 밟고 있을 때 "달달달"거리며 차체가 떨리고 있다면, 이것은 클러치 릴리스 베어링의 고장이다. • 정비공장에 가서 교환
브레이크	• 브레이크 페달을 밟아 차를 세우려고 할 때 바퀴에서 "끼익!" 하는 소리가 나는 경우 • 브레이크 라이닝의 마모가 심하거나 라이닝에 결함이 있을 때 일어나는 현상
조향장치	• 핸들이 어느 속도에 이르면 극단적으로 흔들리는데, 특히 핸들 자체에 진동이 일어나면 앞바퀴 불량이 원인일 때가 많다. • 앞차륜 정렬(휠 얼라인먼트)이 맞지 않거나 바퀴 자체의 휠 밸런스가 맞지 않을 때 주로 발생

고장 부위	증상 및 조치방법
바퀴	• 주행 중 하체 부분에서 비틀거리는 흔들림이 일어나는 때가 있다. • 선회 시 휘청거리는 느낌이 들 때는 바퀴의 휠 너트의 이완이나 타이어의 공기가 부족할 때가 많다.
현가장치	• 비포장 도로의 울퉁불퉁한 험한 노면 상을 달릴 때 "딱각딱각" 하는 소리나 "쿵쿵" 하는 소리가 날 때에는 현가장치인 쇽 업소버의 고장으로 볼 수 있다.

② 냄새 및 열

고장 부분	증상 및 조치방법
전기장치	• 고무 타는 냄새가 날 때는 바로 차를 세워야 한다. 엔진실 내의 전기배선 등의 피복이 녹아 벗겨져 합선에 의해 전선이 타면서 나는 냄새가 대부분인데, 보닛을 열고 잘 살펴보면 그 부위를 발견할 수 있다.
브레이크	• 치과 병원에서 이를 갈 때 나는 단내가 심하게 나는 경우는 주브레이크의 간격이 좁든가, 주차 브레이크를 당겼다 풀었으나 완전히 풀리지 않았을 경우이다. • 긴 언덕길을 내려갈 때 계속 브레이크를 밟는다면 이러한 현상이 일어나기 쉽다.
바퀴 부분	• 바퀴마다 드럼에 손을 대보면 어느 한쪽만 뜨거울 경우가 있는데, 이때는 브레이크 라이닝 간격이 좁아 브레이크가 끌리기 때문이다.

③ 배출가스의 색깔

색깔	증상
무색	완전연소 때 배출되는 가스의 색은 정상상태에서 무색 또는 약간 엷은 청색을 띤다.
검은색	• 농후한 혼합가스가 들어가 불완전연소되는 경우 발생한다. • 초크 고장이나 에어클리너 엘리먼트의 막힘, 연료장치 고장 등이 원인이다.
흰색	• 엔진 안에서 다량의 엔진오일이 실린더 위로 올라와 연소될 때 발생한다. • 헤드 개스킷 파손, 밸브의 오일 실(seal) 노후 또는 피스톤 링의 마모 등 엔진 보링을 할 시기가 됐음을 알려준다.

(3) 고장 유형별 조치 방법

① 엔진 계통

고장 유형	현상	점검 사항	조치 방법
엔진 오일 과다 소모	하루 평균 약 2~4리터 엔진오일 소모	• 배기 배출가스 육안 확인 • 에어클리너 오염도 확인(과다 오염) • 블로바이가스 과다 배출 확인 • 에어 클리너 청소 및 교환주기 미준수, 엔진과 콤프레셔 피스톤 링 과다 마모	• 엔진 피스톤링 교환 • 실린더라이너 교환 • 실린더 교환이나 보링작업 • 오일팬이나 개스킷 교환 • 에어 클리너 청소 및 장착 방법 준수 철저

고장 유형	현상	점검 사항	조치 방법
엔진 온도 과열	주행 시 엔진 과열 (온도게이지 상승)	• 냉각수 · 엔진오일 양 확인 및 누출여부 확인 • 냉각팬 및 워터펌프 작동 확인 • 팬 및 워터펌프의 벨트 확인 • 수온조절기의 열림 확인 • 라디에이터 손상 상태 및 서머스탯 작동상태 확인	• 냉각수 보충 • 팬벨트의 장력 조정 • 냉각팬 퓨즈 및 배선 상태 확인 • 팬벨트 교환 • 수온조절기 교환 • 냉각수 온도 감지센서 교환
	※ 외관상 결함 상태가 없을 경우 • 라디에이터 캡을 열고 냉각수의 흐름을 관찰한 후 냉각수 내 기포 현상이 있는지 확인 • 기포 현상은 연소실 내 압축가스가 새고 있다는 현상임(미세한 경우는 약 10~15분 정도 확인 관찰) • 이 경우 실린더헤드 볼트 조임불량 및 손상으로 고장입고 조치		
엔진 과회전 현상	내리막길 주행 변속 시 엔진소리와 함께 재시동 불가	• 내리막길에서 순간적으로 고단에서 저단으로 기어 변속 시 엔진 내부가 손상되므로 엔진내부 확인 • 로커암 캡을 열고 푸시로드 휨 상태, 밸브 스템 등 손상 확인(손상 상태가 심할 경우는 실린더 블록까지 파손됨)	• 과도한 엔진 브레이크 사용 지양 (내리막길 주행 시) • 최대 회전속도를 초과한 운전 금지 • 고단에서 저단으로 급격한 기어변속 금지 (특히 내리막길)
	※ 주의사항 : 내리막길 중립상태 운행금지 또는 최대 엔진회전수 조정볼트(봉인) 조정 금지		
엔진 매연 과다 발생	• 엔진 출력 감소 및 흑색 매연 과다 발생	• 엔진 오일 및 필터 상태 점검 • 에어 클리너 오염상태 및 덕트 내부 상태 확인 • 블로바이 가스 발생 여부 확인 • 연료의 질 분석 및 흡 · 배기 밸브 간극 점검(소리로 확인)	• 출력 감소 현상과 함께 매연이 발생되는 것은 흡입공기량(산소량) 부족으로 불완전 연소된 탄소가 나오는 것임 • 에어 클리너 오염 확인 후 청소, • 에어 클리너 덕트 내부 확인 (흡입공기량이 충분하도록 조치) • 밸브간극 조정 실시
엔진 시동 꺼짐	• 정차 중 엔진 시동 꺼짐, 재시동 불가	• 연료량 확인 • 연료파이프 누유 및 공기유입 확인 • 연료탱크 내 이물질 혼입 여부 확인 • 워터 세퍼레이터 공기 유입 확인	• 연료공급 계통의 공기 빼기 작업 • 수분제거기의 공기 유입 부분 확인하여 현장에서 조치 가능하면 정비(단품 교환) • 작업 불가 시 정비소 입고
혹한기 주행 중 시동 꺼짐	• 혹한기 주행 중 오르막 경사로에서 급가속 시 시동 꺼짐 • 일정 시간 경과 후 재시동은 가능함	• 연료 파이프 및 호스 연결부분 에어 유입 확인 • 연료 차단 솔레노이드 밸브 작동 상태 확인 • 수분제거기 내 결빙 확인	• 인젝션 펌프 에어 빼기 작업 • 수분제거기의 수분 제거 • 연료 탱크 내 수분 제거
엔진 시동 불량	• 초기 시동 불량 • 주행 중 시동 꺼짐	• 연료파이프 에어 유입 및 누유 점검 • 펌프 내부에 이물질이 유입되어 연료 공급이 안 됨	• 플라이밍 펌프 작동 시 에어 유입 확인 및 에어 빼기 • 플라이밍 펌프의 필터 청소

chapter 03

② 섀시 계통

고장유형	현상	점검 사항	조치 방법
덤프 작동 불량	• 덤프 작동시 상승 중에 적재함이 멈춤	• PTO(동력인출장치) 작동상태 점검 (반클러치 정상 작동) • 호이스트 오일 누출 상태 점검 • 클러치 스위치 점검 • PTO 스위치 작동 불량 발견	• PTO 스위치 교환 • 변속기의 PTO 스위치 내부 단선으로 클러치를 완전히 개방시키면 상기 현상 발생함 • 현장에서 작업 조치하고, 불가능시 공장으로 입고
ABS 경고등 점등	• 주행 중 간헐적으로 ABS 경고등이 점등되다가 요철 부위 통과 후 계속 점등됨	• 자기 진단 점검 • 휠 스피드 센서 단선 단락 • 휠 센서 단품 점검 이상 발견 • 변속기 체인지 레버 작동시 간섭으로 커넥터 빠짐	• 휠 스피드 센서 저항 측정 • 센서 불량 여부 확인 및 교환 • 배선 부분 불량 여부 확인 및 교환
주행 제동 시 차량 쏠림	• 주행 제동시 차량 쏠림 • 리어 앞쪽 라이닝 조기 마모 및드럼 과열로 제동 불능 • 브레이크 조기 록크 및 밀림	• 좌우 타이어 공기압 점검 • 좌우 브레이크 라이닝 간극 및 드럼 손상 점검 • 브레이크 에어 및 오일 파이프 점검 • 듀얼 서킷 브레이크 점검 • 공기 빼기 작업 • 에어 및 오일 파이프라인 이상 발견	• 타이어의 공기압을 좌우 동일하게 주입 • 좌우 브레이크 라이닝 간극 재조정 • 브레이크 드럼 교환 • 리어 앞 브레이크 커넥터의 장착 불량으로 유압 오작동
제동 시 차체 진동	• 급제동시 차체 진동이 심하고 브레이크 페달 떨림	• 앞차륜 정렬상태 점검(휠 얼라이먼트) • 제동력 점검 • 브레이크 드럼 및 라이닝 점검 • 브레이크 드럼의 진원도 불량	• 조향핸들 유격 점검 • 허브베어링 교환 또는 허브너트 재조임 • 앞 브레이크 드럼 연마 작업 또는 교환

③ 전기계통

고장유형	현상	점검 사항	조치 방법
와이퍼가 작동하지 않음	작동스위치를 작동해도 작동하지 않음	모터가 도는지 점검	• 모터 작동시 블레이드 암의 고정노트를 조이거나 링크 기구 교환 • 모터 미작동시 퓨즈, 모터, 스위치, 커넥터 점검 및 손상부품 교환
와이퍼 작동 시 소음 발생	와이퍼 작동 시 주기적으로 소음 발생	와이퍼 암을 세워놓고 작동	• 소음 발생 시 링크기구 탈거하여 점검 • 소음 미발생 시 와이퍼 블레이드 및 와이퍼 암 교환

고장유형	현상	점검 사항	조치 방법
와셔액 분출 불량	와셔액이 분출되지 않거나 분사방향이 불량	와셔액 분사 스위치 작동	• 분출이 안 될 때는 와셔액의 양을 점검하고, 가는 철사로 막힌 구멍 뚫기 • 분출방향 불량 시는 가는 철사를 구멍에 넣어 분사방향 조절
제동등 계속 작동	미등 작동시 브레이크 페달 미작동시에도 제동등 계속 점등됨	• 제동등 스위치 접점 고착 점검 • 전원 연결 배선 점검 • 배선의 차체 접촉 여부 점검	• 제동등 스위치 교환 • 전원 연결 배선 교환 • 배선의 절연상태 보완
틸트캡 하강 후 경고등 점등	• 틸트캡 하강 후 계속적으로 캡 경고등 점등 • 틸트 모터 작동 완료 상태임	• 하강 리미트 스위치 작동상태 점검 • 록킹 실린더 누유 점검 • 틸트 경고등 스위치 정상 작동 • 캡 밀착 상태 점검 • 캡 리어 우측 쇽 업소버 볼트 장착부 용접불량 점검 • 쇽 업소버 장착 부위 정렬 불량 확인	• 캡 리어 우측 쇽 업소버 볼트 장착부 용접불량 개소 정비 • 쇽 업소버 장착 부위 정렬 불량 정비 • 쇽 업소버 교환
비상등 작동 불량	비상등 작동시 점멸은 되지만 좌측이 빠르게 점멸함	• 좌측 비상등 전구 교환 후 동일 현상 발생 여부 점검 • 전원 정상 연결 여부 확인 • 컨넥터 및 턴 시그널 릴레이 점검	• 턴 시그널 릴레이 교환
수온게이지 작동 불량	주행 중 브레이크 작동시 수온게이지 하강	• 수온게이지 교환 후 동일 현상 여부 점검 • 수온센서 교환 후 동일 현상 여부 점검 • 배선 및 커넥터 점검 • 프레임과 엔진 배선 중간 부위 과다하게 꺾임 확인 • 배선 피복은 정상이나 내부 에나멜선의 단선 확인	• 온도 메터 게이지 교환 • 수온 센서 교환 • 배선 및 커넥터 교환 • 단선된 부위 납땜 조치 후 테이핑

chapter 03

1 도로의 조건

형태성	자동차의 통행에 용이한 형태를 갖출 것 - 차로의 설치, 비포장의 경우 노면의 균일성 유지
이용성	사람의 왕래, 화물의 수송, 자동차의 운행 등 공중의 교통영역으로 이용되고 있는 곳
공개성	불특정 다수인을 위해 이용이 허용되고 또 실제 이용되는 곳
교통경찰권	공공의 안전과 질서유지를 위해 교통경찰권이 발동될 수 있는 장소

▶ 도로요인
- 도로구조 : 도로의 선형, 노면, 차로수, 노폭, 구배 등
- 안전시설 : 신호기, 노면표시, 방호울타리 등

2 중앙분리대

(1) 방호울타리형
중앙분리대 내에 충분한 설치 폭의 확보가 어려운 곳에서 차량의 대향차로로의 이탈을 방지하는 곳에 비중을 두고 설치하는 형태

 ▶ 방호울타리의 기능
- 횡단 방지, 차량 감속
- 차량이 튕겨나가지 않을 것
- 충돌 시 차량 손상 최소화

(2) 연석형
- 좌회전 차로의 제공이나 향후 차로 확장에 쓰일 공간 확보
- 연석의 중앙에 잔디나 수목을 심어 녹지공간 제공
- 운전자의 심리적 안정감에 기여
- **단점** : 차량과 충돌 시 차량을 본래의 주행방향으로 복원해주는 기능이 미약

【방호울타리형】

【연석형】

(3) 광폭형
도로선형의 양방향 차로가 완전히 분리될 수 있는 충분한 공간 확보로 대향차량의 영향을 받지 않을 정도의 넓이를 제공

 ▶ 중앙분리대의 일반적 기능
ⓐ 상하 차도의 교통 분리
- 차량의 중앙선 침범에 의한 치명적인 정면충돌 사고 방지
- 도로 중심선 축의 교통마찰을 감소시켜 교통용량 증대
ⓑ 좌회전 차로로 활용
평면교차로가 있는 도로에서 폭이 충분할 때 좌회전 차로로 활용할 수 있어 교통처리가 유연
ⓒ 사고 및 고장 차량이 정지할 수 있는 여유공간 제공(광폭 분리대)
분리대에 진입한 차량에 타고 있는 탑승자의 안전 확보(진입차의 분리대 내 정차 또는 조정 능력 회복)
ⓓ 보행자에 대한 안전섬이 됨으로써 횡단 시 안전
ⓔ 필요에 따라 유턴 방지 : 교통류의 혼잡을 피함으로써 안전성을 높임
ⓕ 대향차의 현광 방지 : 야간 주행 시 전조등의 불빛을 방지
ⓖ 도로표지, 기타 교통관제시설 등을 설치할 수 있는 장소 제공

3 곡선부 방호울타리의 기능
① 자동차의 차도 이탈 방지
② 탑승자의 상해 및 자동차의 파손 감소
③ 자동차를 정상적인 진행방향으로 복귀
④ 운전자의 시선 유도

4 길어깨의 역할
① 고장차가 본선차도로부터 대피할 수 있어 사고 시 교통 혼잡 방지
② 측방 여유폭이 있어 교통의 안전성과 쾌적성에 기여
③ 절토부 등에서는 곡선부의 시거가 증대되기 때문에 교통의 안전성이 높음
④ 보도 등이 없는 도로에서 보행자 등의 통행장소로서의 기능
⑤ 유지관리 작업장이나 지하매설물에 대한 장소로서의 기능 및 도로 미관 향상

5 교량과 교통사고

① 교량 접근로의 폭에 비해 교량의 폭이 좁을수록 사고가 더 많이 발생한다.

② 교량의 접근로 폭과 교량의 폭이 같을 때 사고율이 가장 낮다.

③ 교량의 접근로 폭과 교량의 폭이 서로 다른 경우에도 교통통제설비, 즉 안전표지, 시선유도표지, 교량끝단의 노면표시를 효과적으로 설치함으로써 사고율을 현저히 감소시킬 수 있다.

6 주요 용어 정의

① **차로 수** : 양방향 차로(오르막차로, 회전차로, 변속차로 및 양보차로를 제외한다)의 수를 합한 것

② **오르막차로** : 오르막 구간에서 저속 자동차를 다른 자동차와 분리하여 통행시키기 위하여 설치하는 차로

③ **회전차로** : 자동차가 좌ㆍ우회전, 또는 유턴을 할 수 있도록 직진하는 차로와 분리하여 설치하는 차로

④ **변속차로** : 자동차를 가ㆍ감속시키기 위해 설치하는 차로

⑤ **측대** : 운전자의 시선을 유도하고 옆부분의 여유를 확보하기 위하여 중앙분리대 또는 길어깨에 차도와 동일한 횡단경사와 구조로 차도에 접속하여 설치하는 부분

⑥ **분리대** : 차도를 통행의 방향에 따라 분리하거나 성질이 다른 같은 방향의 교통을 분리하기 위하여 설치하는 도로의 부분이나 시설물

⑦ **중앙분리대** : 차도를 통행의 방향에 따라 분리하고 옆부분의 여유를 확보하기 위하여 도로의 중앙에 설치하는 분리대와 측대

⑧ **길어깨** : 도로를 보호하고 비상시에 이용하기 위하여 차도에 접속하여 설치하는 도로의 부분

⑨ **주ㆍ정차대** : 주ㆍ정차에 이용하기 위하여 도로에 접속하여 설치하는 부분

⑩ **노상시설** : 보도ㆍ자전거도로ㆍ중앙분리대ㆍ길어깨 또는 환경시설대 등에 설치하는 표지판 및 방호울타리 등 도로의 부속물(공동구 제외)

⑪ **횡단경사** : 도로의 진행방향에 직각으로 설치하는 경사로서 도로의 배수를 원활하게 하기 위하여 설치하는 경사와 평면곡선부에 설치하는 편경사

⑫ **편경사** : 평면곡선부에서 자동차가 원심력에 저항할 수 있도록 하기 위하여 설치하는 횡단경사

⑬ **종단경사** : 도로의 진행방향 중심선의 길이에 대한 높이의 변화 비율

⑭ **정지 시거** : 운전자가 같은 차로상에 고장차 등의 장애물을 인지하고 안전하게 정지하기 위하여 필요한 거리로서 차로 중심선상 1m의 높이에서 그 차로의 중심선에 있는 높이 15cm 물체의 맨 윗부분을 볼 수 있는 거리를 그 차로의 중심선에 따라 측정한 길이

⑮ **앞지르기 시거** : 2차로 도로에서 저속 자동차를 안전하게 앞지를 수 있는 거리로서 차로의 중심선상 1m의 높이에서 반대쪽 차로의 중심선에 있는 높이 1.2m의 반대쪽 자동차를 인지하고 앞차를 안전하게 앞지를 수 있는 거리를 도로 중심선에 따라 측정한 길이

▶ **시거**(sight distance, 視距)
시야가 다른 교통으로 방해받지 않는 상태에서 승용차의 운전자가 차도상의 한 점으로부터 볼 수 있는 차로로 제동 정지 시거, 앞지르기(추월) 시거 등의 개념이 있다.

chapter 03

★★★
1 도로교통체계의 구성 요소가 아닌 것은?

① 도로 및 교통신호등의 환경
② 도로 사용자
③ 교통공무원
④ 차량

★★★★★
2 교통사고의 인적 요인에 해당하지 않는 것은?

① 운전 차종
② 운전 태도
③ 운전 심리
④ 운전 습관

> 운전 차종은 교통사고의 요인 중 차량 요인에 속한다.

★★★★★
3 교통사고의 도로요인을 도로구조와 안전시설로 구분할 때 안전시설에 속하는 것은?

① 차로수
② 노폭
③ 구배
④ 신호기

> • 도로구조 : 도로의 선형, 노면, 차로수, 노폭, 구배 등
> • 안전시설 : 신호기, 노면표시, 방호책 등

★★★★
4 운전자가 교통상황을 알아차리는 것을 뜻하는 용어는?

① 인지
② 판단
③ 조작
④ 수용

> • 인지 : 교통상황을 알아차리는 것
> • 판단 : 어떻게 자동차를 움직이고 운전할 것인지를 결정
> • 조작 : 그 결정에 따라 자동차를 움직이는 운전행위

★★
5 운전자 요인에 의한 교통사고 중 가장 많이 일어나는 사고는?

① 인지과정의 결함에 의한 사고
② 판단과정의 결함에 의한 사고
③ 조작과정의 결함에 의한 사고
④ 학습과정의 결함에 의한 사고

> 운전자 요인에 의한 교통사고 중 인지과정의 결함에 의한 사고가 가장 많으며, 이어서 판단, 조작 과정의 결함 순이다.

★★
6 교통사고의 요인 중 환경요인에 대한 연결이 서로 맞지 않는 것은?

① 자연환경 : 기상, 일광
② 교통환경 : 차량 교통량, 운행차 구성
③ 사회환경 : 정부의 교통정책
④ 구조환경 : 교통단속과 형사처벌

> • 자연환경 : 기상, 일광 등의 자연조건
> • 교통환경 : 차량 교통량, 운행차 구성, 보행자 교통량 등의 교통상황
> • 사회환경 : 일반국민·운전자·보행자 등의 교통도덕, 정부의 교통정책, 교통단속과 형사처벌 등
> • 구조환경 : 교통여건 변화, 차량점검 및 정비관리자와 운전자의 책임한계 등

★★★
7 운전자가 자동차를 어떻게 운전할 것인지를 결정하는 것을 뜻하는 용어는?

① 인지
② 판단
③ 조작
④ 수용

★★
8 운전특성을 신체·생리적 조건과 심리적 조건으로 구분할 때 심리적 조건에 해당하는 것은?

① 피로
② 약물
③ 질병
④ 흥미

정답 ▶ 1 ③   2 ①   3 ④   4 ①   5 ①   6 ④   7 ②   8 ④

9 시각의 특성이 아닌 것은? ★★★

① 속도가 빨라지면 시력이 저하된다.
② 속도가 빨라지면 전방주시점이 멀어진다.
③ 속도가 빨라지면 시야의 범위가 넓어진다.
④ 운전자는 운전에 필요한 정보의 대부분을 시각을 통해 획득한다.

속도가 빨라질수록 시야의 범위가 좁아진다.

10 시력 기준 중 색채 식별이 가능해야 하는 색이 아닌 것은? ★★★★

① 적색
② 갈색
③ 황색
④ 녹색

적색, 녹색, 황색의 색채 식별이 가능해야 한다.

11 운전자가 전방에 있는 대상물까지의 거리를 눈으로 측정하는 기능을 무엇이라 하는가? ★★

① 심시력 　　　② 동체시력
③ 정지시력 　　④ 이상시력

• 동체시력 : 움직이는 물체 또는 움직이면서 다른 자동차나 사람 등의 물체를 보는 시력
• 정지시력 : 아주 밝은 상태에서 1/3인치(0.85cm) 크기의 글자를 20피트(6.10m)거리에서 읽을 수 있는 사람의 시력

12 제1종 운전면허의 시력기준에 해당하는 것은? ★★★

① 두 눈을 동시에 뜨고 잰 시력이 1.0 이상, 양쪽 눈의 시력이 각각 0.6 이상
② 두 눈을 동시에 뜨고 잰 시력이 0.8 이상, 양쪽 눈의 시력이 각각 0.5 이상
③ 두 눈을 동시에 뜨고 잰 시력이 0.5 이상. 한쪽 눈을 보지 못하는 사람은 0.6 이상
④ 두 눈을 동시에 뜨고 잰 시력이 0.5 이상, 양쪽 눈의 시력이 각각 0.8 이상

시력기준
• 제1종 운전면허 : 두 눈을 동시에 뜨고 잰 시력이 0.8 이상. 양쪽 눈의 시력이 각각 0.5 이상
• 제2종 운전면허 : 두 눈을 동시에 뜨고 잰 시력이 0.5 이상, 한쪽 눈을 보지 못하는 사람은 0.6 이상

13 시각특성 중 동체시력에 대한 설명으로 잘못된 것은? ★★

① 움직이는 물체 또는 움직이면서 다른 자동차나 사람 등의 물체를 보는 시력을 동체시력이라 한다.
② 동체시력은 물체의 이동속도가 느릴수록 상대적으로 저하된다.
③ 동체시력은 연령이 높을수록 저하된다.
④ 동체시력은 장시간 운전에 의한 피로상태에서 저하된다.

동체시력은 물체의 이동속도가 빠를수록 상대적으로 저하된다.

14 시축에서 3° 벗어나면 시력은 얼마나 저하되는가? ★★★

① 50%
② 60%
③ 70%
④ 80%

시축(視軸)에서 3° 벗어나면 80%, 6° 벗어나면 90%, 12° 벗어나면 99% 저하된다.

15 일반적으로 하루 중 운전하기가 가장 힘든 시간대는 언제인가? ★

① 오전시간
② 오후시간
③ 동이 틀 무렵
④ 해가 질 무렵

해가 질 무렵에는 전조등을 비추어도 주변의 밝기와 비슷하기 때문에 의외로 다른 자동차나 보행자를 보기가 어려우며, 이런 결함들을 보완하기 위해 가로등이나 차량의 전조등이 사용된다.

16 야간운전이 주간운전보다 교통사고 위험이 높은 이유가 아닌 것은? ★★

① 해질 무렵에는 전조등을 비추어도 주변의 밝기와 비슷하기 때문
② 가로등이 설치되어 있기 때문
③ 사람이 입고 있는 옷이 어두운 색일 경우 구별하기 어렵기 때문
④ 어둠으로 인하여 사물이 명확히 보이지 않기 때문

정답 　9 ③　10 ②　11 ①　12 ②　13 ②　14 ④　15 ④　16 ②

17 야간의 안전운전 요령으로 옳지 않은 것은? ★★★★

① 가급적 실내를 밝게 한다.
② 도로변에 주·정차를 가급적 하지 않는다.
③ 대향차의 전조등을 정면으로 보지 않는다.
④ 전조등이 비추는 곳보다 앞쪽까지 가급적 살핀다.

야간 운전 시 실내를 불필요하게 밝게 하지 않는다.

18 어두운 터널을 벗어나 밝은 도로로 주행할 때 운전자가 ★★★★★
일시적으로 주변의 눈부심으로 인해 물체가 보이지 않는
시각장애를 무엇이라 하는가?

① 심시력
② 동체시력
③ 명순응
④ 암순응

터널을 벗어나 밝은 곳으로 나오는 것은 명순응, 어두운 터널 안으로 들어가
는 것은 암순응이다. 반드시 구분할 수 있도록 한다.

19 시각특성 중 입체공간 측정의 결함으로 인한 교통사고를 ★★★
초래할 수 있는 결함은?

① 심시력 결함
② 동체시력 결함
③ 야간시력 결함
④ 주행시력 결함

심시력은 전방에 있는 대상물까지의 거리를 눈으로 측정하는 기능을 말하
는데, 이 심시력의 결함이 생기면 입체공간 측정의 결함으로 인한 교통사
고를 유발할 수 있다.

20 정상적인 시야범위는 약 몇 도인가? ★★

① 100~120°
② 120~140°
③ 130~150°
④ 180~200°

· 정상적인 시야범위 : 180~200°
· 한쪽 눈의 시야범위 : 약 160°

21 양쪽 눈으로 색채를 식별할 수 있는 범위는 약 몇 도인가? ★

① 30°
② 50°
③ 70°
④ 90°

양쪽 눈으로 색채를 식별할 수 있는 범위는 약 70°이다.

22 시각특성 중 시야에 대한 설명으로 틀린 것은? ★★★

① 시야의 범위는 자동차 속도에 비례하여 넓어진다.
② 시속 40km로 주행하는 경우의 시야 범위는 약 약 100°
이다.
③ 어느 특정한 곳에 주의가 집중되었을 경우의 시야범위는
집중의 정도에 비례하여 좁아진다.
④ 운전자는 전방의 한 곳에만 주의를 집중하기보다는 시야
를 넓게 갖도록 한다.

시야의 범위는 자동차 속도에 반비례하여 좁아진다.

23 자동차의 속도가 빨라질수록 운전자의 시야범위는 어떻 ★★★
게 되는가?

① 멀어진다.
② 넓어진다.
③ 좁아진다.
④ 변화가 없다.

24 시속 100km의 속도로 달리는 자동차의 시야범위는? ★★★

① 40°　　　　　② 50°
③ 60°　　　　　④ 70°

주행속도에 따른 시야 범위	
주행속도	시야 범위
시속 40km	약 100°
시속 70km	약 65°
시속 100km	약 40°

25 시속 70km의 속도로 달리는 자동차의 시야범위는?

① 50°

② 55°

③ 60°

④ 65°

26 교통사고 요인 중 운전자와 관련된 3가지 요인에 포함되지 않는 것은?

① 직접적 요인

② 간접적 요인

③ 중간적 요인

④ 예외적 요인

27 고속주행로 상의 표지판을 크고 단순한 모양으로 하는 것은 무엇을 고려한 것인가?

① 동체시력의 특성

② 주변시야의 특성

③ 주행시공간의 특성

④ 정지시력의 특성

> 속도가 빨라질수록 가까운 곳의 풍경은 더욱 흐려지고 작고 복잡한 대상은 잘 확인되지 않는 특성을 주행시공간의 특성이라 하며, 고속주행로 상의 표지판을 크고 단순한 모양으로 하는 것은 이 주행시공간의 특성을 고려한 것이다.

28 교통사고 요인을 직접적·중간적·간접적 요인으로 나눌 때 다음 중 간접적 교통사고 요인에 해당하는 것은?

① 운전자의 성격

② 불량한 운전태도

③ 잘못된 위기대처

④ 안전지식 결여

> 간접적 요인
> • 운전자에 대한 홍보활동 결여 또는 훈련의 결여
> • 차량의 운전 전 점검습관의 결여
> • 안전운전을 위하여 필요한 교육태만, 안전지식 결여
> • 무리한 운행계획
> • 직장이나 가정에서의 원만하지 못한 인간관계
> ※ ①, ② : 중간적 요인   ③ : 직접적 요인

29 교통사고 요인을 직접적·중간적·간접적 요인으로 나눌 때 다음 중 직접적 교통사고 요인에 해당하는 것은?

① 운전자의 지능

② 무리한 운행계획

③ 음주

④ 위험인지의 지연

> ①, ③ : 중간적 요인   ② : 간접적 요인

30 주행 중 급정거할 때 반대방향으로 움직이는 것처럼 보이는 것은?

① 크기의 착각

② 상반의 착각

③ 원근의 착각

④ 속도의 착각

> • 크기의 착각 : 어두운 곳에서는 가로 폭보다, 세로 폭을 보다 넓은 것으로 판단하는 것
> • 원근의 착각 : 작은 것은 멀리 있는 것 같이,덜 밝은 것은 멀리 있는 것으로 느껴지는 것
> • 속도의 착각 : 주시점이 가까운 좁은 시야에서는 빠르게 느껴지거나 비교대상이 먼 곳에 있을 때는 느리게 느껴지는 것

31 어두운 곳에서 세로 폭이 넓다고 판단하는 착각은 무엇인가?

① 크기의 착각   ② 원근의 착각

③ 경사의 착각   ④ 속도의 착각

32 경사의 착각에 대한 설명으로 옳은 것은?

① 오름 경사는 실제보다 작게, 내림 경사는 실제보다 크게 보인다.

② 작은 경사는 실제보다 크게, 큰 경사는 실제보다 작게 보인다.

③ 작은 경사는 실제보다 작게, 큰 경사는 실제보다 크게 보인다.

④ 작은 경사는 영향을 미치지만, 오름 경사나 내림 경사는 영향을 미치지 않는다.

> 경사의 착각
> • 작은 경사는 실제보다 작게, 큰 경사는 실제보다 크게 보인다.
> • 오름 경사는 실제보다 크게, 내림 경사는 실제보다 작게 보인다.

정답 ▶ **25** ④ **26** ④ **27** ③ **28** ④ **29** ④ **30** ② **31** ① **32** ③

chapter 03

33 속도의 착각에 대한 설명으로 잘못된 것은?

① 주시점이 가까운 좁은 시야에서는 빠르게 느껴진다.
② 비교대상이 먼 곳에 있을 때는 느리게 느껴진다.
③ 상대 가속도감, 상대 감속도감을 느낀다.
④ 비교대상이 가까운 곳에 있을 때는 느리게 느껴진다.

비교대상이 먼 곳에 있을 때 느리게 느껴진다.

34 사고의 심리적 요인 중 착각에 대한 설명으로 잘못 연결된 것은?

① 크기의 착각 - 큰 물건들 가운데 있는 작은 물건은 작은 물건들 가운데 있는 같은 물건보다 작아 보인다.
② 원근의 착각 - 작은 것은 멀리 있는 것 같이, 덜 밝은 것은 멀리 있는 것으로 느껴진다.
③ 경사의 착각 - 오름 경사는 실제보다 크게, 내림 경사는 실제보다 작게 보인다.
④ 속도의 착각 - 주시점이 가까운 좁은 시야에서는 빠르게 느껴진다.

큰 물건들 가운데 있는 작은 물건은 작은 물건들 가운데 있는 같은 물건보다 작아 보이는 것은 상반의 착각과 관련이 있다.

35 순간적으로 변화하는 운전환경에서 오는 운전피로에 대한 설명으로 틀린 것은?

① 신체적 피로와 정신적 피로를 동시에 수반한다.
② 심리적 부담보다는 오히려 신체적 부담이 더 크다.
③ 운전작업의 생략이나 착오가 발생할 수 있다는 위험신호이다.
④ 정신적, 심리적 피로는 신체적 부담에 의한 일반적 피로보다 회복시간이 길다.

운전 시 신체적인 부담보다 오히려 심리적 부담이 더 크다.

36 운전피로의 3요인 중 운전자 요인에 해당되지 않는 것은?

① 신체 조건
② 운행 조건
③ 경험 조건
④ 연령 조건

운전피로의 3요인	
구분	종류
생활요인	수면 · 생활환경 등
운전 중의 요인	차내 환경 · 차외 환경 · 운행조건 등
운전자요인	신체 · 경험 · 연령 · 성별 · 성격 · 질병 등

37 피로와 운전착오에 대한 설명으로 잘못된 것은?

① 운전을 시작한 직후의 운전착오는 대부분 운전 피로가 그 원인이다.
② 운전착오는 심야에서 새벽 사이에 많이 발생한다.
③ 운전피로는 운전자의 판단과 운전조작 행위에 부정적인 영향을 미친다.
④ 운전 피로에 정서적 부조화가 가중되면 난폭한 운전으로 연결될 수 있다.

운전을 시작한 직후의 운전착오는 정적 부조화가 원인이며, 운전 종료 시의 운전착오는 운전 피로가 그 원인이다.

38 운전개시 직후에 일어나는 운전착오의 원인으로 알맞은 것은?

① 운전 피로
② 운전 부주의
③ 운전 미숙
④ 정적 부조화

· 운전개시 직후 - 정적 부조화
· 운전 종료 시 - 운전 피로

39 운전착오가 운전에 미치는 영향에 대한 설명으로 잘못된 것은?

① 운전시간 경과와 더불어 운전피로가 증가하여 작업 타이밍의 불균형을 초래한다.
② 정서적 · 신체적 부조화가 가중되면 조잡 · 난폭 · 방만한 운전을 유발한다.
③ 피로가 쌓이면 졸음상태가 되어 차외, 차내의 정보를 효과적으로 입수하지 못해 위험하다.
④ 운전착오는 오후 시간대에 많이 발생한다.

운전착오는 심야에서 새벽 사이에 많이 발생한다.

정답 33 ④ 34 ① 35 ② 36 ② 37 ① 38 ④ 39 ④

40 다음 중 음주운전 사고의 특징이 아닌 것은?

① 주차 중인 자동차와 같은 정지 물체 등에 충돌할 가능성이 높다.
② 전신주, 가로시설물, 가로수 등과 같은 고정 물체와 충돌할 가능성이 높다.
③ 대향차의 전조등에 의한 현혹현상 발생 시 정상운전보다 교통사고 위험이 증가한다.
④ 차량단독사고의 가능성이 낮다.

음주운전 사고는 차량단독사고의 가능성이 높다.

41 고령자의 교통행동에 대한 설명으로 잘못된 것은?

① 젊은 층에 비해 신중하고 과속을 하지 않는다.
② 돌발사태 시 민첩하게 대응한다.
③ 좁은 길에서 대형차와 교행할 때 불안감이 높아진다.
④ 후방으로부터의 자극에 대한 동작이 지연된다.

42 음주운전의 기준이 되는 혈중 알코올 농도는?

① 0.03% 이상　　② 0.05% 이상
③ 0.08% 이상　　④ 0.1% 이상

43 고령자의 교통안전 장애 요인에 해당되지 않는 것은?

① 경험 부족
② 동체시력 약화
③ 원근 구별능력 약화
④ 복잡한 상황에 대한 정보판단 처리능력 저하

44 어린이 자동차사고를 예방하기 위하여 주의할 사항으로 틀린 것은?

① 어린이는 뒷좌석에 탑승시킨다.
② 어린이는 차에 나중에 태우고 맨 먼저 내리도록 한다.
③ 운전자가 차에서 떠날 때는 같이 떠난다.
④ 어린이가 먼저 차에서 내리게 하지 않는다.

차에서 내릴 때 주위의 다른 차량이나 자전거 등에 부딪칠 수도 있으므로 반드시 어린이는 먼저 태우고 제일 나중에 내리도록 한다.

45 어린이의 교통행동 특성으로 옳지 않은 것은?

① 모방 행동이 적다.
② 눈에 보이지 않는 것은 없다고 생각한다.
③ 제한된 주의 및 지각능력을 가지고 있다.
④ 호기심이 많고 모험심이 강하다.

46 자동차의 제동과 관련이 없는 것은?

① ABS　　　　　② 스티어링 휠
③ 엔진 브레이크　　④ 주차 브레이크

제동장치 : 주차 브레이크, 풋 브레이크, 엔진 브레이크, ABS
※ 스티어링 휠은 자동차의 진행방향을 바꾸는 조향장치이다.

47 유압용 풋 브레이크에 대한 설명으로 잘못된 것은?

① 주행 중에 발로 조작하는 주 제동장치이다.
② 브레이크 페달을 밟으면 브레이크 액이 휠 실린더로 전달된다.
③ 휠 실린더의 피스톤에 의해 브레이크 라이닝을 밀어준다.
④ 엔진의 저항력을 이용해 속도를 줄일 때 사용한다.

엔진의 저항력을 이용해 속도를 줄일 때 사용하는 것은 엔진 브레이크이다.
※ 엔진 브레이크의 원리 : 주행 중인 속도보다 더 낮은 기어로 변속하여 엔진의 회전수를 높여 엔진 내부의 저항으로 속도를 줄이는 것이다.

48 가속 페달을 놓거나 저단기어로 바꿀 때 속도가 떨어지게 하는 것은?

① 주차 브레이크　　② ABS
③ 풋 브레이크　　　④ 엔진 브레이크

49 자동차의 제동장치인 ABS에 대한 설명으로 틀린 것은?

① 매우 미끄러운 노면에서 브레이크를 밟는 경우 작동한다.
② 브레이크 페달을 급하게 힘을 주어 밟는 경우 작동한다.
③ 후륜 잠김현상을 방지하여 방향 안정성을 확보하기 위해 사용한다.
④ ABS를 사용하면 타이어의 수명이 단축되는 단점이 있다.

ABS (Anti-lock Brake System)은 미끄러운 노면에서 브레이크를 밟을 때 바퀴가 노면에 미끄러지는 것(슬립)을 방지하기 위해 제동을 ON/OFF를 반복하여 노면과의 마찰력을 주어 방향 안정성을 확보한다.
※ 미끄러짐을 방지하므로 타이어의 수명이 향상된다.

정답　40 ④　41 ②　42 ①　43 ①　44 ②　45 ①　46 ②　47 ④　48 ④　49 ④

50 자동차 타이어의 역할과 가장 관련이 적은 것은?

① 지면으로부터 받는 충격을 흡수한다.
② 승차감을 좋게 한다.
③ 쾌적한 차내 환경을 조성한다.
④ 정지와 주행을 용이하게 한다.

> 타이어는 지면으로부터 받는 충격을 흡수해 승차감을 좋게 하지만 쾌적한 차내 환경 조성과는 무관하다.

51 자동차의 주행장치인 휠에 대한 설명으로 잘못된 것은?

① 무게가 무거워야 한다.
② 노면의 충격과 측력에 견딜 수 있는 강성이 있어야 한다.
③ 타이어에서 발생하는 열을 흡수하여 대기 중으로 잘 방출시킬 수 있어야 한다.
④ 구동력과 제동력을 지면에 전달하는 역할을 할 수 있어야 한다.

> 휠은 타이어의 중량을 지지하고 무게가 가벼워야 한다.

52 자동차의 조향장치인 캠버의 기능에 대한 설명으로 잘못된 것은?

① 앞바퀴가 하중을 받았을 때 아래로 벌어지는 것을 방지한다.
② 핸들 조작을 가볍게 한다.
③ 수직방향 하중에 의한 앞차축의 휨을 방지한다.
④ 주행 중 타이어가 바깥쪽으로 벌어지는 것을 방지한다.

> ④는 토인에 관한 설명이다.

53 자동차 앞바퀴에 직진성을 부여하여 차의 롤링을 방지하고 핸들의 복원성을 좋게 하기 위하여 필요한 장치는?

① 캐스터
② 토아웃
③ 토인
④ 캠버

54 토인(Toe-in)의 기능에 대한 설명으로 옳은 것은?

① 타이어의 마모를 방지한다.
② 수직방향 하중에 의한 앞차축의 휨을 방지한다.
③ 조향을 하였을 때 직진 방향으로 되돌아오려는 복원성

을 좋게 한다.
④ 차의 롤링을 방지한다.

> **토인의 기능**
> • 바퀴 회전을 원활하게 하여 핸들의 조작을 용이하게 함
> • 주행 중 타이어가 바깥쪽으로 벌어지는 것을 방지
> • 캠버에 의해 토아웃 되는 것을 방지
> ② : 캠버
> ③ : 캐스터, 킹판경사각
> ④ : 캐스터

55 다음 중 판 스프링에 대한 설명으로 옳은 것은?

① 주로 화물자동차에 사용되며, 구조가 간단하나 승차감이 나쁘다.
② 뒤틀림에 의한 충격을 흡수한다.
③ 작은 진동을 흡수하는 데에 적합하다.
④ 내구성이 작다.

> **판 스프링의 특징**
> • 주로 화물자동차에 사용
> • 내구성이 크고, 구조가 간단하나 승차감이 나쁘다.
> • 판간 마찰력을 이용하여 진동을 억제하나, 작은 진동을 흡수하기에는 적합하지 않다.
> • 너무 부드러운 판 스프링을 사용하면, 차축의 지지력이 부족하여 차체가 불안정하게 된다.

56 주로 승용자동차에 사용되며 코일의 상단은 차체에 부착하며, 하단은 차륜에 간접적으로 연결되어 있는 현가장치는?

① 판 스프링
② 코일 스프링
③ 공기 스프링
④ 비틀림 막대 스프링

57 커브길 자동차 운행에 따른 원심력에 대한 설명으로 옳은 것은?

① 속도를 줄이면 원심력은 커진다.
② 커브가 완만할수록 원심력은 커진다.
③ 커브가 예각을 이룰수록 원심력이 커진다.
④ 한가운데가 높고 가장자리로 갈수록 낮아지는 비포장도로의 커브에서 원심력이 작아진다.

> ① 속도를 줄이면 원심력은 작아진다.
> ② 커브가 완만할수록 원심력은 작아진다.
> ④ 한가운데가 높고 가장자리로 갈수록 낮아지는 비포장도로의 커브에서 원심력이 커진다.

58 타이어의 회전속도가 빨라지면 접지부에서 받은 타이어의 변형(주름)이 다음 접지 시점까지도 복원되지 않고, 접지의 뒤쪽에 진동의 물결이 일어나는 현상을 무엇이라 하는가?

① 페이드 현상 ② 스탠딩 웨이브 현상
③ 수막현상 ④ 워터 페이드 현상

59 타이어의 회전속도가 빨라지면 접지부에서 받은 타이어의 변형(주름)이 다음 접지 시점까지도 복원되지 않고, 접지의 뒤쪽에 진동의 물결이 일어나는 현상을 스탠딩 웨이브 현상이라고 하는데, 일반구조의 승용차용 타이어의 경우 시속 약 몇 km에서 발생하는가?

① 80km ② 100km
③ 120km ④ 150km

60 물이 고인 노면을 고속으로 주행할 때 그루브 사이에 있는 물을 배수하는 기능이 감소되어 타이어가 물의 저항에 의해 노면으로부터 떠올라 물 위를 미끄러지듯이 되는 현상을 무엇이라고 하는가?

① 페이드 현상
② 스탠딩 웨이브 현상
③ 수막현상
④ 워터 페이드 현상

61 수막현상의 예방책으로 옳지 않은 것은?

① 고속으로 주행하지 않는다.
② 마모된 타이어를 사용하지 않는다.
③ 타이어의 공기압을 조금 낮게 한다.
④ 배수효과가 좋은 타이어를 사용한다.

수막현상을 예방하기 위해서는 타이어의 공기압을 조금 높게 한다.

62 비가 자주 오거나 습도가 높은 날 또는 오랜 시간 주차한 후 브레이크 드럼에 미세한 녹이 발생하는 현상을 무엇이라고 하는가?

① 페이드 현상 ② 스탠딩 웨이브 현상
③ 수막현상 ④ 모닝 록 현상

63 현가장치와 관련된 현상 중 자동차의 진동에 관한 설명으로 틀린 것은?

① 피칭(Pitching)은 차체가 Y축을 중심으로 회전운동을 하는 고유 진동이다.
② 롤링(Rolling)은 차체가 Y축 방향과 회전운동을 하는 고유 진동이다.
③ 바운싱(Bouncing)은 차체가 Z축 방향과 평행운동을 하는 고유 진동이다.
④ 요잉(Yawing)은 차체가 Z축을 중심으로 하여 회전운동을 하는 고유 진동이다.

롤링은 차체가 X축을 중심으로 하여 회전운동을 하는 고유 진동이다.

64 현가장치 관련 현상 중 자동차의 진동에 대한 설명으로 잘못된 것은?

① 피칭은 차체가 Y축을 중심으로 회전운동을 하는 고유 진동이다.
② 롤링은 차체가 X축을 중심으로 하여 회전운동을 하는 고유 진동이다.
③ 바운싱은 차체가 Z축 방향과 회전운동을 하는 고유 진동이다.
④ 요잉은 차체가 Z축을 중심으로 하여 회전운동을 하는 고유 진동이다.

바운싱은 차체가 Z축 방향과 평행운동을 하는 고유 진동이다.

65 자동차가 출발할 때 구동바퀴는 이동하려 하지만 차체는 정지하고 있기 때문에 차체의 앞부분이 들리는 현상을 무엇이라 하는가?

① 노즈 업 ② 다이브
③ 페이드 ④ 모닝 록

66 자동차를 제동할 때 바퀴는 정지하려 하고 차체는 관성에 의해 이동하려는 성질 때문에 앞 범퍼 부분이 내려가는 현상을 무엇이라 하는가?

① 노즈 업 ② 노즈 다운
③ 모닝 록 ④ 베이퍼 록

정답 58 ② 59 ④ 60 ③ 61 ③ 62 ④ 63 ② 64 ③ 65 ① 66 ②

67 자동차의 진동 현상 중 피칭에 대한 설명으로 옳지 않은 것은? ***

① 차량의 무게중심을 지나는 가로방향의 축(Y축)을 중심으로 차량이 앞뒤로 기울어지는 현상이다.
② 적재물이 없는 대형차량의 급제동 시 발생한다.
③ 스키드 마크가 짧게 끊어진 형태로 나타난다.
④ 차량의 무게중심을 지나는 윗 방향의 축(Z축)을 중심으로 차량이 회전하는 현상이다.

④는 요잉에 대한 설명이다.

68 내륜차와 외륜차에 대한 설명으로 틀린 것은? *****

① 자동차 바퀴의 궤적을 따라 나타난다.
② 내측 앞바퀴와 내측 뒷바퀴의 궤적에서 나타나는 차이를 내륜차라고 한다.
③ 자동차가 전진할 경우에는 외륜차에 의해, 또 후진할 경우에는 내륜차에 의한 교통사고의 위험이 있다.
④ 대형차일수록 내륜차와 외륜차의 차이가 크다.

자동차가 전진할 경우에는 내륜차에 의해, 또 후진할 경우에는 외륜차에 의한 교통사고의 위험이 있다.

69 외륜차가 가장 크게 발생하는 차는? ****

① 이륜차   ② 대형차
③ 중형차   ④ 소형차

외륜차는 대형차일수록 크게 발생한다.

70 다음 중 타이어 마모의 요인이 아닌 것은? *****

① 기후   ② 공기압
③ 하중   ④ 속도

타이어 마모에 영향을 주는 요소
공기압, 하중, 속도, 커브, 브레이크, 노면상태

71 타이어의 마모에 관한 설명으로 옳은 것은? ***

① 공기압이 높으면 승차감은 나빠지며 트레드 중앙부분의 마모가 촉진된다.
② 하중이 커지면 타이어의 내마모성이 좋아진다.
③ 주행 중 타이어의 구동력은 속도의 제곱에 반비례한다.
④ 커브길의 활각이 작을수록 마모가 많아진다.

② 하중이 커지면 공기압 부족과 같은 형태로 타이어는 크게 굴곡되어 마찰력이 증가하기 때문에 내마모성이 저하된다.
③ 주행 중 타이어의 구동력, 제동력, 선회력 등의 힘은 속도의 제곱에 비례한다.
④ 활각이 클수록 타이어의 마모가 많아진다.

72 제동거리에 대한 정의로 옳은 것은? ***

① 운전자가 자동차를 정지시켜야 할 상황임을 지각하고 브레이크가 작동을 시작하는 순간까지 자동차가 진행한 거리
② 브레이크가 막 작동을 시작하는 순간부터 자동차가 완전히 정지할 때까지 자동차가 진행한 거리
③ 자동차를 정지시키려고 시작하는 순간부터 자동차가 완전히 정지할 때까지 자동차가 진행한 거리
④ 자동차를 정지시키려고 시작하는 순간부터 자동차가 정지하기 시작하는 거리

① : 공주거리, ② : 제동거리, ③ : 정지거리
정지거리 = 공주거리 + 제동거리

73 브레이크가 작동을 시작하는 순간까지 자동차가 진행한 거리를 무엇이라 하는가? *****

① 정지거리   ② 제동거리
③ 공주거리   ④ 작동거리

74 공주거리와 제동거리를 합한 거리를 무엇이라 하는가? ****

① 정지거리   ② 이동거리
③ 실제동거리   ④ 반응거리

정답 ▶ 67 ④   68 ③   69 ②   70 ①   71 ①   72 ②   73 ③   74 ①

75 차량점검 및 주의사항으로 맞지 않는 것은?

① 적색경고등이 들어온 상태에서는 운행하지 않는다.
② 운행 중에 조향핸들의 높이와 각도를 조정한다.
③ 주차 시에는 항상 주차브레이크를 사용한다.
④ 컨테이너 차량의 경우 고정장치가 작동되는지를 확인한다.

조향핸들의 높이와 각도 조정은 운행 전에 조정하고 운전 중에는 하지 않는다.

76 차량점검 및 주의사항으로 옳지 않은 것은?

① 주차 시에는 항상 주차브레이크를 사용한다.
② 주차 브레이크를 작동시키지 않은 상태에서 절대로 운전석에서 떠나지 않는다.
③ 트랙터 차량의 경우 트레일러 브레이크만을 사용하여 주차한다.
④ 라디에이터 캡은 주의해서 연다.

트랙터 차량은 견인차의 제동장치와 연계하여 트레일러를 제동하는 구조이다.

77 차량 점검 중 배기가스 색깔이 탁하고 유독가스 및 매연이 있는 경우의 우선 점검 부분은?

① 원동기
② 제동장치
③ 조향장치
④ 동력전달장치

78 차량점검 및 주의사항으로 옳지 않은 것은?

① 파워핸들이 작동되지 않더라도 트럭을 조향할 수 있으나 조향이 매우 무거움에 유의하여 운행한다.
② 운행 전에 조향핸들의 높이와 각도가 맞게 조정되어 있는지 점검한다.
③ 적색경고등이 들어온 상태에서는 운행하지 않는다.
④ 캡을 기울인 후 엔진을 시동할 경우에는 기어 레버가 중립위치에 있지 않아도 된다.

캡을 기울인 후 또는 원위치 시킨 후에 엔진을 시동할 경우에는 반드시 기어 레버가 중립위치에 있는지 다시 한번 확인한다.

79 자동차 동력전달장치에 대한 점검사항이 아닌 것은?

① 클러치 페달의 유동 여부
② 변속기의 조작상태 및 오일 누출 여부
③ 추진축 연결부의 헐거움 및 이음 여부
④ 배기관 및 소음기의 손상 여부

배기관 및 소음기의 손상 여부는 원동기에 대한 점검사항이다.

80 자동차의 일상점검에서 동력전달장치의 점검사항이 아닌 것은?

① 클러치 페달의 유동이 없고 클러치의 유격은 적당한가?
② 변속기의 조작이 쉽고 변속기 오일의 누출은 없는가?
③ 추진축 연결부의 헐거움이나 이음은 없는가?
④ 쇽 업소버의 오일 누출은 없는가?

쇽 업소버의 오일 노출 여부는 완충장치의 점검사항이다.

81 비포장 도로의 울퉁불퉁한 험한 노면 상을 달릴 때 "딱각딱각" 하는 소리나 "킁킁" 하는 소리가 날 때에는 어느 부분의 고장으로 볼 수 있는가?

① 쇽 업소버
② 클러치
③ 팬벨트
④ 브레이크

82 다음 중 촉각으로 판별할 수 있는 자동차의 이상 징후에 속하지 않는 것은?

① 자동차의 기울어짐
② 볼트 너트의 이완
③ 브레이크 시 차량이 한쪽으로 쏠림
④ 전기 배선 불량

오감으로 판별하는 자동차 이상 징후	
감각	적용사례
시각	물 · 오일 · 연료의 누설, 자동차의 기울어짐
청각	마찰음, 걸리는 쇳소리, 노킹소리, 긁히는 소리 등
촉각	볼트 너트의 이완, 유격, 브레이크 시 차량이 한쪽으로 쏠림, 전기 배선 불량 등
후각	배터리액의 누출, 연료 누설, 전선 등이 타는 냄새 등

정답 75 ② 76 ③ 77 ① 78 ④ 79 ④ 80 ④ 81 ① 82 ①

83 다음은 자동차의 고장이 자주 일어나는 부분에 대한 설명이다. 잘못된 것은?

① 클러치를 밟고 있을 때 "달달달" 떨리는 소리와 함께 차체가 떨리고 있다면, 이것은 엔진의 고장이다.

② 주행 전 차체에 이상한 진동이 느껴지는 현상은 플러그 배선이 빠져있거나 플러그 자체가 나쁠 때 나타난다.

③ 엔진의 회전수에 비례하여 쇠가 마주치는 소리가 날 때는 밸브 간극 조정으로 고칠 수 있다.

④ 브레이크 페달을 밟아 차를 세우려고 할 때 바퀴에서 "끼익!" 하는 소리가 나는 것은 브레이크 라이닝의 마모가 심하거나 라이닝에 결함이 있을 때 일어나는 현상이다.

> 클러치를 밟고 있을 때 "달달달" 떨리는 소리와 함께 차체가 떨리고 있다면, 이것은 클러치 릴리스 베어링의 고장이며, 정비공장에 가서 교환해야 한다.

84 자동차 엔진 과회전 시의 조치 방법으로 적절하지 않은 것은?

① 팬벨트의 장력 조정

② 과도한 엔진브레이크 사용 지양

③ 최대 회전속도를 초과한 운전 금지

④ 고단에서 저단으로의 급격한 기어 변속 금지

> 팬벨트의 장력 조정은 엔진 온도 과열 시의 조치 방법이다.

85 자동차 배출가스의 색깔이 흰색일 때 자동차의 증상으로 옳지 않은 것은?

① 에어클리너 엘리먼트의 막힘

② 헤드 개스킷 파손

③ 밸브의 오일 실 노후

④ 피스톤 링의 마모

> 에어클리너 엘리먼트가 막히면 공기가 부족해 혼합가스가 농후해져 검은 배출가스가 배출된다.

86 농후한 혼합가스가 들어가 불완전연소되는 경우 자동차 배출가스의 색깔은?

① 무색   ② 검은색

③ 흰색   ④ 갈색

87 바퀴마다 드럼에 손을 대보아 한쪽만 뜨거울 경우 의심되는 고장은?

① 클러치 릴리스 베어링의 고장

② 쇽 업소버의 고장

③ 바퀴 자체에 휠밸런스가 맞지 않음

④ 브레이크 라이닝 간격이 좁아 브레이크가 끌림

> 드럼이 과열되면 팽창에 의해 브레이크 라이닝과의 간격이 좁아질 수 있다.

88 엔진오일 과다 소모 시 조치 방법으로 잘못된 것은?

① 엔진 피스톤 링을 교환한다.

② 오일팬이나 개스킷을 교환한다.

③ 에어클리너를 청소하고 장착 방법을 준수한다.

④ 휠밸런스를 조정한다.

> **엔진오일 과다 소모 시 조치 방법**
> • 엔진 피스톤 링, 실린더라이너의 교환
> • 오일팬이나 개스킷 교환
> • 실린더 교환이나 보링작업
> • 에어클리너 청소 및 장착 방법 준수
> ※ 휠밸런스 조정은 주로 조향의 쏠림이나 차체 진동에 관한 정비이다.

89 엔진오일 과다 소모 시의 점검 사항으로 옳은 것은?

① 블로바이가스 과다 배출 확인

② 워터펌프 작동 확인

③ 수온조절기의 열림 확인

④ 서머스탯 작동상태 확인

> ②, ③, ④는 엔진 온도 과열 시의 점검 사항이다.

90 자동차 엔진의 온도가 과열되었을 때의 조치 방법으로 적절하지 않은 것은?

① 냉각수 보충

② 팬벨트의 장력 조정

③ 수온조절기 교환

④ 실린더라이너 교환

> 실린더라이너 교환은 엔진오일 과다 소모 시 조치 방법이다.

91 엔진 온도 과열 시의 조치 방법이 아닌 것은? ***

① 엔진 피스톤링 교환
② 냉각수 보충
③ 팬벨트의 장력 조정
④ 수온조절기 교환

> 엔진 피스톤링 교환은 엔진오일 과다 소모 시의 조치 방법이다.

92 다음 중 주행장치의 점검사항이 아닌 것은? ***

① 휠볼트의 느슨함 여부
② 타이어 공기압 적정 여부
③ 타이어의 이상마모와 손상 여부
④ 추진축 연결부의 헐거움 및 이음 여부

> 추진축 연결부의 헐거움 및 이음 여부는 동력전달장치의 점검사항이다.

93 하루 평균 약 2~4리터의 엔진오일이 소모될 때의 점검사항에 해당하지 않는 것은? **

① 배기 배출가스 육안 확인
② 에어클리너 오염도 확인
③ 엔진과 콤프레셔 피스톤 링 과다 마모
④ 수온조절기의 열림 확인

> 수온조절기의 열림 확인 엔진의 온도가 과열되었을 때의 점검사항이다.

94 엔진의 초기 시동이 불량하고 시동이 꺼지는 현상이 나타날 때의 조치 방법으로 옳은 것은? **

① 플라이밍 펌프 작동 시 에어유입 확인 및 에어빼기
② 밸브간극 조정
③ 워터 세퍼레이터 수분 제거
④ 연료 탱크 내 수분 제거

> **엔진 시동 불량일 경우 조치 방법**
> • 플라이밍 펌프 작동 시 에어 유입 확인 및 에어 빼기
> • 플라이밍 펌프 내부의 필터 청소

95 혹한기 주행 중 오르막 경사로에서 급가속 시 시동이 꺼지는 현상이 나타날 때의 점검 사항으로 옳지 않은 것은? ***

① 연료 파이프 및 호스 연결부분 에어 유입 확인
② 수분 제거기 내 결빙 확인
③ 연료 차단 솔레노이드 밸브 작동 상태 확인
④ 워터 세퍼레이터 내 결빙 확인

96 주행중 간헐적으로 ABS 경고등이 점등되다가 요철 부위 통과 후 계속 점등되는 현상이 나타날 때의 조치 방법이 아닌 것은? **

① 휠 스피드 센서 저항 측정
② 센서 불량 여부 확인 및 교환
③ 배선 부분 불량 여부 확인 및 교환
④ PTO 스위치 교환

> 덤프 작동이 불량할 경우 PTO 스위치를 교환한다.
> ※ PTO(동력인출장치) : 기본 트럭의 트랜스미션에 P.T.O를 장착하여 엔진 구동력으로 유압펌프를 구동시켜 발생된 유압으로 덤프 등 장비를 작동시키는 방법

97 다음 중 도로가 되기 위한 조건 중 이용성에 대한 설명으로 옳은 것은? *

① 자동차의 통행에 용이한 형태를 갖출 것 – 차로의 설치, 비포장의 경우 노면의 균일성 유지
② 사람의 왕래, 화물의 수송, 자동차의 운행 등 공중의 교통 영역으로 이용되고 있는 곳
③ 불특정 다수인을 위해 이용이 허용되고 또 실제 이용되는 곳
④ 공공의 안전과 질서유지를 위해 교통경찰권이 발동될 수 있는 장소

> ① : 형태성, ③ : 공개성, ④ : 교통경찰권

98 다음 중 곡선부 방호울타리의 기능으로 옳지 않은 것은? ***

① 자동차의 차도 이탈 방지
② 탑승자의 상해 감소
③ 자동차의 파손 증가
④ 운전자의 시선 유도

> 곡선부 방호울타리는 자동차가 파손되는 것을 감소시키는 기능을 한다.

99 길어깨(갓길)에 대한 설명으로 거리가 먼 것은?

① 고장차의 대피공간으로 제공된다.
② 교통사고 발생 시 교통의 혼잡을 방지하는 역할을 한다.
③ 절토부 등에서는 교통의 안전성이 저해된다.
④ 보도 등이 없는 도로에서는 보행자 등의 통행 장소로 제공된다.

절토부 등에서는 곡선부의 시거가 증대되기 때문에 교통의 안전성이 높다.

100 중앙분리대로 설치되는 방호울타리의 기능이 아닌 것은?

① 차량의 횡단을 방지할 수 있는 기능
② 충돌 차량의 속도를 줄일 수 있는 기능
③ 충돌 차량의 손상을 적게 하는 기능
④ 충돌 차량을 튕겨나가도록 하는 기능

방호울타리의 기능
• 횡단을 방지할 수 있을 것
• 차량을 감속시킬 수 있을 것
• 차량이 튕겨나가지 않을 것
• 충돌 시 차량의 손상이 적을 것

101 다음 중 연석형 중앙분리대의 기능이 아닌 것은?

① 차량과 충돌 시 차량을 본래의 주행방향으로 복원해주는 기능
② 좌회전 차로의 제공이나 향후 차로 확장에 쓰일 공간 확보
③ 연석의 중앙에 잔디나 수목을 심어 녹지공간 제공
④ 운전자의 심리적 안정감에 기여

연석형 중앙분리대는 차량과 충돌 시 차량을 본래의 주행방향으로 복원해주는 기능이 미약한 단점이 있다.

102 중앙분리대의 형태 중 도로선형의 양방향 차로가 완전히 분리될 수 있는 충분한 공간 확보로 대향차량의 영향을 받지 않을 정도의 넓이를 제공하는 형태는?

① 방호울타리형　　② 연석형
③ 광폭형　　　　　④ 철제형

103 교량과 교통사고의 관계에서 사고율이 가장 낮은 경우에 해당하는 것은?

① 교량 접근로의 폭에 비하여 교량의 폭이 좁을 때
② 교량 접근로의 폭에 비하여 교량의 폭이 넓을 때
③ 교량 접근로의 폭에 비하여 교량의 폭이 좁지만 시선유도표지를 적절하게 설치할 때
④ 교량의 접근로 폭과 교량의 폭이 같을 때

교량의 접근로 폭과 교량의 폭이 같을 때 사고율이 가장 낮다. 교량의 접근로 폭과 교량의 폭이 서로 다른 경우에도 교통통제설비, 즉 안전표지, 시선유도표지, 교량끝단의 노면표시를 효과적으로 설치함으로써 사고율을 현저히 감소시킬 수는 있다.

104 도로를 보호하고 비상시에 이용하기 위하여 차도에 접속하여 설치하는 도로의 부분을 의미하는 용어는?

① 노상시설　　　　② 주정차대
③ 길어깨　　　　　④ 측대

105 운행할 때 지켜야 하는 운전행동으로 적합하지 않은 것은?

① 횡단보도에서는 보행자 보호에 앞장선다.
② 적색점멸 신호 시 서행한다.
③ 방향지시등을 켜고 차로를 변경한다.
④ 야간에 대향차와 마주보고 동행할 때에는 전조등을 하향으로 비춘다.

적색점멸 신호 시에는 일시정지 후 통과해야 한다.

안전운전 및 위험물 운송

Main
Key
Point

이 섹션에서는 일반상식으로 풀 수 있는 문제가 주로 출제되므로 큰 비중을 두지 않도록 한다. 상황별 방어운전에 대해 이해하고 위험물 운송에 대해 암기할 부분은 암기하고 넘어가도록 한다.

01 안전운전

1 방어운전

(1) 개요

① 다른 운전자나 보행자가 교통법규를 지키지 않거나 위험한 행동을 하더라도 이에 대처할 수 있는 운전자세를 갖추어 미리 위험한 상황을 피하여 운전하는 것

② 위험한 상황을 만들지 않고 운전하는 것

③ 위험한 상황에 직면했을 때는 이를 효과적으로 회피할 수 있도록 운전하는 것

> ▶ **안전운전**
> 운전자가 자동차를 운행함에 있어서 운전자 자신이 위험한 운전을 하거나 교통사고를 유발하지 않도록 주의하여 운전하는 것

(2) 실전 방어운전 방법

① 운전자는 앞차의 전방까지 시야를 멀리 둔다.

② 뒤차가 바싹 뒤따라올 때는 가볍게 브레이크 페달을 밟아 제동등을 켠다.

③ 밤에 마주 오는 차가 전조등 불빛을 줄이거나 아래로 비추지 않고 접근해 올 때는 불빛을 정면으로 보지 말고 시선을 약간 오른쪽으로 돌린다. 감속 또는 서행하거나 일시 정지한다.

④ 밤에 산모퉁이 길을 통과할 때는 전조등을 상향과 하향을 번갈아 점·멸등하며 자신의 존재를 알린다. 주위를 살피면서 서행한다.

▶ **위험운전행동 기준**

위험운전행동		정의	화물차 기준
과속 유형	과속	도로 제한속도 보다 20km/h 초과 운행한 경우	도로 제한속도 보다 20km/h 초과한 경우
	장기과속	도로 제한속도 보다 20km/h 초과해서 3분 이상 운행한 경우	도로 제한속도 보다 20km/h 초과해서 3분 이상 운행한 경우
급가속 유형	급가속	초당 11km/h 이상 가속 운행한 경우	6.0km/h 이상 속도에서 초당 5km/h 이상 가속 운행하는 경우
	급출발	정지상태에서 출발하여 초당 11km/h 이상 가속 운행한 경우	5.0km/h 이하에서 출발하여 초당 6km/h 이상 가속 운행하는 경우
급감속 유형	급감속	초당 7.5km/h 이상 감속 운행한 경우	초당 8km/h 이상 감속 운행하고 속도가 6.0km/h 이상인 경우
	급정지	초당 7.5km/h 이상 감속하여 속도가 '0'이 된 경우	초당 8km/h 이상 감속하여 속도가 5.0km/h 이하가 된 경우
급차로변경 유형 (초당 회전각)	급진로변경	속도가 30km/h 이상에서 진행방향이 좌·우측(15~30°)으로 차로를 변경하며 가감속(초당 -5km/h~+5km/h)하는 경우	속도가 30km/h 이상에서 진행방향이 좌·우측 6°/sec 이상으로 차로변경하고, 5초 동안 누적각도가 ±2°/sec 이하, 가감속이 초당 ±2km/h 이하인 경우
	급앞지르기	초당 11km/h 이상 가속하면서 진행방향이 좌·우측(30~60°)으로 차로를 변경하여 앞지르기한 경우	속도가 30km/h 이상에서 진행방향이 좌·우측 6°/sec 이상으로 차로변경하고, 5초 동안 누적각도가 ±2°/sec 이하, 가속이 초당 3km/h 이상인 경우
급회전 유형 (누전 회전각)	급좌우회전	속도가 15km/h 이상이고, 2초 안에 좌측(60~120° 범위)으로 급회전한 경우	속도가 20km/h 이상이고, 4초 안에 좌·우측(누적회전각이 60~120° 범위)로 급회전하는 경우
	급 U턴	속도가 15km/h 이상이고, 3초 안에 좌·우측(160~180° 범위)으로 급하게 U턴한 경우	속도가 15km/h 이상이고, 8초 안에 좌측 또는 우측(160~180° 범위)으로 운행한 경우

(3) 상황별 방어운전 방법

상황 예시	방어운전 방법
출발할 때	• 차량의 전후좌우는 물론 차의 밑과 위까지 안전을 확인한다. • 도로의 가장자리에서 도로를 진입하는 경우에는 반드시 신호를 한다.
주행 시 서행할 때	• 교통량이 많은 곳, 노면의 상태가 나쁜 도로, 기상상태나 도로조건 등으로 시계조건이 나쁜 곳, 해질 무렵, 터널 등 조명조건이 나쁠 때는 속도를 줄여서 주행한다. • 곡선반경이 작은 도로나 신호의 설치 간격이 좁은 도로에서는 서행하며 통과한다.
주행차로의 사용	• 필요한 경우가 아니면 중앙의 차로를 주행하지 않는다.
점검과 주의	• 운행 전 · 중 · 후 차량점검 • 운행 전 · 후에는 차량의 문이나 결박상태를 확인한다.

2 상황별 운전

(1) 교차로 황색신호

① 개요
  • 통상 3초를 기본으로 운영하며, 6초를 초과하지 않는다.
  • 이미 교차로에 진입한 차량은 신속히 빠져나가야 한다.
  • 아직 교차로에 진입하지 못한 차량은 진입해서는 안 된다.

② 황색신호 시 사고유형
  • 교차로 상에서 전신호 차량과 후신호 차량의 충돌
  • 횡단보도 전에 앞차 정지 시 앞차와의 충돌
  • 횡단보도 통과 시 보행자, 자전거 또는 이륜차 충돌
  • 유턴 차량과의 충돌

(2) 커브길

① 완만한 커브길 주행방법
  • 커브길의 편구배(경사도)나 도로의 폭을 확인하고 가속 페달에서 발을 떼어 엔진 브레이크가 작동되도록 하여 속도를 줄인다.

  • 엔진 브레이크만으로 속도가 충분히 떨어지지 않으면 풋 브레이크를 사용하여 실제 커브를 도는 중에 더 이상 감속할 필요가 없을 정도까지 줄인다.
  • 커브가 끝나는 조금 앞부터 핸들을 돌려 차량의 모양을 바르게 한다.
  • 가속 페달을 밟아 속도를 서서히 높인다.

② 급커브길 주행방법
  • 커브의 경사도나 도로의 폭을 확인하고 가속페달에서 발을 떼어 엔진 브레이크가 작동되도록 하여 속도를 줄인다.
  • 풋 브레이크를 사용하여 충분히 속도를 줄인다.
  • 후사경으로 오른쪽 후방의 안전을 확인한다.
  • 저단 기어로 변속한다.
  • 커브의 내각의 연장선에 차량이 이르렀을 때 핸들을 꺾는다.
  • 차가 커브를 돌았을 때 핸들을 되돌리기 시작한다.

③ 커브길 핸들조작 : '슬로우 인 패스트 아웃' 원리 적용
  → 슬로우 인 패스트 아웃(Slow-in, Fast-out) : 커브길에는 속도를 줄이며 진입하고 빠져 나갈 때는 속도를 서서히 높임

④ 커브길 안전운전 및 방어운전

⑤ 주간에는 경음기, 야간에는 전조등을 사용하여 내 차의 존재를 알린다.

(3) 차로폭

① 도로의 차선과 차선 사이의 최단거리

② 차로폭 : 3.0~3.5m
  → 교량 위, 터널 내, 유턴차로, 가변차로 : 2.75m 이상 가능

③ 시내 및 고속도로는 도로폭이 비교적 넓고, 골목길이나 이면도로 등에서는 도로폭이 비교적 좁다.

④ 차로폭에 따른 사고위험

차로폭이 넓은 경우	운전자가 느끼는 주관적 속도감이 실제 주행속도보다 낮게 느껴짐에 따라 제한속도를 초과한 과속사고의 위험이 있다.
차로폭이 좁은 경우	차로수 자체가 편도 1~2차로에 불과하거나 보 · 차도 분리시설 및 도로정비가 미흡하고 자동차, 보행자 등이 무질서하게 혼재하는 경우가 있어 사고의 위험성이 높다.

⑤ 차로폭에 따른 안전운전 및 방어운전

차로폭이 넓은 경우	주관적인 판단을 가급적 자제하고 계기판의 속도계에 표시되는 객관적인 속도를 준수한다.
차로폭이 좁은 경우	보행자, 노약자, 어린이 등에 주의하여 즉시 정지할 수 있는 안전한 속도로 주행속도를 감속하여 운행한다.

(4) 언덕길

구분	안전운전 및 방어운전
내리막길	㉠ 천천히 내려가며 엔진 브레이크로 속도 조절 → 페이드 현상 예방 ㉡ 배기 브레이크 사용 시의 효과 • 브레이크 액의 온도상승 억제에 따른 베이퍼록 현상 방지 • 드럼의 온도상승을 억제하여 페이드 현상 방지 • 브레이크 사용 감소로 라이닝의 수명 증대 ㉢ 기어 변속 방법 • 변속 시 클러치 및 변속 레버의 신속한 작동을 취함 • 변속 시 변속 레버를 보거나 하지 않고 교통상황 주시상태 유지 • 왼손은 핸들을 조정하며 오른손과 양발은 신속히 움직임
오르막길	㉠ 오르막길의 사각 지대는 정상 부근이며, 정상에 다다르면 서행하여 위험에 대비 ㉡ 정차 시에는 풋 브레이크와 핸드 브레이크를 동시 사용 ㉢ 출발 시에는 핸드 브레이크를 사용하는 것이 안전 ㉣ 오르막길에서 앞지르기 할 때는 저단 기어 사용하는 것이 안전 ㉤ 언덕길 교행 : 올라가는 차량과 내려오는 차량의 교행 시 내려오는 차에 통행 우선권이 있다.

(5) 앞지르기

① 개념 : 앞지르기란 뒷차가 앞차의 좌측면을 지나 앞차의 앞으로 진행하는 것을 의미한다.

② 앞지르기 사고의 유형
• 앞지르기를 위한 최초의 진로 변경 시 동일방향 좌측 후속차 또는 나란히 진행하던 차와 충돌
• 좌측 도로상의 보행자와 충돌, 우회전 차량과의 충돌
• 중앙선을 넘어 앞지르기하는 때에는 대향차와 충돌
• 진행 차로 내의 앞뒤 차량과의 충돌
• 앞 차량과의 근접주행에 따른 측면 충격
• 앞지르기 당하는 차량의 좌회전 시 충돌
• 경쟁 앞지르기에 따른 충돌

※ 중앙선이 실선인 경우 중앙선 침범이 적용되고, 중앙선이 점선인 경우 일반 과실 사고로 처리된다.

(6) 철길건널목

① 철길건널목 안전운전 및 방어운전
• 일시정지 후 좌우의 안전을 확인한다.
• 차단기가 내려졌거나, 내려지고 있거나, 경보음이 울릴 때, 건널목 앞쪽이 혼잡하여 건널목을 완전히 통과 할 수 없게 될 염려가 있을 때에는 진입하지 않는다.
• 건널목 통과 시 기어는 변속하지 않는다.
• 건널목 건너편 여유 공간 확인 후 통과한다.

② 철길건널목 내 차량고장 대처방법
• 즉시 동승자를 대피시킨다.
• 철도공사 직원에게 알리고 차를 건널목 밖으로 이동시키도록 조치한다.
• 시동이 걸리지 않을 때는 당황하지 말고 기어를 1단 위치에 넣은 후 클러치 페달을 밟지 않은 상태에서 시동키를 돌리면 시동 모터의 회전으로 바퀴를 움직여 철길을 빠져 나올 수 있다.

1 봄

① 세차 : 자동차를 물로 자주 씻는 것은 그리 바람직하지 못하나 겨울을 보낸 다음에는 전문 세차장을 찾아 차체를 들어 올리고 구석구석 세차한다. 노면의 결빙을 막기 위해 뿌려진 염화칼슘이 운행 중에 자동차의 바닥부분에 부착되어 차체의 부식을 촉진시키기 때문이다.

② 월동장비 정리 : 스노우 타이어, 체인 등 월동장비를 잘 정리해서 보관

③ 엔진오일 점검
- 주행거리와 오일의 상태에 따라 교환해 주거나 부족 시 보충
- 오일 교환 시 다른 오일과 혼용하지 말고 동일 등급의 오일 사용
- 반드시 오일 필터도 함께 교환

④ 배선상태 점검 : 전선의 피복이 벗겨진 부분은 없는지, 소켓 부분이 부식되지는 않았는지 등을 살펴보고 낡은 배선은 새것으로 교환해주어 화재발생을 예방한다.

2 여름

① 냉각장치 점검 : 여름철 엔진 과열을 예방하기 위한 냉각수의 양·누유 여부 확인, 팬벨트의 적절한 장력 확인

② 와이퍼의 작동상태 점검
- 장마철을 대비하기 위한 와이퍼의 작동 상태, 브레이드(유리면과 접촉하는 고무부품)의 마모 여부, 모터 작동 여부
- 워셔액 노즐의 분출구 막힘 여부·분사각도 양호 상태 등

③ 타이어 마모상태 점검
- 과마모 타이어는 빗길에서 잘 미끄러질뿐더러 제동거리가 길어지므로 교통사고의 위험이 높다.
- 노면과 맞닿는 부분인 트레드 홈 깊이 확인(최저 1.6mm 이상) 및 적정 공기압을 유지

④ **차량 내부의 습기 제거**
- 차량 내부에 습기가 찰 때에는 습기를 제거하여 차체의 부식과 악취발생을 방지한다

- 폭우 등으로 물에 잠긴 경우는 각종 배선에서 수분이 완전히 제거되지 않아 합선이 일어날 수 있으므로 시동을 건다든지 전기장치를 작동시키지 않고 전문가의 도움을 받는다.

▶ 주행 중 갑자기 시동이 꺼졌을 때
연료 계통에서 열에 의한 증기로 통로의 막힘 현상이 나타나 연료 공급이 단절되어 시동이 꺼질 수 있으므로 자동차를 길 가장자리 통풍이 잘되는 그늘진 곳으로 옮긴 다음, 보닛을 열고 10여분 정도 열을 식힌 후 재시동을 한다.

3 가을

① 서리제거용 열선 점검 : 기온 하강으로 인한 유리창의 서리 제거를 위해 열선의 작동상태 점검

4 겨울

① 부동액 점검 : 냉각수의 동결을 방지하기 위해 부동액의 양 및 점도 점검

② 정온기 상태 점검 : 정온기를 점검하여 엔진의 워밍업이 길어지거나, 히터의 기능이 떨어지는 것을 예방

→ 정온기 : 엔진의 온도를 일정하게 유지시켜 주는 역할

▶ 운행 중 주의사항
- 미끄러운 길에서는 승용차의 경우 기어를 2단에 넣고 반클러치를 사용하는 것이 효과적이다.
- 핸들이 꺾여 있는 상태에서 출발하면 앞바퀴의 회전각도 자체가 브레이크 역할을 해서 바퀴가 헛도는 결과를 초래하므로 앞바퀴를 직진 상태에서 출발한다.
- 눈이 쌓인 오르막길에서는 주차 브레이크를 절반쯤 당겨 서서히 출발하며, 자동차가 출발한 후에는 주차 브레이크를 완전히 푼다.

03 위험물 운송

1 위험물의 적재 방법

① 운반 도중 위험물 또는 운반용기가 떨어지거나 용기의 포장이 파손되지 않도록 적재할 것

② 수납구를 위로 향하게 적재할 것

③ 직사광선 및 빗물 등의 침투를 방지할 수 있는 덮개를 설치할 것

④ 혼재가 금지된 위험물의 혼합 적재 금지

▶ 운반용기와 포장 외부에 표시해야 할 사항
위험물의 품목, 화학명, 수량

▶ 위험물의 종류
고압가스, 화약, 석유류, 독극물, 방사성물질 등

② 위험물의 운반 방법
① 마찰 및 흔들림이 없도록 할 것
② 지정수량 이상의 위험물을 운반할 때는 차량의 전면 또는 후면의 보기 쉬운 곳에 표지를 게시할 것
③ 일시정차 시는 안전한 장소를 택하여 안전에 주의할 것
④ 위험물에 적응하는 소화설비를 설치할 것
⑤ 독성가스 운반 시에는 독성가스의 종류에 따른 방독면, 고무장갑, 고무장화, 그 밖의 보호구 및 재해발생 방지를 위한 응급조치에 필요한 자재, 제독제 및 공구 등을 휴대할 것
⑥ 재해발생 우려 시 응급조치를 취하고 가까운 소방관서, 기타 관계기관에 통보하여 조치를 받을 것

③ 차량에 고정된 탱크의 안전운행
(1) 운행 전의 점검
① 차량의 점검

구분	점검 내용
엔진	• 라디에이터 등의 냉각장치 누수 유무 • 라디에이터 캡의 부착상태 적정 유무 • 오일량 및 냉각수량의 적정 유무 • 팬벨트의 당김상태 및 손상의 유무 • 기타 운전 시의 배기 색깔
동력전달장치	• 접속부의 조임과 헐거움의 정도 및 접속부의 이완·손상 유무
제동장치	• 브레이크액 누설 또는 배관 속의 공기 유무 • 브레이크 오일량의 적정 여부 • 페달과 바닥판과의 간격 • 핸들 브레이크 래칫의 물림상태 및 레버의 조임상태 적정 여부
조향 핸들	• 핸들 높이의 정도 및 핸들 헐거움의 유무 • 기타 운전 시 조향 상태
바퀴	• 바퀴의 조임, 헐거움의 유무 • 림의 손상 유무 • 타이어 균열 및 손상 유무 (편마모가 없을 것, 틈 깊이가 충분할 것, 공기압이 충분할 것)
완충장치	• 스프링의 절손 또는 스프링 부착부의 손상 유무 점검 (점검 해머나 손 또는 육안검사)

구분	점검 내용
기타	• 전조등, 점멸 표시등, 차폭등 및 차량번호판 등의 손상 및 작동상태 • 경음기, 방향지시기 및 윈도우 클리너 작동 상태

② 탑재기기, 탱크 및 부속품 점검
• 탱크 본체가 차량에 부착되어 있는 부분에 이완이나 어긋남이 없을 것
• 밸브류가 확실히 정확히 닫혀 있어야 하며, 밸브 등의 개폐상태를 표시하는 꼬리표(Tag)가 정확히 부착되어 있을 것
• 밸브류, 액면계, 압력계 등이 정상적으로 작동하고 그 본체 이음매, 조작부 및 배관 등에 누설부분이 없을 것
• 호스 접속구에 캡이 부착되어 있을 것
• 접지탭, 접지클립, 접지코드 등의 정비상태가 양호할 것

(2) 운송 시 주의사항
① 도로상이나 주택가, 상가 등 지정된 장소가 아닌 곳에서는 탱크로리 상호간에 취급물질을 입·출하 금지
② 운송 전에는 아래와 같은 운행계획 수립 및 확인 필요

> • 운송 도착지까지 이용하는 주행로 확정
> • 운송 중 주·정차 예정지 확인
> • 이용도로에 대한 제한속도
> • 운송지역에 대한 기상상태 및 기상 악화 시 도로상태
> • 운송 도중의 사고 또는 수리에 대비하여 미리 정비공장을 지정하고 고장 대비책 수립

(3) 이입작업할 때의 기준
① 차를 정차시키고 사이드 브레이크를 확실히 건 다음, 엔진을 끄고 메인스위치 그 밖의 전기장치를 완전히 차단하여 스파크가 발생하지 않도록 하고 커플링을 분리하지 않은 상태에서는 엔진을 사용할 수 없도록 적절한 조치 강구
② 차바퀴의 전후를 차바퀴 고정목 등으로 확실하게 고정
③ 정전기 제거용의 접지코드를 기지(基地)의 접지텍에 접속
④ 화기의 유무 확인 및 소화기 비치
⑤ "이입작업 중(충전중) 화기엄금"의 표시판이 눈에 잘 띄는 곳에 세워져 있는지 확인
⑥ 저온 및 초저온가스의 경우, 방한장갑 착용
⑦ 가스누설을 발견 시 긴급차단장치의 작동 등 신속한 누출방지조치
⑧ 이입작업이 끝난 후 점검사항
  • 각 밸브의 폐지, 호스의 분리, 각 밸브의 캡 부착
  • 접지코드를 제거한 후 각 부분의 가스누출 점검
  • 밸브상자의 뚜껑을 닫은 후, 차량 부근에 가스가 체류되어 있는지 여부를 점검
⑨ 차량에 고정된 탱크의 운전자는 이입작업이 종료될 때까지 탱크로리차량의 긴급차단장치 부근에 위치하여야 하며, 가스누출 등 긴급사태 발생 시 안전관리자의 지시에 따라 신속하게 차량의 긴급차단장치를 작동하거나 차량이동 등의 조치를 취하여야 한다.

▶ 용어정리
  • 이입작업 : 저장시설에서 차량 탱크에 가스를 주입하는 작업
  • 이송작업 : 차량 탱크에서 저장시설에 가스를 주입하는 작업

(4) 이송작업할 때의 기준
① 이송 전후에 밸브의 누출 유무를 점검하고 개폐는 서서히 행할 것
② 탱크 설계압력 이상의 압력으로 가스를 충전하지 않을 것
③ 저울, 액면계 또는 유량계를 사용하여 과충전에 주의할 것
④ 가스 속에 수분이 혼입되지 않도록 하고, 슬립튜브식 액면계의 계량 시에는 액면계의 바로 위에 얼굴이나 몸을 내밀고 조작하지 말 것

⑤ 액화석유가스 충전소 내에서는 동시에 2대 이상의 고정된 탱크에서 저장설비로 이송작업을 하지 않을 것
⑥ 충전장 내에서는 동시에 2대 이상의 차량에 고정된 탱크를 주·정차시키지 않을 것(충전가스가 없는 차량에 고정된 탱크 제외)

(5) 운행을 종료한 때의 점검
① 밸브 등의 이완이 없을 것
② 경계표지 및 휴대품 등의 손상이 없을 것
③ 부속품 등의 볼트 연결상태가 양호할 것
④ 높이검지봉 및 부속배관 등이 적절히 부착되어 있을 것

4 고압가스 충전용기의 운반기준

(1) 경계 표시
충전용기를 차량에 적재하여 운반하는 때에는 당해 차량의 앞뒤 보기 쉬운 곳에 각각 붉은 글씨로 "위험 고압가스"라는 경계 표시를 할 것

(2) 밸브의 손상방지 용기 취급
밸브가 돌출한 충전용기는 고정식 프로텍터 또는 캡을 부착시켜 밸브의 손상을 방지하는 조치를 하고 운반할 것

(3) 충전용기 등을 적재한 차량의 주·정차시의 기준
① 가능한 한 평탄하고 교통량이 적은 안전한 장소를 택할 것
② 시장 등 차량의 통행이 현저히 곤란한 장소 등에는 주·정차하지 말 것
③ 엔진을 정지시킨 다음 사이드브레이크를 걸어 놓고 반드시 차바퀴를 고정목으로 고정시킬 것
④ 차량 고장 등으로 인해 정차 시 적색표지판 등을 설치하여 다른 차와의 충돌을 피하기 위한 조치를 할 것

▶ 안전거리
  • 제1종 보호시설에서 15m 이상
  • 제2종 보호시설이 밀착되어 있는 지역은 가능한 한 피할 것

(4) 충전용기 등을 차량에 싣거나, 내리거나 지면에서 운반작업 시 기준

① 충전용기 등을 차에 싣거나, 내릴 때에는 충전용기 등의 충격이 완화될 수 있는 고무판 또는 가마니 등을 주의하여 취급해야 하며 이들을 항시 차량에 비치할 것

② 충전용기 몸체와 차량과의 사이에 헝겊, 고무링 등을 사용하여 마찰을 방지하고 충전용기 등에 흠이나 찌그러짐 등이 생기지 않도록 조치할 것

③ 고정된 프로텍터가 없는 용기는 보호캡을 부착한 후 차량에 실을 것

④ 충전용기를 용기보관소로 운반할 때는 가능한 한 손수레를 사용하거나 용기의 밑부분을 이용하여 운반할 것. 또한 지반면 위를 운반하는 경우는 용기 등의 몸체가 지반면에 닿지 않도록 할 것

⑤ 충전용기 등을 차량에 적재하여 운반할 때는 그물망을 씌우거나, 전용 로프 등을 사용하여 떨어지지 않도록 하여야 하며, 특히 충전용기 등을 차량에 싣거나, 내릴 때에는 로프 등으로 충전용기 등 일부를 고정하여 작업 도중 충전용기 등이 무너지거나 떨어지지 않도록 하여 작업할 것

⑥ 독성가스 충전 용기를 운반하는 때에는 용기 사이에 목재 칸막이 또는 패킹을 할 것

⑦ 가연성 가스 또는 산소를 운반하는 차량에서 소화 설비 및 재해발생 방지를 위한 응급조치에 필요한 자재 및 공구 등을 휴대할 것

⑧ 가연성 가스와 산소를 동일차량에 적재하여 운반하는 때에는 그 충전용기의 밸브가 서로 마주보지 않도록 적재할 것

⑨ 충전용기와 소방법이 정하는 위험물과는 동일 차량에 적재하여 운반하지 아니할 것

⑩ 납붙임용기 및 접합용기에 고압가스를 충전하여 차량에 적재할 때에는 포장상자(외부의 압력 또는 충격 등에 의하여 당해 용기 등에 흠이나 찌그러짐 등이 발생되지 않도록 만들어진 상자)의 외면에 가스의 종류·용도 및 취급 시 주의사항을 기재한 것에 한하여 적재할 것

(5) 충전용기 등을 차량에 적재 시의 기준

① 차량의 최대 적재량을 초과하여 적재하지 않을 것

② 차량의 적재함을 초과하여 적재하지 않을 것

③ 운반중의 충전용기는 항상 40℃ 이하를 유지할 것

④ 자전거 또는 오토바이에 적재하여 운반하지 아니할 것

(6) 충전용기 등의 적재 방법

① 용기가 충돌하지 않도록 고무링을 씌우거나 적재함에 넣어 세워서 운반할 것(세워서 적재하기 곤란한 때에는 적재함 높이 이내로 눕혀서 적재 가능)

② 충전용기는 1단으로 쌓을 것

▶ 예외
- 충전용기 등을 목재·플라스틱 또는 강철재로 만든 팔레트(견고한 상자 또는 틀) 내부에 넣어 안전하게 적재하는 경우
- 용량 10kg 미만의 액화석유가스 충전용기를 적재할 경우

③ 차량 충돌 등으로 인한 충격과 밸브 손상 등을 방지하기 위하여 차량의 짐받이에 바싹대고 로프, 짐을 조이는 공구 또는 그물 등을 사용하여 확실하게 묶어서 적재할 것

④ 운반차량 뒷면에 두께 5mm 이상, 폭 100mm 이상의 범퍼 또는 이와 동등 이상의 효과를 갖는 완충장치를 설치할 것

(7) 가스운반용 차량의 적재함

① 가스운반전용 차량의 적재함에는 리프트를 설치할 것

② 적재할 충전용기 최대 높이의 2/3 이상까지 SS400 또는 이와 동등 이상의 강도를 갖는 재질로 적재함을 보강하여 용기의 고정이 용이하도록 할 것

→ 적재함 보강 규격 : 가로·세로·두께가 75×40×5mm 이상인 'ㄷ' 형강 또는 호칭지름·두께가 50×3.2mm 이상의 강관

1 방어운전 요령으로 바람직하지 않은 것은?

① 뒷차가 앞지르기를 하려고 할 때는 양보해준다.
② 진로를 바꿀 때는 상대방이 잘 알 수 있도록 여유 있게 신호를 보낸다.
③ 앞차가 급제동을 하더라도 추돌하지 않도록 차간거리를 충분히 유지한다.
④ 뒤에서 다른 차가 접근해 올 때는 속도를 높여 뒤차와의 거리를 벌린다.

> 뒤에서 다른 차가 접근해 올 때는 속도를 낮춘다. 뒤차가 앞지르기를 하려고 하면 양보해 준다. 뒤차가 바싹 뒤따라올 때는 가볍게 브레이크 페달을 밟아 제동등을 켠다.

2 방어운전 요령에 대한 설명으로 옳지 않은 것은?

① 야간에 운행할 때에는 항상 상향등을 점등한다.
② 방향지시등으로 진행 방향을 알린다.
③ 앞차의 전방 교통상황까지 파악한다.
④ 급커브길에서는 후사경으로 오른쪽 후방의 안전을 확인하면서 주행한다.

> 보행자와 자동차의 통행이 빈번한 도로에서는 전조등의 방향을 하향으로 하여 운행한다.

3 다음은 상황별 방어운전 방법에 대한 설명이다. 옳지 않은 것은?

① 도로의 가장자리에서 도로를 진입하는 경우에는 반드시 신호를 한다.
② 신호의 설치 간격이 좁은 도로에서는 속도를 높여 빨리 통과한다.
③ 차의 전후, 좌우는 물론 차의 밑과 위까지 안전을 확인한다.
④ 필요한 경우가 아니면 중앙의 차로를 주행하지 않는다.

> 신호의 설치 간격이 좁은 도로에서는 속도를 줄여 안전하게 통과한다.

4 자동차의 속도를 낮추어 주행할 필요성이 있는 경우가 아닌 것은?

① 교통량이 많아 혼잡한 지역을 주행하는 경우
② 눈길, 빗길, 안개지역을 주행하는 경우
③ 커브길을 벗어나 직선도로를 주행하는 경우
④ 노면이 손상된 도로를 주행하는 경우

5 교차로를 안전하게 통과하는 요령으로 잘못된 것은?

① 신호는 자기의 눈으로 확인하고 주행한다.
② 좌회전 시 방향신호를 정확히 한다.
③ 앞차를 따라 차간거리를 유지한다.
④ 직진하는 경우에는 좌·우회전하는 차는 신경쓰지 않는다.

> 직진할 경우에는 좌·우회전하는 차를 주의한다.

6 교차로에서의 교통사고 예방 방법이 아닌 것은?

① 신호기를 설치한다.
② 정지선을 없앤다.
③ 지하도를 설치한다.
④ 교차로를 입체화한다.

7 교통사고가 잦은 교차로에서 교통 흐름을 공간적으로 분리하여 교통사고 예방효과를 줄 수 있는 방법은?

① 입체적 교차로로 개선
② 교통경찰에 의한 지도단속 강화
③ 교차로의 속도 규제 강화
④ 신호기 설치

> • 교차로에서의 차대차 또는 차대사람 등의 엇갈림으로 인한 교통사고를 예방하고 교통의 원활한 소통을 도모하는 방법은 신호기를 설치하거나 교차로 자체를 입체화(고가도로 및 지하도 등 입체교차로 설치)하는 것이다.
> • 이때 신호기는 교통 흐름을 시간적으로 분리하는 기능을 하며 입체교차로는 교통 흐름을 공간적으로 분리하는 기능을 한다.

정답 ▶ 1 ④   2 ①   3 ②   4 ③   5 ④   6 ②   7 ①

8 교차로의 신호등이 황색신호일 경우에 대한 설명으로 옳지 않은 것은?

① 황색신호는 전신호 차량과 후신호 차량이 교차로 상에서 상호충돌하는 것을 예방하는 목적에서 운영되는 신호이다.

② 교차로 황색신호시간은 통상 3초를 기본으로 운영한다.

③ 아직 교차로에 진입하지 못한 차량은 진입해서는 안 된다.

④ 이미 교차로에 진입한 차량은 재빨리 차를 정지시켜야 한다.

이미 교차로에 진입한 차량은 신속히 빠져나가야 한다.

9 슬로우 인 패스트 아웃(Slow-in, Fast-out)의 원리를 적용해서 주행해야 하는 장소는?

① 교차로　　　　② 고속도로
③ 자동차전용도로　④ 커브길

10 커브길에서의 핸들조작 방법으로 옳은 것은?

① 슬로우 인, 패스트 아웃(Slow-in, Fast-out)
② 패스트 인, 슬로우 아웃(Fast-in, Slow-out)
③ 슬로우 인, 슬로우 아웃(Slow-in, Slow-out)
④ 패스트 인, 패스트 아웃(Fast-in, Fast-out)

커브길에서의 핸들조작은 커브 진입직전에 핸들조작이 자유로울 정도로 속도를 감속하고, 커브가 끝나는 조금 앞에서 핸들을 조작하여 차량의 방향을 안정되게 유지한 후, 속도를 증가하여 신속하게 통과할 수 있도록 하여야 한다.

11 교차로에서 황색신호일 때의 사고 유형으로 옳지 않은 것은?

① 횡단보도 통과 시 보행자와의 충돌
② 교차로 상에서 전신호 차량과 후신호 차량의 충돌
③ 앞지르기하려는 옆차와의 충돌
④ 유턴 차량과의 충돌

12 커브길 안전운전 요령으로 적절하지 않은 것은?

① 야간에는 반드시 경음기로 내 차의 존재를 알린다.
② 도로의 중앙으로 치우쳐 운전하지 않는다.
③ 가급적 급핸들 조작이나 급제동은 하지 않는다.
④ 중앙선을 넘지 않도록 주의하여 운전한다.

주간에는 경음기, 야간에는 전조등을 사용하여 내 차의 존재를 알린다.

13 앞지르기를 할 때 발생할 수 있는 사고유형에 대한 설명으로 틀린 것은?

① 앞지르기를 위한 최초 진로 변경 시 동일방향 좌측 후속차와 충돌
② 앞지르기 당하는 차량의 우회전 시 충돌
③ 좌측 도로상의 보행자와 충돌
④ 중앙선을 넘어 앞지르기하는 때 대향차와 충돌

앞지르기는 뒷차가 앞차의 좌측면을 지나 앞차의 앞으로 진행하는 것이므로 앞지르기 당하는 차량이 좌회전하거나 좌측 도로 상의 차량이 우회전할 때 충돌 사고가 발생할 수 있다.

14 오르막길에서의 안전운전 및 방어운전 방법으로 옳지 않은 것은?

① 마주 오는 차가 바로 앞에 다가올 때까지는 보이지 않으므로 서행하여 위험에 대비한다.
② 정차 시에는 풋 브레이크와 핸드 브레이크를 동시에 사용한다.
③ 오르막길에서 앞지르기 할 때는 힘과 가속력이 좋은 저단 기어를 사용하는 것이 안전하다
④ 올라가는 차량과 내려오는 차량의 교행 시 올라가는 차에 통행 우선권이 있다.

올라가는 차량과 내려오는 차량의 교행 시 내려오는 차에 통행 우선권이 있다.

15 다음 중 자동차의 속도를 낮추어 주행할 필요성이 있는 경우에 해당되지 않는 것은?

① 교통량이 많아 혼잡한 지역을 주행하는 경우
② 눈길, 빗길 및 안개지역을 주행하는 경우
③ 커브길을 벗어나 직선도로를 주행하는 경우
④ 노면이 손상된 도로를 주행하는 경우

chapter 03

정답　8 ④　9 ④　10 ①　11 ③　12 ①　13 ②　14 ④　15 ③

16 철길건널목에서의 안전운전 및 방어운전 방법이 아닌 것은?

① 일시정지 후 좌·우의 안전을 확인한다.
② 건널목 통과 시 기어는 고속으로 변속하여 빨리 통과한다.
③ 건널목 건너편 여유공간을 확인 후 통과한다.
④ 건널목 내에서 차가 고장이 났을 때는 즉시 동승자를 대피시킨다.

철길건널목 통과 시에는 엔진이 정지되지 않도록 가속 페달을 조금 힘주어 밟고 건널목을 통과하고 있을 때는 기어 변속 과정에서 엔진이 멈출 수 있으므로 가급적 기어 변속을 하지 않고 통과한다.

17 철길건널목을 통과하는 방법으로 맞는 것은?

① 서행   ② 양보운전
③ 일단정지   ④ 일시정지

18 해빙기의 도로 지반붕괴 사고 위험이 가장 높은 계절은?

① 봄   ② 여름
③ 가을   ④ 겨울

19 졸음운전은 대형사고를 일으키는 원인이 된다. 운전자가 시속 72km로 주행 중 1초를 졸았다면 조는 동안 자동차가 주행한 거리는?

① 15m   ② 20m
③ 25m   ④ 30m

1시간은 3,600초이므로 72,000÷3,600 = 20m가 된다.

20 과마모된 타이어는 빗길에서 잘 미끄러지고 제동거리가 길어지므로 이를 예방하기 위하여 트레드 홈 깊이(요철형 무늬의 깊이)를 몇 mm 이상으로 유지하여야 하는가?

① 0.5   ② 0.8
③ 1.2   ④ 1.6

과마모된 타이어가 빗길에서 잘 미끄러지고 제동거리가 길어질 때는 노면과 맞닿는 부분인 트레드 홈 깊이가 최저 1.6mm 이상이 되는지를 확인하고 적정 공기압을 유지하고 있는지 점검한다.

21 여름철 자동차 관리 방법이 아닌 것은?

① 냉각수의 동결을 방지하기 위해 부동액의 양 및 점도를 점검한다.
② 냉각수의 양은 충분한지, 냉각수가 새는 부분은 없는지, 그리고 팬벨트의 장력은 적절한지를 수시로 확인한다.
③ 워셔액은 깨끗하고 충분한지를 점검한다
④ 차량 내부에 습기가 찰 때에는 습기를 제거하여 차체의 부식과 악취발생을 방지한다,

①은 겨울철 자동차 관리 방법이다.

22 겨울철 운행 중 주의사항에 대한 설명이다. 잘못된 것은?

① 미끄러운 길에서는 승용차의 경우 기어를 1단에 넣고 반클러치를 사용하는 것이 효과적이다.
② 앞바퀴를 직진 상태에서 출발한다.
③ 눈이 쌓인 오르막길에서는 주차 브레이크를 절반쯤 당겨 서서히 출발한다.
④ 눈이 쌓인 오르막길에서 자동차가 출발한 후 주차 브레이크를 완전히 푼다.

미끄러운 길에서는 승용차의 경우 기어를 2단에 넣고 반클러치를 사용하는 것이 효과적이다.

23 겨울철의 안전운행 방법에 대한 설명으로 잘못된 것은?

① 눈이 쌓인 미끄러운 오르막길에서는 주차 브레이크를 절반쯤 당겨 서서히 출발한다.
② 승용차의 경우 미끄러운 길에서는 기어를 1단에 넣고 운행한다.
③ 앞바퀴가 직진인 상태에서 출발한다.
④ 눈 쌓인 커브길 주행 시에는 기어 변속을 하지 않는다.

미끄러운 길에서는 승용차의 경우 기어를 2단에 넣고 반클러치를 사용하는 것이 효과적이다.

24 위험물의 적재 방법에 대한 설명으로 옳은 것은?

① 수납구를 아래로 향하도록 적재한다.
② 압축가스의 충전용기는 안전하게 2단으로 쌓는다.
③ 충전용기 등을 차량에 적재할 때에는 그물망을 설치한다.
④ 가연성 가스와 산소를 동일 차량에 적재하여 운반할 때에는 충전용기의 밸브가 서로 마주보게 적재한다.

① 수납구를 위로 향하도록 적재한다.
② 압축가스의 충전용기는 1단으로 쌓는다.
④ 가연성 가스와 산소를 동일 차량에 적재하여 운반할 때에는 충전용기의 밸브가 서로 마주보지 않도록 적재한다.

25 다음 중 위험물을 이송작업할 때의 기준으로 옳지 않은 것은?

① 이송 전후에 밸브의 누출 유무를 점검하고 개폐는 최대한 빨리 할 것
② 탱크의 설계압력 이상의 압력으로 가스를 충전하지 않을 것
③ 저울, 액면계 또는 유량계를 사용하여 과충전에 주의할 것
④ 액화석유가스 충전소 내에서는 동시에 2대 이상의 고정된 탱크에서 저장설비로 이송작업을 하지 않을 것

이송 전후 밸브의 개폐는 서서히 해야 한다.

26 고압가스 충전용기의 취급요령에 대한 설명으로 틀린 것은?

① 고정된 프로텍터가 없는 용기에는 보호캡을 부착하여 차량에 싣는다.
② 용량 10kg 미만의 액화석유가스 충전용기는 1단으로 적재한다.
③ 차량에 싣고 내릴 때에는 충격완화 물품을 사용한다.
④ 차량으로 운반할 때는 전용 로프 등을 사용하여 흔들리지 않도록 한다.

용량 10kg 미만의 액화석유가스 충전용기를 적재할 경우를 제외하고 모든 충전용기는 1단으로 적재한다.

27 차량에 고정된 탱크에 가스 주입 시 운전자의 위치는?

① 운전석
② 소화기 부근
③ 긴급차단장치
④ 접지코드 부근

차량에 고정된 탱크의 운전자는 이입작업이 종료될 때까지 탱크로리 차량의 긴급차단장치의 부근에 위치해야 하며, 가스누출 등 긴급사태 발생 시 안전관리자의 지시에 따라 신속하게 차량의 긴급차단장치를 작동하거나 차량이동 등의 조치를 취해야 한다.

28 충전용기 등을 적재한 차량의 주·정차시 제1종 보호시설에서의 안전거리는 얼마인가?

① 10m 이상
② 15m 이상
③ 20m 이상
④ 25m 이상

안전거리
• 제1종 보호시설에서 15m 이상
• 제2종 보호시설이 밀착되어 있는 지역은 가능한 한 피할 것

29 충전용기 등을 차량에 적재 시의 기준으로 잘못된 것은?

① 차량의 최대 적재량을 초과하여 적재하지 않을 것
② 운반중의 충전용기는 항상 40℃ 이상을 유지할 것
③ 자전거 또는 오토바이에 적재하여 운반하지 아니할 것
④ 차량의 적재함을 초과하여 적재하지 않을 것

운반 중의 충전용기는 항상 40℃ 이하를 유지할 것

chapter 03

cargo transportation qualifying examination

출제문항수
15

CHAPTER
04

운송서비스에 관한 사항

Main
Key
Point

제4장에서는 총 15문제가 출제됩니다. 이 섹션에서는 특히 직업의 4가지 의미에 대해 구분해서 암기하도록 합니다.

1 고객서비스의 특징

① 무형성 – 보이지 않는다.
② 동시성 – 생산과 소비가 동시에 발생한다.
③ 인간주체(이질성) – 사람에 의존한다.
④ 소멸성 – 즉시 사라진다.
⑤ 무소유권 – 가질 수 없다.

2 고객만족을 위한 3요소

(1) 상품품질

① 고객의 필요와 욕구 등을 시장조사나 정보를 통해 정확하게 파악하여 상품에 반영시킴으로써 고객만족도를 향상
② 성능 및 사용방법을 구현한 하드웨어 품질

(2) 영업품질

모든 영업활동을 고객지향적으로 전개하여 고객만족도를 향상하기 위한 소프트웨어 품질

(3) 서비스 품질

① 고객의 신뢰를 얻기 위한 휴먼웨어 품질
② 서비스 품질을 평가하는 고객의 기준

구분	세부 내용
신뢰성	정확함과 약속기일 준수
신속한 대응	빠른 처리, 적절한 시간 맞추기
정확성	서비스를 행하기 위한 상품 및 서비스에 대한 지식이 충분하고 정확하다.
편의성	의뢰의 편리와 빠른 전화 응대
태도	예의, 경의, 배려 및 복장 단정
커뮤니케이션	경청하고, 알기 쉽게 설명

구분	세부 내용
신용도	회사에 대한 신뢰성 및 담당자에 대한 신용
안전성	신체적 안전, 재산적 안전, 비밀유지
고객의 이해도	고객의 요구에 대한 충분한 이해와 만족 충족
환경	쾌적한 환경, 좋은 분위기, 깨끗한 시설 등의 완비

3 직업관

(1) 직업의 4가지 의미

① 경제적 의미 : 일터, 일자리, 경제적 가치를 창출하는 곳
② 정신적 의미 : 직업의 사명감과 소명의식을 갖고 정성과 정열을 쏟을 수 있는 곳
③ 사회적 의미 : 자기가 맡은 역할을 수행하는 능력을 인정받는 곳
④ 철학적 의미 : 일한다는 인간의 기본적인 리듬을 갖는 곳

(2) 직업의 3가지 태도

애정, 긍지, 열정

▶ **접점제일주의**
고객을 직접 대하는 직원이 바로 회사를 대표하는 중요한 사람이다.

1 고객을 응대하는 마음가짐이라고 할 수 없는 것은?

① 겸손한 마음가짐
② 부단히 반성하고 개선하는 마음가짐
③ 회사의 입장에서 생각하는 마음가짐
④ 긍정적인 마음가짐

2 고객과 상대할 때 표정의 중요성에 관한 설명으로 거리가 먼 것은?

① 첫인상은 인간관계에 영향을 주지 않는다.
② 표정은 첫인상을 크게 좌우한다.
③ 첫인상은 대면 직후 결정되는 경우가 많다.
④ 밝은 표정은 자신을 위하는 것이기도 하다.

3 고객이 서비스 품질을 평가하는 기준에 관한 설명으로 틀린 것은?

① 기다리게 하지 않는다.
② 복장이 단정하다.
③ 고객의 사적인 일까지 파악한다.
④ 고객이 진정으로 요구하는 것을 안다.

4 고객을 상대할 때 올바른 언어예절이 아닌 것은?

① 쉽게 흥분하거나 감정에 치우치지 않는다.
② 남이 이야기하는 도중에 분별없이 차단하지 않는다.
③ 농담은 조심스럽게 한다.
④ 일부분을 보고 전체를 속단하여 말한다.

5 고객이 서비스 품질을 평가하는 기준 중 태도와 관련된 내용이 아닌 것은?

① 예의 바르다.   ② 배려, 느낌이 좋다.
③ 복장이 단정하다.   ④ 환경이 쾌적하다.

④는 환경과 관련된 내용이다.

6 고객이 서비스 품질을 평가하는 기준 중 신뢰성과 관련된 내용은?

① 의뢰하기가 쉽다.
② 알기 쉽게 설명한다.
③ 일을 빠르게 처리한다.
④ 약속기일을 확실히 지킨다.

7 고객에 대한 서비스 품질을 높이기 위한 행동이 아닌 것은?

① 약속을 잘 지킨다.
② 고객의 이야기를 잘 듣는다.
③ 어려운 전문용어로 설명한다.
④ 사정을 잘 이해하여 만족시킨다.

8 직업이 가지는 일반적인 4가지 의미에 대한 설명으로 맞는 것은?

① 경제적 의미 : 일자리, 경제적 가치를 창출하는 곳
② 정신적 의미 : 자기가 맡은 역할을 수행하는 능력을 인정받는 곳
③ 철학적 의미 : 직업의 사명감과 소명의식을 갖고 정성과 정열을 쏟을 수 있는 곳
④ 사회적 의미 : 일한다는 인간의 기본적인 리듬을 갖는 곳

> 직업의 4가지 의미
> • 경제적 의미 : 일터, 일자리, 경제적 가치를 창출하는 곳
> • 정신적 의미 : 직업의 사명감과 소명의식을 갖고 정성과 정열을 쏟을 수 있는 곳
> • 사회적 의미 : 자기가 맡은 역할을 수행하는 능력을 인정받는 곳
> • 철학적 의미 : 일한다는 인간의 기본적인 리듬을 갖는 곳

9 다음 중 직업이 가지는 일반적인 4가지의 의미에 해당하지 않는 것은?

① 경제적 의미
② 사회적 의미
③ 문화적 의미
④ 정신적 의미

chapter 04

정답 1 ③ 2 ① 3 ③ 4 ④ 5 ④ 6 ④ 7 ③ 8 ① 9 ③

10 직업의 3가지 태도에 해당되지 않는 것은?

① 애정
② 긍지
③ 열정
④ 예의

11 고객을 직접 대하는 직원이 바로 회사를 대표하는 중요한 사람이라는 의미를 가진 말은?

① 고객제일주의
② 일등제일주의
③ 수출제일주의
④ 접점제일주의

12 고객을 응대할 때의 올바른 인사 방법이 아닌 것은?

① 머리와 상체를 직선으로 하여 상대방의 발끝이 보일 때까지 천천히 숙인다.
② 인사하는 지점의 상대방과의 거리는 약 2m 내외가 적당하다.
③ 턱을 앞으로 쭉 내밀고 인사한다.
④ 손을 주머니에 넣거나 의자에 앉아서 하는 일이 없도록 한다.

13 운전자가 지켜야 할 운전예절이 아닌 것은?

① 도로상에서 고장차량을 발견하였을 때에는 즉시 서로 도와 길 가장자리 구역으로 유도한다.
② 방향지시등을 켜고 끼어들려고 할 때에는 눈인사를 하면서 양보해 주는 여유를 가진다.
③ 횡단보도에서는 보행자가 먼저 지나가도록 일시 정지하여 보행자를 보호하는데 앞장선다.
④ 교차로나 좁은 길에서 마주 오는 차끼리 만나면 먼저 가도록 양보해 주고 전조등은 끄거나 상향으로 한다.

> 전조등은 끄거나 하향으로 하여 상대방 운전자의 눈이 부시지 않도록 한다.

정답 ▶ 10 ④ 11 ④ 12 ③ 13 ④

Main
Key
Point

이 섹션은 전반적으로 문장이 길고 내용이 딱딱하고 지루해서 소홀히 할 수 있는 부분이지만, 물류의 개념에 대해 확실히 익혀야 점수를 확보할 수 있습니다. 물류의 기능, 계획, 3자물류, 4자물류 등은 반드시 학습하기 바랍니다.

01 기본 개념

1 물류(로지스틱스)

① 공급자로부터 생산자, 유통업자를 거쳐 최종 소비자에게 이르는 재화의 흐름을 말함

② 최근 물류는 단순히 장소적 이동을 의미하는 운송의 개념에서 발전하여 자재조달이나 폐기, 회수 등까지 총괄하는 경향

> ▶ **미국로지스틱스관리협회의 정의**
> 로지스틱스란 소비자의 요구에 부응할 목적으로 생산지에서 소비지까지 원자재, 중간재, 완성품 그리고 관련 정보의 이동(운송) 및 보관에 소요되는 비용을 최소화하고 효율적으로 수행하기 위하여 이들을 계획, 수행, 통제하는 과정이다.
>
> ▶ **물류정책기본법 – 우리나라 물류 기본법**
> 물류란 재화가 공급자로부터 조달·생산되어 수요자에게 전달되거나 소비자로부터 회수되어 폐기될 때까지 이루어지는 운송·보관·하역 등과 이에 부가되어 가치를 창출하는 가공·조립·분류·수리·포장·상표부착·판매·정보통신 등을 말한다.
>
> ▶ 우리나라에 물류(로지스틱스)가 소개된 것은 제2차 경제개발 5개년계획이 시작된 1962년 이후, 교역규모의 신장에 따른 물동량 증대, 도시교통의 체증 심화, 소비의 다양화·고급화가 시작되면서이다.
>
> ▶ 종전의 운송이 수요충족기능에 치우쳤다면, 로지스틱스는 수요창조 기능에 중점을 둔다.

2 물류관리

재화의 효율적인 "흐름"을 계획, 실행, 통제할 목적으로 행해지는 제반활동

3 물류시설

① 물류에 필요한 화물의 운송·보관·하역을 위한 시설

② 가공·조립·분류·수리·포장·상표부착·판매·정보통신 등을 위한 시설

③ 물류의 공동화·자동화 및 정보화를 위한 시설

④ 물류터미널 및 물류단지시설

02 물류의 발전 단계

1 1970년대 : 경영정보시스템 단계

(MIS; Management Information System)

① 창고보관·수송을 신속히 하여 주문처리시간을 줄이는 데 초점을 둔 단계

② 기업경영에서 의사결정의 유효성을 높이기 위해 경영 내외의 관련 정보를 필요에 따라 즉각적으로 그리고 대량으로 수집, 전달, 처리, 저장, 이용할 수 있도록 편성한 인간과 컴퓨터와의 결합시스템

2 1980~90년대 : 전사적자원관리 단계

(ERP; Enterprise Resource Planning)

① 정보기술을 이용하여 수송, 제조, 구매, 주문관리 기능을 포함하여 합리화하는 로지스틱스 활동이 이루어진 단계

② 기업 내의 모든 인적, 물적 자원의 효율적인 관리로 기업의 경쟁력을 향상시키는 통합정보시스템

3 1990년대 중반 이후 : 공급망관리 단계

(SCM; Supply Chain Management)

① 공급망 상의 업체들이 고객의 수요, 구매정보 등을 상호 공유하는 통합 공급망관리 단계

② 제품생산을 위한 프로세스를 부품조달에서 생산계획, 납품, 재고관리 등을 효율적으로 처리할 수 있는 관리 솔루션

chapter 04

03 물류의 역할

1 물류에 대한 개념적 관점에서의 물류 역할

(1) 국민경제적 관점

① 기업의 유통효율 향상으로 물류비를 절감하여 소비자물가와 도매물가의 상승을 억제하고 정시배송의 실현을 통한 수요자 서비스 향상 및 자재와 자원의 낭비를 방지하여 자원의 효율적인 이용

② 사회간접자본의 증강과 각종 설비투자의 증대로 국민경제개발을 위한 투자기회를 부여

③ 물류개선을 통해 인구의 지역적 편중을 막고, 도시의 재개발과 도시교통의 정체완화를 통한 도시생활자의 생활환경개선 및 물류합리화로 상거래의 대형화를 유발

(2) 사회경제적 관점

생산, 소비, 금융, 정보 등 경제활동의 일부분으로 운송, 통신, 상업활동을 주체로 하며 이들을 지원하는 제반활동을 포함한다.

(3) 개별기업적 관점

① 최소의 비용으로 소비자를 만족시켜서 서비스 질의 향상을 촉진시켜 매출 신장을 도모한다.

② 고객욕구만족을 위한 물류서비스가 판매경쟁에 있어 중요하며, 제품의 제조, 판매를 위한 원재료의 구입과 판매와 관련된 업무를 총괄관리하는 시스템 운영이다.

2 기업경영에 있어서 물류의 역할

① 마케팅의 절반을 차지

② 판매기능 촉진 : 물류의 7R 기준을 충족할 때 달성

③ 적정재고의 유지로 재고비용 절감에 기여

④ 물류(物流)와 상류(商流) 분리를 통한 유통합리화에 기여

> ▶ **물류관리의 기본원칙**
>
> | | |
> |---|---|
> | 7R 원칙 | • Right Quality – 적절한 품질
• Right Quantity – 적절한 양
• Right Time – 적절한 시간
• Right Place – 적절한 장소
• Right Impression – 좋은 인상
• Right Price – 적절한 가격
• Right Commodity – 적절한 상품 |
> | 3S 1L 원칙 | • Speedy – 신속
• Safely – 안전
• Surely – 확실
• Low – 저렴 |
>
> 물류비 절감은 매출 증대, 원가 절감에 이어 제3의 이익원천이다.

> ▶ **물류와 상류**
> * 유통 : 물적유통 + 상적유통
> * 물류(物流) : 발생지에서 소비지까지의 물자의 흐름을 계획, 실행, 통제하는 제반관리 및 경제활동
> * 상류(商流) : 수요자와 공급자 간의 상품 이동에 따른 구매 및 판매 활동을 말한다. (상품 검색, 견적, 입찰, 가격조정, 계약, 지불, 인증, 보험, 회계처리, 서류발행, 기록 등)

04 물류의 기능

종류	의미
운송기능	물품을 공간적으로 이동시키는 것으로 수송에 의해서 생산지와 수요지와의 공간적 거리가 극복되어 상품의 장소적(공간적) 효용 창출
포장기능	• 물품의 수·배송, 보관, 하역 등에 있어서 가치 및 상태를 유지하기 위해 적절한 재료, 용기 등을 이용해서 포장하여 보호하는 활동 • 포장활동에서 중요한 모듈화는 일관시스템 실시에 중요한 요소 • 포장은 단위포장(개별포장), 내부포장(속포장), 외부포장(겉포장)으로 구분

보관기능	물품을 창고 등의 보관시설에 보관하는 활동으로 생산과 소비와의 시간적 차이를 조정하여 시간적 효용을 창출
하역기능	수송과 보관 시 물품을 이동시키는 활동으로 싣고 내림, 시설 내에서의 이동, 피킹, 분류 등
정보기능	물류활동과 관련된 물류정보를 수집, 가공, 제공하여 운송, 보관, 하역, 포장, 유통가공 등의 기능을 컴퓨터 등의 전자적 수단으로 연결하여 줌으로써 종합적인 물류관리의 효율화 도모
유통가공 기능	물품의 유통과정에서 물류효율의 향상을 위해 가공하는 활동(단순가공, 재포장 또는 조립 등의 제품이나 상품의 부가가치를 높임)

05 물류관리

1 개념
① 경제재의 효용을 극대화시키기 위한 재화의 흐름에 있어서 운송, 보관, 하역, 포장, 정보, 가공 등의 모든 활동을 유기적으로 조정하여 하나의 독립된 시스템으로 관리하는 것
② 물류관리는 그 기능의 일부가 생산 및 마케팅 영역과 밀접하게 연관(입지관리결정, 제품설계관리, 구매계획 등은 생산관리 분야와 연결되며, 대고객서비스, 정보관리, 제품포장관리, 판매망 분석 등은 마케팅관리 분야와 연결)
③ 물류관리는 경영관리의 다른 기능과 밀접한 상호관계를 갖고 있으므로 물류관리의 고유한 기능 및 연결기능의 원활한 수행을 위해 통합된 총괄시스템적 접근
④ 공급이 수요를 초과하고, 소비자의 기호가 다양하게 변화하는 현대 시대(로지스틱스 시대)에는 조달, 생산, 판매와 관련된 물류부문뿐만 아니라 수요예측, 구매계획, 재고관리, 물류비 관리, 반품 · 회수 · 폐기 등을 포함한 종합적 관리로 최저비용으로 최대의 효과를 추구하는 종합적인 로지스틱스 개념하의 물류관리가 중요

2 물류관리의 의의
① 기업 외적 물류관리 : 고도의 물류서비스를 소비자에게 제공하여 기업경영의 경쟁력을 강화
② 기업 내적 물류관리 : 물류관리의 효율화를 통한 물류비 절감
③ 물류의 신속, 안전, 정확, 정시, 편리, 경제성을 고려한 고객지향적인 물류서비스를 제공
④ 기업경영에 있어 대 고객서비스 제고와 물류비 절감을 위한 물류전략을 위한 종합물류관리체제로서 고객이 원하는 적절한 품질의 상품 적량을, 적시에, 적절한 장소에, 좋은 인상과 적절한 가격으로 공급함

3 물류관리의 목표
① 비용절감과 재화의 시간적 · 장소적 효용가치의 창조를 통한 시장능력의 강화
② 고객서비스 수준 향상과 물류비의 감소(트레이드오프 관계)
→ 트레이드오프(trade-off, 상충관계) : 두 개의 정책목표 가운데 하나를 달성하려고 하면 다른 목표의 달성이 늦어지거나 희생되는 경우 양자간의 관계
③ 고객서비스 수준의 결정은 고객지향적이어야 하며, 경쟁사의 서비스 수준을 비교한 후 그 기업이 달성하고자 하는 특정한 수준의 서비스를 최소의 비용으로 고객에게 제공

4 물류관리의 활동
① 중앙과 지방의 재고보유 문제를 고려한 창고입지 계획, 대량 · 고속운송이 필요한 경우 영업운송을 이용, 말단 배송에는 자차를 이용한 운송, 고객주문을 신속하게 처리할 수 있는 보관 · 하역 · 포장활동의 성력화, 기계화, 자동화 등을 통한 물류에 있어서 시간과 장소의 효용증대를 위한 활동
② 물류예산관리제도, 물류원가계산제도, 물류기능별 단가(표준원가), 물류사업부 회계제도 등을 통한 원가절감에서 프로젝트 목표의 극대화
③ 물류관리 담당자 교육, 직장간담회, 불만처리위원회, 물류의 품질관리, 무하자운동, 안전위생관리 등을 통한 동기부여의 관리

1 기업물류의 범위

① 물적공급 과정 : 원재료, 부품, 반제품, 중간재를 조달·생산하는 물류과정
② 물적유통 과정 : 생산된 재화가 최종 고객이나 소비자에게까지 전달되는 물류과정

2 기업물류의 활동

① 주활동 : 대고객서비스수준, 수송, 재고관리, 주문처리
② 지원활동 : 보관, 자재관리, 구매, 포장, 생산량과 생산일정 조정, 정보관리

3 물류의 발전방향

구분	의의
물류비용의 변화	제품의 판매가격에 대해 물류비용이 차지하는 비율
기업의 국제화	효율적인 국제물류체계 구축이 성공의 한 요소
시간	기업경쟁력의 우위 확보를 위한 새로운 경영전략 요소
서비스업체의 물류	기업활동이 간접적으로 재화의 이동과 관련이 되며, 물류 문제와 관련된 의사결정이 필요

4 물류관리의 목표

이윤증대와 비용절감을 위한 물류체계의 구축

5 물류전략

① 물류전략의 목표
- 비용 절감 : 운반 및 보관과 관련된 가변비용의 최소화
- 자본 절감 : 물류시스템에 대한 투자의 최소화
- 서비스 개선 : 제공되는 서비스 수준에 비례하여 수익이 증가

② 물류전략 수립 지침
- 총비용 개념의 관점에서 물류전략을 수립
- 가장 좋은 트레이드오프는 100% 서비스 수준보다 낮은 서비스 수준에서 발생함
- 제공되는 서비스 수준으로부터 얻는 수익에 대해 재고·수송비용(총비용)이 균형을 이루는 점에서 보관지점의 수를 결정
- 안전재고 수준 결정 : 평균재고수준은 재고유지비와 판매손실비가 트레이드 오프관계에 있으므로 이들 두 비용이 균형을 이루는 점에서 결정
- 다품종 생산일정 계획수립 : 제품을 생산하는 가장 좋은 생산순서와 생산시간은 생산비용과 재고비용의 합이 최소가 되는 곳에서 결정
- 트레이드 오프관계에 있는 모든 비용을 평가하는 것은 바람직하지 않을 수도 있음. 최고경영진이 고려해야 할 비용요소를 결정

▶ 물류전략의 종류
- 프로액티브(Proactive) 물류전략 : 사업목표와 소비자 서비스 요구사항에서부터 시작되며, 경쟁업체에 대항하는 선제적 공격 전략
- 크래프팅 중심의 물류전략 : 뛰어난 통찰력이나 영감에 바탕을 둔 전략
▶ 물류계획 수립의 3단계 : 전략, 전술, 운영

6 물류계획

(1) 계획수립의 주요 영역

구분	의미
고객서비스 수준	시스템의 설계에 많은 영향을 끼치며, 전략적 물류계획을 수립할 시에 우선적으로 고려
설비의 입지 결정	보관지점과 공급지 간에 최소비용의 경로를 찾아 이윤을 최대화
재고의사 결정	재고관리 방법에 관한 결정(재고할당 전략, 재고인출 전략)
수송의사 결정	수송수단 선택, 적재 규모, 차량운행경로 결정, 일정계획

(2) 물류계획수립 문제의 개념화
① 물류계획수립 문제를 해결하는 하나의 방법은 물류체계를 링크와 노드*로 이루어지는 네트워크로 추상화하여 고찰하는 것이다.

② 재고흐름에 대한 이동 · 보관활동과 더불어 정보 네트워크를 고려할 필요가 있다.

③ 제품은 주로 유통채널의 아래쪽(최종소비자를 향해서)으로 흐르고, 정보는 유통채널의 위쪽(원자재의 공급지를 향해서)으로 흐른다.

④ 제품 이동 네트워크와 정보 네트워크가 결합되어 물류시스템을 구성한다.

> ▶ 용어 정리
> • 링크 : 재고 보관지점들 간에 이루어지는 제품의 이동경로
> • 노드 : 재고의 흐름이 일시적으로 정지하는 지점

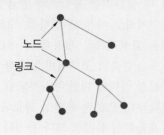

(3) 물류계획수립 시점

① **수요** : 수요량, 수요의 지리적 분포

② **고객서비스** : 재고의 이용 가능성, 배달 속도, 주문처리 속도 및 정확도

③ **제품 특성** : 물류비용은 제품의 무게, 부피, 가치, 위험성 등 제품의 특성이 변화하면 물류믹스상의 비용이 변화할 수 있으므로 운송제품의 특성이 달라지면 물류시스템을 재구축하는 것이 이익

④ **물류비용** : 물적 공급과 물적 유통에서 발생하는 비용은 기업의 물류시스템을 얼마나 자주 재구축해야 하는지를 결정함. 물류비용이 높은 경우에는 물류계획을 자주 수행함으로써 얻는 작은 개선사항일지라도 상당한 비용절감을 가져올 수 있음

⑤ **가격결정정책** : 상품의 매매에 있어서 가격결정정책을 변경하는 것은 물류활동을 좌우하므로 물류전략에 많은 영향을 끼침

→ 만일 상품의 배달비용을 고객에게 부담시키는 가격결정정책을 사용한다면 보관지점의 수를 줄이는 효과를 가져옴

→ 총 물류비용에 있어 차지하는 수송비용의 중요성으로 인해 가격정책을 변경하는 것은 물류전략을 재수립하도록 함

---

(4) 물류관리 전략의 필요성과 중요성

전략적 물류	로지스틱스
• 코스트 중심	• 가치창출 중심
• 제품효과 중심	• 시장진출 중심(고객 중심)
• 기능별 독립 수행	• 기능의 통합화 수행
• 부분 최적화 지향	• 전체 최적화 지향
• 효율 중심의 개념	• 효과(성과) 중심의 개념

(5) 전략적 물류관리의 필요성

경영전략과 로지스틱스 활동을 적절하게 연계시키기 위해 전략적 물류관리가 필요

(6) 전략적 물류관리의 목표

① 비용, 품질, 서비스, 속도와 같은 핵심적 물류의 성과를 향상시키기 위해 물류의 각 기능별 업무 프로세스를 근본적으로 재설계하는 것

② 업무처리 속도 향상, 업무 품질 향상, 고객서비스 증대, 물류원가 절감

(7) 로지스틱스 전략관리의 기본요건

전문가 집단 구성 : 물류전략계획 전문가, 현업 실무관리자, 물류서비스 제공자, 물류혁신 전문가, 물류인프라 디자이너

> ▶ 전문가의 자질
> • 분석력 : 최적의 물류업무 흐름 구현을 위한 분석
> • 기획력 : 경험과 관리기술을 바탕으로 물류전략을 입안
> • 창조력 : 지식이나 노하우를 바탕으로 시스템모델을 표현
> • 판단력 : 물류관련 기술동향을 파악하여 선택
> • 기술력 : 정보기술을 물류시스템 구축에 활용
> • 행동력 : 이상적인 물류인프라 구축을 위해 실행
> • 관리력 : 신규 및 개발프로젝트를 원만히 수행
> • 이해력 : 시스템 사용자의 요구를 명확히 파악

전략수립
• 고객서비스수준 결정

구조설계
• 공급망 설계
• 로지스틱스 네트워크 전략 구축

물류전략의 실행구조 및 핵심영역

실행
• 정보 · 기술관리
• 조직 · 변화관리

기능정립
• 창고설계 · 운영
• 수송관리
• 자재관리

07 제3자 물류

1 개념

(1) 물류활동을 처리하는 방식에 따른 분류

구분	의미
제1자 물류 (자사물류)	기업 내부에 물류조직을 두고 물류업무를 직접 수행
제2자 물류 (물류자회사)	물류조직을 별도로 분리하여 자회사로 독립시키는 경우
제3자 물류	외부의 전문물류업체에게 물류업무를 아웃소싱하는 경우

(2) 물류아웃소싱과 제3자 물류의 비교

구분	물류 아웃소싱	제3자 물류
화주와의 관계	거래기반, 수발주관계	계약기반, 전략적 제휴
관계내용	일시 또는 수시	장기(1년 이상), 협력
서비스 범위	기능별 개별서비스	통합물류서비스
정보공유여부	불필요	반드시 필요
도입결정권한	중간관리자	최고경영층
도입방법	수의계약	경쟁계약

2 제3자 물류의 도입 이유

(1) 자가물류활동에 의한 물류효율화의 한계
① 물류시설 확충, 물류자동화·정보화, 물류전문인력 충원 등에 따른 고정투자비 부담 증가
② 경기변동과 수요 계절성에 의한 물량의 불안정, 기업 구조조정에 따른 물류경로의 변화 등에 대한 효율적인 대처가 어려움

(2) 물류자회사에 의한 물류효율화의 한계
① 모기업의 지나친 간섭과 개입으로 자율경영 추진의 한계
② 인건비 상승에 대한 부담
③ 모기업의 물류효율화에 대한 소극적 대처

(3) 제3자 물류 → 물류산업 고도화를 위한 돌파구 및 비중 확대

(4) 세계적인 조류로서 제3자 물류의 비중 확대

3 기대효과

(1) 화주기업 측면
① 각 부문별로 최고의 경쟁력을 보유하고 있는 기업 등과 통합·연계하는 공급망을 형성하여 공급망 대 공급망 간 경쟁에서 유리한 위치 차지
② 조직 내 물류기능 통합화와 공급망상의 기업 간 통합·연계화로 자본, 운영시설, 재고, 인력 등의 경영자원을 효율적으로 활용할 수 있고 또한 리드타임(lead time) 단축과 고객서비스의 향상이 가능
③ 물류시설 설비에 대한 투자부담을 제3자 물류업체에게 분산시킴으로써 유연성 확보와 자가물류에 의한 물류효율화의 한계를 보다 용이하게 해소할 수 있음
④ 고정투자비 부담 제거, 경기변동, 수요계절성 등 물동량 변동, 물류경로 변화에 효과적 대응

(2) 물류업체 측면
① 제3자 물류의 활성화는 물류산업의 수요기반 확대로 효율성, 생산성 향상
② 고품질의 물류서비스를 개발·제공함에 따라 높은 수익률 확보
③ 서비스 혁신을 위한 신규투자를 더욱 활발하게 추진

> ▶ **화주기업이 제3자 물류를 사용하지 않는 주된 이유**
> • 화주기업은 물류활동을 직접 통제하기를 원할 뿐 아니라, 자사물류 이용과 제3자 물류서비스 이용에 따른 비용을 일대일로 직접 비교하기가 곤란
> • 운영시스템의 규모와 복잡성으로 인해 자체운영이 효율적이라 판단할 뿐만 아니라 자사물류 인력에 대해 더 만족하기 때문
>
> ▶ **제3자 물류의 발전을 위해서 개선되어야 할 문제점**
> • 물류산업 구조의 취약성
> • 물류기업의 내부역량 미흡
> • 소프트 측면의 물류기반요소 미확충
> • 물류환경의 변화에 부합하지 못하는 물류정책

4 제3자 물류에 의한 물류혁신 기대효과
① 물류산업의 합리화에 의한 고물류비 구조 혁신
② 고품질 물류서비스의 제공으로 제조업체의 경쟁력 강화 지원
③ 종합물류서비스의 활성화
④ 공급망관리(SCM) 도입·확산의 촉진

08 제4자 물류(4PL, 4 party logistics)

1 개념 및 특징

① 제4자 물류 공급자는 광범위한 공급망의 조직을 관리하고 기술, 능력, 정보기술, 자료 등을 관리하는 공급망 통합자임

② 제3자 물류의 기능 + 컨설팅 업무 기능

③ 제3자 물류보다 범위가 넓은 공급망의 역할을 담당

④ 전체적인 공급망에 영향을 주는 능력을 통하여 **가치를 증식**

> ▶ **제4자 물류(4PL)의 핵심**
> 고객에게 제공되는 서비스를 극대화하는 것

2 공급망관리에 있어서의 제4자 물류의 4단계

재창조 → 전환 → 이행 → 실행

1단계 재창조	• 공급망에 참여하고 있는 복수의 기업과 독립된 공급망 참여자들 사이에 협력을 넘어서 공급망의 계획과 동기화에 의해 가능 • 재창조는 재디자인하고 공급망 통합을 위해 전략과 제휴하여 전통적인 공급망 컨설팅 기술을 강화
2단계 전환	• 판매, 운영계획, 유통관리, 구매전략, 고객서비스, 공급망 기술을 포함한 특정한 공급망에 초점을 맞춤 • 전략적 사고, 조직변화관리, 고객의 공급망 활동과 프로세스 통합을 위한 기술 강화
3단계 이행	• 비즈니스 프로세스 제휴, 조직과 서비스의 경계를 넘은 기술의 통합과 배송운영까지를 포함하여 실행 • 인적자원관리가 성공의 중요한 요소로 인식
4단계 실행	• 제4자 물류 제공자는 다양한 공급망 기능과 프로세스를 위한 운영상의 책임을 짐 • 제4자 물류 공급자의 수행 범위 : 제3자 물류 공급자, IT회사, 컨설팅회사, 물류솔루션 업체

09 물류시스템

1 물류시스템의 구성

(1) 운송

① 의미 : 물품을 장소적·공간적으로 이동시키는 것을 말하며, 흔히 수송이라는 용어로 사용된다.

② 수송과 배송의 비교

수송	배송
• 장거리 대량화물의 이동	• 단거리 소량화물의 이동
• 거점과 거점 간의 이동	• 기업과 고객 간의 이동
• 지역 간 화물의 이동	• 지역 내 화물의 이동
• 1개소의 목적지에만 직송	• 다수의 목적지를 순회하며 소량 운송

> ▶ **용어 정리**
> • 교통 : 현상적인 시각에서의 재화의 이동
> • 운송 : 서비스 공급측면에서의 재화의 이동
> • 운수 : 행정상 또는 법률상의 운송
> • 운반 : 한정된 공간과 범위 내에서의 재화의 이동
> • 배송 : 상거래가 성립된 후 상품을 고객이 지정하는 수하인에게 발송 및 배달하는 것으로 물류센터에서 각 점포나 소매점에 상품을 납입하기 위한 수송
> • 통운 : 소화물 운송
> • 간선수송 : 제조공장과 물류거점(물류센터 등) 간의 장거리 수송으로 컨테이너 또는 팔레트를 이용, 유닛화되어 일정단위로 취합되어 수송

③ 선박 및 철도와 비교한 화물자동차 운송의 특징

• 원활한 기동성과 신속한 수·배송
• 신속하고 정확한 문전운송
• 다양한 고객요구 수용
• 운송단위가 소량
• 에너지 다소비형의 운송기관

(2) 보관

① 물품을 저장·관리하는 것을 의미하는 것으로 시간·가격조정에 관한 기능 수행

② 수요와 공급의 시간적 간격을 조정함으로써 경제활동의 안정과 촉진을 도모

(3) 유통가공

① 보관을 위한 가공 및 동일 기능의 형태 전환을 위한 가공 등 유통단계에서 상품에 가공이 더해지는 것을 의미

② 절단, 상세분류, 천공, 굴절, 조립 등의 경미한 생산활동 포함

chapter 04

③ 유닛화, 가격표 · 상표 부착, 선별, 검품 등 원활한 유통을 위한 보조작업

(4) 포장
① 물품의 운송, 보관 등에 있어서 물품의 가치와 상태를 보호하는 것
② 공업포장 : 기능면에서 품질유지를 위한 포장
③ 상업포장 : 상품가치를 높여, 정보전달을 포함하여 판매촉진의 기능을 목적으로 한 포장

(5) 하역
① 운송, 보관, 포장의 전후에 부수하는 물품의 취급으로 교통기관과 물류시설에 걸쳐 행해진다.
② 적입, 적출, 분류, 피킹(picking) 등의 작업이 해당
③ 하역의 대표적인 수단 : 컨테이너화와 팔레트화

(6) 정보
① 물류활동에 대응하여 수집되며 효율적 처리로 조직이나 개인의 물류활동을 원활하게 한다.
② 대형소매점과 편의점에서는 유통비용의 절감과 판로 확대를 위해 POS(판매시점관리) 사용

▶ 정보의 종류
• 물류정보 : 상품의 수량과 품질, 작업관리에 관한 정보
• 상류정보 : 수 · 발주, 지불 등에 관한 정보

② 물류시스템화

(1) 물류시스템의 기능
① 작업서브 시스템 : 운송, 하역, 보관, 유통가공, 포장
② 정보서브 시스템 : 수주, 발주, 재고, 출하

(2) 물류시스템의 목적
① 납기 내 정확한 배달
② 고객의 주문에 대해 상품의 품절 최소화
③ 물류거점의 적절한 배치를 통한 배송효율 향상 및 상품의 적정 재고량 유지
④ 운송, 보관, 하역, 포장, 유통 · 가공작업의 합리화
⑤ 물류비용의 적절화 · 최소화

(3) 토털코스트 접근방법의 물류시스템화
운송, 보관, 하역, 포장, 유통가공 등의 시스템을 비용이 최소가 될 수 있도록 각각의 활동을 전체적으로 조화 · 양립시켜 전체 최적화에 근접시키려는 노력이 필요

(3) 비용과 물류서비스의 관계

비용과 물류서비스의 관계	의미
물류서비스 일정, 비용 절감의 관계	일정한 서비스를 가능한 한 낮은 비용으로 달성하고자 하는 효율 추구의 사고
물류서비스 상승, 비용 상승의 관계	물류서비스를 향상시키기 위해 물류비용이 상승해도 달리 방도가 없다는 사고
물류비용 일정, 물류서비스 향상의 관계	물류비용을 유효하게 활용하여 최적의 성과를 달성하는 성과 추구의 사고
물류비용 절감, 물류서비스 향상의 관계	판매 증가와 이익 증가를 동시에 도모하는 전략적인 발상

③ 운송 합리화 방안

(1) 적기 운송과 운송비 부담의 완화
① 적기에 운송하기 위해서는 운송계획이 필요하며 판매계획에 따라 일정량을 정기적으로 고정된 경로를 따라 운송
→ 가능하면 공장과 물류거점 간의 간선운송이나 선적지까지 공장에서 직송하는 것이 효율적임
② 출하물량 단위의 대형화와 표준화가 필요
③ 출하물량 단위를 차량별로 단위화 · 대형화하거나 운송수단에 적합하게 물품을 표준화하며 차량과 운송수단을 대형화하여 운송횟수를 줄이고 화주에 맞는 차량이나 특장차 이용
④ 트럭의 적재율과 실차율의 향상을 위하여 기준 적재중량, 용적, 적재함의 규격을 감안하여 최대허용치에 접근시키며, 적재율 향상을 위해 제품의 규격화나 적재품목의 혼재를 고려

(2) 실차율 향상을 위한 공차율의 최소화
화물을 싣지 않은 공차상태를 최소하기 위한 주도면밀한 운송계획을 수립

▶ 화물자동차운송의 효율성 지표
• 가동률 : 화물자동차가 일정기간에 걸쳐 실제로 가동한 일수
• 실차율 : 주행거리에 대해 실제로 화물을 싣고 운행한 거리의 비율
• 적재율 : 최대적재량 대비 적재된 화물의 비율
• 공차거리율 : 주행거리에 대해 화물을 싣지 않고 운행한 거리의 비율
• 적재율이 높은 실차상태로 가동률을 높이는 것이 트럭운송의 효율성을 최대로 하는 것임

(3) 물류기기의 개선과 정보시스템의 정비

유닛로드시스템의 구축과 물류기기의 개선뿐 아니라 차량의 대형화, 경량화 등을 추진하며 물류거점 간의 온라인화를 통한 화물정보시스템과 화물추적시스템 등의 이용을 통한 총 물류비의 절감

(4) 최단 운송경로의 개발 및 최적 운송수단의 선택

운송비 절감과 매출액 증대를 위해 신규 운송경로 및 복합운송경로의 개발과 운송정보에 관심을 집중하고 최적의 운송수단을 선택하기 위한 종합적인 검토와 계획이 필요

(5) 공동 수송 · 배송의 장단점

① 공동 수송

장점	• 물류시설 및 인원의 축소 • 발송작업의 간소화 • 영업용 트럭의 이용 증대 • 입출하 활동의 계획화 • 운임요금의 적정화 • 여러 운송업체와의 복잡한 거래교섭의 감소 • 소량 부정기화물도 공동수송 가능
단점	• 기업비밀 누출에 대한 우려 • 영업부문의 반대 • 서비스 차별화에 한계 • 서비스 수준의 저하 우려 • 수화주와의 의사소통 부족 • 상품특성을 살린 판매전략 제약

② 공동 배송

장점	• 수송효율 향상(적재효율, 회전율 향상) • 소량화물 혼적으로 규모의 경제효과 • 차량, 기사의 효율적 활용 • 안정된 수송시장 확보 • 네트워크의 경제효과 • 교통혼잡 완화 • 환경오염 방지
단점	• 외부 운송업체의 운임덤핑에 대처 곤란 • 배송순서의 조절이 어려움 • 출하시간 집중 • 물량파악이 어려움 • 제조업체의 산재에 따른 문제 • 종업원 교육, 훈련에 시간 및 경비 소요

1 개념

① **수 · 배송관리시스템** : 주문상황에 대해 적기 수 · 배송체제의 확립과 최적의 수 · 배송 계획을 수립함으로써 수송비용을 절감하려는 체제(예 터미널화물정보시스템)

② **화물정보시스템** : 화물이 터미널을 경유하여 수송될 때 수반되는 자료 및 정보를 신속하게 수집하여 이를 효율적으로 관리하는 동시에 화주에게 적기에 정보를 제공해주는 시스템

③ **터미널화물정보시스템** : 수출계약이 체결된 후 수출품이 트럭터미널을 경유하여 항만까지 수송되는 경우, 국내거래 시 한 터미널에서 다른 터미널까지 수송되어 수하인에게 이송될 때까지의 전과정에서 발생하는 각종 정보를 전산시스템으로 수집, 관리, 공급, 처리하는 종합정보관리체제

2 수·배송 활동의 단계별 물류정보처리 기능

단계	물류정보처리 기능
계획	수송수단 선정, 수송경로 선정, 수송로트(lot) 결정, 다이어그램 시스템 설계, 배송센터의 수 및 위치 선정, 배송지역 결정 등
실시	배차 수배, 화물적재 지시, 배송지시, 발송정보 착하지에의 연락, 반송화물 정보관리, 화물의 추적 파악 등
통제	운임계산, 차량적재효율 분석, 차량가동률 분석, 반품운임 분석, 빈 용기운임 분석, 오송 분석, 교착수송 분석, 사고분석 등

chapter **04**

1 물류에 대한 개념에 대한 설명으로 틀린 것은?

① 공급자로부터 생산자, 유통업자를 거쳐 최종 소비자에게 이르는 재화의 흐름을 물류라고 한다.

② 재화의 효율적인 "흐름"을 계획, 실행, 통제할 목적으로 행해지는 제반활동을 공급망 관리라고 한다.

③ 물류에 필요한 화물의 운송 · 보관 · 하역을 위한 시설을 물류시설이라 한다.

④ 물류터미널 및 물류단지시설은 물류시설에 포함된다.

> 재화의 효율적인 "흐름"을 계획, 실행, 통제할 목적으로 행해지는 제반활동을 물류관리라고 한다.

2 우리나라의 물류기본법이라고 할 수 있는 법률은?

① 도로교통법
② 자동차관리법
③ 물류정책기본법
④ 화물자동차운송사업법

> 물류정책기본법은 물류체계의 효율화, 물류산업의 경쟁력 강화 및 물류의 선진화 · 국제화를 위하여 국내외 물류정책 · 계획의 수립 · 시행 및 지원에 관한 기본적인 사항을 정함으로써 국민경제의 발전에 이바지함을 목적으로 하는 법으로서 물류기본법이라고 할 수 있다.

3 다음 중 인터넷유통에서의 물류원칙에 해당되지 않는 것은?

① 적정수요 예측
② 배송기간의 최소화
③ 반송과 환불 시스템
④ 공동구매 활성화

> 인터넷유통에서의 물류원칙 : 적정수요 예측, 배송기간의 최소화, 반송과 환불 시스템

4 다음 중 물류의 발전 단계를 순서대로 나타낸 것은?

① 경영정보시스템 단계 → 전사적자원관리 단계 → 공급망관리 단계

② 경영정보시스템 단계 → 공급망관리 단계 → 전사적자원관리 단계

③ 전사적자원관리 단계 → 공급망관리 단계 → 경영정보시스템 단계

④ 공급망관리 단계 → 경영정보시스템 단계 → 전사적자원관리 단계

5 창고보관·수송을 신속히 하여 주문처리시간을 줄이는 데 초점을 둔 물류의 단계는?

① 경영정보시스템 단계
② 전사적자원관리 단계
③ 자율적정보관리 단계
④ 공급망관리 단계

6 정보기술을 이용하여 수송, 제조, 구매, 주문관리 기능을 포함하여 합리화하는 로지스틱스 활동이 이루어진 물류의 단계는?

① 경영정보시스템 단계
② 전사적자원관리 단계
③ 자율적정보관리 단계
④ 공급망관리 단계

7 다음 중 사회경제적 관점에서의 물류의 역할을 설명한 것은?

① 생산, 소비, 금융, 정보 등 우리 인간이 주체가 되어 수행하는 경제활동의 일부분으로 운송, 통신, 상업활동을 주체로 하며 이들을 지원하는 제반활동을 포함한다.

② 고객욕구만족을 위한 물류서비스가 판매경쟁에 있어 중요하며, 제품의 제조, 판매를 위한 원재료의 구입과 판매와 관련된 업무를 총괄관리하는 시스템 운영이다.

③ 자재와 자원의 낭비를 방지하여 자원의 효율적인 이용에 기여한다.

④ 사회간접자본의 증강과 각종 설비투자의 필요성을 증대시켜 국민경제개발을 위한 투자기회를 부여한다.

> ② – 개별기업적 관점　　　③, ④ – 국민경제적 관점

정답　1② 2③ 3④ 4① 5① 6② 7①

8 국민경제적 관점에서의 물류의 역할에 대한 설명으로 옳지 않은 것은?

① 기업의 유통효율 향상으로 물류비를 절감하여 소비자물가와 도매물가의 상승을 억제하고 정시배송의 실현을 통한 수요자 서비스 향상에 이바지한다.
② 사회간접자본의 증강과 각종 설비투자의 필요성을 증대시켜 국민경제개발을 위한 투자기회를 부여한다.
③ 물류합리화를 통하여 상거래흐름의 합리화를 가져와 상거래의 대형화를 유발한다.
④ 최소의 비용으로 소비자를 만족시켜서 서비스 질의 향상을 촉진시켜 매출 신장을 도모한다.

④는 개별기업적 관점에서의 물류의 역할이다.

9 물류관리의 기본원칙인 3S 1L이 잘못 연결된 것은?

① 간단하게(Simply)
② 신속하게(Speedy)
③ 확실하게(Surely)
④ 저렴하게(Low)

3S 1L 원칙
신속(Speedy), 안전(Safely), 확실(Surely), 저렴(Low)

10 물류관리의 기본원칙인 7R 원칙에 해당되지 않는 것은?

① 좋은 회사(Right Company)
② 좋은 인상(Right Impression)
③ 적절한 품질(Right Quality)
④ 적절한 상품(Right Commodity)

7R 원칙
• Right Quality(적절한 품질)
• Right Quantity(적절한 양)
• Right Time(적절한 시간)
• Right Place(적절한 장소)
• Right Impression(좋은 인상)
• Right Price(적절한 가격)
• Right Commodity(적절한 상품)

11 물류업의 종류에 속하지 않는 것은?

① 택배업
② 공동물류업
③ 도매배송업
④ 가구제조업

12 기업경영에 있어서 물류의 역할에 해당되지 않는 것은?

① 판매기능 촉진
② 재고비용 절감
③ 유통합리화에 기여
④ 자원의 효율적인 이율

자원의 효율적 이용은 국민경제적 관점에서의 물류의 역할에 해당한다.

13 상품을 보호하는 물류기능에 해당하는 것은?

① 포장기능
② 운송기능
③ 보관기능
④ 정보기능

물류의 기능 중 포장기능은 물품의 수 · 배송, 보관, 하역 등에 있어서 가치 및 상태를 유지하기 위해 적절한 재료, 용기 등을 이용해서 포장하여 보호하고자 하는 활동을 말한다.

14 물류의 기능 중 물류활동과 관련된 물류정보를 수집, 가공, 제공하여 운송, 보관, 하역, 포장, 유통가공 등의 기능을 컴퓨터 등의 전자적 수단으로 연결하여 줌으로써 종합적인 물류관리의 효율화를 도모할 수 있도록 하는 기능은?

① 운송기능
② 포장기능
③ 하역기능
④ 정보기능

15 기업물류의 범위에서 원재료, 부품, 반제품, 중간재를 조달·생산하는 물류과정은?

① 수요예측 과정
② 물적유통 과정
③ 재고관리 과정
④ 물적공급 과정

기업물류의 범위

구분	종류
물적공급 과정	원재료, 부품, 반제품, 중간재를 조달 · 생산하는 물류과정
물적유통 과정	생산된 재화가 최종 고객이나 소비자에게까지 전달되는 물류과정

chapter 04

16 물류의 기능 중 수송과 보관의 양단에 걸친 물품의 취급으로 물품을 상하좌우로 이동시키는 활동에 해당하는 기능은?

① 운송기능   ② 포장기능
③ 하역기능   ④ 정보기능

> 수송과 보관의 양단에 걸친 물품의 취급으로 물품을 상하좌우로 이동시키는 활동에 해당하는 기능은 하역기능이다.

17 기업물류의 활동을 주활동과 지원활동으로 분류할 때 다음 중 주활동에 속하는 것은?

① 재고관리   ② 자재관리
③ 정보관리   ④ 생산일정 조정

기업물류의 활동

구분	종류
주 활동	대고객서비스수준, 수송, 재고관리, 주문처리
지원 활동	보관, 자재관리, 구매, 포장, 생산량과 생산일정 조정, 정보관리

18 다음은 물류전략 수립의 지침에 관한 설명이다. 옳지 않은 것은?

① 총비용 개념의 관점에서 물류전략을 수립한다.
② 제품을 생산하는 가장 좋은 생산순서와 생산시간은 생산비용과 재고비용효의 합이 최대가 되는 곳에서 결정한다.
③ 제공되는 서비스 수준으로부터 얻는 수익에 대해 재고·수송비용이 균형을 이루는 점에서 보관지점의 수를 결정한다.
④ 평균재고수준은 재고유지비와 판매손실비가 트레이드오프관계에 있으므로 이들 두 비용이 균형을 이루는 점에서 결정한다.

다품종 생산일정 계획 수립
제품을 생산하는 가장 좋은 생산순서와 생산시간은 생산비용과 재고비용의 합이 최소가 되는 곳에서 결정한다.

19 물류관리의 목표로 가장 적합한 것은?

① 작업인원 확대
② 이윤증대와 비용절감을 위한 물류체계의 구축
③ 물품보관 창고 조성
④ 직원들의 복지 확대

20 계획수립의 영역에서 시스템의 설계에 많은 영향을 끼치며, 전략적 물류계획을 수립할 시에 우선적으로 고려해야 할 사항은?

① 고객서비스 수준   ② 설비의 입지 결정
③ 재고의사결정   ④ 수송의사결정

21 물류계획 수립 시점에서 고객 서비스를 위해 고려할 사항이 아닌 것은?

① 재고의 이용 가능성
② 배달 속도
③ 주문처리 속도 및 정확도
④ 제품의 생산관리

22 전략적 물류와 로지스틱스를 비교했을 때 로지스틱스에 해당하는 사항이 아닌 것은?

① 코스트 중심
② 고객 중심
③ 기능의 통합화 수행
④ 전체 최적화 지향

로지스틱스
가치창출 중심, 고객 중심, 기능의 통합화 수행, 전체 최적화 지향, 효과 중심의 개념

23 물류전략의 실행구조에서 구조설계에 해당하는 것은?

① 조직·변화관리
② 정보·기술관리
③ 네트워크전략 구축
④ 자재관리

구조설계 : 공급망설계, 로지스틱스, 네트워크전략 구축

정 답   16 ③ 17 ① 18 ② 19 ② 20 ① 21 ④ 22 ① 23 ③

24 물류전략의 실행구조에서 실행 단계에 해당하는 영역은?

① 공급망 설계
② 수송관리
③ 조직 · 변화관리
④ 네트워크 전략 구축

실행단계의 영역 : 정보 · 기술관리, 조직 · 변화관리

25 기업 내부에 물류조직을 두고 물류업무를 직접 수행하는 경우의 물류를 무엇이라 하는가?

① 제1자 물류   ② 제2자 물류
③ 제3자 물류   ④ 제4자 물류

26 물류조직을 별도로 분리하여 자회사로 독립시키는 경우의 물류를 무엇이라 하는가?

① 1자 물류   ② 2자 물류
③ 3자 물류   ④ 4자 물류

물류활동을 처리하는 방식에 따른 분류

구분	의미
제1자 물류 (자사물류)	기업 내부에 물류조직을 두고 물류업무를 직접 수행
제2자 물류 (물류자회사)	물류조직을 별도로 분리하여 자회사로 독립시키는 경우
제3자 물류	외부의 전문물류업체에게 물류업무를 아웃소싱하는 경우

27 제3자 물류가 활성화됨으로써 물류업체 측면에서 얻을 수 있는 기대효과에 해당하는 것은?

① 각 부문별로 최고의 경쟁력을 보유하고 있는 기업 등과 통합 · 연계하는 공급망을 형성하여 공급망 대 공급망 간 경쟁에서 유리한 위치를 차지할 수 있다.
② 유연성 확보와 자가물류에 의한 물류효율화의 한계를 보다 용이하게 해소할 수 있다.
③ 고정투자비 부담을 없애고, 경기변동, 수요계절성 등 물동량 변동, 물류경로 변화에 효과적으로 대응할 수 있다.
④ 고품질의 물류서비스를 개발 · 제공함에 따라 현재보다 높은 수익률을 확보할 수 있다.

28 제3자 물류가 활성화됨으로써 화주기업이 얻을 수 있는 기대효과를 나열한 것이다. 틀린 것은?

① 조직 내 물류기능 통합으로 고객 서비스를 향상할 수 있다.
② 물류시설에 대한 투자부담을 줄일 수 있다.
③ 물품 배송기간이 길어질 수 있다.
④ 경기변동에 효과적으로 대응할 수 있다.

외부의 전문물류업체에게 물류업무를 아웃소싱하는 제3자 물류가 활성화되면 물품의 배송기간이 짧아진다.

29 제3자 물류의 기능에 컨설팅 업무를 추가 수행하는 것을 무엇이라 하는가?

① 자사물류
② 물류자회사
③ 로지스틱스
④ 제4자 물류

30 제3자 물류업의 활성화로 물류업체에서 발생되는 기대효과는?

① 물류산업의 수요기반 확대로 이어져 규모의 경제효과에 의해 효율성, 생산성 향상을 달성할 수 있다.
② 조직 내 물류기능의 통합이 가능하다.
③ 최고의 경쟁력을 보유하고 있는 기업 등과 통합 · 연계하는 공급망을 형성하여 공급망 대 공급망 간 경쟁에서 유리한 위치를 차지할 수 있다.
④ 경기변동, 수요계절성 등 물동량 변동, 물류경로 변화에 효과적으로 대응할 수 있다.

②, ③, ④는 화주기업 측면에서의 기대효과에 해당한다.

31 화주기업이 제3자 물류를 사용하지 않는 주된 이유를 설명한 것이다. 틀린 것은?

① 화주기업은 물류활동을 직접 통제하기를 원한다.
② 물류업체들 간의 경쟁으로 서비스가 이루어진다.
③ 화주기업의 자체물류가 효율적이라고 판단한다.
④ 자사물류 인력에 대해 불만족한다.

화주기업은 자사물류 인력에 대해 더 만족한다.

*****
32 공급망관리에 있어서 제4자 물류의 4단계를 순서대로 바르게 나타낸 것은?

① 전환 – 실행 – 재창조 – 이행
② 재창조 – 전환 – 이행 – 실행
③ 이행 – 재창조 – 전환 – 실행
④ 실행 – 전환 – 이행 – 재창조

****
33 제4자 물류의 4단계 중 판매, 운영계획, 유통관리, 구매전략, 고객서비스, 공급망 기술을 포함한 특정한 공급망에 초점을 맞추는 단계는?

① 재창조 　　　　　② 전환
③ 이행 　　　　　　④ 실행

****
34 제4자 물류의 4단계 중 비즈니스 프로세스 제휴, 조직과 서비스의 경계를 넘은 기술의 통합과 배송운영까지를 포함하여 실행하는 단계는?

① 재창조 　　　　　② 전환
③ 이행 　　　　　　④ 실행

*****
35 수송의 개념에 해당되지 않는 것은?

① 장거리 대량 화물의 이동
② 거점과 거점 간의 이동
③ 기업과 고객 간의 이동
④ 지역 간 화물의 이동

> 기업과 고객 간의 이동은 배송의 개념에 속하며, 수송은 거점과 거점 간의 이동을 의미한다.

***
36 수송의 개념에 해당되는 것은?

① 장거리 대량 화물의 이동
② 기업과 고객 간의 이동
③ 지역 내 화물의 이동
④ 다수의 목적지를 순회하면서 소량 운송

> ②, ③, ④는 배송의 개념에 해당한다.

**
37 다음 중 서비스 공급측면에서의 재화의 이동을 의미하는 용어는?

① 교통 　　　　　　② 운송
③ 운수 　　　　　　④ 통운

> • 교통 : 현상적인 시각에서의 재화의 이동
> • 운수 : 행정상 또는 법률상의 운송
> • 통운 : 소화물 운송

***
38 화물자동차 운송의 특징에 해당되지 않는 것은?

① 운송단위가 대량
② 원활한 기동성과 신속한 수 · 배송
③ 신속하고 정확한 문전운송
④ 에너지 다소비형의 운송기관

> 화물자동차는 소량으로 운송한다.

****
39 화물자동차운송의 효율성 지표로 사용되지 않는 것은?

① 포장률 　　　　　② 가동률
③ 적재율 　　　　　④ 실차율

> **화물자동차운송의 효율성 지표**
> • 가동률 : 화물자동차가 일정기간(예를 들어, 1개월)에 걸쳐 실제로 가동한 일수
> • 실차율 : 주행거리에 대해 실제로 화물을 싣고 운행한 거리의 비율
> • 적재율 : 차량적재톤수 대비 적재된 화물의 비율
> • 공차율 : 통행 화물차량중 빈차의 비율
> • 공차거리율 : 주행거리에 대해 화물을 싣지 않고 운행한 거리의 비율

****
40 물류자회사에 의한 물류효율화의 한계가 아닌 것은?

① 자율경영 추진의 한계
② 물류관리의 전문성 확보
③ 인건비 상승에 대한 부담
④ 모기업의 물류효율화에 대한 소극적 대처

> 제3자 물류를 도입함으로써 물류관리의 전문성을 확보할 수 있다.

****
41 물류 시스템의 구성에 포함되지 않는 것은?

① 운송 　　　　　　② 발주
③ 하역 　　　　　　④ 포장

정 답 　**32** ②　**33** ②　**34** ③　**35** ③　**36** ①　**37** ②　**38** ①　**39** ①　**40** ②　**41** ②

> 물류 시스템의 구성 : 운송, 보관, 유통가공, 포장, 하역, 정보

42 화물자동차운송의 효율성 지표 중 주행거리에 대해 실제로 화물을 싣고 운행한 거리의 비율을 의미하는 용어는?

① 가동률　　　　　② 실차율
③ 적재율　　　　　④ 공차거리율

> 주행거리에 대해 실제로 화물을 싣고 운행한 거리의 비율을 실차율이라고 한다.

43 공동 배송의 장점에 해당하는 것은?

① 차량과 기사의 효율적 활용
② 외부 운송업체의 운임덤핑에 대처 곤란
③ 물량 파악이 어려움
④ 배송 순서의 조절이 어려움

> ②, ③, ④는 모두 공동 배송의 단점에 해당한다.

44 공동 수송의 장점에 해당하지 않는 것은?

① 발송작업의 간소화
② 운임요금의 적정화
③ 여러 운송업체와의 복잡한 거래교섭의 감소
④ 서비스 차별화 가능

> 공동 수송은 개별 수송에 비해 서비스 차별화에 한계가 있다.

45 물류시스템의 목적에 해당하지 않는 것은?

① 고객에게 상품을 적절한 납기에 맞추어 정확하게 배달하는 것
② 고객의 주문에 대해 상품의 품절을 가능한 한 적게 하는 것
③ 물류거점을 최소화하는 것
④ 운송, 보관, 하역, 포장, 유통 · 가공의 작업을 합리화하는 것

> 물류 시스템의 목적은 물류거점을 적절하게 배치하여 배송효율을 향상시키고 상품의 적정 재고량을 유지하는 것이다.

46 물류계획수립의 3단계에 해당되지 않는 것은?

① 전략　　　　　② 전술
③ 광고　　　　　④ 운영

> 물류계획 수립의 3단계 : 전략, 전술, 운영

47 수·배송 활동의 단계별 기능에서 배차 수배, 화물적재 지시, 배송지시, 발송정보 착하지에의 연락, 반송화물 정보관리, 화물의 추적 파악 등의 기능을 하는 단계는?

① 계획　　　　　② 실시
③ 통제　　　　　④ 설정

> 수 · 배송 활동의 단계별 기능에서 배차 수배, 화물적재 지시, 배송지시, 발송정보 착하지에의 연락, 반송화물 정보관리, 화물의 추적 파악 등의 기능을 하는 단계는 실시 단계이다.

48 운송 용어 중 제조공장과 물류거점 간 장거리구간의 장거리 수송으로 컨테이너 또는 팔레트를 이용, 유닛화되어 일정단위로 취합되어 수송되는 것은?

① 간선수송　　　　　② 통운
③ 배송　　　　　④ 교통

49 물류관리의 목표를 가장 적절하게 나타낸 것은?

① 고객 서비스 수준의 향상과 물류비의 감소에 있다.
② 장비보다는 가능한 한 물류작업 인력을 투입한다.
③ 이윤 추구가 최선이며 고객 서비스는 다소 느려도 좋다.
④ 구체적인 계획을 세우기보다 그때마다 처리한다.

> **물류관리의 목표**
> • 비용절감과 재화의 시간적 · 장소적 효용가치의 창조를 통한 시장능력의 강화
> • 고객서비스 수준 향상과 물류비의 감소

50 물류전략의 8가지 핵심영역 중 기능정립에 해당하는 것은?

① 수송관리　　　　　② 공급망 설계
③ 로지스틱스　　　　　④ 고객서비스수준 결정

> 기능정립 : 창고설계 · 운영, 수송관리, 자재관리

정답 ▶ 42 ② 43 ① 44 ④ 45 ③ 46 ③ 47 ② 48 ① 49 ① 50 ①

Main
Key
Point

이 섹션도 내용이 다소 지루할 수 있지만 SCM, QR, GPS, CALS 등에 대한 개념을 확실히 이해하도록 한다. 그리고 트럭운송의 장단점도 출제 빈도가 높은 부분이므로 비교해서 암기하도록 한다.

01 신 물류서비스 기법

1 공급망관리(SCM, Supply Chain Management)

(1) 개념

① 최종고객의 욕구를 충족시키기 위하여 원료 공급자로부터 최종소비자에 이르기까지 공급망 내의 각 기업 간에 긴밀한 협력을 통해 공급망인 전체의 물자의 흐름을 원활하게 하는 공동전략

② 공급망 내의 각 기업은 상호 협력하여 공급망 프로세스를 재구축하고, 업무협약을 맺으며, 공동전략 구사

2 전사적 품질관리(TQC, Total Quality Control)

(1) 개념

제품이나 서비스를 만드는 모든 작업자가 품질에 대한 책임을 나누어 갖는 것

(2) 특징

① 불량품을 원천에서 찾아내고 바로잡기 위한 방안이며, 작업자가 품질에 문제가 있는 것을 발견하면 생산라인 전체를 중단시킬 수도 있다.

② 물류서비스의 품질관리를 보다 효율적으로 하기 위해서는 물류서비스의 문제점을 파악하여 그 데이터를 정량화하는 것이 중요하다.

3 신속대응(QR, Quick Response)

① 기존의 JIT(Just in time) 전략보다 더 신속하고 민첩한 체계를 통하여 물류효율화를 추구한 것이 신속대응이다.

② 생산 · 유통기간의 단축, 재고의 감소, 반품손실 감소 등 생산 · 유통의 각 단계에서 효율화를 실현하고 그 성과를 생산자, 유통관계자, 소비자에게 골고루 돌아가게 하는 기법

물류 → 로지스틱스(Logistics) → 공급망관리(SCM)로의 발전

구분	물류	Logistics	SCM
시기	1970~1985년	1986~1997년	1998년
목적	물류부문 내 효율화	기업내 물류 효율화	공급망 전체 효율화
대상	수송, 보관, 하역, 포장	생산, 물류, 판매	공급자, 메이커, 도소매, 고객
수단	물류부문 내 시스템 기계화, 자동화	기업내 정보시스템 POS, VAN, EDI	기업간 정보시스템 파트너 관계, ERP, SCM
주제	효율화(전문화,분업화)	물류코스트＋서비스대행 다품종수량, JIT, MRP	ECR, ERP, 3PL, APS 재고소멸
표방	무인 도전	토탈물류	종합물류

주) APS(Advanced Planing Scheduling) : 고급계획수립시스템

③ **원칙** : 생산 · 유통관련업자가 전략적으로 제휴하여 소비자의 선호 등을 즉시 파악하여 시장변화에 신속하게 대응함으로써 시장에 적합한 상품을 적시에, 적소로, 적당한 가격으로 제공하는 것

④ **효과**

소매업자	유지비용의 절감, 고객서비스의 제고, 높은 상품회전율, 매출과 이익증대 등
제조업자	정확한 수요예측, 주문량에 따른 생산의 유연성 확보, 높은 자산회전율 등
소비자	상품의 다양화, 낮은 소비자 가격, 품질 개선, 소비패턴 변화에 대응한 상품구매 등

4 효율적 고객대응(ECR, Efficient Consumer Response)
① 소비자 만족에 초점을 둔 공급망 관리의 효율성을 극대화하기 위한 모델
② 제품의 생산단계에서부터 도매, 소매에 이르기까지 전 과정을 하나의 프로세스로 보아 관련기업들의 긴밀한 협력을 통해 전체로서의 효율 극대화를 추구하는 효율적 고객대응기법
③ 제조업체와 유통업체가 상호 밀접하게 협력하여 기존의 상호기업 간에 존재하던 비효율적이고 비생산적인 요소들을 제거하여 보다 효용이 큰 서비스를 소비자에게 제공하는 것
④ **신속대응과의 차이점** : 섬유산업뿐만 아니라 식품 등 다른 산업부문에도 활용 가능

5 주파수 공용통신(TRS, Trunked Radio System)
(1) 개념
중계국에 할당된 여러 개의 채널을 공동으로 사용하는 무전기시스템으로서 이동차량이나 선박 등 운송수단에 탑재하여 이동간의 정보를 실시간으로 송수신할 수 있는 혁신적인 화물추적통신망시스템으로서 주로 물류관리에 많이 이용된다.

(2) 대표적인 서비스
음성통화, 공중망접속통화, TRS데이터통신, 첨단차량군 관리

(3) 유통관리에 적용 예시
주파수 공동통신(TRS)과 공중망접속통화로 물류의 3대 축인 운송회사 · 차량 · 화주의 통신망을 연결하면 화주가 화물의 소재와 도착시간 등을 즉각 파악할 수 있으며, 운송회사에서도 차량의 위치추적에 의해 사전 회귀배차가 가능해지고 단말기 화면을 통한 작업지시가 가능해져 급격한 수요변화에 대한 신축적 대응이 가능

(4) 장점
주파수 공용통신(TRS)의 도입으로 데이터통신을 통해 신용카드 조회 및 화물인수서류가 축소되는 등 기업은 화물추적기능, 화주의 요구에 대한 신속대응, 서류처리의 축소, 정보의 실시간 처리 가능

(5) 도입 효과
① **업무분야별 효과**

차량운행 측면	사전배차계획 수립과 배차계획 수정이 가능해지며, 차량의 위치추적기능의 활용으로 도착시간의 정확한 추정이 가능
집배송 측면	수 · 배송 지연사유 등 원인분석이 곤란했던 점을 체크아웃 포인트의 설치나 화물추적기능 활용으로 지연사유 분석이 가능해져 표준운행시간 작성에 도움
차량 및 운전자 관리 측면	• 고장차량에 대응한 차량 재배치나 지연사유 분석 가능 • 데이터통신에 의한 실시간 처리가 가능해져 관리업무가 축소 • 대고객에 대한 정확한 도착시간 통보로 JIT(즉납, 卽納)가 가능해지고 분실화물의 추적과 책임자 파악이 용이

② **기능별 효과**
• 차량의 운행정보 입수와 본부에서 차량으로 정보전달 용이
• 차량으로 접수한 정보의 실시간 처리가 가능
• 화주의 수요에 신속히 대응 가능 및 화주의 화물추적 용이

6 범지구측위시스템(GPS, Global Positioning System)

(1) GPS 통신망의 개념

① 관성항법(慣性航法)과 더불어 어두운 밤에도 목적지에 유도하는 측위(測衛) 통신망으로서 주로 차량위치추적을 통한 물류관리에 이용되는 통신망

② 인공위성을 이용한 범지구측위시스템으로 지구의 어느 곳이든 실시간으로 자기 위치와 타인의 위치 확인 가능

(2) 도입 효과

① 각종 자연재해로부터 사전대비를 통해 재해 회피 가능

② 토지조성공사에도 작업자가 건설용지를 돌면서 지반침하와 침하량을 측정하여 실시간 신속 대응 가능

③ 교통혼잡 시에 차량에서 행선지 지도와 도로 사정 파악이 가능

④ 운송차량추적시스템을 GPS로 완벽하게 관리 및 통제 가능

7 통합판매·물류·생산시스템
(CALS, Computer Aided Logistics Support)

(1) CALS의 개념

① 제품의 생산에서 유통 그리고 로지스틱스의 마지막 단계인 폐기까지 전 과정의 디지털 정보를 한 곳에 모으는 통합유통·물류·생산시스템

② 컴퓨터에 의한 통합생산이나 경영과 유통의 재설계 등을 총칭

③ 품질향상, 비용절감 및 신속처리, 원가절감 효과

> ▶ 등장 배경 : 무기체제의 방대한 기술 메뉴얼 관리(설계·제작·군수 유통 체계지원)를 전자화하여 디지털 기술의 통합과 정보공유를 통한 신속한 자료처리 환경을 구축한 것으로 출발함.

(2) CALS의 목표

① 설계, 제조 및 유통과정과 보급·조달 등 물류지원과정을 비즈니스 리엔지니어링을 통해 조정

→ 이를 동시공학적 업무처리과정으로 연계

② 다양한 정보를 디지털화하여 통합 데이타베이스에 저장 및 활용

→ 이를 통해 업무의 과학적·효율적 수행이 가능하고 신속한 정보 공유 및 종합적 품질관리 제고 가능

③ 제품 전과정의 데이터(서류, 도면, 거래정보 등)을 표준화하여 거래 기업 간에 정보 공유가 신속·정확·고속

(3) CALS의 중요성과 적용범주

① 정보화 시대의 기업경영에 필수적인 산업정보화

② 과다 서류와 기술자료의 중복 축소, 업무처리절차 축소, 소요시간 단축, 비용절감

③ 기존의 전자데이터정보(EDI)에서 영상, 이미지 등 전자상거래(E-Commerce)로 그 범위를 확대하고 궁극적으로 멀티미디어 환경을 지원하는 시스템으로 발전

④ 동시공정, 에러검출, 순환관리 자동활용을 포함한 품질관리와 경영혁신 구현 등

(4) CALS의 도입 효과

① 새로운 생산시스템, 첨단생산시스템, 고객요구에 신속하게 대응하는 고객만족시스템, 규모경제를 시간경제로 변화, 정보 인프라 등 패러다임의 변화에 맞춘 민첩생산시스템이다.

② 기술정보를 통합 및 공유한 세계화된 실시간 경영실현을 통한 기업 통합 효과

③ 정보시스템의 연계를 통한 가상기업 출현으로 기업 내 또는 기업 간 장벽을 허무는 효과

→ 가상기업 : 급변하는 상황에 민첩하게 대응하기 위한 전략적 기업제휴를 의미

---

02 사업용·자가용 운송서비스의 특징

1 철도·선박과 비교한 트럭 수송의 장단점

장점	• 문전에서 문전으로 배송서비스를 탄력적으로 수행 가능 • 중간 하역이 불필요 • 포장의 간소화 및 간략화 가능 • 다른 수송기관과 연동하지 않고서도 일관된 서비스 가능 • 싣고 부리는 횟수가 적음
단점	• 수송단위가 작음 • 연료비나 인건비 등 수송단가가 높음 • 진동, 소음, 광학스모그 등의 공해 문제 발생 • 유류의 다량소비에서 오는 자원 및 에너지 절약 문제

2 사업용(영업용) 트럭운송의 장단점

장점	• 수송비가 저렴하다. • 물동량의 변동에 대응한 안정수송이 가능하다. • 수송 능력 및 융통성이 높다. • 설비투자 및 인적투자가 필요 없다. • 변동비 처리가 가능하다.
단점	• 운임의 안정화가 곤란하다. • 관리기능이 저해된다. • 기동성이 부족하다. • 시스템의 일관성이 없다. • 인터페이스가 약하다. • 마케팅 사고가 희박하다.

3 자가용 트럭운송의 장단점

장점	• 높은 신뢰성이 확보된다. • 상거래에 기여한다. • 작업의 기동성이 높다. • 안정적 공급이 가능하다. • 시스템의 일관성이 유지된다. • 리스크가 낮다. • 인적 교육이 가능하다.
단점	• 수송량의 변동에 대응하기 어렵다. • 비용의 고정비화 • 설비투자 및 인적투자가 필요하다. • 수송능력에 한계가 있다. • 사용하는 차종 · 차량에 한계가 있다.

▶ 국내 화주기업 물류의 문제점
① 각 업체의 독자적 물류기능 보유(합리화 장애)
② 제3자 물류기능의 약화(제한적 · 변형적 형태)
③ 시설 간 · 업체 간 표준화 미약
④ 제조 · 물류업체 간 협조성 미비
⑤ 물류 전문업체의 물류 인프라 활용도 미약

03 물류 고객서비스의 요소

① 아이템의 이용가능성, A/S와 백업, 발주와 문의에 대한 효율적인 전화처리, 발주의 편의성, 유능한 기술담당자, 배송시간, 신뢰성, 기기성능 시범, 출판물의 이용가능성 등
② 발주 사이클 시간, 재고의 이용가능성, 발주 사이즈의 제한, 발주의 편리성, 배송빈도, 배송의 신뢰성, 서류의 품질, 클레임 처리, 주문의 달성, 기술지원, 발주상황 정보
③ 관련 용어

주문처리 시간	고객주문의 수취에서 상품구색의 준비를 마칠 때까지의 경과시간, 즉 주문을 받아서 출하까지 소요되는 시간
주문물품의 상품구색시간	출하에 대비해서 주문품 준비에 걸리는 시간, 즉 모든 주문품을 준비하여 포장하는 데 소요되는 시간
납기	고객에게로의 배송시간, 즉 상품구색을 갖춘 시점에서 고객에게 주문품을 배송하는 데 소요되는 시간
재고신뢰성	품절, 백오더, 주문충족률, 납품률 등, 즉 재고품으로 주문품을 공급할 수 있는 정도
주문량의 제약	허용된 최소주문량과 최소주문금액, 즉 주문량과 주문금액의 하한선
혼재	수 개소로부터 납품되는 상품을 단일의 발송화물인 혼재화물로 종합하는 능력, 즉 다품종 주문품의 배달방법
일관성	전술한 요소들의 각각의 변화 폭, 즉 각각의 서비스 표준이 허용하는 변동 폭

chapter 04

④ 거래 요소

거래 전 요소	문서화된 고객서비스 정책 및 고객에 대한 제공, 접근가능성, 조직구조, 시스템의 유연성, 매니지먼트 서비스
거래 시 요소	재고품절 수준, 발주정보, 주문사이클, 배송촉진, 환적, 시스템의 정확성, 발주의 편리성, 대제 제품, 주문상황 정보
거래 후 요소	설치, 보증, 변경, 수리, 부품, 제품의 추적, 고객의 클레임, 고충·반품처리, 제품의 일시적 교체, 예비품의 이용가능성

⑤ 일반적으로 제공되는 임의의 물류서비스는 비용의 이전을 요하지만 이는 최종소비자가 서비스를 위해 지불해도 좋다고 여기는 가격의 트레이드 오프 범위를 반영하고 있는 것이다.

04 택배운송서비스

① 운송장에 정확히 기재해야 할 사항
- 수하인 전화번호 : 주소는 정확해도 전화번호가 부정확하면 배달 곤란
- 정확한 화물명 : 포장의 안전성 판단기준, 사고시 배상기준, 화물수탁 여부 판단기준, 화물취급요령
- 화물가격 (사고시 배상기준, 화물수탁 여부 판단기준, 할증여부 판단기준)

1 기업활동을 위해 사용되는 기업 내의 모든 인적, 물적 자원을 효율적으로 관리하여 궁극적으로 기업의 경쟁력을 강화시켜 주는 역할을 하는 통합정보시스템을 의미하는 용어는 무엇인가?

① MIS 단계
② ERP 단계
③ SCM 단계
④ ECR 단계

지문은 80~90년대의 전사적자원관리 단계인 ERP 단계를 의미하는데, 정보기술을 이용하여 수송, 제조, 구매, 주문관리 기능을 포함하여 합리화하는 로지스틱스 활동이 이루어진 단계이다.

2 트럭 운송이 국내 운송의 대부분을 차지하고 있는 이유에 대한 설명으로 틀린 것은?

① 도로시설에 대한 투자가 철도시설에 대한 투자보다 소극적으로 이루어졌기 때문이다.
② 문전 운송이 용이하기 때문이다.
③ 트럭 운송의 기동성이 산업계의 요청에 적합하기 때문이다.
④ 소비의 다양화, 소량화가 현저하게 증가했기 때문이다.

고속도로의 건설 등과 같은 도로시설에 대한 공공투자가 철도시설에 비해 적극적으로 이루어졌다.

3 최신 물류기법(QR기법)인 신속대응 기법을 잘못 설명하고 있는 것은?

① 생산·유통의 각 단계에서 효율화를 실현하고 그 성과를 생산자, 유통관계자, 소비자에게 골고루 돌아가게 하는 기법을 말한다.
② 생산·유통관련업자가 전략적으로 제휴하여 소비자의 선호 등을 즉시 파악하여 시장변화에 신속하게 대응함으로써 시장에 적합한 상품을 적시에, 적소로, 적당한 가격으로 제공하는 것을 원칙으로 한다.
③ 제조업자는 정확한 수요예측, 주문량에 따른 생산의 유연성 확보, 높은 자산회전율 등의 혜택을, 소비자는 상품의 다양화, 낮은 소비자 가격, 품질개선, 소비패턴 변화에 대응한 상품구매 등의 혜택을 볼 수 있다.
④ 제품이나 서비스를 만드는 모든 작업자가 품질에 대한 책임을 나누어 갖는다는 개념으로 불량품을 원천에서 찾아내고 바로잡기 위한 방안이다.

④는 전시적 품질관리 기법에 대한 설명이다.

4 신 물류서비스 기법 중 효율적 고객대응 전략에 대한 설명이 아닌 것은?

① 산업체와 산업체 간에도 통합을 통하여 표준화와 최적화를 도모할 수 있다.
② 제품의 생산단계에서부터 도매, 소매에 이르기까지 전 과정을 하나의 프로세스로 본다.
③ 소비자 만족보다 생산자 만족에 초점을 둔다.
④ 제조업체와 유통업체가 상호 밀접하게 협력하여 효용이 큰 서비스를 소비자에게 제공한다.

효율적 고객대응 전략은 소비자 만족에 초점을 둔 공급망 관리의 효율성을 극대화하기 위한 모델이다.

5 철도나 선박과 비교한 트럭 수송의 장점에 해당하지 않는 것은?

① 문전에서 문전으로 배송서비스를 탄력적으로 수행 가능하다.
② 중간 하역이 필요 없다.
③ 싣고 부리는 횟수가 많다.
④ 다른 수송기관과 연동하지 않고 일관된 서비스가 가능하다.

트럭 수송은 철도나 선박에 비해 싣고 부리는 횟수가 적은 장점이 있다.

6 신속대응(QR)에 대한 설명으로 틀린 것은?

① 기존의 JIT(Just in time) 전략보다 더 신속하고 민첩하다.
② 시장에 적합한 상품을 적시에, 적소로, 적당한 가격으로 제공하는 것을 원칙으로 한다.
③ 소매업자의 입장에서는 높은 상품회전율로 매출과 이익을 증대시킬 수 있다.
④ 섬유산업뿐만 아니라 식품 등 다른 산업부문에도 활용 가능하다.

효율적 고객대응(ECR)은 신속대응과는 달리 섬유산업뿐만 아니라 식품 등 다른 산업부문에도 활용 가능하다.

정답   1 ②   2 ①   3 ④   4 ③   5 ③   6 ④

chapter 04

7 소비자의 측면에서 신속대응(QR) 전략으로 얻을 수 있는 효과가 아닌 것은?

① 상품의 다양화
② 품질 개선
③ 소비패턴 변화에 대응한 상품구매
④ 높은 소비자 가격

8 범지구측위시스템의 개념에 대한 설명으로 옳은 것은?

① 제품의 생산에서 유통, 폐기까지 전 과정에 대한 정보를 한곳에 모으는 통합유통 · 물류 · 생산시스템
② 데이터통신을 통한 신용카드 조회 및 화물인수서류 축소
③ 차량위치추적을 통한 물류관리에 이용되는 통신망
④ 제품이나 서비스를 만드는 모든 작업자가 품질에 대한 책임을 나누어 갖는 것

① 통합판매 · 물류 · 생산시스템(CALS)
② 주파수 공동통신(TRS)
④ 전사적 품질관리(TQC)

9 범지구측위시스템(GPS)의 도입 효과로 볼 수 없는 것은?

① 사전 대비를 통해 재해를 회피할 수 있다.
② 교통혼잡 시에 차량에서 행선지 지도와 도로 사정 파악이 가능하다.
③ 밤에 운행하는 운송 차량은 추적할 수 없다.
④ 운송차량추적시스템을 완벽하게 관리 및 통제할 수 있다.

GPS는 관성항법(慣性航法)과 더불어 어두운 밤에도 목적지에 유도하는 측위(測衛)통신망으로서 주로 차량위치추적을 통한 물류관리에 이용되는 통신망이다.

10 범지구측위시스템(GPS)의 도입 효과에 대한 설명으로 틀린 것은?

① 각종 자연재해로부터 사전대비를 통해 재해를 회피할 수 있다.
② 토지조성공사에도 작업자가 건설용지를 돌면서 지반침하와 침하량을 측정하여 리얼 타임으로 신속하게 대응할 수 있다.
③ 대도시의 교통혼잡 시에 차량에서 행선지 지도와 도로 사정을 파악할 수 있다.
④ 밤낮으로 운행하는 운송차량추적시스템을 GPS로 관리 및 통제할 수 없다.

밤낮으로 운행하는 운송차량추적시스템을 GPS로 관리 및 통제할 수 있다.

11 통합판매 · 물류 · 생산시스템의 개념에 대한 설명으로 틀린 것은?

① 제품의 생산, 유통, 폐기에 이르기까지 전 과정에 대한 정보를 한곳에 모으는 통합유통 · 물류 · 생산시스템이다.
② 디지털 기술의 통합과 정보공유를 통한 신속한 자료처리 환경을 구축하는 것이다.
③ 컴퓨터에 의한 통합생산이나 경영과 유통의 재설계 등을 총칭한다.
④ 품질향상이나 비용절감 면에서 비효율적인 단점이 있다.

CALS는 품질향상, 비용절감 및 신속처리에 큰 효과가 있는 시스템이다.

12 다음 중 통합판매 · 물류 · 생산시스템(CALS)의 도입 효과가 아닌 것은?

① 패러다임의 변화에 따른 새로운 생산시스템
② 첨단생산시스템
③ 고객만족시스템
④ 시간경제를 규모경제로 변화

CALS는 규모경제를 시간경제로 변화시킨다.

13 사업용 트럭운송의 장점에 대한 설명으로 틀린 것은?

① 수송비가 비싸다.
② 물동량의 변동에 대응한 안정수송이 가능하다.
③ 수송 능력 및 융통성이 높다.
④ 변동비 처리가 가능하다.

사업용 트럭운송은 수송비가 저렴하다.

14 다음 중 국내 화주기업 물류의 문제점에 해당하지 않는 것은?

① 각 업체의 독자적 물류기능 보유
② 제3자 물류기능의 강화
③ 제조 · 물류업체 간 협조성 미비
④ 물류 전문업체의 물류 인프라 활용도 미약

국내 화주기업 물류는 제3자 물류기능이 약하다.

정답 7 ④ 8 ③ 9 ③ 10 ④ 11 ④ 12 ④ 13 ① 14 ②

CHAPTER

05

CBT시험대비 적중모의고사

CBT시험대비 적중모의고사 제1회

01 도로법령상 도로의 종류가 <u>아닌 것</u>은?

① 군도　　　　　② 지방도
③ 이도　　　　　④ 일반국도

02 차로에 따른 통행방법으로 옳지 <u>않은 것</u>은?

① 도로 외의 곳으로 출입할 때에는 보도를 횡단하여 통행할 수 있다.
② 앞지르기를 할 때는 통행기준에 지정된 차로의 바로 옆 오른쪽 차로로 통행할 수 있다.
③ 안전표지로 통행이 허용된 장소를 제외하고는 자전거도로로 통행하여서는 안 된다.
④ 안전지대 등 안전표지에 의해 진입이 금지된 장소는 들어가서는 안 된다.

03 화물자동차 운수사업법령에 따른 운전적성정밀검사 중 특별검사를 받아야 하는 자는?

① 화물운송 종사자격을 취득하고자 하는 자
② 교통사고를 일으켜 사람을 사망하게 한 자
③ 교통사고를 일으켜 3주의 치료가 필요한 상해를 입힌 자
④ 과거 2년간 운전면허 행정처분기준에 의하여 산출된 누산점수가 81점 이상인 자

04 앞지르기의 개념으로 맞는 것은?

① 중앙선을 걸친 상태로 운행하는 행위
② 앞차의 좌측 차로로 바꿔 진행하여 앞차의 앞으로 나아가는 행위
③ 차로를 바꿔 곧바로 진행하는 행위
④ 중앙선을 넘어서 운행하는 행위

05 시·도지사가 공회전 제한장치의 부착을 명령할 수 있는 택배용 화물자동차의 최대 적재량 기준은?

① 1.5톤 이하　　　② 3톤 이하
③ 1톤 이하　　　　④ 2톤 이하

06 자동차검사에 대한 설명으로 옳지 <u>않은 것</u>은?

① 전손 처리 자동차를 수리한 후 운행하려는 경우에 실시하는 검사를 수리검사라고 한다.
② 신규등록을 하려는 경우 실시하는 검사를 신규검사라고 한다.
③ 자동차를 튜닝한 경우에 실시하는 검사를 성능확인검사라고 한다.
④ 자동차관리법에 따른 명령이나 자동차 소유자의 신청을 받아 비정기적으로 실시하는 검사를 임시검사라고 한다.

 해설

01 도로법에 따른 도로 : 일반의 교통에 공용되는 도로로서 고속국도, 일반국도, 특별시도·광역시도, 지방도, 시도, 군도, 구도로 그 노선이 지정 또는 인정된 도로

02 앞지르기 시 통행기준에 지정된 차로의 바로 옆 왼쪽 차로로 통행할 수 있다.

03 특별검사 대상
• 교통사고를 일으켜 사람을 사망하게 하거나 5주 이상의 치료가 필요한 상해를 입힌 사람
• 과거 1년간 운전면허행정처분기준에 따라 산출된 누산점수가 81점 이상인 사람

04 앞지르기란 뒤차가 앞차의 좌측면을 지나 앞차의 앞으로 진행하는 것을 의미한다.

05 화물자동차운송사업에 사용되는 최대적재량이 1톤 이하인 밴형 화물자동차로서 택배용으로 사용되는 자동차에 대하여 공회전 제한장치의 부착을 명령할 수 있다.

06 자동차를 튜닝한 경우에 실시하는 검사를 튜닝검사라고 한다.

정답 **01** ③　**02** ②　**03** ②　**04** ②　**05** ③　**06** ③

07 화물자동차의 유형별 구분에 따른 특수자동차의 종류가 아닌 것은?

① 밴형
② 특수작업형
③ 견인형
④ 구난형

08 운전면허 행정처분기준 중 사망 1명당 벌점은?

① 45점
② 90점
③ 100점
④ 60점

09 도로교통법상 건설기계관리법에 따른 건설기계에 해당하지 않는 것은?

① 특수자동차
② 천공기(트럭 적재식)
③ 노상안정기
④ 아스팔트살포기

10 최대 적재량 10톤인 일반형 화물자동차를 소유한 운송가맹사업자가 적재물배상보험에 가입하고자 할 때 가입 단위는?

① 각 사업자별 및 각 사업장별
② 각 화물자동차별 및 각 사업자별
③ 각 화물자동차별 및 각 차종별
④ 각 차종별 및 각 사업자별

11 도로법령상 도로에서의 금지행위가 아닌 것은?

① 도로를 포장하는 행위
② 도로를 파손하는 행위
③ 도로에 장애물을 쌓아놓는 행위
④ 도로의 구조나 교통에 지장을 끼치는 행위

12 차가 즉시 정지할 수 있는 느린 속도로 진행하는 것을 의미하는 것은?

① 정지
② 정차
③ 일시정지
④ 서행

13 화물자동차 운전업무에 종사하는 운수종사자의 교육 시행 주최는 누구인가?

① 시 · 도지사
② 화물협회
③ 화물연합회
④ 한국교통안전공단 이사장

14 화물운송 종사자격의 취소 사유에 해당하지 않는 것은?

① 화물자동차를 운전할 수 있는 운전면허가 취소된 경우
② 택시 요금미터기의 장착 등 택시 유사표시행위를 위반하여 1회 적발된 경우
③ 화물운송 종사자격증을 다른 사람에게 빌려준 경우
④ 도로교통법 제46조의3(난폭운전 금지)을 위반하여 화물자동차를 운전할 수 있는 운전면허가 정지된 경우

---

07 화물자동차의 유형별 구분에 따른 특수자동차 : 견인형, 구난형, 특수작업형

08 사망 1명당 벌점기준은 90점이다.

09 건설기계 : 덤프트럭, 아스팔트살포기, 노상안정기, 콘크리트믹서트럭, 콘크리트펌프, 천공기(트럭적재식), 콘크리트믹서트레일러, 아스팔트콘크리트재생기, 도로보수트럭, 3톤 미만의 지게차

10 최대 적재량이 5톤 이상이거나 총 중량이 10톤 이상인 화물자동차 중 일반형 · 밴형 및 특수용도형 화물자동차와 견인형 특수자동차를 직접 소유한 자는 각 화물자동차별 및 각 사업자별로, 그 외의 자는 각 사업자별로 가입해야 한다.

11 도로를 포장하는 행위는 도로법령상 금지행위가 아니다.

12 차가 즉시 정지할 수 있는 느린 속도로 진행하는 것은 서행이다.

13 화물자동차의 운전업무에 종사하는 운수종사자는 국토교통부령으로 정하는 바에 따라 시 · 도지사가 실시하는 교육을 매년 1회 이상 받아야 한다.

14 택시 요금미터기의 장착 등 택시 유사표시행위를 위반하여 1회 적발된 경우 자격정지 60일에 해당한다.

정답 07 ① 08 ② 09 ① 10 ② 11 ① 12 ④ 13 ① 14 ②

15 자동차관리법에서 정하고 있는 "10인 이하를 운송하기에 적합하게 제작된 자동차"란?

① 승용자동차
② 승합자동차
③ 화물자동차
④ 특수자동차

16 교통정리가 행하여지고 있지 아니하는 교차로에서 최우선 통행권을 갖는 자동차는?

① 직진하려는 차
② 이미 진입하여 있는 차
③ 우회전하려는 차
④ 좌회전하려는 차

17 경형·소형의 승합 및 화물자동차의 자동차 정기검사 유효기간은?

① 2년
② 1년
③ 3년
④ 6개월

18 도로교통법령상 사고결과에 따른 벌점 기준 중 피해자가 사고발생 시부터 몇 시간 이내 사망한 때 벌점 90점을 부과하는가?

① 72시간
② 24시간
③ 48시간
④ 12시간

19 노면에 표시하는 실선의 기본색상의 의미에 대한 설명으로 옳은 것은?

① 황색 : 동일방향의 교통류 분리 표시
② 적색 : 안전지대 표시
③ 백색 : 반대방향의 교통류 분리 표시
④ 청색 : 전용차로 표시

20 대기환경보전법령에 따른 '온실가스'에 해당하지 않는 것은?

① 메탄
② 이산화탄소
③ 수소불화탄소
④ 일산화탄소

21 한국산업표준(KS)에 따른 화물자동차의 종류에 대한 설명으로 옳은 것은?

① 픽업 : 화물실의 지붕이 있고, 옆판이 운전대와 분리되어 있는 소형트럭
② 캡 오버 엔진 트럭 : 원동기의 전부 또는 대부분이 운전실의 아래쪽에 있는 트럭
③ 보닛 트럭 : 원동기부의 덮개가 운전실의 뒤쪽에 나와 있는 트럭
④ 밴 : 차에 실은 화물의 쌓아 내림용 크레인을 갖춘 특수 장비 자동차

해설

15 자동차관리법상 10인 이하를 운송하기에 적합하게 제작된 자동차는 승용자동차이다.
16 교차로에 이미 진입한 차에게 우선 통행권이 있다.
17 경형·소형의 승합 및 화물자동차의 자동차 정기검사 유효기간은 1년이다.
18 사고발생 시부터 72시간 이내 사망한 때 벌점 90점을 부과한다.

19 ① 황색 : 반대방향의 교통류 분리 표시
   ② 적색 : 어린이보호구역 또는 주거지역 안에 설치하는 속도제한표시의 테두리선에 사용
   ③ 백색 : 동일방향의 교통류 분리 표시 운행 시에는 보닛이 닫혀 있어야 한다.
20 온실가스의 종류 : 이산화탄소, 메탄, 아산화질소, 수소불화탄소, 과불화탄소, 육불화황
21 ① 픽업 : 화물실의 지붕이 없고, 옆판이 운전대와 일체로 되어 있는 소형트럭
   ③ 보닛 트럭 : 원동기부의 덮개가 운전실의 앞쪽에 나와 있는 트럭
   ④ 밴 : 상자형 화물실을 갖추고 있는 트럭

 정답 **15** ① **16** ② **17** ② **18** ① **19** ④ **20** ④ **21** ②

22 고장·사고 등으로 운행이 곤란한 자동차를 구난·견인할 수 있는 구조로 된 특수자동차의 유형은?

① 덤프형　　　　　② 특수작업형
③ 구난형　　　　　④ 견인형

23 편도 2차로 이상인 고속도로에서 지정·고시한 노선 또는 구간의 고속도로의 최고속도는? (단, 적재중량 1.5톤 초과 화물자동차의 경우)

① 100km/h　　　　② 60km/h
③ 110km/h　　　　④ 90km/h

24 고의로 등록번호판을 가리거나 알아보기 곤란하게 한 자에 대한 벌칙은?

① 3년 이하의 징역 또는 500만원 이하의 벌금
② 2년 이하의 징역 또는 500만원 이하의 벌금
③ 1년 이하의 징역 또는 1천만원 이하의 벌금
④ 3년 이하의 징역 또는 1천만원 이하의 벌금

25 운송가맹사업자에 대한 개선명령으로 옳지 않은 것은?

① 운송약관의 변경
② 화물자동차의 구조변경
③ 화물의 안전운송을 위한 조치
④ 화물의 운임 및 요금

26 시·도에서 화물운송사업과 관련하여 처리하는 업무로 맞는 것은?

① 화물자동차 운송사업의 허가
② 화물자동차 운송사업 허가사항에 대한 경미한 사항 변경신고
③ 과적 운행, 과로 운전, 과속 운전의 예방 등 안전한 수송을 위한 지도·계몽
④ 운전적성에 대한 정밀검사의 시행

27 파렛트 화물의 붕괴를 방지하기 위한 방식으로 옳지 않은 것은?

① 박스 테두리 방식
② 스트레치 방식
③ 성형가공 방식
④ 밴드걸기 방식

28 이사화물 표준약관상 운송사업자가 인수를 거절할 수 있는 화물이 아닌 것은?

① 동식물, 미술품, 골동품 등 운송에 특수한 관리를 요하는 물건
② 화물의 종류, 부피 등에 따라 운송에 적합하도록 포장한 물건
③ 현금, 유가증권, 귀금속, 예금통장, 인감 등 고객이 휴대할 수 있는 귀중품
④ 위험물, 불결한 물품 등 다른 화물에 손해를 끼칠 염려가 있는 물건

---

22 고장·사고 등으로 운행이 곤란한 자동차를 구난·견인할 수 있는 구조로 된 특수자동차의 유형은 구난형이다.

23 편도 2차로 이상인 고속도로에서 지정·고시한 노선 또는 구간의 고속도로의 최고속도는 90km/h이다.

24 고의로 등록번호판을 가리거나 알아보기 곤란하게 한 자는 1년 이하의 징역 또는 1천만원 이하의 벌금에 처한다.

25 국토교통부장관은 안전운행의 확보, 운송질서의 확립 및 화주의 편의를 도모하기 위하여 필요하다고 인정하면 운송가맹사업자에게 개선명령을 할 수 있는데, 화물의 운임 및 요금은 여기에 해당하지 않는다.

26 ② 협회에서 처리하는 업무
③ 연합회에서 처리하는 업무
④ 한국교통안전공단에서 처리하는 업무

27 파렛트 화물의 붕괴를 방지하기 위한 방식에는 박스 테두리 방식, 스트레치 방식, 밴드걸기 방식 등이 있다.

28 화물의 종류, 부피 등에 따라 운송에 적합하도록 포장한 물건은 인수를 거절할 수 있는 화물이 아니다.

정답 22 ③　23 ④　24 ③　25 ④　26 ①　27 ③　28 ②

29 주유취급소의 위험물 취급기준으로 옳지 않은 것은?

① 유분리 장치에 고인 유류는 넘치지 않도록 한다.
② 주유취급소의 전용탱크에 위험물을 주입할 때는 그 탱크에 연결되는 고정 주유설비의 사용을 중지하여야 한다.
③ 자동차에 주유할 때에는 고정 주유설비를 사용하여 직접 주유하여야 한다.
④ 자동차에 주유할 때는 자동차 원동기의 출력을 낮추어야 한다.

30 화물의 적재 방법으로 옳지 않은 것은?

① 가벼운 화물이라도 너무 높게 적재하지 않도록 한다.
② 상자로 된 화물은 취급 표지에 따라 다루어야 한다.
③ 종류가 다른 것을 적치할 때는 무거운 것을 밑에 쌓는다.
④ 화물을 한 줄로 높이 쌓는다.

31 운송장 부착요령으로 옳지 않은 것은?

① 운송장 부착은 원칙적으로 접수장소에서 매 건마다 작성하여 화물에 부착한다.
② 운송장 부착시 운송장과 물품이 정확히 일치하는지 확인하고 부착한다.
③ 취급주의 스티커의 경우 운송장 바로 우측 옆에 붙여서 눈에 띄게 한다.
④ 운송장은 박스 모서리나 후면부 또는 측면에 부착한다.

32 운송장 기재요령 중 집하담당자의 기재사항으로 옳지 않은 것은?

① 특약사항 약관설명에 대한 확인필 자필 서명
② 운송료
③ 집하자 성명 및 전화번호
④ 접수일자, 발송점, 도착점 및 배달 예정일

33 화물더미에서 작업 시 주의사항에 대한 설명으로 옳은 것은?

① 화물을 쌓거나 내릴 때 순서는 중요하지 않다.
② 화물더미 위에서 힘을 주며 작업할 때는 항상 발밑을 조심한다.
③ 화물더미의 상층과 하층에서 동시에 작업을 한다.
④ 화물더미의 중간에서 직전으로 깊이 파내는 작업을 해도 무방하다.

34 화물을 인수하는 요령으로 옳지 않은 것은?

① 집하 금지품목에 대해서는 그 취지를 알리고 인수한다.
② 도서지역 화물에 대해서는 부대비용을 징수할 수 있다는 것을 반드시 알려준다.
③ 고객의 배달요청일 내에 배송 가능한 물품만을 인수한다.
④ 물품인수 예약을 받는 경우에는 반드시 접수대장 등에 기재하여 누락되지 않도록 주의한다.

해설

29 자동차에 주유할 때는 자동차 원동기를 정지해야 한다.
30 화물을 한 줄로 높이 쌓지 말아야 한다.
31 운송장은 정중앙 상단에 부착한다.

32 특약사항 약관설명에 대한 확인필 자필 서명은 송하인 기재사항에 해당한다.
33 ① 화물을 쌓거나 내릴 때는 적재 순서를 준수해야 한다.
　③ 화물더미의 상층과 하층에서 동시에 작업을 금지한다.
　④ 화물더미의 중간에서 화물을 뽑아내거나 직전으로 깊이 파내는 작업을 금지한다.
34 집하 금지품목에 대해서는 그 취지를 알리고 양해를 구한 후 정중히 거절한다.

정답 29 ④　30 ④　31 ④　32 ①　33 ②　34 ①

35 운송물의 인도일에 대한 설명으로 옳지 않은 것은?

① 수하인이 특정일시에 사용할 운송물을 수탁한 경우에는 운송장에 기재된 인도예정일의 특정시간까지
② 운송장에 인도예정일의 기재가 없는 경우로서 일반지역은 1일
③ 운송장에 인도예정일의 기재가 없는 경우로서 도서 및 산간벽지는 3일
④ 운송장에 인도예정일의 기재가 있는 경우에는 그 기재된 날

36 컨테이너 취급 시 주의사항으로 옳지 않은 것은?

① 수납에 있어서 어떠한 경우라도 화물 일부가 컨테이너 밖으로 튀어 나와서는 안 된다.
② 컨테이너에 위험물을 수납하기 전에 철저히 점검하며, 특히 개폐문의 방수상태를 점검한다.
③ 수납이 완료되면 즉시 문을 폐쇄해야 한다.
④ 컨테이너를 적재 후에는 반드시 콘(잠금자치)을 해제해야 한다.

37 트레일러에 대한 설명으로 옳지 않은 것은?

① 트레일러에는 풀 트레일러, 세미 트레일러, 폴 트레일러로 구분한다.
② 세미 트레일러는 트랙터에 연결하여, 총 하중의 일부분이 견인하는 자동차에 의해서 지탱되도록 설계된 트레일러이다.
③ 트레일러는 물품수송을 목적으로 하는 견인차를 말한다.
④ 돌리와 조합된 세미 트레일러는 풀 트레일러에 해당한다.

38 유연포장에 사용되는 포장재료로 옳지 않은 것은?

① 면포
② 플라스틱 필름
③ 알루미늄 포일
④ 골판지상자

39 화물의 파손사고의 원인이 아닌 것은?

① 집하할 때 화물의 포장상태를 미확인한 경우
② 화물을 적재할 때 무분별한 적재로 압착되는 경우
③ 화물을 함부로 던지거나 발로 차거나 끄는 경우
④ 화물을 인계할 때 인수자 확인(서명 등)이 부실한 경우

40 운송장의 기능으로 맞지 않는 것은?

① 수입금 관리자료
② 화물의 가격표시 기능
③ 운송요금 영수증 기능
④ 계약서 기능

41 고속도로 운행방법으로 옳지 않은 것은?

① 고속도로 운행 시에는 휴식을 삼간다.
② 차로변경 시는 최소한 100m 전방으로부터 방향지시등을 켠다.
③ 뒤차가 자기차를 추월하고 있는 상황에서 경쟁하는 것은 위험하다.
④ 주행차로 운행을 준수한다.

---

35 운송장에 인도예정일의 기재가 없는 경우로서 일반지역은 2일
36 컨테이너를 적재 후에는 반드시 콘(잠금자치)을 잠가야 한다.
37 트레일러는 피견인차를 말한다.

38 골판지상자는 반강성포장에 해당한다.
39 화물을 인계할 때 인수자 확인(서명 등)이 부실한 경우는 분실사고의 원인에 해당한다.
40 운송장은 화물의 가격표시 기능에는 해당되지 않는다.
41 고속도로 운행 시에는 최소 2시간마다 휴식을 취해야 한다.

42 교통사고의 주요한 3가지 요인 중 간접적 요인에 해당하는 것은?

① 잘못된 위기대처
② 불량한 운전태도
③ 운전자 성격
④ 무리한 운행계획

43 움직이는 물체 또는 움직이면서 다른 자동차나 사람 등의 물체를 보는 시력은?

① 물체시력
② 운동시력
③ 동체시력
④ 정지시력

44 어린이의 행동특성에 대한 설명 중 맞지 않는 것은?

① 사고방식이 단순하다.
② 판단력이 부족하다.
③ 주의력이 부족하다.
④ 모방행동이 적다.

45 야간운전이 주간운전보다 교통사고의 위험이 높은 이유로 옳지 않은 것은?

① 사람이 입고 있는 옷이 어두운 색인 경우 구별하기 어렵기 때문
② 가로등이 설치되어 있기 때문
③ 어둠으로 인하여 사물이 명확히 보이지 않기 때문
④ 해질 무렵에는 전조등을 비추어도 주변의 밝기와 비슷하기 때문

46 엔진 온도 과열 현상에 대한 점검사항으로 옳지 않은 것은?

① 팬 및 워터펌프의 벨트 확인
② 냉각팬 및 워터펌프의 작동 확인
③ 냉각수 및 엔진오일의 양 확인과 누출여부 확인
④ 배기 배출가스 육안 확인

47 차량점검 시 주의사항에 대한 설명으로 옳지 않은 것은?

① 차량점검을 위해 주차할 때에는 항상 주차브레이크를 사용한다.
② 라디에이터 캡은 주의해서 연다.
③ 운행 중에 조향핸들의 높이와 각도를 적절히 조정한다.
④ 컨테이너 차량의 경우 고정장치가 작동되는지를 확인한다.

48 자동차에 사용하는 현가장치 유형이 아닌 것은?

① 코일 스프링
② 휠 실린더
③ 판 스프링
④ 공기 스프링

49 자동차의 정지거리는?

① 공주거리 + 제동거리
② 공주거리 + 감속거리
③ 공주거리 + 주행거리
④ 제동거리 + 주행거리

50 보행자 교통사고 특성에 대한 설명으로 옳지 않은 것은?

① 횡단 중에 발생하는 사고 비율이 가장 높다.

② 연령층별 보행자 사고는 어린이와 노약자가 높은 비중을 차지한다.

③ 횡단 중 한쪽 방향에만 주의를 기울이는 것은 교통정보 인지결함의 원인이다.

④ 보행자 사고 요인 중 교통상황 정보를 제대로 인지하지 못한 경우가 가장 적다.

51 엔진오일이 과다 소모되는 경우 점검방법으로 옳지 않은 것은?

① 냉각팬 및 워터펌프의 작동 확인

② 배기 배출가스 육안 확인

③ 블로바이가스 과다 배출 확인

④ 에어 클리너 오염도 확인(과다 오염)

52 원심력에 대한 설명으로 옳지 않은 것은?

① 원심력은 속도가 빠를수록 증가

② 원심력은 속도의 제곱에 비례

③ 원의 중심으로부터 벗어나려는 힘

④ 원심력은 커브가 클수록 증가

53 철길건널목에서의 올바른 방어운전은?

① 진입하는 주행속도로 운행한다.

② 일시정지를 하지 않는다.

③ 건널목 통과 시 기어는 변속하지 않는다.

④ 건널목 건너편 여유 공간이 없을 때 운행한다.

54 여름철 교통환경의 특징에 대한 설명으로 옳은 것은?

① 무더위로 인하여 불쾌지수가 높고 이성적 통제가 어려워진다.

② 기상조건에 의한 교통환경은 다른 계절에 비하여 가장 좋다.

③ 해빙기에는 낙석 등에 의한 사고가 많이 발생한다.

④ 심한 일교차에 의한 안개 발생으로 교통사고의 위험이 높다.

55 자동차의 수막현상을 예방하는 방법으로 옳지 않은 것은?

① 고속으로 주행하지 않는다.

② 배수효과가 좋은 타이어를 사용한다.

③ 마모된 타이어를 사용하지 않는다.

④ 보통의 경우보다 공기압을 조금 낮게 한다.

56 고압가스 등 충전용기를 적재한 차량의 주·정차와 관련된 설명으로 옳지 않은 것은?

① 고장으로 주·정차하는 경우에는 고장차량표지판을 설치하여 다른 차량과의 충돌 또는 추돌을 예방한다.

② 운행 중 잠시 주·정차할 때에도 가능한 한 운전자가 잘 볼 수 있는 곳에 주·정차한다.

③ 언덕길 주·정차 시는 주차브레이크만 사용한다.

④ 혼잡한 시장 등 차량통행이 현저히 곤란한 곳에 주·정차하지 않는다.

---

50 보행자 사고 요인 중 교통상황 정보를 제대로 인지하지 못한 경우가 가장 많다.

51 냉각팬 및 워터펌프의 작동 확인은 엔진 온도 과열 현상 시의 점검사항에 해당한다.

52 원심력은 커브가 작을수록 증가한다.

53 ① 철길건널목에 접근할 때에는 속도를 줄여 접근한다.
② 일시정지 후 좌·우의 안전을 확인한다.
④ 건널목 건너편 여유 공간을 확인한 후에 통과한다.

54 ② 여름철은 태풍을 동반한 집중 호우 및 돌발적인 악천후, 고기온, 고습도 등으로 인해 기상조건에 의한 교통환경이 좋지 않다.
③ 봄철
④ 가을철

55 수막현상을 예방하기 위해서는 타이어의 공기압을 조금 높게 한다.

56 언덕길 주·정차 시는 풋브레이크와 핸드 브레이크를 같이 사용한다.

정답 50 ④ 51 ① 52 ④ 53 ③ 54 ① 55 ④ 56 ③

57 중앙분리대의 종류가 <u>아닌</u> 것은?

① 교량형 중앙분리대
② 방호울타리형 중앙분리대
③ 연석형 중앙분리대
④ 광폭 중앙분리대

58 도로교통체계를 구성하는 요소에 속하지 <u>않는</u> 것은?

① 교통경찰
② 도로사용자
③ 도로 및 교통신호등 등의 환경
④ 차량

59 고무 타는 냄새가 나는 경우 의심되는 부분은?

① 브레이크 부분
② 조향장치 부분
③ 바퀴 부분
④ 전기장치 부분

60 길어깨의 역할이 <u>아닌</u> 것은?

① 유지관리 작업장이나 지하매설물에 대한 장소로 제공된다.
② 고장차가 본선차도로부터 대파할 수 있어 사고시 교통의 혼잡을 방지하는 역할을 한다.
③ 측방 여유폭을 가지므로 교통의 안전성과 쾌적성에 기여한다.
④ 자동차의 차도이탈을 방지한다.

61 평면곡선부에서 자동차가 원심력에 저항할 수 있도록 하기 위하여 설치하는 것을 무엇이라 하는가?

① 시설한계
② 편경사
③ 종단경사
④ 정단경사

62 운전조작의 잘못, 주의력 집중의 편재 등을 불러와 교통사고의 직접·간접원인이 되는 것은 무엇인가?

① 상반의 착각
② 경사의 착각
③ 원근의 착각
④ 운전피로

63 운전과 관련되는 시각의 특성 중 <u>틀린</u> 것은?

① 속도가 빨라질수록 시력은 떨어진다.
② 속도가 빨라질수록 전방주시점은 멀어진다.
③ 속도가 빨라질수록 시야의 범위가 좁아진다.
④ 속도가 빨라질수록 주변경관이 잘보인다.

64 파렛트 화물 취급시 파렛트를 측면으로부터 상하 하역할 수 있는 차량을 무엇이라고 하는가?

① 델리베리카
② 스태빌라이저 장치차
③ 파렛트 로더용 가드레일차
④ 측면개폐유개차

해설

57 중앙분리대는 방호울타리형, 연석형, 광폭형이 있다.
58 도로교통체계의 구성요소 : 운전자 및 보행자를 비롯한 도로 사용자, 도로 및 교통신호등 등의 환경, 차량
59 고무 타는 냄새는 대개 엔진실 내의 전기 배선 등의 피복이 녹아 벗겨져 합선에 의해 전선이 타면서 나는 냄새가 대부분이다.
60 자동차의 차도이탈 방지는 곡선부 방호울타리의 기능이다.

61 평면곡선부에서 자동차가 원심력에 저항할 수 있도록 하기 위하여 설치하는 것을 편경사라고 한다.
62 운전피로는 운전조작의 잘못, 주의력 집중의 편재 등을 불러와 교통사고의 직접·간접원인이 된다.
63 속도가 빨라질수록 : 시력이 떨어짐, 시야 범위가 좁아짐, 전방주시점이 멀어짐
64 파렛트를 측면으로부터 상하 하역할 수 있는 차량은 측면개폐유개차이다.

65 위험물(가스) 수송차량의 운전자가 주의할 사항으로 옳지 않은 것은?

① 가스탱크 수리는 주변과 차단된 밀폐된 공간에서 한다.
② 지정된 장소가 아닌 곳에서는 탱크로리 상호간에 취급물질을 입·출하시키지 말아야 한다.
③ 차량내부 및 차량 옆에서는 화기를 사용하지 않는다.
④ 운행 및 주차시 안전조치사항을 숙지한다.

66 방어운전의 요령으로 옳은 것은?

① 대형차를 뒤따를 때는 신속히 앞지르기를 하여 대형차 앞에서 주행한다.
② 뒤차가 바짝 뒤따라올 때는 가볍게 브레이크 페달을 밟아 제동등을 켜서 주의를 환기시킨다.
③ 차량이 많을 때는 속도를 가속하여 다른 차들을 앞서야 한다.
④ 다른 차량이 끼어들 우려가 있는 경우에는 다른 차량과 나란히 주행하도록 한다.

67 공급망관리에 있어 제4자 물류의 4단계 중 전략적 사고, 조직변화관리 등을 통합하기 위한 기술을 강화하는 단계는?

① 이행   ② 재창조
③ 전환   ④ 실행

68 "운전은 한 순간의 방심도 허용되지 않는 어려운 과정이므로 운전 중에는 방심하지 말고 온 신경을 운전에만 집중하여 위험을 빨리 발견하고 대응조치를 할 수 있어야 사고를 예방할 수 있다."는 설명은 운전자의 기본자세 중 어느 항목에 해당되나?

① 심신상태의 안정
② 주의력 집중
③ 추측운전의 삼가
④ 운전기술 과신 금물

69 올바른 운전태도라고 할 수 있는 것은?

① 여성 운전자를 무시하는 행위
② 가벼운 접촉사고 시 충돌위치 확인 후 도로 가장자리로 차량을 이동하는 행위
③ 앞서 가는 차를 따라 잡는 행위
④ 신호등이 바뀌었는데도 머뭇거리는 차량에 대해 경음기를 울려대는 행위

70 물류시장의 경쟁 속에서 기업존속 결정의 조건에 대한 설명으로 틀린 것은?

① 사업의 존속을 결정하는 조건 중 하나는 매상증대이다.
② 사업의 존속을 결정하는 조건 중 하나는 비용감소이다.
③ 매상증대와 비용감소를 모두 달성해야 기업 존속이 가능하다.
④ 매상증대 또는 비용감소 중 어느 쪽도 달성할 수 없다면 기업이 존속하기 어렵다.

65 밀폐된 공간에서 가스탱크를 수리하는 것은 위험하다.
66 ① 대형차 바로 뒤에서 주행할 때에는 전방의 교통상황을 파악할 수 없으므로, 이럴 때는 함부로 앞지르기를 하지 않도록 하고, 또 시기를 보아서 대형차의 뒤에서 이탈해 주행한다.
　　③ 차량이 많을 때는 앞지르기를 삼간다.
　　④ 다른 차량과 나란히 주행하는 것은 좋지 않다.
67 전략적 사고, 조직변화관리 등을 통합하기 위한 기술을 강화하는 단계는 2단계인 전환 단계이다.

68 주의력 집중에 대한 설명이다.
69 ①, ③, ④는 올바른 운전태도라고 할 수 없다.
70 매상증대 또는 비용감소 둘 중 하나만 달성해도 기업 존속이 가능하다.

정답 65 ① 66 ② 67 ③ 68 ② 69 ② 70 ③

chapter 05

71 고객의 욕구라고 할 수 없는 내용은?

① 관심을 가지는 것을 싫어한다.
② 칭찬받고 싶어한다.
③ 기억되기를 바란다.
④ 환영받고 싶어한다.

72 물류업에 해당되는 것은?

① 택배업
② 의류 제조업
③ 철강 제조업
④ 농수산물 가공업

73 우리나라에 물류가 소개된 것은 몇 차 경제개발 5개년 계획이 시작된 후인가?

① 제4차
② 제1차
③ 제3차
④ 제2차

74 화물운송에 따른 수·배송 활동의 3단계를 바르게 나열한 것은?

① 통제 - 보관 - 운임
② 하역 - 물품 - 계획
③ 계획 - 실시 - 통제
④ 실시 - 반송 - 저장

75 고객의 물류 클레임 중 제품의 품절만큼 중요하게 여기는 것과 거리가 먼 것은?

① 파손
② 전표오류
③ 오손
④ 고객응대

76 새로운 물류서비스 기법 중 공급망관리가 표방하는 것은?

① 한정물류
② 항공물류
③ 종합물류
④ 무인물류

77 택배운송 관련 고객의 불만사항과 거리가 먼 것은?

① 운송장을 고객에게 작성하라고 한다.
② 임의로 다른 사람에게 맡기고 간다.
③ 신속하게 사고배상을 처리한다.
④ 길거리에서 화물을 건네준다.

78 철도 운송과 비교할 때 화물자동차 운송의 특징이 아닌 것은?

① 신속하고 정확한 문전운송
② 원활한 기동성
③ 운송단위가 소량
④ 에너지 절약형의 운송수단

해설

71 고객은 관심을 가지고 싶어한다.

72 물류업 : 택배업, 공동물류업, 도매배송업 등

73 우리나라에 물류(로지스틱스)가 소개된 것은 제2차 경제개발 5개년계획이 시작된 1962년 이후, 교역규모의 신장에 따른 물동량 증대, 도시교통의 체증 심화, 소비의 다양화·고급화가 시작되면서이다.

74 수·배송 활동의 3단계 : 계획-실시-통제

75 물류 클레임으로 품절만큼 중요한 것으로는 오손, 파손, 오품, 수량오류, 오량, 오출하, 전표오류, 지연 등이 있다.

76 급망관리(SCM)이 표방하는 것은 종합물류이다.

77 신속한 사고배상 처리는 고객 불만사항이 아니다.

78 화물자동차 운송은 에너지 다소비형의 운송수단이다.

79 기업물류의 주활동이 <u>아닌</u> 것은?

① 재고관리
② 대고객서비스
③ 정보관리
④ 주문처리

80 고객이 운송서비스 품질을 평가하는 기준 중 편의성에 대한 설명이 <u>아닌</u> 것은?

① 전화벨이 울리면 바로 전화를 받는다.
② 고객의 사정을 잘 이해하여 만족시킨다.
③ 의뢰하기 쉽다.
④ 언제라도 곧 연락이 된다.

79 • 주활동 : 대고객서비스수준, 수송, 재고관리, 주문처리
   • 지원활동 : 보관, 자재관리, 구매, 포장, 생산량과 생산일정 조정, 정보관리
80 편의성은 의뢰의 편리와 빠른 전화 응대이다. ②는 고객의 이해도에 해당한다.

CBT시험대비 적중모의고사 제2회

01 대기환경보전법령에 따른 대기 중에 떠다니거나 흩날려 내려오는 입자상물질을 무엇이라 하는가?

① 검댕
② 온실가스
③ 먼지
④ 가스

02 서행하여야 하는 장소로 <u>옳은</u> 것은?

① 지방경찰청장이 안전표지로 지정한 곳
② 교통정리가 행하여지고 있는 교차로
③ 보도와 차도가 구분된 도로
④ 도로가 직선인 부분

03 교차로 통행방법에 대한 설명으로 <u>옳은</u> 것은?

① 좌회전하려는 차는 미리 도로의 중앙선을 따라 서행하여야 한다.
② 우회전하려는 차는 교차로의 중심 안쪽을 이용하여 우회전하여야 한다.
③ 좌회전하기 위해 손으로 신호를 하는 차가 있는 경우에는 그 뒤차의 운전자는 경음기를 사용하여 경고하여야 한다.
④ 우회전하려는 차는 언제든지 우회전할 수 있다.

04 화물자동차의 규모에 따른 구분으로 대형 화물자동차의 총중량 기준은?

① 7톤 이상
② 10톤 이상
③ 15톤 이상
④ 5톤 이상

05 화물자동차 운전자의 취업 현황 및 퇴직 현황을 보고하지 않거나 거짓으로 보고한 경우에 부과되는 과징금으로 <u>옳은</u> 것은?

① 개인 화물자동차 운송사업 : 10만원
② 일반 화물자동차 운송사업 : 10만원
③ 화물운송주선사업 : 20만원
④ 화물자동차 운송가맹사업 : 20만원

06 도로관리청이 광역시장 또는 도지사인 경우 자동차 전용도로를 지정하고자 할 때는 누구의 의견을 들어야 하는가?

① 관할 시 · 도 경찰청장
② 관할 경찰서장
③ 행정안전부장관
④ 국토교통부장관

해설

01 대기 중에 떠다니거나 흩날려 내려오는 입자상물질을 먼지라고 한다.

02 지방경찰청장이 안전표지로 지정한 곳에서는 서행하여야 한다.

03 교차로 통행방법
- 좌회전하려는 차는 미리 도로의 중앙선을 따라 서행하면서 교차로의 중심 안쪽을 이용하여 좌회전하여야 한다.
- 우회전하려는 차는 미리 도로의 우측 가장자리를 서행하면서 우회전하여야 한다.
- 좌 · 우회전을 하기 위하여 손이나 방향지시기 등으로 신호를 할 경우 그 뒤차의 운전자는 앞차의 진행을 방해하여서는 안 된다.

04 대형 화물자동차 : 최대적재량이 5톤 이상이거나, 총중량이 10톤 이상인 것

05
- 개인 화물자동차 운송사업 : 10만원
- 일반 화물자동차 운송사업 : 20만원
- 화물자동차 운송가맹사업 : 10만원

06
- 도로관리청이 국토교통부장관인 경우 : 경찰청장
- 도로관리청이 특별시장 · 광역시장 · 도지사 또는 특별자치도지사인 경우 : 관할 시 · 도경찰청장
- 도로관리청이 특별자치시장, 시장 · 군수 또는 구청장인 경우 : 관할 경찰서장

정답 ▶ **01** ③ **02** ① **03** ① **04** ② **05** ① **06** ①

07 안전기준을 초과하는 화물차에 부착하는 헝겊 표지의 색상으로 올바른 것은?

① 파란색

② 검은색

③ 노란색

④ 빨간색

08 시·도지사의 저공해자동차로의 전환명령을 이행하지 않은 자에 대한 처벌기준은?

① 500만원 이하의 과태료

② 700만원 이하의 과태료

③ 1천만원 이하의 과태료

④ 300만원 이하의 과태료

09 앞지르기 금지 장소가 아닌 곳은?

① 가파른 비탈길의 오르막

② 가파른 비탈길의 내리막

③ 비탈길의 고개마루 부근

④ 도로의 구부러진 곳

10 자동차관리법령에 따라 자동차등록원부에 등록한 후가 아니라도 운행할 수 있는 자동차는?

① 캠핑용 트레일러

② 특수용도형 화물자동차

③ 승용겸화물형 승용자동차

④ 이륜자동차

11 운전적성정밀검사 중 특별검사는 과거 1년간 운전면허 행정처분기준에 따라 산출된 누산점수가 몇 점 이상인 사람이 받아야 하는가?

① 61점　　　　　② 51점

③ 71점　　　　　④ 81점

12 교통사고를 일으켜 5주 이상의 치료가 필요한 상해를 입힌 사람이 받아야 하는 운전적성정밀검사는?

① 신규검사　　　② 특별검사

③ 유지검사　　　④ 정기검사

13 도로교통법상 '정차'의 정의로 올바른 것은?

① 운전자가 15분을 초과하지 아니하고 차를 정지시키는 것으로서 주차 외의 정지 상태

② 운전자가 5분을 초과하지 아니하고 차를 정지시키는 것으로서 주차 외의 정지 상태

③ 운전자가 10분을 초과하지 아니하고 차를 정지시키는 것으로서 주차 외의 정지 상태

④ 운전자가 3분을 초과하지 아니하고 차를 정지시키는 것으로서 주차 외의 정지 상태

14 자동차관리법상 내부의 특수한 설비로 인하여 승차인원이 10인 이하로 된 자동차의 종류는?

① 승합자동차　　② 승용자동차

③ 화물자동차　　④ 특수자동차

07 안전기준을 넘는 화물의 적재허가를 받은 사람은 그 길이 또는 폭의 양끝에 너비 30cm, 길이 50cm 이상의 빨간 헝겊으로 된 표지를 달아야 한다.

08 시·도지사의 저공해자동차로의 전환명령을 이행하지 않은 자에 대한 처벌은 300만원 이하의 과태료이다.

09 가파른 비탈길의 오르막은 앞지르기 금지 장소에 해당되지 않는다.

10 자동차(이륜자동차는 제외)는 자동차등록원부에 등록한 후가 아니면 이를 운행할 수 없다.

11 특별검사 대상
　• 교통사고를 일으켜 사람을 사망하게 하거나 5주 이상의 치료가 필요한 상해를 입힌 사람
　• 과거 1년간 운전면허 행정처분기준에 따라 산출된 누산점수가 81점 이상인 사람

12 교통사고를 일으켜 5주 이상의 치료가 필요한 상해를 입힌 사람이 받아야 하는 운전적성정밀검사는 특별검사이다.

13 정차란 운전자가 5분을 초과하지 아니하고 차를 정지시키는 것을 말한다.

14 내부의 특수한 설비로 인하여 승차인원이 10인 이하로 된 자동차는 승합자동차이다.

chapter 05

15 검사유효기간의 계산방법에 대한 설명으로 옳지 않은 것은?

① 종합검사기간 후에 종합검사를 신청하여 적합 판정을 받은 자동차 : 종합검사를 받은 날의 다음 날부터 계산
② 종합검사기간 내에 종합검사를 신청하여 적합 판정을 받은 자동차 : 직전 검사 유효기간 마지막 날의 다음 날부터 계산
③ 종합검사기간 전에 종합검사를 신청하여 적합 판정을 받은 자동차 : 종합검사를 받은 날의 다음 날부터 계산
④ 재검사 결과 적합 판정을 받은 자동차 : 자동차종합검사 결과표를 받은 날부터 계산

16 화물자동차 운송사업자의 준수사항에 대한 설명으로 옳지 않은 것은?

① 화물운송의 대가로 받은 운임 및 요금의 일부를 화주 또는 다른 운송사업자 등이 요구할 경우 되돌려줘야 한다.
② 개인화물자동차 운송사업자는 자기 명의로 운송 계약을 체결한 화물에 대해 다른 운송사업자에게 수수료를 받고 운송을 위탁하여서는 아니 된다.
③ 운임 및 요금과 운송약관을 영업소 또는 화물자동차에 갖추어 두고 이용자가 요구하면 이를 내보여야 한다.
④ 운수종사자가 법정 준수사항을 성실히 이행하도록 지도 · 감독하여야 한다.

17 교통사고처리특례법 적용 배제 사유가 <u>아닌 것</u>은?

① 앞지르기의 방법 · 금지장소 위반 사고
② 신호위반 사고
③ 교차로 내 사고
④ 무면허운전 사고

18 자동차검사에 대한 설명으로 옳지 않은 것은?

① 신규등록을 하려는 경우 실시하는 검사를 신규검사라고 한다.
② 전손 처리 자동차를 수리한 후 운행하려는 경우에 실시하는 검사를 수리검사라고 한다.
③ 자동차를 튜닝한 경우에 실시하는 검사를 성능확인검사라고 한다.
④ 자동차관리법에 따른 명령이나 자동차 소유자의 신청을 받아 비정기적으로 실시하는 검사를 임시검사라고 한다.

19 운송장 부착요령으로 옳지 않은 것은?

① 운송장은 물품 정중앙 상단에 뚜렷하게 보이도록 부착한다.
② 작은 소포의 경우에는 운송장 부착을 생략할 수 있다.
③ 운송장 부착시 운송장과 물품이 일치하는지 정확히 확인하고 부착한다.
④ 운송장이 떨어지지 않도록 손으로 잘 눌러서 부착한다.

해설

15 재검사 결과 적합 판정을 받은 자동차 : 종합검사를 받은 것으로 보는 날의 다음 날부터 계산

16 운송사업자는 화물운송의 대가로 받은 운임 및 요금의 전부 또는 일부에 해당하는 금액을 부당하게 화주, 다른 운송사업자 또는 화물자동차 운송주선사업을 경영하는 자에게 되돌려주는 행위를 하여서는 아니 된다.

17 교차로 내 사고는 교통사고처리특례법 적용 배제 사유에 해당되지 않는다.

18 자동차를 튜닝한 경우에 실시하는 검사를 튜닝검사라고 한다.

19 작은 소포의 경우에는 운송장 부착이 가능한 박스에 포장하여 수탁한 후 부착한다.

20 신호 및 지시위반 시 부과되는 벌점은?

① 10점
② 30점
③ 15점
④ 5점

21 다음 중 지시표지에 해당하는 것은?

① 자전거 표지
② 양보 표지
③ 신호기 표지
④ 비행기 표지

22 화물자동차 운송사업의 종류에 해당하는 것은?

① 개인화물자동차 운송사업
② 소화물 운송사업
③ 화물자동차 운송주선사업
④ 화물자동차 운송가맹사업

23 사업용화물자동차의 바깥쪽에 일반인이 식별하기 쉽도록 해당 운송사업자의 명칭을 표시하지 않은 경우 일반화물자동차운송사업자에 대한 과징금은 얼마인가?

① 5만원
② 20만원
③ 10만원
④ 30만원

24 편도 2차로 고속도로에서 특수자동차의 최고속도와 최저속도로 알맞은 것은?

① 최고속도 90km/h, 최저속도 50km/h
② 최고속도 90km/h, 최저속도 40km/h
③ 최고속도 80km/h, 최저속도 50km/h
④ 최고속도 80km/h, 최저속도 40km/h

25 화물자동차 운송가맹사업을 경영하려는 자는 누구의 허가를 받아야 하는가?

① 국토교통부장관
② 화물자동차 운송사업협회장
③ 경찰청장
④ 한국교통안전공단 이사장

26 파렛트 화물의 붕괴를 방지하기 위한 방식으로 옳지 않은 것은?

① 박스 테두리 방식
② 스트레치 방식
③ 밴드걸기 방식
④ 성형가공 방식

27 창고 내 입·출고 작업요령으로 옳지 않은 것은?

① 창고 내 작업 시에는 흡연을 금한다.
② 화물더미를 오르내릴 때에는 신속하게 움직인다.
③ 창고의 통로 쪽에는 장애물이 없도록 조치한다.
④ 화물을 쌓거나 내릴 때에는 순서에 맞게 신중히 하여야 한다.

---

20 신호 및 지시위반 시 15점의 벌점이 부과된다.
21 ② 규제표지
   ③, ④ 주의표지
22 화물자동차 운송사업의 종류 : 일반화물자동차 운송사업, 개인화물자동차 운송사업
23 • 일반화물자동차운송사업자 : 10만원
   • 개인화물자동차운송사업자 : 5만원
24 편도 2차로 고속도로에서 특수자동차의 최고속도는 80km/h, 최저속도는 50km/h이다.

25 화물자동차 운송가맹사업을 경영하려는 자는 국토교통부장관에게 허가를 받아야 한다.
26 파렛트 화물의 붕괴를 방지하기 위한 방식에는 박스 테두리 방식, 스트레치 방식, 밴드걸기 방식 등이 있다.
27 화물더미를 오르내릴 때에는 화물 쏠림이 발생하지 않도록 조심해야 한다.

정답 20 ③ 21 ① 22 ① 23 ③ 24 ③ 25 ① 26 ④ 27 ②

28 운송장 기재 시 유의사항으로 옳지 않은 것은?

① 수하인의 주소 및 전화번호가 맞는지 재차 확인한다.

② 파손 등 물품 특성상 문제의 소지가 있는 경우에는 면책확인서를 받는다.

③ 집하담당자가 모든 운송장 정보를 직접 기입한다.

④ 특약사항을 고객에게 고지한 후 약관설명 확인필에 서명을 받는다.

29 화물 배달을 입증할 수 있는 운송장의 기능으로 옳지 않은 것은?

① 물품 분실로 인한 민원 발생시 배송책임 완수 여부를 증명한다.

② 인수자의 수령일자를 확인할 수 있다.

③ 기재한 화물명과 박스 안의 내용물이 일치함을 확인할 수 있다.

④ 물건을 받은 인수자의 수령 확인이 가능하다.

30 하역방법에 대한 설명으로 옳지 않은 것은?

① 상자로 된 화물은 취급 표지에 따라 다루어야 한다.

② 종류가 다른 것을 적치할 때는 무거운 것을 밑에 쌓는다.

③ 화물을 한 줄로 높이 쌓는다.

④ 가벼운 화물이라도 너무 높게 적재하지 않도록 한다.

31 주유취급소의 위험물 취급기준으로 옳은 것은?

① 자동차에 주유할 때는 다른 자동차를 주유취급소 안에 주차시켜야 한다.

② 자동차에 주유할 때는 고정 주유설비를 사용한다.

③ 자동차에 주유할 때는 자동차의 출력을 낮춘다.

④ 자동차에 주유할 때는 충분히 넘치도록 하여야 한다.

32 운송물의 인도일에 관한 설명 중 옳지 않은 것은?

① 특정일시에 사용할 운송물을 수탁한 경우에는 운송장에 기재된 인도예정일의 특정 시간까지 인도한다.

② 운송장에 인도예정일의 기재가 되어 있는 경우에는 그 기재된 날

③ 도서, 산간벽지는 5일

④ 일반 지역은 2일

33 위험물 수납 시 주의사항으로 옳지 않은 것은?

① 수납이 완료되면 즉시 문을 폐쇄해야 한다.

② 컨테이너를 적재 후에는 반드시 콘(잠금장치)을 해제해야 한다.

③ 수납에 있어서 어떠한 경우라도 화물 일부가 컨테이너 밖으로 튀어 나와서는 안 된다.

④ 컨테이너에 위험물을 수납하기 전에 철저히 점검하며, 특히 개폐문의 방수상태를 점검한다.

해설

28 고객이 직접 운송장 정보를 기입하도록 한다.

29 운송장에 기재한 화물명과 박스 안의 내용물 일치는 배달 입증과는 거리가 멀다.

30 화물을 한 줄로 높이 쌓지 말아야 한다.

31 ① 자동차에 주유할 때는 다른 자동차를 주유취급소 안에 주차시켜서는 안 된다.
③ 주유 시 자동차 등의 원동기를 정지시켜야 한다.
④ 자동차에 주유할 때는 넘치지 않도록 해야 한다.

32 도서, 산간벽지는 3일이다.

33 컨테이너를 적재 후에는 반드시 콘(잠금장치)을 잠가야 한다.

정답 28 ③ 29 ③ 30 ③ 31 ② 32 ③ 33 ②

34 도로법에 규정된 내용이 <u>아닌</u> 것은?

① 자동차 안전기준
② 도로 노선의 지정
③ 도로의 시설기준
④ 도로망의 계획수립

35 도서지역의 운임 및 도선료의 징수 방법으로 <u>옳은</u> 것은?

① 선불
② 가불
③ 후불
④ 착불

36 파손사고 또는 오손사고 원인으로 <u>옳지 않은</u> 것은?

① 집하 시 포장상태를 확인하지 않은 경우
② 김치류 등 수량에 비해 포장이 약한 경우
③ 무분별한 적재로 압착된 경우
④ 중량물을 하단에 적재한 경우

37 이사화물 표준약관상 고객의 귀책사유로 이사화물의 인수가 약정된 일시보다 지체된 경우 사업자는 계약을 해제하고 계약금의 배액을 손해배상으로 청구할 수 있다. 이때 <u>몇 시간</u> 이상 지체된 경우 손해배상 청구가 가능한가?

① 4시간 이상
② 1시간 이상
③ 2시간 이상
④ 3시간 이상

38 교통사고의 요인 중 교통환경요인에 <u>해당하지 않는</u> 것은?

① 보행자 통행량
② 차량 교통량
③ 차량 구조장치
④ 운행차종 구성비

39 자동차를 옆에서 보았을 때 차축과 연결되는 킹핀의 중심선이 약간 뒤로 기울어져 있는 것을 무엇이라 하는가?

① 캐스터
② 로커암
③ 캠버
④ 토우인

40 트레일러에 대한 설명으로 <u>옳지 않은</u> 것은?

① 돌리와 조합된 세미 틀레일러는 풀 트레일러에 해당한다.
② 트레일러는 물품수송을 목적으로 하는 견인차를 말한다.
③ 트레일러에는 풀 트레일러, 세미 트레일러, 폴 트레일러로 구분한다.
④ 세미 트레일러는 트랙터에 연결하며, 총 하중의 일부분이 견인하는 자동차에 의해서 지탱되도록 설계된 트레일러이다.

---

34 자동차 안전기준은 자동차관리법에 규정되어 있다.
35 도서지역은 착불 거래 시 운임 징수가 어려우므로 양해를 얻어 운임 및 도선료는 선불로 처리한다.
36 화물 적재 시 중량물을 상단에 적재한 경우 하단 화물의 오손피해가 발생할 수 있다.
37 2시간 이상 지체된 경우 사업자는 계약을 해제하고 계약금의 배액을 손해배상으로 청구할 수 있다.

38 차량 구조장치는 차량 요인에 해당한다.
39 자동차를 옆에서 보았을 때 차축과 연결되는 킹핀의 중심선이 약간 뒤로 기울어져 있는 상태를 '캐스터'라 한다.
40 트레일러는 견인차와 피견인차로 나누었을 때 피견인차를 말한다.

chapter **05**

41 보행 중 교통사고 사망자 구성비가 가장 높은 국가는?

① 대한민국
② 일본
③ 프랑스
④ 미국

42 자동차관리법령에 따른 화물자동차에 대한 설명으로 옳지 않은 것은?

① 밴은 상자형 화물실을 갖추고 있는 트럭으로 지붕이 없는 것은 제외한다.
② 냉장차는 냉각제를 이용하여 수송물품을 냉장하는 설비를 갖추고 있는 특수 용도 자동차를 말한다.
③ 레커차는 크레인 등을 갖추고 고장차의 앞 또는 뒤를 매달아 올려서 수송하는 특수 장비 자동차를 말한다.
④ 보닛 트럭은 원동기부의 덮개가 운전실의 앞쪽에 나와 있는 트럭을 말한다.

43 특별품목을 포장할 때의 유의사항으로 옳지 않은 것은?

① 손잡이가 있는 박스 물품의 경우는 손잡이를 안으로 접어 사각이 되게 한 다음 테이프로 포장한다.
② 고가의 휴대폰, 노트북 등은 내용물이 쉽게 파악되도록 포장한다.
③ 가구류의 경우 박스 포장하고 모서리 부분을 에어캡으로 포장처리 후 면책확인서를 받아 집하한다.
④ 서류 등 부피가 작고 가벼운 물품을 집하할 때에는 작은 박스에 넣어 포장한다.

44 운전자가 브레이크에 발을 올려 브레이크가 막 작동을 시작하는 순간부터 자동차가 완전히 정지할 때까지의 시간을 무엇이라고 하는가?

① 공주시간
② 제동시간
③ 이동시간
④ 정지시간

45 내륜차와 외륜차에 대한 설명으로 옳은 것은?

① 자동차가 회전할 때 앞바퀴의 안쪽과 뒷바퀴의 안쪽 궤적 차이를 내륜차라 한다.
② 자동차가 후진 중 회전할 때는 내륜차에 의한 교통사고 위험이 있다.
③ 대형차일수록 내륜차와 외륜차의 차이가 작다.
④ 자동차가 전진 중 회전할 때는 외륜차에 의한 교통사고 위험이 있다.

46 길어깨의 역할이 아닌 것은?

① 측방 여유폭을 가지므로 교통의 안전성과 쾌적성에 기여한다.
② 운전시 졸음으로 인한 휴식공간으로 제공된다.
③ 유지관리 작업장이나 지하매설물에 대한 장소로 제공된다.
④ 유지가 잘되어 있는 길어깨는 도로 미관을 높인다.

해설

41 우리나라 보행 중 교통사고 사망자 구성비는 미국, 프랑스, 일본에 비해 높은 것으로 나타나고 있다.
42 밴은 지붕이 없는 것도 포함된다.
43 고가의 휴대폰, 노트북 등은 내용물이 파악되지 않도록 별도의 박스로 이중 포장 한다.

44 운전자가 브레이크에 발을 올려 브레이크가 막 작동을 시작하는 순간부터 자동차가 완전히 정지할 때까지의 시간을 제동시간이라 한다.
45 ②, ④ 자동차가 전진 중 회전할 때는 내륜차에 의해, 후진 중 회전할 때는 외륜차에 의한 교통사고의 위험이 있다.
③ 대형차일수록 내륜차와 외륜차의 차이가 크다.
46 길어깨는 비상통행 또는 차량 고장 등 비상정지를 위한 곳이며, 운전시 졸음으로 인한 휴식공간으로 사용되지는 않는다.

정답 41 ① 42 ① 43 ② 44 ② 45 ① 46 ②

47 직업 운전자에게 필요한 기본자세로 볼 수 없는 것은?

① 양보와 배려
② 교통상황에 대한 정보수집
③ 무리한 운행 배제
④ 자기중심적 운전

48 위험물 운반 차량의 안전운행에 관한 주의사항으로 옳지 않은 것은?

① 운행 중에는 비상상황을 고려하여 가능한 한 사람이 많은 곳을 통과한다.
② 수리 시에는 통풍이 양호한 장소에서 실시한다.
③ 운행 중은 물론 정차시에도 담배를 피우거나 화기를 가까이 하지 않는다.
④ 적재된 위험물의 특성에 대하여 잘 알아둔다.

49 혹한기 주행 중 엔진 시동 꺼짐 현상에 대한 점검사항이 아닌 것은?

① 연료 차단 솔레노보이드 밸브 작동 상태 확인
② 워터 세퍼레이터 내 결빙 확인
③ 연료 파이프 및 호스 연결부분 에어 유입 확인
④ 엔진오일 및 필터 상태 점검

50 섀시스프링 및 쇽 업소버 점검은 자동차의 일상점검 장치 중 어디에 해당하는가?

① 완충장치   ② 조향장치
③ 제동장치   ④ 주행장치

51 중앙분리대에 설치된 방호책이 가져야 할 성질에 대한 설명 중 옳지 않은 것은?

① 횡단을 방지할 수 있어야 한다.
② 차량의 속도를 감속시킬 수 있어야 한다.
③ 차량에 손상이 많아야 한다.
④ 차량이 튕겨나가지 않아야 한다.

52 일반구조의 승용차용 타이어의 경우 스탠딩 웨이브 현상이 발생하는 속도는?

① 대략 170km/h 전후
② 대략 150km/h 전후
③ 대략 160km/h 전후
④ 대략 180km/h 전후

53 차량에 고정된 탱크속 취급물질을 안전하게 운송하기 위해 준수해야 할 사항으로 옳지 않은 것은?

① 위험물을 이송하고 빈 차로 육교 밑을 통과할 경우 적재차량보다 차의 높이가 낮게 되므로 이전에 통과한 장소라면 주의할 필요없이 통과한다.
② 육교 밑을 통과할 때에는 높이에 주의하여 서서히 운행하여야 한다.
③ 터널에 진입하는 경우에는 전방에 이상사태가 발생하지 않았나를 확인하면서 진입한다.
④ 차량이 육교 아래 부분에 접촉할 우려가 있는 경우에는 다른 길로 돌아서 운행한다.

---

47 자기중심적 운전은 직업 운전자에게 필요한 기본자세로 볼 수 없다.
48 운행 중에는 비상상황을 고려하여 가능한 한 사람이 적은 곳을 통과한다.
49 엔진오일 및 필터 상태 점검은 엔진 매연 과다 발생 시의 점검사항이다.
50 섀시스프링 및 쇽 업소버 점검은 완충장치(현가장치)에 해당하며, 운행 전 스프링의 파손(절손) 또는 차축 내려앉음 등을 점검한다.

51 방호책에 차량 충돌 시 차량의 손상을 최소화하도록 한다.
52 타이어의 회전속도가 빨라지면 접지부에서 받은 타이어의 변형(주름)이 다음 접지 시점까지도 복원되지 않고, 접지의 뒤쪽에 진동의 물결이 일어나는 현상을 스탠딩 웨이브 현상이라 하는데, 일반구조의 승용차용 타이어의 경우 시속 약 150km에서 발생한다.
53 빈 차의 경우는 적재차량보다 차의 높이가 높게 되므로 적재차량이 통과한 장소라도 주의해야 한다.

54 시가지를 벗어나 지방도로를 운행할 때의 운전요령으로 옳지 않은 것은?

① 커브길에서는 원심력을 고려하여 중앙선을 조금 넘어 안쪽으로 주행한다.

② 고속으로 바짝 뒤따르는 차가 있으면 진로를 양보한다.

③ 좁은 길에서 마주오는 차가 있을 때에는 서행하면서 교행한다.

④ 제한속도 이내에서 자신의 능력에 부합하는 속도로 주행한다.

55 엔진 과회전(over revolution) 현상에 대한 예방 및 조치 방법이 아닌 것은?

① 최대회전속도를 초과한 운전 금지

② 에어 클리너 오염 확인 후 청소

③ 고단에서 저단으로 급격한 기어변속 금지(특히, 내리막길)

④ 과도한 엔진 브레이크 사용 지양(내리막길 주행 시)

56 노인의 행동 특성으로 옳지 않은 것은?

① 보행 시 상점이나 포스터를 보면서 걷는 경향이 있다.

② 보행궤적이 흔들거리며 보행 중에 사선횡단을 하기도 한다.

③ 소리나는 방향을 주시하지 않는 경향이 있다.

④ 경음기를 울리면 즉각 반응을 보인다.

57 고속도로에서의 교통사고 발생과 관련이 없는 것은?

① 수면 부족

② 운전피로

③ 장시간 연속운전

④ 충분한 휴식

58 봄철에는 신진대사 기능이 활발해지지만 야채나 과일류 섭취 부족으로 인한 비타민 결핍을 가져와 무기력해지는 증상은?

① 불면증

② 우울증

③ 춘곤증

④ 기면증

59 교통사고의 요인 중 상반의 착각과 관련하여 한쪽 방향의 곡선을 보고 반대 방향의 곡선을 봤을 경우 실제보다 어떻게 보이는가?

① 동일하게 보인다.

② 더 구부러져 보인다.

③ 직선으로 보인다.

④ 작게 보인다.

60 오르막 구간에서 저속 자동차를 다른 자동차와 분리하여 통행시키기 위하여 설치하는 차로를 무엇이라 하는가?

① 변속차로

② 오르막차로

③ 차로수

④ 회전차로

해설

54 커브길에서는 특히 주의해서 주행해야 하며, 중앙선을 넘어가면 안 된다.

55 에어 클리너 오염 확인 후 청소는 엔진 과회전 시의 조치방법과는 거리가 멀다.

56 노인은 일반적으로 경음기를 울려도 주의하지 않는 특성이 있다.

57 고속도로 운전 중 충분한 휴식을 취하면 교통사고 발생 위험이 줄어든다.

58 봄이 되면 낮의 길이가 길어짐에 따라 활동 시간이 늘어나지만 휴식 · 수면 시간이 줄고, 신진대사 기능이 활발해지지만 야채나 과일류 섭취 부족으로 비타민의 결핍을 가져와 무기력해지는 춘곤증이 생기게 된다.

59 상반의 착각은 한쪽 방향의 곡선을 보고 반대 방향의 곡선을 봤을 경우 실제보다 더 구부러져 있는 것처럼 보인다.

60 오르막 구간에서 저속 자동차를 다른 자동차와 분리하여 통행시키기 위하여 설치하는 차로를 오르막차로라 한다.

정답 54 ① 55 ② 56 ④ 57 ④ 58 ③ 59 ② 60 ②

61 맑은 날 낮시간에 터널 밖을 운행하던 운전자가 갑자기 어두운 터널 안으로 주행하는 순간 일시적으로 운전자의 심한 시각장애를 무엇이라 하는가?

① 암명순응
② 명암순응
③ 암순응
④ 명순응

62 물류관리의 목표로 가장 적합한 것은?

① 이윤증대와 비용절감
② 작업인원 확대
③ 상품보관 창고 증설
④ 보유차량 추가

63 운전자 요인에 의한 교통사고 중 인지과정의 결함이 높은 순으로 나열된 것은?

① 인지 > 판단 > 조작
② 조작 > 판단 > 인지
③ 인지 > 조작 > 판단
④ 조작 > 인지 > 판단

64 ABS 경고등 점등 시 조치방법으로 옳지 않은 것은?

① 센서 불량인지 확인 및 교환
② 휠 스피드 센서 저항 측정
③ P.T.O 스위치 교환
④ 배선부분 불량인지 확인 및 교환

65 주행시공간의 특성에 대한 설명으로 옳지 않은 것은?

① 운전자의 전방 주시점은 속도가 빨라질수록 가까워진다.
② 특정한 곳에 주의가 집중되면 시야범위는 좁아진다.
③ 자동차 속도가 빨라질수록 작고 복잡한 대상은 잘 확인되지 않는다.
④ 자동차 속도가 빨라질수록 가까운 풍경은 흐려진다.

66 고객만족을 위한 서비스 품질의 분류에 속하는 것은?

① 동시품질
② 소멸품질
③ 경험품질
④ 영업품질

67 배기 브레이크 장착 차량이 내리막길에서 배기 브레이크를 사용할 때 있을 수 있는 이점이 아닌 것은?

① 드럼의 온도상승을 억제하여 페이드 현상을 방지한다.
② 브레이크 액의 온도상승을 억제하여 베이퍼 록 현상을 방지한다.
③ 엔진 회전수가 높아져서 연료 소모율이 현저히 개선된다.
④ 브레이크 라이닝 수명연장 효과를 거둘 수 있다.

61 터널 밖에서 터널 안으로 들어갔을 때의 순간적인 시각장애를 암순응이라 하며, 암순응은 명순응에 비해 시력회복이 느리다.

62 물류관리의 목표는 이윤증대와 비용절감을 위한 물류체계의 구축이다.

63 운전자 요인에 의한 교통사고 중 인지과정의 결함에 의한 사고가 가장 많으며 이어서 판단, 조작 과정의 결함 순이다.

64 ABS는 미끄러운 노면에서의 차량 제동 시 제동이 잠겨 미끄러지는 것을 방지하기 위한 제동장치이다. ABS는 바퀴에 장착된 휠 스피드 센서의 신호를 받아 바퀴의 슬립을 인지한다.
  ※ P.T.O는 변속기 일부에 동력을 인출하여 유압펌프를 구동시켜 유압으로 덤프 작동 등에 이용한다.

65 운전자의 전방 주시점은 속도가 빨라질수록 멀어지고 시야는 좁아진다.

66 고객만족을 위한 서비스 품질의 분류 : 상품품질, 영업품질, 서비스품질

67 배기 브레이크는 엔진에서 배기관으로 나가는 배기가스를 강제로 차단시켜 실린더 내부의 압력을 증가시켜 폭발·배기행정을 어렵게 하여 엔진 회전수를 낮추어 속도를 줄이는 장치이다.

정답 61 ③ 62 ① 63 ① 64 ③ 65 ① 66 ④ 67 ③

chapter 05

68 제조공장과 물류거점 간의 장거리 수송으로 컨테이너 또는 팔레트를 이용, 유닛화되어 일정단위로 취합되어 수송되는 것은?

① 배송
② 운송
③ 운반
④ 간선수송

69 공급망관리에 있어서의 제4자 물류의 4단계 중 참여자의 공급망을 통합하기 위해서 비즈니스 전략을 공급망 전략과 제휴하면서 전통적인 공급망 컨설팅 기술을 강화하는 단계는?

① 이행
② 재창조
③ 전환
④ 실행

70 화물운송정보시스템에 대한 설명으로 거리가 먼 것은?

① 컴퓨터와 통신기기를 이용하여 기계적으로 처리됨
② 주문상황에 대해 적기 수배송체제를 확립하고자 하는 것
③ 최적의 수 · 배송계획을 통한 생산비용을 절감하려는 체제
④ 대표적 수 · 배송관리시스템으로 터미널 화물정보시스템이 있음

71 제3자 물류에 해당하는 것은?

① 도입방법 : 수의계약
② 도입결정권한 : 최고경영층
③ 관계내용 : 일시적 관계
④ 서비스 범위 : 기능별 개별 서비스

72 고객의 욕구라고 할 수 없는 내용은?

① 기억되기를 바란다.
② 환영받고 싶어 한다.
③ 칭찬받고 싶어 한다.
④ 관심을 가지는 것을 싫어한다.

73 제품의 생산에서 유통, 그리고 마지막 단계인 폐기까지 전 과정에 대한 정보를 한곳에 모은다는 의미로 기업들이 앞다투어 도입하고 있는 시스템은 무엇인가?

① 주파수 금융통신(TRS)
② 범지구측위시스템(GPS)
③ 통합판매 · 물류 · 생산시스템(CALS)
④ 공급망관리(SCM)

74 사업용 트럭 운송의 장점에 해당하지 않는 것은?

① 인적 투자가 필요 없다.
② 마케팅 사고가 희박하다.
③ 수송비가 저렴하다.
④ 수송 능력이 높다.

해설

68 제조공장과 물류거점 간의 장거리 수송으로 컨테이너 또는 팔레트를 이용, 유닛화되어 일정단위로 취합되어 수송되는 것을 간선수송이라 한다.

69 제4자 물류의 4단계 중 1단계인 재창조 단계에 대한 설명이다.

70 화물운송정보시스템은 최적의 수 · 배송계획을 통한 수송비용을 절감하려는 체제이다.

71 ① 도입방법 : 경쟁계약
③ 관계내용 : 장기(1년 이상), 협력
④ 서비스 범위 : 통합물류서비스

72 관심을 가져주기를 바란다. (요구사항 등에 대한 적극적이고 신속한 대응)

73 제품의 생산에서 유통, 그리고 마지막 단계인 폐기까지 전 과정에 대한 정보를 한곳에 모은다는 의미로 기업들이 앞다투어 도입하고 있는 시스템은 통합판매 · 물류 · 생산시스템(CALS)이다.

74 마케팅 사고가 희박한 것은 사업용 트럭 운송의 단점에 해당한다.

정답 68 ④ 69 ② 70 ③ 71 ② 72 ④ 73 ③ 74 ②

75 고객의 물류 클레임 중 제품의 품질만큼 중요하게 여기는 결과가 아닌 것은?

① 고객응대
② 오손
③ 전표오류
④ 파손

76 악수 방법으로 가장 적절한 것은?

① 허리는 절대로 숙이지 않고 해야 한다.
② 왼손은 자연스럽게 바지 옆선에 붙이거나 오른손 팔꿈치를 받쳐준다.
③ 손은 왼손, 오른손 본인이 편한대로 내민다.
④ 상대의 입을 바라보며 웃는 얼굴로 악수한다.

77 물류관리의 목표를 가장 적절하게 나타낸 것은?

① 장비보다는 가능한 한 많은 작업인력을 투입한다.
② 고객서비스 수준 향상과 물류비의 감소에 있다.
③ 구체적인 계획보다 그때마다 처리한다.
④ 이윤추구가 최선이며 고객서비스는 다소 미뤄도 좋다.

78 안전운전을 위해 가져야 할 바람직한 생각은?

① "반드시 질서를 지키지 않아도 된다"라는 생각
② "나 하나쯤이야"라는 생각
③ "나의 운전기술이 최고"라는 생각
④ "상대방 보행자는 내 가족"이라는 생각

79 수하인 문전 행동요령으로 적절하지 않은 것은?

① 조립방법, 사용법, 입어 보기 등 고객의 문의 시 성실히 응한다.
② 배달표 수령인 날인을 확보한다.
③ 불필요한 말과 행동은 하지 않는다.
④ 화물인계 시 겉포장의 이상 유무를 확인한 후 인계한다.

80 수입 확대에 대한 개념으로 가장 거리가 먼 것은?

① 사업을 번창하게 하는 방법을 찾는 것이다.
② 수입의 확대는 마케팅과 같은 의미로 이해할 수 있다.
③ 생산자지향에서 소비자지향으로의 개념이다.
④ 마케팅의 출발점은 자신이 가지고 있는 상품을 손님에게 팔려고만 노력하는 것이다.

---

75 물류 클레임으로 품절만큼 중요한 것으로는 오손, 파손, 오품, 수량오류, 오량, 오출하, 전표오류, 지연 등이 있다.

76 ① 허리는 건방지지 않을 만큼 자연스레 편다.
③ 손은 반드시 오른손을 내민다.
④ 상대의 눈을 바라보며 웃는 얼굴로 악수한다.

77 물류관리의 목표는 고객서비스 수준 향상과 물류비의 감소에 있다.

78 안전운전을 위해서는 "보행자는 내 가족"이라는 생각이 바람직하다.

79 조립방법, 사용법, 입어 보기 등의 문의에는 정중히 거절한다.

80 마케팅의 출발점은 자신이 가지고 있는 상품을 손님에게 팔려고 노력하기보다는 팔리는 것, 손님이 찾고 있는 것, 찾고는 있지만 느끼지 못하고 있는 것을 손님에게 제공하는 것이다. 이것이 소위 '생산자지향에서 소비자지향으로'라는 것이다.

정답 75 ① 76 ② 77 ② 78 ④ 79 ① 80 ④

최종점검 – 최근 출제경향을 반영한 기출문제와 예상문제를 엄선하다!

CBT시험대비 적중모의고사 제3회

01 운송가맹사업자의 허가사항 변경신고의 대상이 아닌 것은?

① 주사무소 · 영업소의 이전
② 화물자동차 운송가맹계약의 취급 또는 해제 · 해지
③ 운전자의 변경
④ 화물취급소의 설치 및 폐지

02 자동차 사용본거지 변동 등의 사유로 자동차종합검사의 대상이 된 자동차 중 자동차 정기검사의 기간 중에 있는 자동차는 변경등록을 한 날부터 며칠 이내에 자동차종합검사를 받아야 하는가?

① 42일
② 62일
③ 12일
④ 22일

03 경찰에서 사용 중인 속도추정 방법이 아닌 것은?

① 스피드건
② 제동 흔적
③ 행인의 진술
④ 운행기록계

04 신호 및 지시위반 시 부과되는 벌점은?

① 10점
② 30점
③ 15점
④ 5점

05 차령이 2년 초과인 사업용 대형화물자동차의 종합검사의 유효기간은?

① 3년
② 2년
③ 6개월
④ 1년

06 도로법령에 따라 차량의 적재량 측정을 방해한 차에 대한 벌칙은?

① 3년 이하의 징역이나 1천만원 이하의 벌금
② 1년 이하의 징역이나 2천만원 이하의 벌금
③ 1년 이하의 징역이나 1천만원 이하의 벌금
④ 3년 이하의 징역이나 200만원 이하의 벌금

해설

01 운송가맹사업자의 허가사항 변경신고의 대상(시행령 제9조의2)
  • 대표자의 변경(법인인 경우만 해당한다)
  • 화물취급소의 설치 및 폐지
  • 화물자동차의 대폐차(화물자동차를 직접 소유한 운송가맹사업자만 해당한다)
  • 주사무소 · 영업소 및 화물취급소의 이전
  • 화물자동차 운송가맹계약의 체결 또는 해제 · 해지

02 변경등록을 한 날부터 62일 이내에 자동차종합검사를 받아야 한다.

03 경찰에서 사용 중인 속도추정 방법
  운전자의 진술, 스피드건, 타코그래프(운행기록계), 제동 흔적

04 신호 및 지시위반 시 15점의 벌점이 부과된다.

05 차령이 2년 초과인 사업용 대형화물자동차의 종합검사의 유효기간은 6개월이다.

06 차량의 적재량 측정을 방해한 차는 1년 이하의 징역이나 1천만원 이하의 벌금에 처한다.

정답 01 ③   02 ②   03 ③   04 ③   05 ③   06 ③

07 도로교통법상 차마가 도로의 중앙이나 좌측 부분을 통행할 수 있는 경우가 아닌 것은?

① 도로가 일방통행인 경우

② 도로 우측 부분의 폭이 차마의 통행에 충분하지 않은 경우

③ 도로의 파손으로 도로의 우측 부분을 통행할 수 없는 경우

④ 어린이통학버스가 어린이를 태우고 있다는 표시를 한 상태로 운행하고 있는 경우

08 화물자동차운수사업법에 따른 화물자동차 운수사업에 해당하는 것은?

① 화물자동차 운송협력사업

② 화물자동차 운송주선사업

③ 화물자동차 운송대리사업

④ 특수여객 운송사업

09 제한속도보다 10km/h를 초과하여 진행하다 보행자를 충격하여 경상사고를 발생시킨 경우 사고책임에 대한 설명으로 틀린 것은?

① 고속도로에서의 사고인 경우 운전자는 형사처벌을 면할 수도 있다.

② 사고 결과에 따라 운전자에게 벌점을 부과할 수 있다.

③ 중대법규위반 12개 항목에 해당되는 사고로서 운전자는 형사책임을 면할 수 없다.

④ 피해자와 합의 또는 가입된 종합보험에 의하여 운전자는 형사 면책된다.

10 자동차관리법령에 따라 자동차등록원부에 등록한 후가 아니라도 운행할 수 있는 자동차는?

① 캠핑용 트레일러

② 특수용도형 화물자동차

③ 승용겸화물형 승용자동차

④ 이륜자동차

11 화물자동차 운전자에게 운행기록계가 설치된 운송사업용 화물자동차를 해당 장치 또는 기기가 정상적으로 작동되지 않는 상태에서 운행하도록 한 경우 일반화물자동차 운송사업자에 대한 과징금은 얼마인가?

① 20만원

② 10만원

③ 5만원

④ 30만원

12 도로교통법상 '정차'의 정의로 올바른 것은?

① 운전자가 15분을 초과하지 아니하고 차를 정지시키는 것으로서 주차 외의 정지 상태

② 운전자가 5분을 초과하지 아니하고 차를 정지시키는 것으로서 자차 외의 정지 상태

③ 운전자가 10분을 초과하지 아니하고 차를 정지시키는 것으로서 자차 외의 정지 상태

④ 운전자가 3분을 초과하지 아니하고 차를 정지시키는 것으로서 자차 외의 정지 상태

07 어린이통학버스가 어린이를 태우고 있다는 표시를 한 상태로 운행하고 있는 경우라도 도로의 중앙이나 좌측 부분을 통행할 수 없다.

08 화물자동차 운수사업 : 화물자동차 운송사업, 화물자동차 운송주선사업, 화물자동차 운송가맹사업

09 제한속도보다 20km/h를 초과한 경우 중대법규위반 12개 항목에 해당된다.

10 자동차(이륜자동차는 제외)는 자동차등록원부에 등록한 후가 아니면 이를 운행할 수 없다.

11 일반화물자동차 운송사업자에 대한 과징금은 20만원, 개인화물자동차 운송사업자는 10만원이다.

12 정차란 운전자가 5분을 초과하지 아니하고 차를 정지시키는 것을 말한다.

정답 07 ④   08 ②   09 ③   10 ④   11 ①   12 ②

13 편도 2차로 이상인 일반도로에서의 최고속도는 얼마인가?

① 70km/h   ② 80km/h

③ 90km/h   ④ 60km/h

14 시·도지사가 관할 지역의 대기질 개선을 위하여 그 지역에서 운행하는 자동차 중 일정 요건을 충족하는 자동차 소유자에 대하여 명령하거나 권고할 수 있는 사항이 아닌 것은?

① 원동기장치자전거 구매
② 저공해자동차로의 전환
③ 배출가스저감장치의 부착
④ 저공해엔진으로 개조

15 거짓이나 그 밖의 부정한 방법으로 화물운송 종사자격을 취득한 자에게 부과되는 과태료는?

① 1,000만원 이하
② 300만원 이하
③ 500만원 이하
④ 100만원 이하

16 주의표지에 해당하지 않는 표지는?

① 위험표지
② 터널표지
③ 횡풍표지
④ 서행표지

17 화물자동차 운송사업을 경영하려는 자가 관할관청으로부터 받아야 하는 것은?

① 허가   ② 인가

③ 특허   ④ 신고

18 대기환경보전법의 용어 중 물질이 연소·합성·분해될 때에 발생하거나 물리적 성질로 인하여 발생하는 기체상물질을 무엇이라 하는가?

① 매연
② 가스
③ 온실가스
④ 대기오염물질

19 우회전이나 좌회전하기 위해 사용하는 신호방법으로 적절하지 않은 것은?

① 손   ② 방향지시기

③ 경음기   ④ 등화

20 도로교통법상 자전거를 끌고 횡단보도를 통행하고 있는 사람을 발견한 경우 운전자가 횡단보도 앞에서 취해야 하는 조치는?

① 서행
② 정지
③ 일시정지
④ 주차

해설

13 편도 2차로 이상인 일반도로에서의 최고속도는 80km/h 이다.

14 원동기장치자전거 구매는 해당되지 않는다.

15 거짓이나 그 밖의 부정한 방법으로 화물운송 종사자격을 취득한 자에게 부과되는 과태료는 500만원 이하이다.

16 서행표지는 규제표지에 해당한다.

17 화물자동차 운송사업을 경영하려는 자는 국토교통부장관의 허가를 받아야 한다.

18 물질이 연소 · 합성 · 분해될 때에 발생하거나 물리적 성질로 인하여 발생하는 기체상물질을 가스라고 한다.

19 우회전이나 좌회전을 하기 위하여 손이나 방향지시기 또는 등화로써 신호를 하는 차가 있는 경우에 그 뒤차의 운전자는 신호를 한 앞차의 진행을 방해하여서는 아니된다.(도로교통법)

20 자전거를 끌고 횡단보도를 통행하고 있는 사람도 보행자에 해당하므로 횡단보도 앞에서 일시정지를 해야 한다.

 정답   13 ②   14 ①   15 ③   16 ④   17 ①   18 ②   19 ③   20 ③

21 도로법에 규정된 내용이 <u>아닌</u> 것은?

① 자동차 안전기준
② 도로 노선의 지정
③ 도로의 시설기준
④ 도로망의 계획수립

22 자동차관리법의 목적에 <u>해당하지 않는</u> 것은?

① 자동차의 성능 확보
② 자동차 증가추세 요인 분석
③ 자동차의 안전 확보
④ 자동차의 효율적 관리

23 화물자동차 밖에서 쉽게 볼 수 있도록 운전석 앞 창에 게시하도록 되어 있는 화물운송 종사자격증명의 게시 위치로 맞는 것은?

① 운전석 앞 창의 왼쪽 위
② 운전석 앞 창의 오른쪽 위
③ 뒷 창의 왼쪽 위
④ 뒷 창의 오른쪽 위

24 특정범죄가중처벌 등에 관한 법률에 따라 도주차량 운전자를 가중처벌할 수 있는 경우가 <u>아닌</u> 것은?

① 피해자의 차량을 손괴하고 도주한 경우
② 피해자를 사고 장소로부터 옮겨 유기하고 도주한 차
③ 피해자를 사망에 이르게 하고 도주한 차
④ 도주 후 피해자가 사망한 경우

25 교통사고의 심리적 요인 중 작은 것과 덜 밝은 것이 멀리 있는 것으로 느껴지는 것은 어떤 착각인가?

① 크기의 착각
② 원근의 착각
③ 상반의 착각
④ 속도의 착각

26 화물운송 종사자격증의 기재사항 변경으로 인한 재발급 신청 시 구비해야 할 서류는?

① 화물운송 종사자격증, 사진 1장
② 화물운송 종사자격증명, 사진 1장
③ 화물운송 종사자격증명 운전면허증 사본
④ 화물운송 종사자격증, 운전면허증 사본

27 생산, 판매, 하역, 수·배송 등의 사업이 효율적으로 이루어지게 해주는 포장의 기능은 무엇인가?

① 기능 향상성
② 판매 촉진성
③ 상용성
④ 효율성

28 이사화물 표준약관상 이사화물의 일부 멸실 또는 훼손에 대한 사업자의 손해배상 책임은 고객이 이사화물을 인도받은 날로부터 며칠 이내에 그 사실을 사업자에게 통지하지 아니하면 소멸되는가?

① 10일
② 30일
③ 5일
④ 20일

21 자동차 안전기준은 자동차관리법에 규정되어 있다.
22 자동차의 등록, 안전기준, 자기인증, 제작결함 시정, 점검, 정비, 검사 및 자동차관리사업 등에 관한 사항을 정하여 자동차를 효율적으로 관리하고 자동차의 성능 및 안전을 확보함으로써 공공의 복리를 증진함을 목적으로 한다.
23 화물운송 종사자격증명을 화물자동차 밖에서 쉽게 볼 수 있도록 운전석 앞 창의 오른쪽 위에 항상 게시하고 운행하도록 하여야 한다.
24 피해자의 차량을 손괴하고 도주한 경우는 가중처벌할 수 있는 경우에 해당되지 않는다.

25 작은 것과 덜 밝은 것이 멀리 있는 것으로 느껴지는 것은 원근의 착각이다.
26 재발급 신청 시 구비서류
  • 종사자격증 : 화물운송 종사자격증, 사진 1장
  • 종사자격증명 : 화물운송 종사자격증명, 사진 2장
27 생산, 판매, 하역, 수 · 배송 등의 사업이 효율적으로 이루어지게 해주는 포장의 기능은 효율성이다.
28 이사화물의 일부 멸실 또는 훼손에 대한 사업자의 손해배상책임은 고객이 이사화물을 인도받은 날로부터 30일 이내에 그 일부 멸실 또는 훼손의 사실을 사업자에게 통지하지 않으면 소멸된다.

정답 21 ① 22 ② 23 ② 24 ① 25 ② 26 ① 27 ④ 28 ②

29 방어운전을 위하여 운전자가 갖추어야 할 기본사항이 아닌 것은?

① 능숙한 운전기술
② 정확한 운전지식
③ 자기중심 운전태도
④ 세심한 관찰력

30 주유취급소의 위험물 취급기준으로 옳은 것은?

① 자동차에 주유할 때는 고정 주유설비를 사용한다.
② 자동차에 주유할 때는 충분히 넘치도록 하여야 한다.
③ 자동차에 주유할 때는 자동차의 출력을 낮춘다.
④ 자동차에 주유할 때는 다른 자동차를 주유취급소 안에 주차시켜야 한다.

31 한국산업표준(KS)에 따른 화물자동차의 종류에 대한 설명으로 옳은 것은?

① 보닛 트럭 : 원동기부의 덮개가 운전실의 뒤쪽에 나와 있는 트럭
② 밴 : 차에 실은 화물의 쌓아 내림용 크레인을 갖춘 특수 장비 자동차
③ 캡 오버 엔진 트럭 : 원동기의 전부 또는 대부분이 운전실의 아래쪽에 있는 트럭
④ 픽업 : 픽업 : 화물실의 지붕이 있고, 옆판이 운전대와 분리되어 있는 소형트럭

32 화물에 운송장을 부착하는 방법으로 옳지 않은 것은?

① 박스 물품이 아닌 쌀, 매트, 카펫 등은 물품의 모서리에 운송장을 부착한다.
② 박스 후면 또는 측면 부착으로 혼동을 주어서는 안 된다.
③ 운송장이 떨어질 우려가 큰 물품의 경우 송하인의 동의를 얻어 포장재에 수하인 주소 및 전화번호 등 필요한 사항을 기재한다.
④ 운송장 부착은 원칙적으로 접수장소에서 매 건마다 작성하여 화물에 부착한다.

33 운송장 기재 시 유의사항에 대한 설명으로 옳지 않은 것은?

① 특약사항은 별도 고지하지 않고 확인필 서명을 받는다.
② 화물 인수 시 적합성 여부를 확인한다.
③ 수하인의 주소 및 전화번호가 맞는지 재차 확인한다.
④ 도착점 코드가 정확히 기재되어 있는지 확인한다.

34 화물의 입·출고 작업의 요령으로 옳지 않은 것은?

① 컨베이어 작업 시 컨베이어 위로 올라가 안전을 확인해야 한다.
② 상차 작업자와 컨베이어 운전 작업자는 상호간에 신호를 긴밀히 해야 한다.
③ 컨베이어를 이용하여 타이어를 상차할 때는 타이어가 떨어질 위험이 있는 곳에서 작업을 하면 안 된다.
④ 작업안전 통로를 충분히 확보한 후 작업한다.

해설

29 자기중심 운전태도는 방어운전을 위한 운전자의 기본사항이 아니다.
30 ② 자동차에 주유할 때는 넘치지 않도록 해야 한다.
  ③ 자동차에 주유할 때는 자동차 등의 원동기를 정지시켜야 한다.
  ④ 자동차에 주유할 때는 다른 자동차를 주유취급소 안에 주차시켜서는 안 된다.
31 ① 보닛 트럭 : 원동기부의 덮개가 운전실의 앞쪽에 나와 있는 트럭
  ② 밴 : 상자형 화물실을 갖추고 있는 트럭
  ④ 픽업 : 화물실의 지붕이 없고, 옆판이 운전대와 일체로 되어 있는 소형트럭
32 박스 물품이 아닌 쌀, 매트, 카펫 등은 물품의 정중앙에 운송장을 부착한다.
33 특약사항에 대하여 고객에게 고지한 후 특약사항 약관설명 확인필에 서명을 받는다.
34 컨베이어 작업 시 컨베이어 위로는 절대 올라가면 안 된다

정답 29 ③ 30 ① 31 ③ 32 ① 33 ① 34 ①

35 운전피로가 교통사고의 원인이 아닌 것은?

① 외부정보의 차단　　② 운전조작 잘못
③ 주의력 향상　　　　④ 졸음운전

36 팔레트 화물의 붕괴 방지 방법 중 나무상자를 팔레트에 쌓는 경우 붕괴 방지에 많이 사용되는 방법은?

① 박스 테두리 방식
② 스트레치 방식
③ 밴드걸기 방식
④ 성형가공 방식

37 화물을 인수하는 요령 중 옳지 않은 것은?

① 도서지역의 운임은 무조건 착불로 한다.
② 운송장을 작성하기 전에 물품의 성질 등 부대사항을 고객에게 통보하여 상호 동의를 구한다.
③ 항공을 이용한 운송의 경우 항공료가 착불이면 기타란에 '항공료 착불'이라고 기재하고 합계란은 공란으로 비워둔다.
④ 물품을 인수하고 운송장을 교부한다.

38 포장이 불완전하거나 파손가능성이 높은 화물일 때 송하인의 책임사항을 기록하고 서명하도록 하는 면책사항으로 옳은 것은?

① 배달불능면책
② 파손면책
③ 배달지연면책
④ 부패면책

39 동일 컨테이너에 수납하지 말아야 할 화물이 아닌 것은?

① 품명이 틀린 위험물 또는 위험물과 위험물 이외의 화물이 상호작용하여 발열 및 가스를 발생시키는 화물
② 위험물 이외의 화물과 목재화물
③ 부식작용이 일어나거나 기타 물리적·화학작용이 일어날 염려가 있는 화물
④ 포장 및 용기가 파손되어 있거나 불완전한 화물

40 화물의 지연배달사고에 대한 대책으로 옳지 않은 것은?

① 터미널 잔류화물 운송을 위한 가용차량 사용 조치를 취한다.
② 사후에 배송연락 후 배송 계획 수립으로 효율적 배송을 시행한다.
③ 미배송되는 화물 명단 작성과 조치사항 확인으로 최대한의 사고예방 조치를 한다.
④ 부재중 방문표의 사용으로 방문사실을 고객에게 알려 고객과의 분쟁을 예방한다.

41 트레일러의 일부 하중을 트랙터가 부담하여 운행하는 차량은?

① 풀(Full) 트레일러
② 돌리(Dolly)
③ 세미(Semi) 트레일러
④ 폴(Pole) 트레일러

---

35 운전피로는 운전조작의 잘못, 주의력 집중의 편재, 외부의 정보를 차단하는 졸음 등을 불러와 교통사고의 직·간접 원인이 된다.
36 나무상자를 팔레트에 쌓는 경우 붕괴 방지에 많이 사용되는 방법은 밴드걸기 방식이다.
37 도서지역은 착불 거래 시 운임 징수가 어려우므로 양해를 얻어 운임 및 도선료는 선불로 처리한다.
38 • 파손면책 : 포장이 불완전하거나 파손가능성이 높은 화물
　• 배달지연면책·배달불능면책 : 수하인의 전화번호가 없는 화물
　• 부패면책 : 식품 등 정상적으로 배달해도 부패의 가능성이 있는 화물
39 품명이 틀린 위험물 또는 위험물과 위험물 이외의 화물의 상호작용으로 인한 발열·가스 발생, 부식작용 또는 기타 물리·화학 작용이 일어날 염려가 있을 시 동일 컨테이너에 수납하지 말아야 한다.
40 사전에 배송연락 후 배송 계획 수립으로 효율적 배송을 시행한다.
41 총하중을 트레일러만으로 지탱되도록 설계된 트레일러는 풀 트레일러이고, 총하중의 일부분이 견인하는 자동차에 의해서 지탱되도록 설계된 트레일러는 세미 트레일러이다.

정답　35 ③　36 ③　37 ①　38 ②　39 ②　40 ②　41 ③

42 엔진 안에서 다량의 엔진오일이 실린더 위로 올라와 연소되는 경우 자동차 배기가스의 색깔은?

① 검은색   ② 황색
③ 흰색   ④ 무색

43 도로 교통체계를 구성하는 요인 중 교통환경요인에 해당하지 않는 것은?

① 운행차종 구성비   ② 차량 교통량
③ 보행자 통행량   ④ 도로의 선형

44 화물의 적재방법으로 옳지 않은 것은?

① 높은 곳에 무거운 물건을 적재할 때는 안전모를 착용하고 한다.
② 물건 적재 시 주위에 넘어질 것을 대비하여 위험한 요소는 사전에 제거한다.
③ 물품을 적재할 때는 구르거나 무너지지 않도록 받침대를 사용하거나 로프로 묶어야 한다.
④ 같은 종류 및 동일규격끼리 적재하지 않아도 된다.

45 택배 표준약관상 운송물의 수탁거절 사유가 아닌 것은?

① 운송물이 밀수용, 군수품 등 위법한 물건인 경우
② 고객이 운송장에 필요한 사항을 기재하지 아니한 경우
③ 운송이 법령, 사회질서, 기타 선량한 풍속에 반하는 경우
④ 운송물 1포장의 가액이 200만원을 초과하는 경우

46 중앙분리대의 종류가 아닌 것은?

① 광폭 중앙분리대
② 연석형 중앙분리대
③ 교량형 중앙분리대
④ 방호울타리형 중앙분리대

47 오르막길 안전운전 방법이 아닌 것은?

① 정차 시에는 풋 브레이크와 핸들 브레이크를 같이 사용한다.
② 오르막길에서는 시야가 좋으므로 속도를 증가해도 무방하다.
③ 오르막길에서 앞지르기 할 때는 힘과 가속력이 좋은 저단기어로 한다.
④ 오르막길에서는 안전거리를 충분히 확보한다.

48 저장시설로부터 차량의 고정된 탱크에 가스를 주입하는 이입작업 시의 주의사항으로 옳지 않은 것은?

① 만일의 화재에 대비하여 소화기를 즉시 사용할 수 있도록 준비한다.
② 엔진을 끄고 전기장치를 완전히 차단하여 스파이크가 발생하지 않도록 한다.
③ 차량이 움직이지 않도록 차바퀴 고정목 등으로 확실하게 고정한다.
④ 운전자는 이입작업 중 운전석에 앉아 있어야 한다.

해설

42 엔진 안에서 다량의 엔진오일이 실린더 위로 올라와 연소되는 경우 자동차 배기가스의 색깔은 흰색이다.

43 도로의 선형은 도로요인에 해당한다.

44 같은 종류 및 동일규격끼리 적재해야 한다.

45 운송물 1포장의 가액이 300만원을 초과하는 경우 수탁거절 사유에 해당한다.

46 중앙분리대는 방호울타리형, 연석형, 광폭형이 있다.

47 오르막길의 사각 지대는 정상 부근이다. 마주 오는 차가 바로 앞에 다가올 때까지는 보이지 않으므로 서행하여 위험에 대비한다.

48 차량에 고정된 탱크의 운전자는 이입작업이 종료될 때까지 탱크로리 차량의 긴급차단장치 부근에 위치하여야 한다.

49 고령자의 시각능력 중 여러 개의 사물 간 또는 사물과 배경을 식별하는 능력이 저하되는 경우를 무엇이라 하는가?

① 동체시력의 약화 현상
② 원근 구별능력의 약화
③ 대비능력 저하
④ 시력 자체의 저하 현상

50 고무 타는 냄새가 나는 경우 의심되는 부분은?

① 브레이크 부분
② 전기장치 부분
③ 조향장치 부분
④ 바퀴 부분

51 타이어의 마모에 영향을 주는 주된 요인이 아닌 것은?

① 차량 색상
② 차량 하중
③ 타이어의 공기압
④ 주행 속도

52 자동차의 도로 이탈 사고를 초래할 수 있는 원심력에 대한 설명으로 옳지 않은 것은?

① 원심력은 자동차 속도와 관계없다.
② 원심력은 커브 반경이 커질수록 작아진다.
③ 원심력은 자동차의 중량이 무거울수록 커진다.
④ 원심력은 자동차 속도의 제곱에 비례한다.

53 2차로 도로에서 저속 자동차를 안전하게 앞지를 수 있는 거리를 뜻하는 것은?

① 앞지르기 시거
② 제한시거
③ 곡선시거
④ 정지시거

54 보행자 교통사고 특성에 대한 설명으로 옳지 않은 것은?

① 연령층별 보행자 사고는 어린이와 노약자가 높은 비중을 차지한다.
② 횡단 중에 발생하는 사고 비율이 가장 높다.
③ 횡단 중 한쪽 방향에만 주의를 기울이는 사람은 교통정보 인지결함의 원인이다.
④ 보행자 사고 요인 중 교통상황 정보를 제대로 인지하지 못한 경우가 가장 적다.

55 고압가스 충전용기를 적재한 차량을 주차 또는 정차시킬 때의 유의사항으로 옳지 않은 것은?

① 주·정차 장소는 가급적 평탄하고 교통량이 적은 안전한 장소를 택한다.
② 고장으로 정차하는 경우에는 삼각표지판을 설치하는 등의 조치를 취한다.
③ 휴식을 위해 주차할 경우 운전자는 위험물 차량에서 가능한 멀리 벗어나 휴식을 취한다.
④ 주차할 때에는 엔진을 정지시킨 다음 사이드브레이크를 걸어 놓고 반드시 차바퀴를 고정목 등으로 고정시킨다.

---

49 여러 개의 사물 간 또는 사물과 배경을 식별하는 능력이 저하되는 것을 대비능력 저하라고 한다.

50 고무 타는 냄새는 대개 엔진실 내의 전기 배선 등의 피복이 녹아 벗겨져 합선에 의해 전선이 타면서 나는 냄새가 대부분이다.

51 차량 색상은 타이어의 마모에 영향을 주지 않는다.

52 원심력은 속도가 빠를수록, 커브가 작을수록, 또 중량이 무거울수록 커지게 되는데, 특히 속도의 제곱에 비례하여 커진다.

53 2차로 도로에서 저속 자동차를 안전하게 앞지를 수 있는 거리는 앞지르기 시거이다.

54 보행자 사고 요인 중 교통상황 정보를 제대로 인지하지 못한 경우가 가장 많으며, 그 다음으로 판단착오, 동작착오가 있다.

55 휴식을 위해 주차할 경우 운전자는 위험물 차량에서 멀리 벗어나면 안 된다.

정답 49 ③ 50 ② 51 ① 52 ① 53 ① 54 ④ 55 ③

56 일광조건과 관련하여 운전하기 가장 어려운 시간대는?

① 오전 9시경
② 오후 3시경
③ 해질 무렵
④ 정오시간대

57 동체시력의 특성에 대한 설명으로 틀린 것은?

① 장시간 운전에 의한 피로상태에서도 저하된다.
② 물체의 이동속도가 빠를수록 상대적으로 저하된다.
③ 연령이 높을수록 더욱 저하된다.
④ 운전시간은 동체시력에 영향을 미치지 않는다.

58 앞지르기에 대한 설명으로 옳은 것은?

① 앞지르기는 좌측으로 한다.
② 앞지르기는 우측으로 한다.
③ 앞지르기는 후미로 한다.
④ 앞지르기는 중앙으로 한다.

59 인간의 운전특성으로 옳지 않은 것은?

① 인간의 특성은 운전뿐만 아니라 삶 자체에도 큰 영향을 미친다.
② 운전특성은 일정하지 않고 사람 간의 차이가 있다.
③ 인간의 운전행위를 공산품의 공정처럼 일정하게 유지시킬 수 있다.
④ 신체적·생리적 및 심리적 상태가 항상 일정한 것은 아니다.

60 자동차 원동기의 일상점검 내용에 대한 설명으로 옳지 않은 것은?

① 시동이 쉽고 잡음이 없는지 확인
② 클러치의 유격은 적당한지 확인
③ 엔진오일의 양이 충분하고 누출이 없는지 확인
④ 배기가스의 색깔이 깨끗한지 확인

61 운전자가 자동차를 정지시켜야 할 상황임을 지각하고 브레이크 페달로 발을 옮겨 브레이크가 작동을 시작하는 순간까지 자동차가 진행한 거리를 무엇이라 하는가?

① 정지거리
② 제동거리
③ 작동거리
④ 공주거리

62 와이퍼 작동상태를 확인하기 위한 점검사항으로 가장 관련이 없는 것은?

① 노즐의 분출구 개폐 여부
② 노즐의 분사각도
③ 유리면과 접촉하는 부위인 블레이드의 마모도
④ 엔진오일은 깨끗한지 점검

63 중앙분리대의 주된 기능으로 옳지 않은 것은?

① 상하 차도의 교통 분리
② 추월사고 방지
③ 대향차의 현광 방지
④ 필요에 따라 유턴 방지

해설

56 해질 무렵이 가장 운전하기 힘든 시간이다. 전조등을 비추어도 주변의 밝기와 비슷하기 때문에 의외로 다른 자동차나 보행자를 보기가 어렵다.

57 장시간 운전을 하게 되면 동체시력이 저하된다.

58 앞지르기는 지정된 차로의 바로 옆 왼쪽 차로로 한다.

59 인간의 운전행위를 공산품의 공정처럼 일정하게 유지시킬 수 없다.

60 클러치의 유격 확인은 동력전달장치의 일상점검에 해당한다.

61 운전자가 자동차를 정지시켜야 할 상황임을 지각하고 브레이크 페달로 발을 옮겨 브레이크가 작동을 시작하는 순간까지 자동차가 진행한 거리를 공주거리라고 한다.

62 와이퍼 작동상태 점검에 엔진오일 점검은 해당되지 않는다.

63 추월사고 방지는 중앙분리대의 주된 기능에 해당되지 않는다.

64 자동차의 클러치를 밟고 있을 때 '달달달' 소리와 함께 차체가 밀리는 경우 추정되는 고장은?

① 클러치 디스크 마모
② 점화 플러그 이상
③ 타이밍 벨트 손상
④ 클러치 릴리스 베어링 이상

65 조향장치 중 앞바퀴 정렬과 관련된 조향각 설정기준이 아닌 것은?

① 토우인
② 캠버
③ 캐스터
④ 노즈 다운

66 고객만족 행동예절 중 언어예절로 적합하지 않은 것은?

① 도전적 언사는 가급적 자제한다.
② 매사 함부로 단정하지 않는다.
③ 대화 중 욕설을 한다.
④ 상대방의 약점을 지적하지 않는다.

67 직업의 사명감과 소명의식을 갖고 정성과 정열을 쏟을 수 있는 곳이란 의미는 직업의 4가지 의미에서 어디에 해당되는가?

① 정신적 의미
② 사회적 의미
③ 경제적 의미
④ 철학적 의미

68 제3자 물류의 발전을 위해서 개선되어야 할 문제점이 아닌 것은?

① 물류환경 변화에 부합되는 물류정책
② 물류산업 구조의 취약성
③ 물류기업의 내부역량 미흡
④ 소프트 측면의 물류기반요소 미확충

69 주문상황에 대해 적기 수·배송 체제의 확립과 수·배송계획을 수립함으로써 수송비용을 절감하려는 체제를 무엇이라 하는가?

① 터미널화물정보시스템
② 수·배송관리시스템
③ 화물정보시스템
④ 정보서브시스템

70 종전의 운송이 수요충족기능에 치우쳤다면 로지스틱스는 어떤 기능에 중점을 두는가?

① 고객확보
② 상품포장
③ 수요창조
④ 운송

71 유통가공에 대한 설명으로 올바른 것은?

① 판매촉진의 기능을 목적으로 함
② 절단, 천공, 굴절 등의 경미한 생산활동이 포함됨
③ 물품의 가치와 상태를 보호하는 것
④ 수요와 공급의 시간적 간격 조정

---

64 자동차의 클러치를 밟고 있을 때 '달달달' 소리와 함께 차체가 밀리는 경우 클러치 릴리스 베어링의 고장이다. 정비공장에 가서 교환을 해야 한다.

65 노즈 다운은 자동차를 제동할 때 바퀴는 정지하려 하고 차체는 관성에 의해 이동하려는 성질 때문에 앞 범퍼 부분이 내려가는 현상이므로 앞바퀴 정렬과는 관련이 없다.

66 대화 중 욕설을 하면 안 된다.

67 정신적 의미 : 직업의 사명감과 소명의식을 갖고 정성과 정열을 쏟을 수 있는 곳

68 물류환경의 변화에 부합하지 못하는 물류정책이 개선되어야 할 문제점이다.

69 주문상황에 대해 적기 수·배송 체제의 확립과 수·배송계획을 수립함으로써 수송비용을 절감하려는 체제를 수·배송관리시스템이라고 한다.

70 종전의 운송이 수요충족기능에 치우쳤다면, 로지스틱스는 수요창조기능에 중점을 두는 것으로 물류의 최일선에 있는 운전자는 고객만족을 통한 수요창출에 누구보다 중요한 위치를 점하고 있다.

71 ① 판매촉진의 기능을 목적으로 함 - 포장
③ 물품의 가치와 상태를 보호하는 것 - 포장
④ 수요와 공급의 시간적 간격을 조정 - 보관

chapter 05

72 다음 중 물류계획 수립의 3단계에 포함되지 않는 것은?

① 운영
② 통제
③ 전략
④ 전술

73 철도 수송과 비교한 화물자동차 운송의 장점에 대한 설명으로 틀린 것은?

① 문전에서 문전으로 배송서비스를 탄력적으로 수행할 수 있다.
② 중간하역이 불필요하고 포장의 간소화가 가능하다.
③ 다른 수송기관과 연동하지 않고서도 일관된 서비스가 가능하다.
④ 싣고 부리는 횟수가 많아진다.

74 택배화물의 배달방법에 대한 설명으로 잘못된 것은?

① 완전히 파손, 변질 시에는 진심으로 사과하고 회수 후 변상 받을 수 있도록 조치한다.
② 물품에 이상이 있을 때에는 전화할 곳과 절차를 알려준다.
③ 방문할 때 응답이 없다고 문을 두드리거나 발로 차지 않는다.
④ 배달완료 후 파손, 기타 이상이 있다고 할 경우 전화로 확인하여 배상한다.

75 통합판매 물류 생산시스템(CALS)의 도입에 있어 급변하는 상황에 민첩하게 대응하기 위한 전략적 기업제휴를 의미하는 것은?

① 한계기업
② 상장기업
③ 가상기업
④ 벤처기업

76 물류전략과 계획을 수립함에 있어 물류부문의 의사결정사항이 아닌 것은?

① 생산의 품질관리
② 주문접수 시스템의 설계
③ 수송수단의 선택
④ 재고정책의 설정

77 고객만족의 입장에서 서비스 품질평가에 관한 설명이다. 일치하지 않는 것은?

① 고객의 의사와 무관하다.
② 정확하고 틀림이 없다.
③ 신속하게 처리한다.
④ 약속기일을 확실히 지킨다.

72 물류계획 수립의 3단계 : 전략, 전술, 운영
73 화물자동차 운송은 싣고 부리는 횟수가 적은 장점이 있다.
74 배달완료 후 파손, 기타 이상이 있다고 할 경우 화물상태를 상호 확인하고 상태를 기록한 뒤, 사고관련 자료를 요청한다.
75 가상기업이란 급변하는 상황에 민첩하게 대응하기 위한 전략적 기업제휴를 의미한다.
76 물류부문의 의사결정사항 : 창고의 입지선정, 재고정책의 설정, 주문접수, 주문접수 시스템의 설계, 수송수단의 선택 등
77 서비스 품질에 대한 평가는 오로지 고객에 의해서만 이루어지므로 고객의 의사와 무관하지 않다.

정답 72 ② 73 ④ 74 ④ 75 ③ 76 ① 77 ①

78 다양한 조직들의 효과적인 연결을 목적으로 하는 통합체로서 공급망의 모든 활동과 계획관리를 전담하는 물류 개념은?

① 제3자 물류
② 제1자 물류
③ 제2자 물류
④ 제4자 물류

79 물류시장의 경쟁 속에서 기업존속 결정의 조건에 대한 설명으로 틀린 것은?

① 사업의 존속을 결정하는 조건 중 하나는 매상증대이다.
② 사업의 존속을 결정하는 조건 중 하나는 비용감소이다.
③ 매상증대 또는 비용감소 중 어느 쪽도 달성할 수 없다면 기업이 존속하기 어렵다.
④ 매상증대 또는 비용감소를 모두 달성해야 기업 존속이 가능하다.

80 고객서비스 전략 수립 시 물류서비스의 내용으로 맞지 않는 것은?

① 긴급출하 대응 실시
② 수주마감시한 연장
③ 수주부터 도착까지의 리드타임 단축
④ 대량 출하체제

chapter 05

78 다양한 조직들의 효과적인 연결을 목적으로 하는 통합체로서 공급망의 모든 활동과 계획관리를 전담하는 것은 제4자 물류의 개념이다.

79 매상증대 또는 비용감소 둘 중 하나만 달성해도 기업 존속이 가능하다.

80 서비스수준의 향상은 수주부터 도착까지의 리드타임 단축, 소량출하체제, 긴급출하 대응 실시, 수주마감시간 연장 등을 목표로 정하고 있다.

78 ④ 79 ④ 80 ④

CBT시험대비 적중모의고사 제4회

01 신고한 운송주선약관을 준수하지 않은 경우 화물자동차 운송주선사업장에 대한 과징금은 얼마인가?

① 30만원
② 15만원
③ 10만원
④ 20만원

02 자동차 구조·장치의 변경 승인에 관한 권한을 집행하는 기관은?

① 관할경찰서
② 화물자동차 운송사업협회
③ 한국교통안전공단
④ 시·도지사

03 대기환경보전법에 따른 용어의 정의로 틀린 것은?

① 가스 : 물질이 연소·합성·분해될 때에 발생하거나 물리적 성질로 인하여 발생하는 기체상물질
② 온실가스 : 적외선 복사열을 흡수하거나 다시 방출하여 온실효과를 유발하는 대기 중의 가스상태 물질
③ 매연 : 연소할 때에 생기는 유리 탄소가 응결하여 입자의 지름이 1미크론 이상이 되는 입자상물질
④ 먼지 : 대기 중에 떠다니거나 흩날려 내려오는 입자상물질

04 화물자동차의 규모별 종류 중 소형 특수자동차의 세부기준으로 옳은 것은?

① 총중량이 4.5톤 이하인 것
② 총중량이 2.5톤 이하인 것
③ 총중량이 1.5톤 이하인 것
④ 총중량이 3.5톤 이하인 것

05 도로교통법령상 차량 신호등인 '황색등화의 점멸' 신호가 뜻하는 것은?

① 교차로에 일단정지 하여야 한다.
② 일시정지한 후 녹색등화가 들어올 때까지 기다려야 한다.
③ 다른 교통에 주의하면서 진행할 수 있다.
④ 신속히 직진하여야 한다.

06 국토교통부장관이 미리 경찰청장과 협의하여 자동차의 운행 제한을 명할 수 있는 사유에 해당하지 <u>않는</u> 것은?

① 극심한 교통체증 지역의 발생 예방 또는 해소
② 전시·사변 또는 이에 준하는 비상사태의 대처
③ 그 밖에 시장·군수·구청장이 정하는 사유
④ 대기오염 방지

해설

01 신고한 운송주선약관을 준수하지 않은 경우 운송주선사업장에 대한 과징금은 20만원이다.

02 시장·군수 또는 구청장은 자동차 구조·장치의 변경 승인에 관한 권한을 한국교통안전공단에 위탁하므로 집행 기관은 한국교통안전공단이다.

03 연소할 때에 생기는 유리 탄소가 응결하여 입자의 지름이 1미크론 이상이 되는 입자상물질은 검댕이다.

04 소형 특수자동차 : 총중량이 3.5톤 이하인 것

05 황색등화의 점멸 : 다른 교통 또는 안전표지 표시에 주의하면서 진행할 수 있다.

06 국토교통부장관은 다음 각 호의 어느 하나에 해당하는 사유가 있다고 인정되면 미리 경찰청장과 협의하여 자동차의 운행 제한을 명할 수 있다.
• 전시·사변 또는 이에 준하는 비상사태의 대처
• 극심한 교통체증 지역의 발생 예방 또는 해소
• 제31조제1항에 따른 결함이 있는 자동차의 운행으로 인한 화재사고가 반복적으로 발생하여 공중의 안전에 심각한 위해를 끼칠 수 있는 경우
• 대기오염 방지나 그 밖에 대통령령으로 정하는 사유

 정답 01 ④ 02 ③ 03 ③ 04 ④ 05 ③ 06 ③

07 교통사고로 인적피해가 발생하였을 경우 중상 1명당 부과되는 벌점은?

① 60점   ② 30점

③ 90점   ④ 15점

08 자동차관리법상 자동차의 종류로 옳지 않은 것은?

① 승용자동차

② 이륜자동차

③ 여객자동차

④ 화물자동차

09 화물자동차 운수사업법에 따른 화물운송 종사자격의 취소 사유가 아닌 것은?

① 화물운송 종사자격증을 타인에게 빌려준 경우

② 운전면허가 취소된 경우

③ 업무개시 명령을 받은 경우

④ 부정한 방법으로 자격을 취득한 경우

10 화물운송 종사자격의 취소 사유에 해당하지 않는 것은?

① 화물운송 종사자격 결격사유에 해당하는 경우

② 집단 화물운송 거부에 대한 국토교통부장관의 업무개시 명령을 정당한 사유 없이 1차 거부한 경우

③ 화물운송 종사자격 정지기간에 화물자동차 운전 업무에 종사한 경우

④ 부정한 방법으로 보험금을 청구하여 금고 이상의 형을 선고받고 그 형이 확정된 경우

11 적재중량 1.5톤 초과 화물자동차의 고속도로 제한속도 기준으로 옳지 않은 것은? (단, 별도 지정 고시된 경우 제외)

① 편도 1차로 고속도로 : 최저속도 40km/h

② 편도 2차로 이상 고속도로 : 최고속도 80km/h

③ 편도 1차로 고속도로 : 최고속도 80km/h

④ 편도 2차로 이상 고속도로 : 최저속도 50km/h

12 앞지르기를 할 때 발생할 수 있는 사고유형에 대한 설명으로 틀린 것은?

① 앞지르기를 위한 최초 진로 변경 시 동일방향 좌측 후속차와 충돌

② 앞지르기 당하는 차량의 우회전 시 충돌

③ 좌측 도로상의 보행자와 충돌

④ 중앙선을 넘어 앞지르기하는 때 대향차와 충돌

13 화물자동차 운송가맹점에 해당하지 않는 사람은?

① 운송가맹사업자로부터 운송 화물을 배정받아 화물을 운송하는 운송사업자

② 운송가맹사업자가 아닌 자의 요구를 받고 화물을 운송하는 운송사업자

③ 운송가맹사업자에게 화물자동차 운송주선사업을 하는 운송주선사업자

④ 운송가맹사업자가 아닌 자의 요구를 받고 화물을 운송하는 자로서 화물자동차 운송사업의 경영의 일부를 위탁받은 사람

---

07 인적피해 중상 1명당 15점의 벌점이 부과된다.

08 여객자동차는 자동차관리법상 자동차의 종류에 해당하지 않는다.

09 업무개시 명령을 받은 경우는 화물운송 종사자격의 취소 사유가 아니다.

10 집단 화물운송 거부에 대한 국토교통부장관의 업무개시 명령을 정당한 사유 없이 1차 거부한 경우에는 자격정지 30일이며, 2차 거부한 경우 자격이 취소된다.

11 편도 1차로 고속도로의 최저속도는 50km/h이다.

12 앞지르기는 뒷차가 앞차의 좌측면을 지나 앞차의 앞으로 진행하는 것이므로 앞지르기 당하는 차량이 좌회전하거나 좌측 도로 상의 차량이 우회전할 때 충돌 사고가 발생할 수 있다.

13 화물자동차 운송가맹점에 속하는 운송주선사업자 : 운송가맹사업자의 화물운송계약을 중개 · 대리하거나 운송가맹사업자가 아닌 자에게 화물자동차 운송주선사업을 하는 운송주선사업자

chapter 05

14 화물운송 중에 과실로 교통사고를 일으켜 사망자가 1명 및 중상자가 3명 이상 발생했을 경우의 처분기준은?

① 자격 정지 90일
② 자격 취소
③ 자격 정지 50일
④ 자격 정지 40일

15 도로교통법령상 최고속도의 50/100을 줄인 속도로 운행해야 하는 기후 상태가 아닌 것은?

① 노면이 얼어붙은 경우
② 폭우로 가시거리가 100m 이내인 경우
③ 비가 내려 노면이 젖어 있는 경우
④ 눈이 20mm 이상 쌓인 경우

16 인적피해 교통사고 중 중상의 기준은?

① 진단 5일 이상
② 진단 14일 이상
③ 진단 21일 이상
④ 진단 28일 이상

17 화물운송업과 관련된 업무 중 시·도에서 처리하는 업무가 아닌 것은?

① 화물자동차 운송사업 허가사항에 대한 경미한 사항 변경신고
② 운송사업자에 대한 개선명령
③ 화물운송 종사자격의 취소 및 효력의 정지
④ 화물자동차 운송사업의 허가

18 운행차의 수시점검에 불응하거나 기피·방해 시의 과태료 기준에 해당하는 것은?

① 100만원 이하의 과태료
② 200만원 이하의 과태료
③ 300만원 이하의 과태료
④ 400만원 이하의 과태료

19 교통사고처리특례법의 적용이 배제되는 과속사고의 기준은?

① 제한속도 10km/h 초과 시부터
② 제한속도 30km/h 초과 시부터
③ 제한속도 40km/h 초과 시부터
④ 제한속도 20km/h 초과 시부터

20 도로법령상 운행을 제한할 수 있는 차량이 아닌 것은?

① 차량의 폭이 2.7미터인 차량
② 차량의 길이가 18미터인 차량
③ 총중량이 30톤인 차량
④ 차량의 높이가 4.5미터인 차량

21 도로교통법에서 정의하고 있는 자동차가 아닌 것은?

① 이륜자동차
② 가설된 선을 이용하여 운전되는 궤도차
③ 덤프트럭
④ 견인되는 자동차

14 • 사망자 2명 이상 – 자격 취소
  • 사망자 1명 및 중상자 3명 이상 – 자격 정지 90일
  • 사망자 1명 또는 중상자 6명 이상 – 자격 정지 60일

15 비가 내려 노면이 젖어 있는 경우는 최고속도의 20/100을 줄인 속도로 운행해야 한다.

16 인적피해 교통사고 중 중상은 3주 이상의 치료를 요하는 의사의 진단이 있는 사고를 말한다.

17 화물자동차 운송사업 허가사항에 대한 경미한 사항 변경신고는 협회에서 처리하는 업무이다.

18 운행차의 수시점검에 불응하거나 기피·방해 시 200만원 이하의 과태료가 부과된다.

19 20km/h를 초과하는 속도위반 과속사고는 교통사고처리특례법의 적용이 배제된다.

20 총중량이 40톤을 초과하는 차량에 대해 운행을 제한할 수 있다.

21 궤도차는 자동차에 해당되지 않는다.

22 포장의 기능 중 편리성에 관한 설명으로 <u>옳은 것은</u>?

① 설명서, 증서, 서비스품, 팸플릿 등을 넣거나 진열이 쉽고 수송, 하역, 보관에 편리하다.

② 내용물의 변질 방지, 물리적인 변화 등 내용물의 변형과 파손으로부터 보호한다.

③ 인쇄, 라벨 붙이기 등이 포장에 의해 표시가 쉬워진다.

④ 생산, 판매, 하역, 수송, 배송 등의 작업이 효율적으로 이루어진다.

23 피해자를 사고 장소로부터 옮겨 유기하여 상해에 이른 경우 처벌기준은?

① 무기징역

② 3년 이상 유기징역

③ 5년 이상 유기징역

④ 1년 이상 유기징역

24 국토교통부장관이 미리 경찰청장과 협의하여 자동차의 통행 제한을 명할 수 있는 사유에 <u>해당하지 않는 것은</u>?

① 그 밖에 시장·군수·구청장이 정하는 사유

② 대기오염 방지

③ 극심한 교통체증 지역의 발생 예방 또는 해소

④ 전시·사변 또는 이에 준하는 비상사태의 대처

25 화물의 하역방법에 대한 설명으로 <u>옳지 않은 것은</u>?

① 상자로 된 화물은 취급 표지에 따라 다루어야 한다.

② 종류가 다른 것을 적치할 때는 무거운 것을 밑에 쌓는다.

③ 가벼운 화물이라도 너무 높게 적재하지 않도록 한다.

④ 화물을 한 줄로 높이 쌓는다.

26 한국산업표준(KS)에 따른 화물자동차의 종류 중 화물실의 지붕이 없고, 옆판이 운전대와 일체로 되어 있는 소형트럭을 지칭하는 것은?

① 보닛 트럭

② 픽업

③ 캡 오버 엔진 트럭

④ 밴

27 독극물 취급 시의 주의사항으로 <u>옳지 않은 것은</u>?

① 독극물을 취급 또는 운반 시 소정의 안전한 용기, 도구, 운반구 및 운반차를 이용할 것

② 취급하는 독극물의 물리적·화학적 특성 및 방호수단을 충분히 숙지할 것

③ 적재 및 적하 작업 전에는 주차 브레이크를 사용하여 차량이 움직이지 않도록 조치할 것

④ 독극물 저장소, 드럼통, 용기, 배관 등은 내용물을 알 수 있는 표시를 하지 말 것

---

22 ② : 보호성, ③ : 표시성, ④ : 효율성

23 피해자를 사고 장소로부터 옮겨 유기하여 상해에 이른 경우에는 3년 이상의 유기징역에 해당하며, 사망한 경우 사형, 무기 또는 5년 이상의 징역에 해당한다.

24 시장·군수·구청장이 아닌 대통령령으로 정하는 사유로 통행 제한을 명할 수 있다.

25 화물을 한 줄로 높이 쌓지 말아야 한다.

26 한국산업표준(KS)에 따른 화물자동차의 종류 중 화물실의 지붕이 없고, 옆판이 운전대와 일체로 되어 있는 소형트럭은 픽업이다.

27 독극물 저장소, 드럼통, 용기, 배관 등은 내용물을 알 수 있도록 확실하게 표시하여 놓을 것

정답 22 ① 23 ② 24 ① 25 ④ 26 ② 27 ④

28 자동차관리법상 자동차 신규등록 신청을 위한 임시 운행 허가기간은 며칠 이내인가?

① 30일
② 20일
③ 15일
④ 10일

29 창고에서 화물을 옮길 때 주의사항으로 옳지 않은 것은?

① 창고의 통로 쪽에는 장애물이 없도록 조치한다.
② 통로에 물건 등이 놓여 있으면 그냥 넘어 다닌다.
③ 바닥의 기름기나 물기는 즉시 제거하여 미끄럼 사고를 예방한다.
④ 운반통로에 있는 맨홀이나 홈에 주의한다.

30 트레일러의 종류가 아닌 것은?

① 풀 트레일러
② 돌리
③ 폴 트레일러
④ 트럭 트레일러

31 운송장 기재사항 중 집하담당자의 기재사항으로 옳지 않은 것은?

① 집하자 성명 및 전화번호
② 도착점 코드
③ 물품의 수량
④ 배달 예정일

32 운송장 부착요령으로 잘못된 것은?

① 운송장 부착은 원칙적으로 접수장소에서 매 건마다 작성하여 화물에 부착한다.
② 운송장은 물품의 정중앙 상단에 뚜렷하게 보이도록 부착한다.
③ 취급주의 스티커의 경우 운송장 바로 좌측 옆에 붙여서 눈에 띄게 한다.
④ 운송장이 떨어질 우려가 큰 물품의 경우 송하인의 동의를 얻어 포장재에 수하인 주소 및 전화번호 등 필요한 사항을 기재하도록 한다.

33 유연포장에 사용되는 포장재료로 옳지 않은 것은?

① 종이
② 플라스틱 필름
③ 알루미늄 포일
④ 금속제 상자

34 주유취급소의 위험물 취급기준으로 옳지 않은 것은?

① 자동차 등에 주유할 때에는 고정주유설비를 사용하여 직접 주유한다.
② 자동차 등을 주유할 때는 자동차 등의 원동기를 정지시킨다.
③ 자동차 등의 일부 또는 전부가 주유취급소의 공지 밖에 나온 채로 주유하지 않는다.
④ 고정주유설비에 유류를 공급하는 배관은 간이탱크로부터 고정주유설비에 직접 연결되지 않도록 한다.

해설

28 신규등록신청을 위하여 자동차를 운행하려는 경우 임시운행 허가기간은 10일 이내이다.

29 통로에 물건 등이 놓여 있으면 넘어 다니지 말고 한쪽으로 치워놓고 화물을 옮겨야 한다.

30 트럭 트레일러는 트레일러의 종류에 해당하지 않는다.

31 물품의 수량은 송하인의 기재사항이다.

32 취급주의 스티커의 경우 운송장 바로 우측 옆에 붙여서 눈에 띄게 한다.

33 금속제 상자는 강성포장에 해당한다.

34 고정주유설비에 유류를 공급하는 배관은 전용탱크 또는 간이탱크로부터 고정주유설비에 직접 연결된 것이어야 한다.

정답 28 ④ 29 ② 30 ④ 31 ③ 32 ③ 33 ④ 34 ④

35 운송장에 기재된 사항 중 운송요금의 변동을 가져올 수 있는 사항으로 옳지 않은 것은?

① 화물의 크기
② 화물의 수량
③ 주문번호 또는 고객번호
④ 화물의 가격

36 팔레트의 가장자리를 높게 하여 포장화물을 안쪽으로 기울여 화물이 갈라지는 것을 방지하는 방법으로 부대화물 등에 효과적인 방식은?

① 주연어프 방식
② 밴드걸기 방식
③ 슈링크 방식
④ 스트레치 방식

37 여름철 자동차관리 요령에 관한 설명으로 옳지 않은 것은?

① 집중호우로 침수되었던 차량은 하루, 이틀 정도 물기만 빼고 운행한다.
② 운행이 종료된 자동차는 가급적 직사광선을 피할 수 있는 곳에 주차시킨다.
③ 다른 계절에 비하여 엔진이 과열되기 쉬우므로 냉각장치에 관심을 더 갖는다.
④ 잦은 빗길운전에 대비하여 항상 와이퍼가 정상 작동하도록 점검한다.

38 택배 표준약관상 고객이 운송장에 운송물의 가액을 기재하지 않은 경우 사업자의 손해배상 한도액은?

① 50만원
② 30만원
③ 200만원
④ 100만원

39 이사화물 표준약관의 규정상 사업자가 약정 인수일 당일에 계약해제를 통지한 경우의 손해배상액은 얼마인가?

① 계약금
② 계약금의 배액
③ 계약금의 4배액
④ 계약금의 6배액

40 화물의 인수요령으로 옳은 것은?

① 두 개 이상의 화물을 하나의 화물로 밴딩처리한 경우에는 하나로 포장한다.
② 전화로 물품을 접수 받을 때 반드시 집하 가능한 일자와 고객의 배송 요구일자를 확인한다.
③ 대량화물을 집하할 때는 운송장만 부착한다.
④ 집하 금지품목은 고객이 요구하면 서비스 차원에서 인수한다.

---

35 주문번호 또는 고객번호는 운송요금의 변동과 관련이 없다.
36 주연어프 방식은 팔레트의 가장자리를 높게 하여 포장화물을 안쪽으로 기울여 화물이 갈라지는 것을 방지하는 방법으로 부대화물 등에 효과적이며, 주연어프 방식만으로 화물의 갈라짐 방지가 어려우므로 다른 방법과 병용하여 안전을 확보해야 한다.
37 침수된 차량은 곧바로 정비업체를 통해 조치를 받아야 한다.
38 고객이 운송장에 운송물의 가액을 기재하지 않은 경우 사업자의 손해배상 한도액은 50만원으로 한다.

39 사업자의 책임으로 인한 계약해제
  • 약정 인수일 2일 전까지 해제를 통지한 경우 : 계약금의 배액
  • 약정 인수일 1일 전까지 해제를 통지한 경우 : 계약금의 4배액
  • 약정 인수일 당일에 해제를 통지한 경우 : 계약금의 6배액
  • 약정 인수일 당일에도 해제를 통지하지 않은 경우 : 계약금의 10배액
40 ① 두 개 이상의 화물을 하나의 화물로 밴딩 처리한 경우 반드시 고객에게 파손 가능성을 설명하고 별도로 포장하여 각각 운송장 및 보조송장을 부착하여 집하한다.
③ 대량화물을 집하할 때는 운송장 및 보조송장을 부착한다.
④ 집하 금지품목은 그 취지를 알리고 양해를 구한 후 정중히 거절한다.

정답   35 ③   36 ①   37 ①   38 ①   39 ④   40 ②

41 자동차가 우회전, 좌회전 또는 유턴을 할 수 있도록 직진하는 차로와 분리하여 설치하는 차로를 무엇이라 하는가?

① 변속차로
② 차로수
③ 오르막차로
④ 회전차로

42 혹한기 주행 중 엔진 시동 꺼짐 현상에 대한 조치방법이 아닌 것은?

① 엔진오일 및 필터 상태 점검
② 인젝션 펌프 에어빼기 작업
③ 연료탱크 내 수분 제거
④ 워터 세퍼레이터 수분 제거

43 운전작업에 의한 신체적 변화, 심리적 무기력증, 운전기능 저하를 총칭하는 용어는?

① 긴장
② 과로
③ 직업병
④ 운전피로

44 자동차 운행 중 엔진과열 현상이 발생하였을 때의 조치사항으로 옳지 않은 것은?

① 연료게이지의 손상 확인
② 냉각 팬벨트의 손상 확인
③ 라디에이터의 손상 확인
④ 냉각수의 양 확인

45 중앙분리대에 설치된 방호울타리가 가져야 하는 성질이 아닌 것은?

① 차량에 손상이 적도록 해야 한다.
② 차량을 감속시킬 수 있어야 한다.
③ 횡단을 방지할 수 있어야 한다.
④ 차량이 반대방향으로 튕겨나가도록 해야 한다.

46 모닝 록 현상과 관련된 내용으로 옳지 않은 것은?

① 브레이크 액이 기화하여 브레이크가 작동하지 않는 현상이다.
② 평소보다 브레이크가 지나치게 예민하게 작동한다.
③ 서행하면서 브레이크를 몇 번 밟아주면 현상 해소에 도움이 된다.
④ 비가 자주오거나 습도가 높은 날 나타나기 쉽다.

47 차량의 무게를 지탱하여 차체가 직접 차축에 얹히지 않도록 하는 장치는?

① 현가장치
② 제동장치
③ 조향장치
④ 주행장치

48 위험물을 차량에 적재하는 방법으로 적절하지 않은 것은?

① 직사광선을 방지할 수 있는 방법으로 적재한다.
② 수납구가 아래로 향하게 한다.
③ 수송도중 차량에서 떨어지지 않도록 한다.
④ 통합 적재금지품목은 격벽으로 분리하여 적재한다.

해설

41 자동차가 우회전, 좌회전 또는 유턴을 할 수 있도록 직진하는 차로와 분리하여 설치하는 차로를 회전차로라 한다.
42 엔진오일 및 필터 상태 점검은 엔진 매연 과다 발생 시의 점검사항이다.
43 운전피로는 운전작업에 의해서 일어나는 신체적인 변화, 신체적으로 느끼는 피로감, 객관적으로 측정되는 운전기능의 저하를 총칭한다.
44 연료게이지는 엔진과열과는 관련이 없다.

45 방호울타리는 차량이 반대방향으로 튕겨나가지 않도록 해야 한다.
46 브레이크 액이 기화하여 브레이크가 작동하지 않는 현상은 베이퍼 록 현상이다.
47 차량의 무게를 지탱하여 차체가 직접 차축에 얹히지 않도록 하는 장치는 현가장치이다.
48 위험물 적재 시 수납구가 위로 향하게 한다.

정답 41 ④ 42 ① 43 ④ 44 ① 45 ④ 46 ① 47 ① 48 ②

49 철길 건널목 중 제2종 건널목에 대한 설명으로 옳은 것은?

① 차단기, 경보기, 건널목 교통안전 표지를 설치한 건널목
② 경보기와 건널목 교통안전 표지만 설치하는 건널목
③ 건널목 교통안전 표지만 설치하는 건널목
④ 교통안전표지만 설치하는 건널목

50 고속주행로 상의 표지판을 크고 단순한 모양으로 하는 것은 무엇을 고려한 것인가?

① 동체시력의 특성
② 주변시야의 특성
③ 주행시공간의 특성
④ 정지시력의 특성

51 보행자 교통사고 요인 중 가장 큰 비중을 차지하는 요인은?

① 판단착오
② 인지결함
③ 동작착오
④ 결정착오

52 야간운전 요령으로 옳지 않은 것은?

① 마주보고 진행할 때는 전조등을 상향으로 켠다.
② 해가 저물면 곧바로 전조등을 켠다.
③ 주간보다 속도를 낮추어 운행한다.
④ 차 실내를 불필요하게 밝게 하지 않는다.

53 보도·자전거도로·중앙분리대·길어깨 또는 환경시설대 등에 설치하는 표지판 및 방호울타리 등 도로의 부속물을 무엇이라 하는가?

① 주 · 정차대
② 노상시설
③ 측대
④ 길어깨

54 고령자의 시각능력 장애요인 중 밝은 곳에서 어두운 곳으로 이동할 때 낮은 조도에 순응하는 데 필요한 시간이 증가되는 경우를 설명한 것은?

① 시야 감소 현상
② 암순응에 필요한 시간 증가 현상
③ 눈부심에 대한 감수성 증가 현상
④ 시력자체 저하 현상

55 다음 중 커브길에서의 안전운전 및 방어운전 요령으로 옳지 않은 것은?

① 커브길 진입 직전에는 속도를 조금 높인다.
② 커브길 진입 전에 경음기나 전조등을 사용하여 내 차의 존재를 알린다.
③ 커브길에서는 급핸들 조작이나 급제동을 하지 않는다.
④ 커브길에서는 앞지르기를 하지 않는다.

---

49 제2종 건널목 : 경보기와 건널목 교통안전 표지만 설치하는 건널목

50 주행시공간의 특성
• 속도가 빨라질수록 가까운 곳의 풍경은 더욱 흐려지고 작고 복잡한 대상은 잘 확인되지 않는 특성
• 고속주행로 상의 표지판을 크고 단순한 모양으로 하는 것은 이 주행시공간의 특성을 고려한 것이다.

51 보행자 요인은 교통상황 정보를 제대로 인지하지 못하는 인지결함이 가장 많고, 다음으로 판단착오, 동작착오의 순서로 많다.

52 마주보고 진행할 때는 전조등을 하향으로 조정한다.

53 보도 · 자전거도로 · 중앙분리대 · 길어깨 또는 환경시설대 등에 설치하는 표지판 및 방호울타리 등 도로의 부속물을 노상시설이라 한다.

54 밝은 곳에서 어두운 곳으로 이동할 때 낮은 조도에 순응하는 데 필요한 시간이 증가되는 경우는 암순응에 필요한 시간 증가 현상이다.

55 커브길 진입 직전에는 속도를 낮춘다.

정답 49 ② 50 ③ 51 ② 52 ① 53 ② 54 ② 55 ①

56 운전면허를 취득하려는 경우 색채식별이 가능하여야 하는 색상과 관계가 없는 것은?

① 노란색
② 빨간색
③ 흰색
④ 녹색

57 교통사고의 도로요인을 도로구조와 안전시설로 구분할 때 안전시설에 속하는 것은?

① 차로수
② 노폭
③ 구배
④ 신호기

58 주행 전 차체에 이상한 진동이 느껴질 때 고장의 주원인이 되는 장치는?

① 엔진
② 브레이크
③ 클러치
④ 조향장치

59 타이어의 공기압 점검은 자동차의 일상점검 장치 중 어디에 해당하는가?

① 주행장치
② 완충장치
③ 제동장치
④ 조향장치

60 시각특성 중 입체공간 측정의 결함으로 인한 교통사고를 초래할 수 있는 결함은?

① 심시력 결함
② 동체시력 결함
③ 야간시력 결함
④ 주행시력 결함

61 위험물을 이송작업하고 운행을 종료한 때의 점검 및 조치사항으로 옳지 않은 것은?

① 밸브 등의 이완이 없어야 한다.
② 차량운전자는 긴급차단장치 부근에서 대기하여야 한다.
③ 높이검지봉 및 부속배관이 적절히 부착되어 있어야 한다.
④ 경계표지 및 휴대품 등의 손상이 없어야 한다.

62 타이어 마모에 영향을 주는 요소가 아닌 것은?

① 공기압
② 하중
③ 속도
④ 공기저항

63 운전자의 사명과 자세에 관한 설명으로 틀린 것은?

① 상대방 운전자의 행동을 추측하여 운전한다.
② 여유 있고 양보하는 마음으로 운전한다.
③ 남의 생명도 내 생명처럼 존중한다.
④ 운전 중에는 방심하지 않는다.

해설

56 적색, 녹색, 황색의 색채 식별이 가능해야 한다.
57 • 도로구조 : 도로의 선형, 노면, 차로수, 노폭, 구배 등
   • 안전시설 : 신호기, 노면표시, 방호책 등
58 주행 전 차체에 이상한 진동이 느껴질 때는 엔진에서의 고장이 주원인이다.
59 공기압 점검은 자동차의 일상점검 중 주행장치에 해당한다. 중앙분리대는 방호울타리형, 연석형, 광폭형이 있다.
60 심시력은 전방에 있는 대상물까지의 거리를 눈으로 측정하는 기능을 말하는데, 이 심시력의 결함이 생기면 입체공간 측정의 결함으로 인한 교통사고를 유발할 수 있다.
61 차량운전자가 긴급차단장치 부근에서 대기하여야 하는 것은 운행을 종료한 때가 아닌 이입작업을 할 때이다.
62 타이어 마모에 영향을 주는 요소 : 공기압, 속도, 하중, 커브, 브레이크, 노면
63 운전자는 자기에게 유리한 판단이나 행동은 삼가야 하며, 조그마한 의심이라도 반드시 안전을 확인한 후 행동으로 옮겨야 한다.

정답 56 ③ 57 ④ 58 ① 59 ① 60 ① 61 ② 62 ④ 63 ①

64 자동차의 정지거리에 대한 설명으로 옳은 것은?

① 운전자 반응시간동안 이동한 거리
② 공주거리와 제동거리를 합한 거리
③ 브레이크가 작동하는 순간부터 정지할 때까지 이동한 거리
④ 정지 의사결정 후 브레이크가 작동하기까지 이동한 거리

65 파렛트 화물 취급시 팔레트를 측면으로부터 상하 하역할 수 있는 차량을 무엇이라고 하는가?

① 팔레트 로더용 가드레일차
② 델리베리카
③ 스태빌라이저 장치차
④ 측면개폐유개차

66 물류전문가의 자질에 대한 설명으로 틀린 것은?

① 행동력 : 이상적인 물류인프라 구축을 위하여 실행하는 능력
② 판단력 : 물류 관련 기술동향을 파악하여 선택하는 능력
③ 이해력 : 시스템 공급자의 요구를 명확히 파악하는 능력
④ 분석력 : 최적의 물류업무 흐름 구현을 위한 분석 능력

67 화물자동차 운송의 효율성을 나타내는 지표로 주행거리에 대해 화물을 싣지 않고 운행한 거리의 비율을 의미하는 것은?

① 실차율
② 적재율
③ 공차거리율
④ 가동률

68 택배화물의 배달방법으로 올바르지 않은 것은?

① 관내 상세지도를 보유한다.
② 배달 전에 반드시 고객에게 전화상으로 배달을 알린다.
③ 전화를 안 받는 경우에는 화물을 가지고 가지 않는다.
④ 순서에 입각하여 배달표를 정리한다.

69 화물차량 운전자의 작업상 예상되는 어려움이 아닌 것은?

① 공로운행에 따른 교통사고에 대한 위기의식 잠재
② 주·야간의 운행으로 불규칙한 생활의 연속
③ 차량의 장시간 운전으로 인한 피로 누적
④ 물품의 수송에 의해서 생산지와 수요지와의 공간적 거리 극복

---

64 정지거리는 자동차를 정지시키려고 시작하는 순간부터 자동차가 완전히 정지할 때까지 자동차가 진행한 거리를 말하며, 공주거리와 제동거리를 합한 거리이다.
65 팔레트를 측면으로부터 상하 하역할 수 있는 차량은 측면개폐유개차이다.
66 이해력 : 시스템 사용자의 요구를 명확히 파악하는 능력

67 주행거리에 대해 화물을 싣지 않고 운행한 거리의 비율을 공차거리율이라 한다.
68 고객이 전화를 받지 않는다고 화물을 안 가지고 가면 안 된다.
69 ④는 물류의 기능 중 운송기능에 해당한다.

정답 64 ② 65 ④ 66 ③ 67 ③ 68 ③ 69 ④

70 제3자 물류가 활성화됨으로써 화주기업이 얻을 수 있는 기대효과를 나열한 것이다. 틀린 것은?

① 조직 내 물류기능 통합으로 고객 서비스를 향상할 수 있다.
② 물류시설에 대한 투자부담을 줄일 수 있다.
③ 물품 배송기간이 길어질 수 있다.
④ 경기변동에 효과적으로 대응할 수 있다.

71 공급망관리에 있어서 제4자 물류의 4단계를 순서대로 바르게 나타낸 것은?

① 전환 – 실행 – 재창조 – 이행
② 재창조 – 전환 – 이행 – 실행
③ 이행 – 재창조 – 전환 – 실행
④ 실행 – 전환 – 이행 – 재창조

72 운송사업의 존속과 번영을 위한 변혁의 요인을 설명한 것으로 틀린 것은?

① 경쟁에 이겨 살아남지 않으면 안 된다.
② 살아남기 위해서는 조직은 물론 자신의 문제점을 정확히 파악할 필요가 있다.
③ 문제를 알았으면 해결방법을 발견하여야 한다.
④ 모든 정책 중 차선의 방법을 선택하여 결정한다.

73 물류 시스템의 구성에 포함되지 않는 것은?

① 운송   ② 발주
③ 하역   ④ 포장

74 재화의 효율적인 흐름을 계획, 실행, 통제할 목적으로 행해지는 제반활동을 무엇이라 하는가?

① 품질관리
② 물류관리
③ 생산관리
④ 소비관리

75 제4자 물류의 개념을 설명한 내용과 거리가 먼 것은?

① 공급사슬의 모든 활동과 계획관리를 전담한다.
② 광범위한 공급사슬의 조직을 관리한다.
③ 제3자 물류의 기능에 컨설팅 업무를 추가로 수행한다.
④ 화주가 직접 물류를 처리한다.

76 신속하고 민첩한 체계를 통하여 생산 및 유통의 각 단계에서 효율화를 실현하고 그 결과를 생산자, 유통관계자, 소비자에게 골고루 돌아가게 하는 물류서비스 기법을 무엇이라 하는가?

① 전사적 품질관리
② 신속대응
③ 효용적 고객 대응
④ 통합판매

해설

70 외부의 전문물류업체에게 물류업무를 아웃소싱하는 제3자 물류가 활성화되면 물품의 배송기간이 짧아진다.

71 제4자 물류의 4단계 : 재창조 – 전환 – 이행 – 실행

72 모든 정책 중에 최선의 방법을 선택하여 결정해야 한다.

73 물류 시스템의 구성 : 운송, 보관, 유통가공, 포장, 하역, 정보

74 재화의 효율적인 흐름을 계획, 실행, 통제할 목적으로 행해지는 제반활동을 '물류관리'라 한다.

75 화주가 직접 물류를 처리하는 것은 제1자 물류이다.

76 신속하고 민첩한 체계를 통하여 생산 및 유통의 각 단계에서 효율화를 실현하고 그 결과를 생산자, 유통관계자, 소비자에게 골고루 돌아가게 하는 물류서비스 기법은 신속대응(QR)이다.

77 물류고객서비스의 요소 중 거래 시 요소와 거리가 먼 것은?

① 배송촉진
② 환적
③ 재고품절 수준
④ 고객의 클레임

78 화물운송의 수배송 활동의 단계 중 운임계산, 차량적재효율 분석 등이 행하여지는 단계는?

① 통제 단계
② 결정 단계
③ 계획 단계
④ 실시 단계

79 철도나 선박과 비교한 트럭수송의 장점에 해당하는 것은?

① 진동, 소음, 스모그 등 공해 문제를 야기한다.
② 대량으로 물품 수송이 가능하여 연료소비를 줄일 수 있다.
③ 문전에서 문전으로 배송서비스를 탄력적으로 행할 수 있다.
④ 인료비나 인건비 등의 수송단가가 높다.

80 도로법에 정하고 있는 도로의 종류가 아닌 것은?

① 군도
② 면도
③ 구도
④ 일반국도

77 고객의 클레임은 거래후 요소에 해당한다.

78 통제 : 운임계산, 차량적재효율 분석, 차량가동률 분석, 반품운임 분석, 빈 용기운임 분석, 오송 분석, 교착수송 분석, 사고분석 등

79 문전에서 문전으로 배송서비스를 탄력적으로 행할 수 있고 중간 하역이 불필요하고 포장의 간소화 · 간략화가 가능할 뿐만 아니라 다른 수송기관과 연동하지 않고서도 일관된 서비스를 할 수가 있어 싣고 부리는 횟수가 적어도 된다는 점 등이다.

80 도로법에 따른 도로 : 일반의 교통에 공용되는 도로로서 고속국도, 일반국도, 특별시도 · 광역시도, 지방도, 시도, 군도, 구도로 그 노선이 지정 또는 인정된 도로

CBT시험대비 적중모의고사 제5회

01 화물자동차의 규모별 종류 중 소형 특수자동차에 해당되는 것은?

① 총중량이 1.5톤 이하인 것
② 총중량이 2.5톤 이하인 것
③ 총중량이 3.5톤 이하인 것
④ 총중량이 4.5톤 이하인 것

02 다음 중 한국교통안전공단에서 화물운송업과 관련하여 처리하는 업무에 해당되는 것은?

① 화물운송 종사자격의 취소 및 효력의 정지
② 화물자동차 운송사업 허가사항에 대한 경미한 사항 변경신고
③ 운송사업자 및 운수종사자에 대한 과태료 부과 및 징수
④ 운전적성에 대한 정밀검사 시행

03 교통사고처리특례법상 중앙선 침범에 해당하지 않는 것은?

① 사고피양 등 부득이하게 중앙선을 침범한 경우
② 고의 또는 의도적으로 중앙선을 침범한 경우
③ 중앙선을 걸친 상태로 계속 진행한 경우
④ 커브길 과속운행으로 중앙선을 침범한 경우

04 도로교통법령상 도로에서의 금지행위가 <u>아닌</u> 것은?

① 도로를 포장하는 행위
② 도로의 교통에 지장을 끼치는 행위
③ 도로에 장애물을 쌓아놓는 행위
④ 도로를 파손하는 행위

05 화물자동차운수사업법에 따른 화물자동차 운수사업에 <u>해당하는</u> 것은?

① 화물자동차 운송대리사업
② 화물자동차 운송주선사업
③ 화물자동차 운송협력사업
④ 특수여객 운송사업

06 운전자가 도로의 중앙이나 좌측부분을 통행할 수 있는 경우에 해당하지 않는 것은?

① 도로가 일방통행인 경우
② 도로 우측부분의 폭이 차마의 통행에 충분하지 아니한 경우
③ 안전표지 등으로 앞지르기가 금지 또는 제한된 경우
④ 도로공사로 인하여 도로의 우측부분을 통행할 수 없는 경우

해설

01 소형 특수자동차는 총중량이 3.5톤 이하인 것을 말한다.
02 ① 시도에서 처리하는 업무
② 협회에서 처리하는 업무
③ 시도에서 처리하는 업무
03 공소권 없는 사고로 처리되는 경우
• 불가항력적 중앙선침범
• 만부득이한 중앙선침범
  – 사고피양 급제동으로 인한 중앙선침범
  – 위험 회피로 인한 중앙선침범

– 충격에 의한 중앙선침범
– 빙판등 부득이한 중앙선침범
– 교차로 좌회전 중 일부 중앙선침범
04 도로를 포장하는 행위는 도로에서의 금지행위가 아니다.
05 화물자동차 운수사업 : 화물자동차 운송사업, 화물자동차 운송주선사업 및 화물자동차 운송가맹사업
06 안전표지 등으로 앞지르기를 금지하거나 제한하지 않는 경우에 도로의 중앙이나 좌측부분을 통행할 수 있다.

정답 01 ③ 02 ④ 03 ① 04 ① 05 ② 06 ③

07 신규검사의 적합 판정을 받은 사람으로서 해당 검사를 받은 날부터 3년 이내에 취업하지 않은 사람이 받는 운전적성정밀검사의 종류는?

① 적성검사
② 유지검사
③ 정기검사
④ 특별검사

08 차가 즉시 정지할 수 있는 느린 속도로 진행하는 것을 의미하는 것은?

① 서행
② 정차
③ 일시정지
④ 정지

09 자동차 정기검사 유효기간 만료일로부터 30일 이내인 때 과태료는 얼마인가?

① 2만원
② 3만원
③ 4만원
④ 5만원

10 화물운송 종사자격증명을 반납하여야 하는 경우가 아닌 것은?

① 화물운송 종사자격이 취소된 경우
② 운전면허가 정지된 경우
③ 화물자동차 운송사업의 휴업 또는 폐업 신고를 하는 경우
④ 사업의 양도·양수로 상호가 변경된 경우

11 5톤 화물자동차의 적재제한 위반 또는 적재물 추락방지 위반 시의 범칙금 금액은?

① 2만원
② 3만원
③ 5만원
④ 7만원

12 편도 2차로 이상인 고속도로에서 지정 고시한 노선 또는 구간의 최고속도는? (단, 적재중량 1.5톤 초과 화물자동차에 한한다.)

① 60km/h
② 90km/h
③ 100km/h
④ 110km/h

13 교통사고처리특례법 적용 배제 사유가 아닌 것은?

① 운전 중 휴대폰 사용 사고
② 보도침범 사고
③ 음주운전 사고
④ 앞지르기 방법 위반 사고

14 화물자동차 운송사업자의 상호가 변경되었을 때에는 어떻게 해야 하는가?

① 국토교통부장관에게 허가를 신청해야 한다.
② 국토교통부장관에게 신고를 하여야 한다.
③ 국토교통부장관에게 변경허가를 받아야 한다.
④ 별도 조치가 필요 없다.

07 신규검사의 적합 판정을 받은 사람으로서 해당 검사를 받은 날부터 3년 이내에 취업하지 않은 사람이 받는 운전적성정밀검사는 유지검사이다.

08 차가 즉시 정지할 수 있는 느린 속도로 진행하는 것은 서행이라 한다.

09 30일 이내인 경우의 과태료는 4만원이다.

10 운전면허 정지는 화물운송 종사자격증명 반납 사유에 해당되지 않는다.

11 5톤 화물자동차의 적재제한 위반 또는 적재물 추락방지 위반 시의 범칙금은 5만원이다.

12 편도 2차로 이상인 고속도로에서 지정·고시한 노선 또는 구간의 고속도로의 최고속도는 90km/h이다.

13 운전 중 휴대폰 사용으로 인한 사고는 교통사고처리특례법 적용 배제 사유가 아니다.

14 상호가 변경되었을 때는 국토부장관에게 신고를 하여야 한다.

정답 07 ② 08 ① 09 ③ 10 ② 11 ③ 12 ② 13 ① 14 ②

15 대기환경보전법상 용어의 정의 중 연소할 때에 생기는 유리 탄소가 주가 되는 미세한 입자상물질은?

① 수소
② 액체상 물질
③ 매연
④ 가스

16 도로교통법령에 따른 용어의 정의로 옳지 않은 것은?

① 자동차전용도로 : 자동차만 다닐 수 있도록 설치된 도로
② 고속도로 : 자동차의 고속 운행에만 사용하기 위해 지정된 도로
③ 길가장자리구역 : 도로를 횡단하는 보행자나 통행하는 차마의 안전을 위해 안전표지나 이와 비슷한 인공 구조물로 표시한 도로의 부분
④ 횡단보도 : 보행자가 도로를 횡단할 수 있도록 안전표지로 표시한 도로의 부분

17 화물자동차운수사업법상 자가용 화물자동차로서 시·도지사에게 신고를 하여야 하는 차량의 최대적재량은?(특수자동차는 제외)

① 최대적재량 1.0톤 이상 화물자동차
② 최대적재량 1.4톤 이상 화물자동차
③ 최대적재량 2.5톤 이상 화물자동차
④ 최대적재량 5.0톤 이상 화물자동차

18 도로교통법령상 교통사고 벌점기준에 대한 설명으로 잘못된 것은?

① 피해자가 사고발생 시부터 72시간 이내에 사망한 때에는 90점의 벌점을 부과한다.
② 자동차등 대 사람 교통사고의 경우 쌍방과실인 때에는 그 벌점을 2분의 1로 감경한다.
③ 자동차등 대 자동차등 교통사고의 경우에는 그 사고원인 중 중한 위반행위를 한 운전자만 적용한다.
④ 교통사고로 인해 중상자가 2명 발생한 경우에는 가해자에게 15점의 벌점을 부과한다.

19 시·도지사의 저공해자동차로의 전환명령 미이행 시의 과태료 부과기준은?

① 300만원 이하의 과태료
② 500만원 이하의 과태료
③ 700만원 이하의 과태료
④ 1천만원 이하의 과태료

20 A는 자동차를 등록하여 소유하다가 B에게 팔았다. 자동차관리법령상 이전등록을 해야 하는 원칙적 법적 의무자는?

① A
② B
③ A의 대리인
④ B의 대리인

해설

15 연소할 때에 생기는 유리 탄소가 주가 되는 미세한 입자상물질은 매연(검댕이)이다.

16 도로를 횡단하는 보행자나 통행하는 차마의 안전을 위해 안전표지나 이와 비슷한 인공 구조물로 표시한 도로의 부분은 안전지대이다.

17 특수자동차를 제외한 화물자동차로서 최대 적재량이 2.5톤 이상인 화물자동차는 시·도지사에게 신고를 하여야 한다.

18 인적 피해 교통사고의 경우 중상 1명마다 15점의 벌점을 부과한다. 중상자가 2명 발생한 경우에는 30점의 벌점을 부과한다.

19 저공해자동차로의 전환명령 미이행 시에는 300만원 이하의 과태료가 부과된다.

20 등록된 자동차를 양수받는 자는 시·도지사에게 자동차 소유권의 이전등록을 신청하여야 한다.

정답 ▶ 15 ③ 16 ③ 17 ③ 18 ④ 19 ① 20 ②

21 자동차관리법의 적용을 받는 자동차는?

① 건설기계관리법에 따른 건설기계
② 다른 자동차를 견인하는 특수자동차
③ 농업기계화촉진법에 따른 농업기계
④ 군수품관리법에 따른 차량

22 도로교통법령상 차량신호등 중 황색등화의 점멸 신호가 의미하는 것은?

① 다른 교통에 주의하면서 진행할 수 있다.
② 일시정지한 후 녹색등화가 들어올 때까지 기다려야 한다.
③ 정지선 또는 교차로에 일단정지 하여야 한다.
④ 신속히 직진하여야 한다.

23 도로법령에서 도로관리청이 도로의 편리한 이용과 안전 및 원활한 도로교통의 확보, 그 밖에 도로의 관리를 위하여 설치하는 시설 또는 공작물을 무엇이라 하는가?

① 고속국도
② 일반국도
③ 지방도
④ 도로의 부속물

24 과다 음주의 문제점으로 볼 수 없는 것은?

① 교통사고 유발
② 각종 질병 유발
③ 교통법규 준수
④ 반사회적 행동

25 자동차관리법령에 따라 검사기간을 연장 또는 유예할 수 있는 경우가 아닌 것은?

① 천재지변이 발생한 경우
② 자동차를 도난 당한 경우
③ 생업에 종사하느라 바쁜 경우
④ 장기간의 정비가 필요한 경우

26 차량 내 화물 적재방법으로 맞지 않는 것은?

① 정차 시 넘어지지 않도록 질서있게 정리하여 적재한다.
② 원기둥형 화물을 굴릴 때는 뒤로 끌면서 굴린다.
③ 적재함보다 긴 물건 적재 시 적재함 밖으로 나온 부위에 위험표시를 한다.
④ 둥글고 구르기 쉬운 물건은 상자 등으로 포장한 후 적재한다.

27 배송할 때 수하인의 부재로 배송이 곤란한 경우 인계요령으로 옳지 않은 것은?

① 임의적으로 방치 또는 집안으로 무단투기하지 않는다.
② 수하인과 통화하여 지정하는 장소에 전달하고 통보한다.
③ 수하인과 통화가 되지 않을 경우 송하인과 통화하여 반송 또는 익일 재배송할 수 있도록 한다.
④ 아파트의 소화전이나 집 앞에 물건을 둔다.

---

21 건설기계, 농업기계, 군수품관리법에 따른 차량, 궤도 또는 공중선에 의하여 운행되는 차량, 의료기기 등은 자동차관리법의 적용이 제외된다.

22 황색등화의 점멸 신호는 다른 교통 또는 안전표지에 주의하면서 진행할 수 있다는 의미이다.

23 "도로의 부속물"이란 도로관리청이 도로의 편리한 이용과 안전 및 원활한 도로교통의 확보, 그 밖에 도로의 관리를 위하여 설치하는 다음 각 목의 어느 하나에 해당하는 시설 또는 공작물을 말한다.

24 교통법규 준수는 과다 음주의 문제점이 아니다.

25 검사유효기간의 연장 또는 유예하는 경우
• 전시 · 사변 또는 이에 준하는 비상사태로 인해 관할지역 안에서 자동차의 검사업무를 수행할 수 없다고 판단되는 때
• 자동차의 도난 · 사고 발생 · 압류 · 장기간의 정비 및 기타 부득이한 사유인 경우
• 섬 지역의 출장검사인 경우
• 신고된 매매용 자동차의 검사유효기간 만료일이 도래하는 경우

26 원기둥형 화물을 굴릴 때는 앞으로 밀어 굴린다.

27 소화전에 물건을 두는 것은 오배달 사고의 원인이 된다.

정답 21 ② 22 ① 23 ④ 24 ③ 25 ③ 26 ② 27 ④

28 이사화물 표준약관상 이사화물의 멸실·훼손 또는 연착에 대한 사업자의 손해배상책임에 대한 설명으로 옳은 것은?

① 고객이 이사화물을 인도받은 날로부터 30일이 경과하면 소멸한다.
② 고객이 이사화물을 인도받은 날로부터 1년이 경과하면 소멸한다.
③ 고객이 이사화물을 인도받은 날로부터 1년 6개월이 경과하면 소멸한다.
④ 고객이 이사화물을 인도받은 날로부터 2년이 경과하면 소멸한다.

29 관할관청은 화물자동차 운수종사자 교육을 실시하는 때에는 운수종사자 교육계획을 수립하여 운수사업자에게 교육을 시작하기 몇 개월 전까지 통지하여야 하는가?

① 교육을 시작하기 1개월 전까지
② 교육을 시작하기 2개월 전까지
③ 교육을 시작하기 3개월 전까지
④ 교육을 시작하기 6개월 전까지

30 비나 눈이 올 때의 운송화물 포장 방법으로 적절한 것은?

① 비닐포장 후 박스 포장
② 아이스박스 포장
③ 스티로폼 포장
④ 종이 포장

31 화물의 지연배달 사고에 대한 대책으로 옳지 않은 것은?

① 부재중 방문표의 사용으로 방문사실을 고객에게 알려 고객과의 분쟁을 예방한다.
② 사후에 배송연락 후 배송계획 수립으로 효율적인 배송을 시행한다.
③ 터미널 잔류화물 운송을 위한 가용차량 사용 조치를 취한다.
④ 미배송되는 화물 명단 작성과 조치사항을 확인한다.

32 화물에 운송장을 부착하는 방법으로 부적절한 것은?

① 박스 물품이 아닌 쌀, 매트, 카페트 등은 물품의 모서리에 운송장을 부착한다.
② 운송장 부착은 원칙적으로 접수장소에서 매 건마다 작성하여 화물에 부착한다.
③ 박스 후면 또는 측면 부착으로 혼동을 주어서는 안된다.
④ 운송장이 떨어질 우려가 큰 물품의 경우 송하인의 동의를 얻어 포장재에 수하인 주소 및 전화번호를 기재한다.

33 안개가 자주 발생하는 장소와 가장 거리가 먼 것은?

① 강을 따라 건설한 도로
② 발전용 댐 주변 도로
③ 하천을 끼고 있는 도로
④ 빌딩으로 밀집된 도심지 도로

해설

28 이사화물의 멸실·훼손 또는 연착에 대한 사업자의 손해배상책임은 고객이 이사화물을 인도받은 날로부터 1년이 경과하면 소멸한다.

29 관할관청은 운수종사자 교육을 실시하는 때에는 운수종사자 교육계획을 수립하여 운수사업자에게 교육을 시작하기 1개월 전까지 통지하여야 한다.

30 비나 눈이 올 경우 비닐포장 후 박스포장을 원칙으로 한다.

31 사전에 배송연락 후 배송계획 수립으로 효율적인 배송을 시행한다.

32 박스 물품이 아닌 쌀, 매트, 카페트 등은 물품의 정중앙에 운송장을 부착한다.

33 빌딩으로 밀집된 도심지 도로에는 안개가 자주 발생하지 않는다.

정답 28 ② 29 ① 30 ① 31 ② 32 ① 33 ④

34 운송장의 인도일에 대한 설명으로 틀린 것은?

① 운송장에 인도예정일의 기재가 있는 경우에는 그 기재한 날
② 운송장에 인도예정일의 기재가 없는 경우 일반지역은 운송장에 기재된 운송물의 수탁일로부터 1일
③ 운송장에 인도예정일의 기재가 없는 경우 도서 및 산간지역은 운송장에 기재된 운송물의 수탁일로부터 3일
④ 수하인이 특정일시에 사용할 운송물을 수탁한 경우에는 운송장에 기재된 인도예정일의 특정시간까지

35 창고 내에서 화물을 옮길 때의 주의사항이 아닌 것은?

① 바닥에 물건 등이 놓여 있으면 즉시 치우도록 한다.
② 창고의 통로 등에 장애물이 없도록 조치한다.
③ 창고 내에서의 흡연은 최대한 화물과 멀리 떨어진 곳에서 한다.
④ 바닥에 물기가 있을 경우 즉시 제거한다.

36 열수축성 플라스틱 필름을 팔레트 화물에 씌우고 슈링크 터널을 통과시킬 때 가열하여 필름을 수축시켜 팔레트와 밀착시키는 화물붕괴 방지 방식은?

① 주연어프 방식
② 슈링크 방식
③ 풀 붙이기 접착 방식
④ 수평 밴드걸기 방식

37 화물의 상·하차 작업 시 확인사항이 아닌 것은?

① 작업원에게 화물의 내용, 특성 등을 잘 주지시켰는지 여부
② 받침목, 지주, 로프 등 필요한 보조용구는 준비되어 있는지 여부
③ 차량에 구름막이는 설치되어 있는지 여부
④ 차량에 운행기록계가 설치되어 있는지 여부

38 택배업체 등 운송회사에서 사용하는 기본형 운송장의 용도가 아닌 것은?

① 송하인용
② 세금계산서용
③ 전산처리용
④ 수하인용

39 화물운송장에 기재할 내용 중 송하인의 기재사항은?

① 운송료
② 물품의 품명, 수량, 가격
③ 집하자의 성명 및 전화번호
④ 접수일자, 발송점, 도착점, 배달예정일

40 화물의 하역방법으로 적절하지 않은 것은?

① 상차화물은 취급표지에 따라 다루어야 한다.
② 길이가 고르지 못하면 한쪽 끝을 맞추도록 한다.
③ 종류가 다른 것을 적치할 때는 가벼운 것을 밑에 놓는다.
④ 야외에 적치할 때에는 밑받침을 하고 덮개로 덮는다.

---

34 운송장에 인도예정일의 기재가 없는 경우 일반지역은 운송장에 기재된 운송물의 수탁일로부터 2일
35 창고 내에서는 절대 흡연하면 안 된다.
36 슈링크 방식에 대한 설명이다. (shrink : 줄어들다, 수축시키다)
37 운행기록계 설치 여부는 화물의 상·하차 작업 시 확인사항이 아니다.
38 기본형 운송장 : 송하인용, 전산처리용, 배달표용, 수하인용, 수입관리용
39 물품의 품명, 수량, 가격은 송하인이 기재한다.
40 종류가 다른 것을 적치할 때는 부피가 크고 무거운 것을 밑에 놓는다.

정답 34 ② 35 ③ 36 ② 37 ④ 38 ② 39 ② 40 ③

41 앞지르기를 할 때 발생할 수 있는 사고유형에 대한 설명으로 **틀린** 것은?

① 앞지르기를 위한 최초 진로변경 시 동일방향 좌측 후 속차와 충돌
② 경쟁 앞지르기에 따른 충돌
③ 동일방향 좌측 차량과의 직각 충돌
④ 중앙선을 넘는 경우 마주오는 차와 충돌

42 트레일러에 대한 설명 중 **틀린** 것은?

① 트레일러는 자동차를 동력부분과 적하부분으로 나누 었을 때 적하부분을 지칭한다.
② 풀 트레일러는 총 하중이 트레일러만으로 지탱되도 록 설계되었다.
③ 가동중인 트레일러 중에서 가장 많고 일반적인 트레 일러는 풀 트레일러이다.
④ 폴 트레일러는 파이프나 H형강 등 장척물의 수송을 목적으로 한 트레일러이다.

43 올바른 안전운전 요령에 **해당하지 않는** 것은?

① 눈이나 비가 올 때는 가시거리 단축, 수막현상 등 위 험요소를 염두에 두고 운전한다.
② 혼잡한 도로에서는 조심스럽게 교통의 흐름에 따르 고 끼어들기 등을 삼간다.
③ 과로로 피로하거나 심리적으로 흥분된 상태에서는 가급적 운전을 자제한다.
④ 대형차 뒤를 따르면 시야장애가 우려되므로 항상 앞 지르기를 한다.

44 고속도로를 운행할 때 운행제한대상이 되는 차량의 총중량은?

① 30톤 초과
② 40톤 초과
③ 42톤 초과
④ 44톤 초과

45 도로선형과 사고율의 관계에 대한 설명으로 **틀린** 것은?

① 일반도로에서 곡선반경이 100m 이내일 때 사고율이 높다.
② 곡선부는 미끄럼 사고가 발생하기 쉬운 곳이다.
③ 곡선부의 수가 많다고 사고율이 반드시 높은 것은 아니다.
④ 고속도로는 곡선이 급해짐에 따라 사고율이 낮아진 다.

46 위험물을 수송하는 방법에 대한 설명으로 **옳지 않** 은 것은?

① 적재물의 마찰은 무시해도 좋으나 흔들림이 없도록 한다.
② 인화성 물질을 수송하는 때에는 그 위험물에 적응하 는 소화설비를 설치한다.
③ 독성가스 운반 시에는 독성가스의 종류에 따른 방 독면, 고무장갑, 고무장화, 그 밖의 보호구를 휴대 해야 한다.
④ 정차하는 때에는 안전한 장소를 택하여 안전에 주 의한다.

해설

41 직각충돌은 교차로에서 직각 방향에서 달려오는 차량과의 충돌을 의미하 므로 앞지르기 시의 사고유형은 아니다.
42 가동 중인 트레일러 중에서 가장 많고 일반적인 트레일러는 세미 트레 일러이다.
43 대형 차 뒤에서는 함부로 앞지르기를 하지 않도록 하고, 시기를 보아서 대형차의 뒤에서 이탈해 주행한다.

44 고속도로 운행 제한차량
 • 축하중 : 차량의 축하중이 10톤 초과
 • 총중량 : 차량 총중량이 40톤 초과
 • 길이 : 적재물을 포함한 차량의 길이가 16.7m 초과
 • 폭 : 적재물을 포함한 차량의 폭이 2.5m 초과
 • 높이 : 적재물을 포함한 차량의 높이가 4.2m 초과
45 고속도로는 곡선이 급해짐에 따라 사고율이 높아진다.
46 적재물의 마찰, 흔들림이 없도록 해야 한다.

정답 41 ③ 42 ③ 43 ④ 44 ② 45 ④ 46 ①

47 엔진오일이 과다 소모되는 경우 점검방법으로 맞지 않는 것은?

① 배기 배출가스 육안 확인
② 에어 클리너 오염도 확인(과다 오염)
③ 블로바이가스 과대 배출 확인
④ 냉각팬 및 워터펌프의 작동 확인

48 폭이 좁은 국도에 중앙분리대를 설치하면 중앙선 침범사고를 줄일 수 있다. 중앙분리대를 설치했을 경우 반대로 증가할 수 있는 교통사고 유형은?

① 직각충돌사고
② 추돌사고
③ 중앙분리대 접촉사고
④ 보행자 사고

49 고속도로에서 교통사고가 발생한 경우 조치사항으로 옳지 않은 것은?

① 운전자 및 탑승자는 안전조치를 하고 신속하게 자동차를 빠져나와 안전한 장소로 대피한다.
② 야간에 차량 후방에 적색 섬광신호 전기제등 또는 불꽃신호를 설치하는 경우에는 고장자동차표지(안전삼각대)를 설치하지 않아도 된다.
③ 구호차량이 도착할 때까지 부상자에 대해 가능한 응급조치를 하고 2차사고의 우려가 있는 경우에는 안전한 곳으로 이동시킨다.
④ 사고를 낸 운전자는 사고 발생 장소, 사상자 수, 부상 정도, 망가뜨린 물건과 정도, 그 밖의 조치상황을 현장에 있는 경찰공무원이나 가까운 경찰관서에 신고한다.

50 현가장치의 일상 점검사항에 해당하지 않는 것은?

① 섀시 스프링 및 쇽 업소버 이음부의 느슨함이나 손상은 없는지 여부
② 섀시 스프링이 절손된 곳은 없는지 여부
③ 스티어링 휠의 유동·느슨함·흔들림 여부
④ 쇽 업소버의 오일 누출 여부

51 단순한 운전피로가 아닌 정신적·심리적 피로에 대한 설명으로 맞는 것은?

① 단순한 운전피로와 동일하게 회복이 용이하다.
② 반드시 약물을 이용해 피로를 회복할 수 있다.
③ 신체적 부담에 의한 일반적 피로보다 회복시간이 길다.
④ 신체적 부담에 의해 느끼는 피로이다.

52 풋 브레이크에 대한 설명으로 적합하지 않은 것은?

① 주행 중에 발로 조작하는 주제동장치이다.
② 브레이크 페달을 밟으면 브레이크액이 휠 실린더로 전달된다.
③ 휠 실린더의 피스톤에 의해 브레이크 라이닝을 밀어준다.
④ 엔진의 저항력으로 속도를 줄일 때 사용한다.

53 교통사고 발생의 직접적 요인이 아닌 것은?

① 사고 직전 과속과 같은 법규 위반
② 무리한 운행계획
③ 운전조작의 잘못, 잘못된 위기대처
④ 위험 인지의 지연

---

47 냉각팬 및 워터펌프의 작동 확인은 엔진 온도가 과열되었을 때의 점검 사항이다.
48 폭이 좁은 국도에 중앙분리대를 설치할 경우 중앙분리대 접촉사고는 증가할 수 있다.
49 고속도로에서 자동차를 운행할 수 없게 되었을 때에는 안전삼각대를 설치해야 하며, 밤에는 추가로 적색의 섬광신호·전기제등 또는 불꽃신호를 설치해야 한다.
50 스티어링 휠의 유동·느슨함·흔들림 여부는 조향장치의 점검사항이다.
51 정신적·심리적 피로는 신체적 부담에 의한 일반적 피로보다 회복시간이 길다.
52 엔진의 저항력으로 속도를 줄일 때 사용하는 것은 엔진 브레이크이다.
53 무리한 운행계획은 간접적 요인에 해당한다.

정답 **47** ④ **48** ③ **49** ② **50** ③ **51** ③ **52** ④ **53** ②

54 차 대 사람의 교통사고 중 횡단사고 위험이 가장 큰 경우는?

① 무단횡단
② 횡단보도 횡단
③ 보행신호준수 횡단
④ 육교 위 횡단

55 운전자가 위험을 인지하고 자동차를 정지시키려고 시작하는 순간부터 자동차가 완전히 정지할 때까지 진행한 거리를 무엇이라 하는가?

① 원주거리
② 정지거리
③ 작동거리
④ 제동거리

56 고령 운전자를 젊은층 운전자와 비교한 설명으로 틀린 것은?

① 젊은층 운전자에 비하여 돌발사태에 대한 대처능력이 떨어진다.
② 젊은층 운전자에 비하여 재빠른 판단과 동작능력이 떨어진다.
③ 젊은층 운전자보다 신중하지만 보편적으로 과속을 훨씬 많이 한다.
④ 젊은층 운전자에 비하여 마주오는 차의 전조등 불빛에 대한 반응능력이 떨어진다.

57 엔진 온도 과열 현상에 대한 점검사항으로 가장 거리가 먼 것은?

① 냉각수 및 엔진오일의 양 확인과 누출 여부 확인
② 냉각팬 및 워터펌프의 작동 확인
③ 팬 및 워터펌프의 벨트 확인
④ 배기 배출가스 육안 확인

58 엔진 온도 과열 현상에 대한 조치방법이 아닌 것은?

① 냉각수 보충
② 팬벨트의 장력조정
③ 실린더라이너 교환
④ 팬벨트 교환

59 자동차가 주행 중 발생하는 좌우 방향의 진동을 무엇이라 하는가?

① 바운싱
② 피칭
③ 롤링
④ 요잉

60 교통사고 예방과 교통안전 확립을 위한 운전자의 인지, 판단, 조작에 영향을 미치는 요인을 향상시키는 행동이 아닌 것은?

① 계획적이고 체계적인 교육
② 계획적이고 체계적인 훈련
③ 계획적이고 체계적인 교통사고 처리
④ 계획적이고 체계적인 지도 · 계몽

해설

54 횡단사고 위험이 가장 큰 경우는 무단횡단이다.
55 운전자가 위험을 인지하고 자동차를 정지시키려고 시작하는 순간부터 자동차가 완전히 정지할 때까지 진행한 거리를 정지거리라고 한다.
56 고령 운전자가 젊은층 운전자보다 과속을 많이 하지는 않는다.

57 배기 배출가스 육안 확인은 엔진 오일 과다 소모 시의 점검사항이다.
58 실린더라이너 교환은 엔진 오일 과다 소모 시의 조치 방법이다.
59 좌우 방향의 진동은 롤링이라 한다. (앞에서 보았을 때 옆으로 흔들림)
60 교통사고 예방과 교통안전 확립을 위해서는 계획적이고 체계적인 교육, 훈련, 지도, 계몽 등을 통하여 지속적인 변화를 추구하여야 성과를 이룰 수 있다.

정답 54 ① 55 ② 56 ③ 57 ④ 58 ③ 59 ③ 60 ③

61 자동차의 수막현상을 예방하기 위한 방법으로 옳지 않은 것은?

① 빗길에서 고속으로 주행하지 않는다.
② 마모된 타이어를 사용하지 않는다.
③ 배수효과가 좋은 타이어를 사용한다.
④ 공기압을 조금 낮게 한다.

62 서로 반대방향으로 주행 중인 자동차 간의 정면충돌 사고를 예방하기 위한 방법으로 가장 효과적인 것은

① 길어깨 확장
② 중앙분리대 설치
③ 감속표지판 설치
④ 차로폭 확대

63 운전자의 입체공간 측정의 결함으로 인한 교통사고를 초래할 수 있는 결함은?

① 심시력
② 동체시력
③ 야간시력
④ 정지시력

64 전략적 물류와 로지스틱스를 비교했을 때 로지스틱스에 해당하는 사항이 아닌 것은?

① 코스트 중심
② 고객 중심
③ 기능의 통합화 수행
④ 전체 최적화 지향

65 담배꽁초 처리방법으로 가장 적절한 것은?

① 꽁초를 손가락을 튕겨 버린다.
② 꽁초를 바닥에다 발로 밟아 버린다.
③ 차창 밖으로 버리지 않는다.
④ 화장실 변기에 버린다.

66 정보기술을 이용하여 수송, 제조, 구매, 주문관리 기능을 포함하여 합리화하는 로지스틱스 활동이 이루어진 물류의 단계는?

① 경영정보시스템 단계
② 전사적자원관리 단계
③ 자율적정보관리 단계
④ 공급망관리 단계

67 다음 중 물류관리에 대한 설명으로 틀린 것은?

① 경제재의 효용을 극대화시키기 위한 재화의 흐름에 있어서 모든 활동을 유기적으로 조정하여 하나의 독립된 시스템으로 관리하는 것을 말한다.
② 대고객서비스, 제품포장관리, 판매망 분석 등은 생산관리 분야와 연결되며, 입지관리결정, 구매계획 등은 마케팅관리 분야와 연결된다.
③ 물류관리는 경영관리의 다른 기능과 밀접한 상호관계를 갖고 있다.
④ 현대와 같이 공급이 수요를 초과하고 소비자의 기호가 다양하게 변화하는 시대에는 종합적인 로지스틱스 개념하의 물류관리가 중요하다.

61 수막현상을 예방하기 위해서는 공기압을 조금 높게 해야 한다.
62 정면충돌사고 예방에 가장 효과적인 방법은 중앙분리대를 설치하는 것이다.
63 심시력은 전방에 있는 대상물까지의 거리를 눈으로 측정하는 기능을 말하는데, 이 심시력의 결함이 생기면 입체공간 측정의 결함으로 인한 교통사고를 유발할 수 있다.
64 로지스틱스 : 가치창출 중심, 고객 중심, 기능의 통합화 수행, 전체 최적화 지향, 효과 중심의 개념

66 정보기술을 이용하여 수송, 제조, 구매, 주문관리 기능을 포함하여 합리화하는 로지스틱스 활동이 이루어진 물류의 단계는 전사적자원관리 단계이다.
67 대고객서비스, 제품포장관리, 판매망 분석 등은 마케팅관리 분야와 연결되며, 입지관리결정, 구매계획 등은 생산관리 분야와 연결된다.

정답 61 ④ 62 ② 63 ① 64 ① 65 ③ 66 ② 67 ②

68 다음 중 자동차의 속도·위치·방위각·가속도·주행거리 및 교통사고 상황 등을 기록하는 자동차의 부속장치 중 하나는?

① 운행기록장치
② 전자운행속도 장치
③ 블랙박스 장치
④ 교통사고기록 장치

69 철도나 선박과 비교한 트럭 수송의 장점에 해당하지 <u>않는</u> 것은?

① 문전에서 문전으로 배송서비스를 탄력적으로 수행 가능하다.
② 중간 하역이 필요 없다.
③ 싣고 부리는 횟수가 많다.
④ 다른 수송기관과 연동하지 않고 일관된 서비스가 가능하다.

70 고객서비스의 특징에 대한 설명으로 맞지 <u>않는</u> 것은?

① 동시성 : 생산과 소비가 동시에 발생한다.
② 무형성 : 보이지 않는다.
③ 영구성 : 서비스 기억은 오래 기억된다.
④ 무소유권 : 가질 수 없다.

71 다음 중 자가용 화물차에 비하여 영업용 화물차의 단점에 <u>해당하는 것</u>은?

① 차량 등 설비투자가 필요 없다.
② 수송비가 저렴하다.
③ 운임의 안정화가 곤란하다.
④ 인적투자가 필요없다.

72 1990년 이후 기업간 정보시스템, ERP 등을 통한 공급망 전체 효율화를 목적으로 하였던 물류 서비스 기법을 무엇이라 하는가?

① 물류
② 로지스틱스
③ 공급망관리
④ 토탈물류

73 재고품으로 주문품을 공급할 수 있는 정도를 나타내는 것은?

① 재고신뢰성
② 주문량의 제약
③ 혼재
④ 일관성

74 다음 중 고객의 욕구로 <u>적절하지 않은</u> 것은?

① 환영받고 싶어 한다.
② 빨리 잊혀지기를 원한다.
③ 관심을 가져주기를 바란다.
④ 기대와 욕구를 수용하여 주기를 바란다.

해설

68 운행기록장치란 자동차의 속도·위치·방위각·가속도·주행거리 및 교통사고 상황 등을 기록하는 자동차의 부속장치 중 하나인 전자식 운행기록장치를 말한다. 블랙박스는 사고 당시 현장 증명을 목적으로 영상 및 음성을 저장하는 영상기록장치로 운행기록장치와는 다르다.

69 트럭 수송은 철도나 선박에 비해 싣고 부리는 횟수가 적은 장점이 있다.

70 고객서비스의 특징 : 무형성, 동시성, 인간주체, 소멸성, 무소유권

71 ①, ②, ④는 영업용 화물차의 장점에 해당한다.

72 기업간 정보시스템, ERP 등을 통한 공급망 전체 효율화를 목적으로 하였던 물류 서비스 기법을 SCM(공급망관리)이라 한다.

73 물류고객서비스의 요소 중 재고품으로 주문품을 공급할 수 있는 정도를 재고신뢰성이라 한다.

74 빨리 잊혀지기를 원하는 건 고객의 욕구로 볼 수 없다.

75 제3자 물류의 발전 및 확산을 저해하는 문제점과 가장 거리가 먼 것은?

① 물류산업 구조의 취약성
② 물류 환경 변화에 부합한 물류정책
③ 물류기업의 내부역량 미흡
④ 물류 기반요소의 미확충

76 물품의 가치를 유지하기 위해 적절한 용기 등을 이용해서 포장하여 보호하는 활동을 의미하는 물류의 기능은?

① 운송기능
② 포장기능
③ 하역기능
④ 보관기능

77 택배화물의 방문집화 시 운송장에 기재해야 할 사항 중 정확한 화물명으로 판단할 수 있는 사항과 거리가 먼 것은?

① 포장의 안전성 판단기준
② 사고 시 배상기준
③ 도로상태의 판단기준
④ 화물수탁 여부 판단기준

78 고객에 대한 서비스 품질을 높이기 위한 행동이 아닌 것은?

① 약속을 잘 지킨다.
② 고객의 이야기를 잘 듣는다.
③ 어려운 전문용어로 설명한다.
④ 사정을 잘 이해하여 만족시킨다.

79 물류고객서비스를 거래 전, 거래 시, 거래 후 요소로 분류할 때 거래 후 요소에 해당하는 것은?

① 발주 정보
② 주문상황 정보
③ 반품처리
④ 시스템의 유연성

80 수·배송활동 단계 중 계획단계에서의 물류정보처리 기능에 해당하지 않는 것은?

① 차량적재효율 분석
② 수송수단 선정
③ 수송로트 결정
④ 배송센터의 수 선정

---

75 물류 환경 변화에 부합하지 못하는 물류정책이 문제점이다.
76 물류의 기능 중 포장기능이란 물품의 수·배송, 보관, 하역 등에 있어서 가치 및 상태를 유지하기 위해 적절한 재료, 용기 등을 이용해서 포장하여 보호하는 활동을 의미한다.
77 정확한 화물명 : 포장의 안전성 판단기준, 사고 시 배상기준, 화물수탁 여부 판단기준, 화물취급요령

78 고객에게는 어려운 전문용어가 아닌 쉬운 단어를 사용하여 설명한다.
79 ① 발주 정보 – 거래 시 요소
② 주문상황 정보 – 거래 시 요소
④ 시스템의 유연성 – 거래 전 요소
80 차량적재효율 분석은 통제단계에서의 물류정보처리 기능에 해당한다.

부록 핵심이론 빈출노트

시험직전 짜투리 시간에 한번 더 보아야 할 마무리 정리

01장 관련법규

01 차와 자동차의 구분

- **차**
  - **자동차**
    - 승용자동차, 승합자동차, 화물자동차, 특수자동차, 이륜자동차, 견인되는 자동차
    - 덤프트럭, 아스팔트살포기, 노상안정기, 콘크리트믹서트럭, 콘크리트펌프, 천공기(트럭적재식), 콘크리트믹서트레일러, 아스팔트콘크리트재생기, 도로보수트럭, 3톤 미만의 지게차
  - **원동기장치자전거** : 배기량 125cc 이하의 이륜자동차, 배기량 50cc (0.59kw) 미만의 원동기를 단 차
  - **자전거**
  - **사람 또는 가축의 힘이나 그 밖의 동력으로 도로에서 운전되는 것**
  - **손수레**
    - 차로 간주할 경우 : 사람이 끌고 가는 손수레가 보행자를 충격하였을 때
    - 보행자로 간주할 경우 : 손수레 운전자를 다른 차량이 충격하였을 때

02 차마 : 자동차, 건설기계, 원동기장치자전거, 자전거, 사람 또는 가축의 힘이나 그 밖의 동력으로 도로에서 운전되는 것

03 차마에 해당되지 않는 것 : 철길이나 가설(架設)된 선을 이용하여 운전되는 것, 유모차 · 수동휠체어 · 전동휠체어 및 의료용 스쿠터 등의 보행보조용 의자차

04 긴급자동차 : 소방차, 구급차, 혈액 공급차량

05 노면표시에 사용되는 선의 종류

종류	점선	실선	복선
의미	허용	제한	의미의 강조

06 노면표시의 기본색상

색상	의미
백색	동일방향의 교통류 분리 및 경계 표시
황색	반대방향의 교통류 분리 또는 도로이용의 제한 및 지시 (중앙선표시, 노상장애물 중 도로중앙장애물표시, 주차금지표시, 정차 · 주차금지 표시 및 안전지대표시)
청색	지정방향의 교통류 분리 표시(버스전용차로표시 및 다인승차량 전용차선표시)
적색	어린이보호구역 또는 주거지역 안에 설치하는 속도제한표시의 테두리선에 사용

07 화물자동차의 적재중량 : 구조 및 성능에 따르는 적재중량의 110% 이내

08 화물자동차의 적재용량

길이	자동차 길이에 그 길이의 10분의 1의 길이를 더한 길이를 넘지 않을 것
너비	자동차의 후사경으로 후방을 확인할 수 있는 범위의 너비를 넘지 않을 것
높이	• 지상으로부터 4m의 높이를 넘지 않을 것 • 도로구조의 보전과 통행의 안전에 지장이 없다고 인정하여 고시한 도로노선 : 4.2m • 소형 3륜자동차 : 2.5m • 이륜자동차 : 2m

09 도로별 차로 등에 따른 속도

도로 구분		최고속도	최저속도
일반도로	편도 2차로 이상	매시 80km 이내	제한 없음
	편도 1차로	매시 60km 이내	
고속도로	편도 2차로 이상 — 모든 고속도로	• 매시 100km • 매시 80km*	매시 50km
	편도 2차로 이상 — 지정 · 고시한 노선 또는 구간의 고속도로	• 매시 120km 이내 • 매시 90km 이내*	매시 50km
	편도 1차로	매시 80km	매시 50km
자동차 전용도로		매시 90km	매시 30km

* 적재중량 1.5톤 초과 화물자동차, 특수자동차, 위험물운반자동차, 건설기계일 경우

10 이상기후 시의 운행 속도

이상기후 상태	운행속도
• 비가 내려 노면이 젖어있는 경우 • 눈이 20mm 미만 쌓인 경우	최고속도의 20/100을 줄인 속도
• 폭우, 폭설, 안개 등으로 가시거리가 100m 이내인 경우 • 노면이 얼어붙은 경우 • 눈이 20mm 이상 쌓인 경우	최고속도의 50/100을 줄인 속도

11 서행해야 하는 장소

- 교통정리를 하고 있지 않는 교차로
- 도로가 구부러진 부근
- 비탈길의 고갯마루 부근
- 가파른 비탈길의 내리막
- 지방경찰청장이 안전표지로 지정한 곳

12 동시에 교차로에 진입할 때의 양보운전
- 도로의 폭이 넓은 도로로부터 진입하는 차에 양보
- 동시에 진입 시 우측도로에서 진입하는 차에 양보
- 좌회전하려고 하는 경우에는 직진하거나 우회전하려는 차에 양보

13 운전면허취득 응시제한기간

제한기간	사유
5년 제한	• 음주운전, 무면허, 약물복용, 과로운전 중 사상사고 야기 후 필요한 구호조치를 하지 않고 도주
4년 제한	• 5년 제한 이외의 사유로 사상사고 야기 후 도주
3년 제한	• 음주운전을 하다가 3회 이상 교통사고 야기 • 자동차 이용 범죄, 자동차 강·절취한 자가 무면허로 운전한 경우
2년 제한	• 음주운전 금지 규정을 3회 이상 위반하여 운전면허가 취소된 경우 • 공동 위험행위의 금지를 2회 이상 위반하여 운전면허가 취소된 경우 • 운전면허를 받을 자격이 없는 사람이 운전면허를 받거나, 거짓이나 그 밖의 부정한 수단으로 운전면허를 받은 경우 또는 운전면허효력의 정지기간 중 운전면허증 또는 운전면허증을 갈음하는 증명서를 발급받은 사실이 드러난 경우 • 다른 사람의 자동차 등을 훔치거나 빼앗은 경우 • 경찰공무원의 음주운전 여부측정을 3회 이상 위반하여 운전면허가 취소된 경우 • 다른 사람이 부정하게 운전면허를 받도록 하기 위하여 운전면허시험에 대신 응시한 경우 • 무면허 운전 3회 이상 위반한 경우
1년 제한	• 무면허 운전 • 공동 위험행위의 금지 규정을 위반한 경우
6개월 제한	원동기장치자전거를 취득하고자 하는 경우

※ 바로 면허시험에 응시 가능한 경우
- 적성검사 또는 면허갱신 미필자
- 2종에 응시하는 1종면허 적성검사 불합격자

14 제1종 대형면허
- 승용자동차, 승합자동차, 화물자동차
- 건설기계
  - 덤프트럭, 아스팔트살포기, 노상안정기
  - 콘크리트믹서트럭, 콘크리트펌프, 천공기(트럭 적재식)
  - 콘크리트믹서트레일러, 아스팔트콘크리트재생기
  - 도로보수트럭, 3톤 미만의 지게차
- 특수자동차(트레일러 및 레커 제외)
- 원동기장치자전거

15 제1종 보통면허
- 승용자동차
- 승차정원 15인 이하의 승합자동차
- 승차정원 12인 이하의 긴급자동차(승용 및 승합자동차)
- 적재중량 12톤 미만의 화물자동차
- 건설기계(도로를 운행하는 3톤 미만의 지게차)
- 총중량 10톤 미만의 특수자동차(트레일러 및 레커 제외)
- 원동기장치자전거

16 사고결과에 따른 벌점기준 – 인적 피해 교통 사고

구분	벌점	내용
사망 1명마다	90	사고발생 시부터 72시간 이내에 사망한 때
중상 1명마다	15	3주 이상의 치료를 요하는 의사의 진단이 있는 사고
경상 1명마다	5	3주 미만 5일 이상의 치료를 요하는 의사의 진단이 있는 사고
부상신고 1명마다	2	5일 미만의 치료를 요하는 의사의 진단이 있는 사고

17 교통사고처리특례법의 예외 사항
- 중앙선침범 사고 예외
  - 중앙선이 설치되어 있지 않은 경우
  - 아파트 단지 내나 군부대 내의 시설 중앙선
  - 일반도로에서의 횡단·유턴·후진
- 과속사고 예외
  - 제한속도 20km/h 초과하여 과속 운행 중 대물 피해만 입은 경우

18 경찰에서 사용 중인 속도추정 방법
운전자의 진술, 스피드건, 타코그래프(운행기록계), 제동 흔적

19 앞지르기 금지 장소
교차로, 터널 안, 다리 위, 도로의 구부러진 곳

20 일단정지 : 길가의 건물이나 주차장 등에서 도로에 들어가고자 하는 때

21 개문발차 사고의 적용 배제
- 개문 당시 승객의 손이나 발이 끼어 사고 난 경우
- 택시의 경우 목적지에 도착하여 승객 자신이 출입문을 개폐 도중 사고가 발생할 경우

22 화물자동차운수사업법의 목적
- 운수사업의 효율적 관리
- 화물의 원활한 운송
- 공공복리 증진

23 화물자동차의 구분

초소형	배기량 250cc 이하이고, 길이 3.6m, 너비 1.5m, 높이 2.0m 이하인 것 (전기자동차의 경우 : 최고정격출력 15kW)
일반형	배기량 1,000cc 미만으로 길이 3.6m, 너비 1.6m, 높이 2.0m 이하인 것
소형	최대적재량이 1톤 이하인 것으로서 총중량이 3.5톤 이하인 것
중형	최대적재량이 1톤 초과 5톤 미만이거나, 총중량이 3.5톤 초과 10톤 미만인 것
대형	최대적재량이 5톤 이상이거나, 총중량이 10톤 이상인 것

24 운임 및 요금의 신고에 대하여 필요한 사항
- 운임 및 요금신고서
- 원가계산서
- 운임 · 요금표
- 운임 및 요금의 신 · 구대비표

25 화물자동차 운수사업과 운송사업

화물자동차 운수사업	화물자동차 운송사업, 화물자동차 운송주선사업 및 화물자동차 운송가맹사업
화물자동차 운송사업	다른 사람의 요구에 응하여 화물자동차를 사용하여 화물을 유상으로 운송하는 사업

26 화물자동차 운송사업의 허가권자 : 국토교통부장관
인도기한이 지난 후 3개월 이내에 인도되지 않은 화물은 멸실된 것으로 본다.

27 적재물배상보험 의무 가입 대상자
- 최대 적재량이 5톤 이상이거나 총 중량이 10톤 이상인 화물자동차 중 일반형 · 밴형 및 특수용도형 화물자동차와 견인형 특수자동차를 소유하고 있는 운송사업자
- 일반화물 운송주선사업자와 이사화물 운송주선사업자
- 운송가맹사업자

28 계약 종료일 통지 : 계약종료일 30일 전까지

29 화물자동차 운수사업의 운전업무 종사자격 : 20세 이상

30 택시 유사표시행위
- 택시 요금미터기 등 요금을 산정하는 전자장비의 장착
- 화물자동차의 차체에 택시유사 표시등의 장착
- 화물자동차의 차체에 택시 · 모범 등의 문구 표시

31 화물자동차 운송주선사업 허가권자 : 국토교통부장관

32 교통안전체험교육 시간 : 총 16시간

33 업무개시 명령을 위반한 자 : 3년 이하의 징역 또는 3천만원 이하의 벌금

34 협회에서 처리하는 업무
① 화물자동차 운송사업 허가사항에 대한 경미한 사항 변경신고
② 소유 대수가 1대인 운송사업자의 화물자동차를 운전하는 사람에 대한 경력증명서 발급에 필요한 사항 기록 · 관리
③ 화물자동차 운송주선사업 허가사항에 대한 변경신고

35 자격시험에 합격한 사람의 교육시간 : 8시간

36 자동차 구분

승용자동차	10인용 이하
승합자동차	11인용 이상

37 고의로 자동차등록번호판을 가리거나 알아보기 곤란하게 한 자
: 1년 이하의 징역 또는 1천만원 이하의 벌금

38 자동차 구조 및 장치의 변경 승인 : 시장 · 군수 · 구청장

39 자동차 검사 유효기간

경형 · 소형의 승합 및 화물자동차		1년
사업용 대형화물자동차	차령이 2년 이하인 경우	1년
	차령이 2년 초과된 경우	6월

40 종합검사의 대상과 유효기간

경형 · 소형의 승합 및 화물자동차	비사업용	차령이 3년 초과인 자동차	1년
	사업용	차령이 2년 초과인 자동차	1년
사업용 대형화물자동차		차령이 2년 초과인 자동차	6개월

41 도로의 정의
- 고속국도, 일반국도, 특별시도 · 광역시도, 지방도, 시도, 군도, 구도
- 차도 · 보도 · 자전거도로 및 측도
- 터널 · 교량 · 지하도 및 육교(해당 시설에 설치된 엘리베이터 포함)
- 궤도
- 옹벽 · 배수로 · 길도랑 · 지하통로 및 무넘기시설
- 도선장 및 도선의 교통을 위하여 수면에 설치하는 시설

42 도로관리청이 운행을 제한할 수 있는 차량
- 축하중이 10톤을 초과하거나 총중량이 40톤을 초과하는 차량
- 차량의 폭이 2.5m, 높이가 4.0m, 길이가 16.7m를 초과하는 차량

43 운송장의 기능

① 계약서 기능
② 화물인수증 기능
③ 운송요금 영수증 기능
④ 정보처리 기본자료
⑤ 배달에 대한 증빙
⑥ 수입금 관리자료
⑦ 행선지 분류정보 제공(작업지시서 기능)

44 운송장의 형태 : 기본형 운송장, 보조운송장, 스티커형 운송장

45 스티커형 운송장 : EDI 시스템이 구축될 수 있는 경우 이용

46 운송장 기재사항

송하인 기재사항	① 송하인의 주소, 성명(또는 상호) 및 전화번호 ② 수하인의 주소, 성명, 전화번호 ③ 물품의 품명, 수량, 가격 ④ 특약사항 약관설명 확인필 자필 서명 ⑤ 파손품 또는 냉동 부패성 물품의 경우 : 면책확인서 　(별도양식) 자필 서명
집하담당자 기재사항	① 접수일자, 발송점, 도착점, 배달 예정일 ② 운송료 ③ 집하자 성명 및 전화번호 ④ 수하인용 송장의 좌측 하단에 총수량 및 도착점 코드 ⑤ 기타 물품의 운송에 필요한 사항

47 포장의 개념

구분	의미
포장	물품의 수송, 보관, 취급, 사용 등에 있어 물품의 가치 및 상태를 보호하기 위하여 적절한 재료, 용기 등을 물품에 사용하는 기술 또는 그 상태
개장 (낱개포장, 단위포장)	물품 개개의 포장. 물품의 상품가치를 높이기 위해 또는 물품 개개를 보호하기 위해 적절한 재료, 용기 등으로 물품을 포장하는 방법 및 포장 상태
내장 (속포장, 내부포장)	포장 화물 내부의 포장. 물품에 대한 수분, 습기, 광열, 충격 등을 고려하여 적절한 재료, 용기 등으로 물품을 포장하는 방법 및 포장한 상태
외장 (겉포장, 외부포장)	포장 화물 외부의 포장. 물품 또는 포장물품을 상자, 포대, 나무통 및 금속관 등의 용기에 넣거나 용기를 사용하지 않고 결속하여 기호, 화물 표시 등을 하는 방법 및 포장한 상태

48 주요 일반화물의 취급 표지

호칭	표지	호칭	표지
깨지기 쉬움, 취급주의		손수레 삽입 금지	
갈고리 금지		지게차 취급 금지	
위 쌓기		지게차 꺾쇠 취급 표시	
직사일광 · 열차폐		지게차 꺾쇠 취급 제한	
방사선 보호		위 쌓기 제한	...kg max.
무게 중심 위치		쌓은 단수 제한	n
굴림 방지		쌓기 금지	

49 포장의 기능 : 보호성, 표시성, 상품성, 편리성, 효율성, 판매촉진성

50 인력운반중량 권장기준

구분	성인남자	성인여자
일시작업	25~30kg	15~20kg
계속작업	10~15kg	5~10kg

51 팔레트화물 붕괴 방지 방법

구분	의미
밴드걸기 방식	나무상자를 팔레트에 쌓는 경우 많이 사용
주연어프 방식	팔레트의 가장자리를 높게 하여 포장화물을 안쪽으로 기울여 화물이 갈라지는 것을 방지
슬립멈추기 시트삽입 방식	포장과 포장 사이에 미끄럼 방지 시트 삽입
풀붙이기 접착방식	자동화 · 기계화가 가능하며 비용 저렴
수평 밴드걸기 풀붙이기 방식	풀붙이기와 밴드걸기를 병용
슈링크 방식	필름을 수축시켜 팔레트와 밀착
스트레치 방식	스트레치 포장기를 사용하여 움직임 방지
박스 테두리 방식	팔레트에 테두리를 붙이는 방식

52 수하역의 경우 일반적인 낙하 높이

견하역(어깨)	100cm 이상
요하역(허리)	10cm 정도
팔레트 쌓기의 수하역	40cm 정도

53 고속도로 운행제한 차량

축하중	10톤 초과
총중량	40톤 초과
길이	적재물을 포함한 길이 16.7m 초과
폭	적재물을 포함한 폭 2.5m 초과
높이	적재물을 포함한 높이 4.2m 초과
저속	정상운행속도 50km/h 미만

54 화물자동차의 종류

구분		세부기준
보닛 트럭		원동기부의 덮개가 운전실의 앞쪽에 나와 있는 트럭
캡 오버 엔진 트럭		원동기의 전부 또는 대부분이 운전실의 아래쪽에 있는 트럭
밴		상자형 화물실을 갖추고 있는 트럭
픽업		화물실의 지붕이 없고, 옆판이 운전대와 일체로 되어 있는 소형트럭
특수 자동차	특수용도차 (특용차)	특별한 목적을 위해 보디를 특수한 것으로 하거나 특수한 기구를 갖추고 있는 특수 자동차 (선전자동차, 구급차, 우편차, 냉장차 등)
	특수장비차 (특장차)	특별한 기계를 갖추고 자동차의 원동기로 구동할 수 있는 특별차(탱크차, 덤프차, 믹서 자동차, 위생 자동차, 소방차, 레커차, 냉동차, 트럭크레인, 크레인붙이트럭 등)
탱크차		탱크 모양의 용기와 펌프 등을 갖추고 오로지 물, 휘발유와 같은 액체를 수송하는 특수 장비차
덤프차		화물대를 기울여 적재물을 중력으로 쉽게 미끄러지게 내리는 구조의 특별 장비차
믹서 자동차		시멘트, 골재, 물을 혼합 반죽하여 콘크리트로 하는 특수 장비 자동차
레커차		고장차의 앞 또는 뒤를 매달아 올려서 수송하는 특수 장비 자동차
트럭 크레인		크레인을 갖추고 작업을 하는 특수 장비 자동차 (레커차 제외)
크레인붙이 트럭		차에 실은 화물의 쌓아내림용 크레인을 갖춘 특수 장비 자동차

구분	세부기준
풀 트레일러 트랙터	주로 풀 트레일러를 견인하도록 설계된 자동차
세미 트레일러용 트랙터	세미 트레일러를 견인하도록 설계된 자동차
폴 트레일러용 트랙터	폴 트레일러를 견인하도록 설계된 자동차

55 트레일러의 종류

종류	구조
풀 트레일러	트랙터와 트레일러가 완전히 분리되어 있고 트랙터 자체도 적재함을 가진 트레일러
세미 트레일러	세미 트레일러용 트랙터에 연결하여 총하중의 일부분이 견인하는 자동차에 의해 지탱되도록 설계된 트레일러
폴 트레일러	기둥, 통나무 등 적하물 자체가 트랙터와 트레일러의 연결부분을 구성하는 트레일러
돌리	세미 트레일러와 조합해서 풀 트레일러로 하기 위한 견인구를 갖춘 대차

56 트레일러의 장점

① 트랙터의 효율적 이용
② 효과적인 적재량
③ 탄력적인 작업
④ 트랙터와 운전자의 효율적 운영
⑤ 일시보관기능
⑥ 중계지점에서의 탄력적인 이용

57 카고 트럭 : 우리나라에서 가장 보유대수가 많고 일반화된 화물자동차

58 전용 특장차

종류	특성
덤프트럭	적재함 높이를 경사지게 하여 적재물을 쏟아 내리는 것
믹서차량	적재함 위에 회전하는 드럼을 싣고 이 속에 생 콘크리트를 뒤섞으면서 운행하는 차량
벌크차량 (분립체 수송차)	시멘트, 사료, 곡물, 화학제품, 식품 등 분립체를 자루에 담지 않고 실물상태로 운반하는 차량
탱크로리	각종 액체를 수송하기 위해 탱크 형식의 적재함을 장착한 차량

59 인수거절 가능 이사화물 : 현금, 유가증권, 귀금속, 예금통장, 신용카드, 인감, 동식물, 미술품, 골동품

60 계약해제에 따른 손해배상액

고객 책임	약정 인수일 1일 전까지 해제를 통지	계약금
	약정 인수일 당일 해제를 통지	계약금의 배액
사업자 책임	약정 인수일 2일 전까지 해제 통지	계약금의 배액
	약정 인수일 1일 전까지 해제 통지	계약금의 4배액
	약정 인수일 당일 해제 통지	계약금의 6배액
	당일에도 해제 통지를 안한 경우	계약금의 10배액

61 사고에 따른 손해배상

① 연착되지 않은 경우

사고 유형	처리
전부 또는 일부 멸실된 경우	약정된 인도일과 도착장소에서의 이사화물의 가액을 기준으로 산정한 손해액 지급

훼손된
경우
	• 수선이 가능한 경우 : 수선
	• 수선이 불가능한 경우 : 약정된 인도일과
	  도착장소에서의 이사화물의 가액을 기준으로 산정한
	  손해액 지급

② 연착된 경우

사고 유형	처리

멸실 및
훼손되지
않은 경우
	• 계약금의 10배액 한도에서 약정된 인도일시로부터
	  연착된 1시간마다 계약금의 반액을 곱한 금액
	  (연착시간 수×계약금×1/2)의 지급
	• 연착시간 수의 계산에서 1시간 미만의 시간은 산입하지
	  않음

일부 멸실된 경우	(약정된 인도일과 도착장소에서의 이사화물의 가액을 기준으로 산정한 손해액) + (약정된 인도일시로부터 연착된 1시간마다 계약금의 반액을 곱한 금액) 지급

③ 연착되고 훼손된 경우

사고 유형	처리
수선이 가능한 경우	수선 + (약정된 인도일시로부터 연착된 1시간마다 계약금의 반액을 곱한 금액 지급)
수선이 불가능한 경우	(약정된 인도일과 도착장소에서의 이사화물의 가액을 기준으로 산정한 손해액) + (약정된 인도일시로부터 연착된 1시간마다 계약금의 반액을 곱한 금액) 지급

62 민법의 규정에 따라 손해를 배상해야 하는 경우

• 이사화물의 멸실, 훼손 또는 연착이 고의 또는 중대한 과실로 인해 발생한 경우
• 고객이 손해액을 입증한 경우

63 고객의 책임으로 지체된 경우 손해배상

• 약정된 인수일시로부터 지체된 1시간마다 계약금의 반액을 곱한 금액(지체 시간 수×계약금×1/2)
• 손해배상 한도 : 계약금의 배액
• 1시간 미만의 시간은 산입하지 않음
• 2시간 이상 지체된 경우 계약 해제 및 계약금의 배액 청구 가능

64 운송물의 인도일

① 운송장에 인도예정일의 기재가 있는 경우에는 그 기재된 날
② 운송장에 인도예정일의 기재가 없는 경우에는 운송장에 기재된 운송물의 수탁일로부터 인도예정 장소에 따라 다음 일수에 해당하는 날
  • 일반 지역 : 2일
  • 도서, 산간벽지 : 3일

65 택배 손해배상

① 고객이 운송장에 운송물의 가액을 기재한 경우

사고 유형	처리
⊙ 전부 또는 일부 멸실된 경우	운송장에 기재된 가액을 기준으로 산정한 손해액
ⓒ 훼손된 경우	• 수선이 가능한 경우 : 수선 • 수선이 불가능한 경우 : 운송장에 기재된 가액을 기준으로 산정한 손해액

ⓒ 연착되고 일부
멸실 및 훼손되지
않은 때
	• 일반적인 경우 : 초과일수×운송장 기재
	  운임액×50%(운송장 기재 운임액의
	  200% 한도)
	• 특정 일시에 사용할 운송물의 경우 :
	  운송장 기재 운임액의 200%

ⓔ 연착되고 일부 멸실 또는 훼손된 경우	위의 ⊙ 또는 ⓒ에 의함

② 고객이 운송물의 가액을 기재하지 않은 경우

사고 유형	처리
전부 멸실된 경우	인도예정일의 인도예정 장소에서의 운송물 가액을 기준으로 산정한 손해액
일부 멸실된 경우	인도일의 인도장소에서의 운송물 가액을 기준으로 산정한 손해액
훼손된 경우	• 수선이 가능한 경우 : 수선 • 수선이 불가능한 경우 : 인도일의 인도장소에서의 운송물 가액을 기준으로 산정한 손해액

연착되고
일부 멸실 및
훼손되지 않은 경우
	• 일반적인 경우 : 초과일수×운송장 기재 운임액
	  ×50%(운송장 기재 운임액의 200% 한도)
	• 특정 일시에 사용할 운송물의 경우 : 운송장 기재
	  운임액의 200%

사고 유형	처리
연착되고 일부 멸실된 경우	인도일의 인도장소에서의 운송물 가액을 기준으로 산정한 손해액
연착되고 훼손된 경우	• 수선이 가능한 경우 : 수선 • 수선이 불가능한 경우 : 인도예정일의 인도장소에서의 운송물 가액을 기준으로 산정한 손해액

※ 손해배상한도액은 50만원으로 함(운송물의 가액에 따라 할증요금을 지급하는 경우의 손해배상한도액은 각 운송가액 구간별 운송물의 최고 가액으로 한다)

03장 안전운행

66 교통사고의 요인

인적요인	신체적 · 생리적 조건, 심리적 조건, 운전자의 적성, 자질, 운전습관, 내적 태도
차량요인	차량구조장치, 부속품 또는 적하
도로요인	도로구조, 안전시설
환경요인	자연환경, 교통환경, 사회환경, 구조환경

• 3대 요인 : 인적요인, 차량요인, 도로 · 환경요인
• 4대 요인 : 인적요인, 차량요인, 도로요인, 환경요인

67 운전특성
① 신체 · 생리적 조건 : 피로, 약물, 질병 등
② 심리적 조건 : 흥미, 욕구, 정서 등

68 속도가 빨라질수록
• 시력이 떨어진다.
• 시야의 범위가 좁아진다.
• 전방주시점이 멀어진다.

69 시력기준

제1종 운전면허	두 눈을 동시에 뜨고 잰 시력이 0.8 이상, 양쪽 눈의 시력이 각각 0.5 이상
제2종 운전면허	두 눈을 동시에 뜨고 잰 시력이 0.5 이상, 한쪽 눈을 보지 못하는 사람은 0.6 이상

적색, 녹색, 황색의 색채 식별이 가능할 것

70 동체시력
• 움직이는 물체 또는 움직이면서 다른 자동차나 사람 등의 물체를 보는 시력
• 물체의 이동속도가 빠를수록 저하
• 연령이 높을수록 저하
• 장시간 운전에 의한 피로상태에서 저하

71 가장 운전하기 힘든 시간 : 해가 질 무렵

72 명순응과 암순응
• 명순응 : 어두운 터널을 벗어나 밝은 도로로 주행할 때 물체가 보이지 않는 현상
• 암순응 : 터널에 막 진입하였을 때 일시적으로 일어나는 운전자의 심한 시각장애

73 시야 범위
• 정상적인 시야범위 : 180~200°
• 한쪽 눈의 시야범위 : 약 160°
• 시축에서 3° 벗어나면 80%, 6° 벗어나면 90%, 12° 벗어나면 99% 저하
• 주행속도에 따른 시야 범위

시속 40km	약 100°
시속 70km	약 65°
시속 100km	약 40°

74 착각

크기의 착각	어두운 곳에서는 가로 폭보다, 세로 폭을 보다 넓은 것으로 판단한다.
원근의 착각	작은 것은 멀리 있는 것 같이, 덜 밝은 것은 멀리 있는 것으로 느껴진다.
경사의 착각	• 작은 경사는 실제보다 작게, 큰 경사는 실제보다 크게 보인다. • 오름 경사는 실제보다 크게, 내림 경사는 실제보다 작게 보인다.
속도의 착각	• 주시점이 가까운 좁은 시야에서는 빠르게 느껴진다. • 비교대상이 먼 곳에 있을 때는 느리게 느껴진다.
상반의 착각	• 주행 중 급정거 시 반대방향으로 움직이는 것처럼 보인다. • 큰 물건들 가운데 있는 작은 물건은 작은 물건들 가운데 있는 같은 물건보다 작아 보인다. • 한쪽 방향의 곡선을 보고 반대방향의 곡선을 봤을 경우 실제보다 더 구부러져 있는 것처럼 보인다.

75 운전착오

발생 시기	원인
운전개시 직후	정적 부조화
운전 종료 시	운전 피로

76 음주운전의 기준 : 혈중 알코올 농도 0.03% 이상

77 휠

역할	타이어와 함께 차량의 중량을 지지하고 구동력과 제동력을 지면에 전달
요구 조건	• 무게가 가벼울 것 • 노면의 충격과 측력에 견딜 수 있는 강성이 있을 것 • 타이어에서 발생하는 열을 흡수하여 대기 중으로 잘 방출시킬 것

78 조향장치

토인	앞바퀴를 위에서 보았을 때 앞쪽이 뒤쪽보다 좁은 상태
캠버	자동차를 앞에서 보았을 때, 위쪽이 아래보다 약간 바깥쪽으로 기울어져 있는 상태
캐스터	자동차를 옆에서 보았을 때 차축과 연결되는 킹핀의 중심선이 약간 뒤로 기울어져 있는 상태

79 쇽업소버

- 노면에서 발생한 스프링의 진동 흡수 및 피로 감소
- 승차감 향상
- 타이어와 노면의 접착성을 향상시켜 커브길이나 빗길에 차가 튀거나 미끄러지는 현상을 방지

80 물리적 현상

스탠딩 웨이브 현상	타이어의 회전속도가 빨라지면 접지부에서 받은 타이어의 변형이 다음 접지 시점까지도 복원되지 않고, 접지의 뒤쪽에 진동의 물결이 일어나는 현상
수막현상	물이 고인 노면을 고속으로 주행할 때 타이어가 물 위를 미끄러지듯이 되는 현상
페이드 현상	비탈길을 내려갈 경우 브레이크의 제동력이 저하되는 현상
베이퍼 록 현상	브레이크 액이 기화하여 페달을 밟아도 브레이크가 작용하지 않는 현상
워터 페이드 현상	브레이크 마찰재가 물에 젖어 마찰계수가 작아져 브레이크의 제동력이 저하되는 현상
모닝 록 현상	비가 자주 오거나 습도가 높은 날 또는 오랜 시간 주차한 후 브레이크 드럼에 미세한 녹이 발생하는 현상

81 자동차의 진동

바운싱 (상하 진동)	차체가 Z축 방향과 평행운동을 하는 고유 진동
피칭 (앞뒤 진동)	차체가 Y축을 중심으로 회전운동을 하는 고유 진동
롤링 (좌우 진동)	차체가 X축을 중심으로 하여 회전운동을 하는 고유 진동
요잉 (차체 후부 진동)	차체가 Z축 중심으로 하여 회전운동을 하는 고유 진동

82 타이어 마모에 영향을 주는 요소

공기압, 하중, 속도, 커브, 브레이크, 노면

83 정지거리와 정지시간 등

공주시간	운전자가 자동차를 정지시켜야 할 상황임을 지각하고 브레이크로 발을 옮겨 브레이크가 작동을 시작하는 순간까지의 시간
공주거리	브레이크가 작동을 시작하는 순간까지 자동차가 진행한 거리
제동시간	운전자가 브레이크에 발을 올려 브레이크가 막 작동을 시작하는 순간부터 자동차가 완전히 정지할 때까지의 시간
제동거리	브레이크가 막 작동을 시작하는 순간부터 자동차가 완전히 정지할 때까지 자동차가 진행한 거리
정지시간	운전자가 위험을 인지하고 자동차를 정지시키려고 시작하는 순간부터 자동차가 완전히 정지할 때까지의 시간
정지거리	자동차를 정지시키려고 시작하는 순간부터 자동차가 완전히 정지할 때까지 자동차가 진행한 거리

84 엔진오일 과다 소모 시 점검 사항

- 배기 배출가스 육안 확인
- 에어클리너 오염도 확인(과다 오염)
- 블로바이가스 과다 배출 확인
- 에어 클리너 청소 및 교환주기 미준수, 엔진과 콤프레셔 피스톤 링 과다 마모

85 도로가 되기 위한 조건 : 형태성, 이용성, 공개성, 교통경찰권

86 교차로 황색신호 시간 : 3초

87 커브길 핸들조작 : 슬로우 인 패스트 아웃

중앙선이 실선인 경우 중앙선침범이 적용되고, 중앙선이 점선인 경우 일반 과실 사고로 처리

88 철길건널목의 종류

1종 건널목	차단기, 경보기 및 건널목 교통안전 표지를 설치하고 차단기를 주·야간 계속하여 작동시키거나 또는 건널목 안내원이 근무하는 건널목
2종 건널목	경보기와 철길건널목 교통안전 표지만 설치된 건널목
3종 건널목	건널목 교통안전 표지만 설치된 건널목

89 고객서비스의 특징 : 무형성, 동시성, 인간주체, 소멸성, 무소유권

90 고객만족 3요소 : 상품품질, 영업품질, 서비스 품질

91 서비스 품질을 평가하는 고객의 기준
신뢰성, 신속한 대응, 정확성, 편의성, 태도, 커뮤니케이션, 신용도, 안전성, 고객의 이해도, 환경

92 직업의 4가지 의미 : 경제적, 정신적, 사회적, 철학적 의미

93 직업의 3가지 태도 : 애정, 긍지, 열정

94 인터넷유통에서의 물류원칙 : 적정수요 예측, 배송기간의 최소화, 반송과 환불 시스템

95 7R 원칙
- Right Quality(적절한 품질)
- Right Quantity(적절한 양)
- Right Time(적절한 시간)
- Right Place(적절한 장소)
- Right Impression(좋은 인상)
- Right Price(적절한 가격)
- Right Commodity(적절한 상품)

96 3S 1L 원칙
- 신속하게(Speedy)
- 안전하게(Safely)
- 확실하게(Surely)
- 저렴하게(Low)

97 물류의 기능 : 운송기능, 포장기능, 보관기능, 하역기능, 정보기능, 유통가공기능

98 기업물류의 범위
- 물적공급 과정 : 원재료, 부품, 반제품, 중간재를 조달·생산하는 물류과정
- 물적유통 과정 : 생산된 재화가 최종 고객이나 소비자에게 까지 전달되는 물류과정

99 기업물류의 활동
- 주활동 : 대고객서비스수준, 수송, 재고관리, 주문처리
- 지원활동 : 보관, 자재관리, 구매, 포장, 생산량과 생산일정 조정, 정보관리

100 전략적 물류와 로지스틱스

전략적 물류	로지스틱스
• 코스트 중심	• 가치창출 중심
• 제품효과 중심	• 시장진출 중심(고객 중심)
• 기능별 독립 수행	• 기능의 통합화 수행
• 부분 최적화 지향	• 전체 최적화 지향
• 효율 중심의 개념	• 효과(성과) 중심의 개념

101 물류전략의 실행구조
전략수립 → 구조설계 → 기능정립 →　실행

102 물류아웃소싱과 제3자 물류의 비교

구분	물류 아웃소싱	제3자 물류
화주와의 관계	거래기반, 수발주관계	계약기반, 전략적 제휴
관계내용	일시 또는 수시	장기(1년이상), 협력
서비스 범위	기능별 개별서비스	통합물류서비스
정보공유여부	불필요	반드시 필요
도입결정권한	중간관리자	최고경영층
도입방법	수의계약	경쟁계약

103 제3자 물류에 의한 물류혁신 기대효과
① 물류산업의 합리화에 의한 고물류비 구조 혁신
② 고품질 물류서비스의 제공으로 제조업체의 경쟁력 강화 지원
③ 종합물류서비스의 활성화
④ 공급망관리(SCM) 도입·확산의 촉진

104 제4자 물류의 4단계
재창조 – 전환 – 이행 – 실행

105 수송과 배송의 비교

수송	배송
• 장거리 대량화물의 이동	• 단거리 소량화물의 이동
• 거점과 거점 간의 이동	• 기업과 고객 간의 이동
• 지역 간 화물의 이동	• 지역 내 화물의 이동
• 1개소의 목적지에 1회에 직송	• 다수의 목적지를 순회하면서 소량 운송

106 비용과 물류서비스의 관계
- 물류서비스 일정, 비용 절감의 관계
- 물류서비스 상승, 비용 상승의 관계
- 물류비용 일정, 물류서비스 향상의 관계
- 물류비용 절감, 물류서비스 향상의 관계

107 물류시스템의 구성
운송, 보관, 유통가공, 포장, 하역, 정보

108 물류시스템의 목적
- 납기 내 정확한 배달
- 고객의 주문에 대해 상품의 품절 최소화
- 물류거점의 적절한 배치를 통한 배송효율 향상 및 상품의 적정 재고량 유지
- 운송, 보관, 하역, 포장, 유통·가공작업의 합리화
- 물류비용의 적절화·최소화

109 화물자동차운송의 효율성 지표
- 가동률 : 화물자동차가 일정기간에 걸쳐 실제로 가동한 일수
- 실차율 : 주행거리에 대해 실제로 화물을 싣고 운행한 거리의 비율
- 적재율 : 최대적재량 대비 적재된 화물의 비율
- 공차거리율 : 전체 주행거리에서 화물을 싣지 않고 운행한 거리의 비율
- 적재율이 높은 실차상태로 가동률을 높이는 것이 트럭운송의 효율성을 최대로 하는 것임

110 공급망관리(SCM)

최종고객의 욕구를 충족시키기 위하여 원료 공급자로부터 최종소비자에 이르기까지 공급망 내의 각 기업 간에 긴밀한 협력을 통해 공급망인 전체의 물자의 흐름을 원활하게 하는 공동전략

111 전사적 품질관리(TQC)

제품이나 서비스를 만드는 모든 작업자가 품질에 대한 책임을 나누어 갖는 것

112 신속대응(QR)

생산·유통기간의 단축, 재고의 감소, 반품손실 감소 등 생산·유통의 각 단계에서 효율화를 실현하고 그 성과를 생산자, 유통관계자, 소비자에게 골고루 돌아가게 하는 기법

113 효율적 고객대응(ECR)

소비자 만족에 초점을 둔 공급망 관리의 효율성을 극대화하기 위한 모델

114 범지구측위시스템(GPS)의 도입효과

• 각종 자연재해로부터 사전대비를 통해 재해 회피 가능
• 토지조성공사에도 작업자가 건설용지를 돌면서 지반침하와 침하량을 측정하여 리얼 타임으로 신속 대응 가능
• 교통혼잡 시에 차량에서 행선지 지도와 도로 사정 파악이 가능
• 운송차량추적시스템을 GPS로 완벽하게 관리 및 통제 가능

115 통합판매·물류·생산시스템(CALS)의 목표

• 설계, 제조 및 유통과정과 보급·조달 등 물류지원과정을 비즈니스 리엔지니어링을 통해 조정
• 이를 동시공학적 업무처리과정으로 연계
• 다양한 정보를 디지털화하여 통합데이타베이스에 저장 및 활용
• 이를 통해 업무의 과학적·효율적 수행이 가능하고 신속한 정보 공유 및 종합적 품질관리 제고 가능

116 CALS의 도입 효과

• 민첩생산시스템으로서 패러다임의 변화에 따른 새로운 생산 시스템, 첨단생산시스템, 고객요구에 신속하게 대응하는 고객 만족시스템, 규모경제를 시간경제로 변화, 정보인 프라로 광역대 ISDN(B-ISDN)으로서 그 효과를 나타냄
• 정보화시대를 맞이하여 기업경영에 필수적인 산업정보화 전략
• 기술정보를 통합 및 공유한 세계화된 실시간 경영실현을 통한 기업 통합 효과
• 정보시스템의 연계를 통한 가상기업 출현으로 기업 내 또는 기업 간 장벽을 허무는 효과

117 철도·선박과 비교한 트럭 수송의 특징

장점	단점
• 문전에서 문전으로 배송서비스의 탄력성 • 중간 하역이 불필요 • 포장의 간소화 및 간략화 가능 • 다른 수송기관과 연동하지 않고서도 일관된 서비스 가능 • 싣고 부리는 횟수가 적음	• 수송단위가 작음 • 연료비나 인건비 등 수송 단가가 높음 • 진동, 소음, 광학스모그 등의 공해 문제 발생 • 유류의 다량소비에서 오는 자원 및 에너지 절약 문제

118 사업용(영업용) 트럭운송의 특징

장점	단점
• 수송비가 저렴 • 물동량의 변동에 대응한 안정수송이 가능 • 수송 능력 및 융통성이 높음 • 설비·인적투자가 필요 없음 • 변동비 처리가 가능	• 운임의 안정화가 곤란 • 관리기능의 저해 • 기동성의 부족 • 시스템의 일관성이 없음 • 인터페이스가 약함 • 마케팅 사고가 희박

119 자가용 트럭운송의 특징

장점	단점
• 높은 신뢰성이 확보 • 상거래에 기여 • 작업의 기동성이 높음 • 안정적 공급이 가능 • 시스템의 일관성이 유지 • 리스크가 낮음 • 인적 교육이 가능	• 수송량의 변동에 대응의 어려움 • 비용의 고정비화 • 설비투자 및 인적투자가 필요 • 수송능력에 한계 • 사용하는 차종·차량에 한계

120 국내 화주기업 물류의 문제점

① 각 업체의 독자적 물류기능 보유(합리화 장애)
② 제3자 물류기능의 약화(제한적·변형적 형태)
③ 시설 간·업체 간 표준화 미약
④ 제조·물류업체 간 협조성 미비
⑤ 물류 전문업체의 물류 인프라 활용도 미약

cargo transportation qualifying examination

수험교육의 최정상의 길 – 에듀웨이 EDUWAY

(주)에듀웨이는 자격시험 전문출판사입니다.
에듀웨이는 독자 여러분의 자격시험 취득을 위한 교재 발간을 위해 노력하고 있습니다.

기분파
화물운송종사 필기자격시험

2025년 02월 01일 13판 1쇄 인쇄
2025년 02월 10일 13판 1쇄 발행

지은이　｜ 에듀웨이 R&D 연구소(자동차부문)
펴낸이　｜ 송우혁

펴낸곳　｜ (주)에듀웨이
주　소　｜ 경기도 부천시 소향로13번길 28-14, 8층 808호(상동, 맘모스타워)
대표전화｜ 032) 329-8703
팩　스　｜ 032) 329-8704
등　록　｜ 제387-2013-000026호
홈페이지｜ www.eduway.net

기획,진행｜ 에듀웨이 R&D 연구소
북디자인｜ 디자인동감
교정교열｜ 정상일
인　쇄　｜ 미래피앤피

Copyright©에듀웨이 R&D 연구소, 2025. Printed in Seoul, Korea

책값은 뒤표지에 있습니다.

ISBN 979-11-94328-07-0